国家科学技术学术著作出版基金资助出版

雷达目标检测分数域理论及应用

陈小龙　刘宁波　黄　勇　关　键　著

科学出版社

北　京

内 容 简 介

本书是作者在多个相关项目的基础上撰写而成的，梳理和总结作者近十年来的研究成果。本书主要介绍雷达目标检测分数域理论及应用，分为两部分：第一部分为分数阶傅里叶变换(fractional Fourier transform，FRFT)域雷达动目标检测，主要包括 FRFT 基本原理及参数估计、FRFT 域杂波抑制、谱对消、自相似特性差异动目标检测以及 FRFT 域杂波图处理技术。第二部分为分数阶表示域微动特征提取及检测，将 FRFT 域扩展为多种分数阶表示域处理(短时 FRFT、分数阶模糊函数、线性正则变换、线性正则模糊函数、分数阶长时间相参积累等)，将动目标多普勒处理拓展为微多普勒处理，进一步提高复杂背景下的动目标精细化处理能力。

本书注重原理，联系应用，可作为信号处理、目标检测和识别等相关专业研究生或高年级本科生的教学参考书，也可作为从事该领域研究的研究人员或技术开发人员的学习参考书。

图书在版编目（CIP）数据

雷达目标检测分数域理论及应用/陈小龙等著. —北京：科学出版社，2022.1

ISBN 978-7-03-070235-7

Ⅰ. ①雷… Ⅱ. ①陈… Ⅲ. ①傅里叶分析-应用-雷达目标-目标检测 Ⅳ. ①TN951

中国版本图书馆 CIP 数据核字（2021）第 215154 号

责任编辑：姚庆爽 李 娜 / 责任校对：崔向琳
责任印制：吴兆东 / 封面设计：蓝正设计

科 学 出 版 社 出版
北京东黄城根北街 16 号
邮政编码：100717
http://www.sciencep.com

北京中科印刷有限公司 印刷
科学出版社发行 各地新华书店经销
*
2022 年 1 月第 一 版 开本：720×1000 B5
2022 年 1 月第一次印刷 印张：22 3/4 插页：2
字数：450 000
定价：180.00 元
（如有印装质量问题，我社负责调换）

陈小龙，1985 年生，海军航空大学副教授，长期从事雷达弱小目标检测方面研究。发表论文 90 余篇，ESI 高被引论文 2 篇，中国电子学会"电子信息领域优秀论文" 1 篇，国际会议优秀论文 4 篇，授权发明专利 20 余项，出版学术专著 2 部，雷达专业教材 2 部。获省部级科技奖励 4 项、中国电子学会优博、国际无线电联盟（URSI）和国际应用计算电磁学会（ACES）青年科学家奖。入选中国科协青年人才托举工程、中国电子学会优秀科技工作者、山东省优青。担任中国电子学会青年工作委员会委员、信号处理分会委员、青年科学家俱乐部雷达与信号处理专委会秘书长，《雷达学报》《信号处理》《太赫兹科学与电子信息学报》编委、《中国电子学会会员通讯》副主编。

刘宁波，1983 年生，海军航空大学副教授。研究方向为海上目标检测、雷达信号特征域处理。出版学术专著 2 部，以第一作者或通讯作者发表学术论文 60 余篇，授权发明专利 10 余项。获省部级科技进步一等奖、二等奖和三等奖各 1 项，中国电子学会科技进步三等奖 1 项，中国专利优秀奖 1 项。信息感知与融合岗位"泰山学者"团队骨干成员、《雷达学报》数据主编、中国电子学会青年科学家俱乐部会员。享受高新人才工程特殊津贴。

关键，1968 年生，海军航空大学教授。研究方向为海上目标探测。出版学术专著 3 部，获国家科技进步二等奖 1 项，省部级科技奖一等奖 4 项，获中国科协"求是奖"、全国优秀博士学位论文奖，省部级科技领军人才。

黄勇，1979 年生，海军航空大学副教授。研究方向为雷达目标检测与跟踪。发表论文 50 余篇，授权发明专利 20 余项，出版学术专著 2 部。主持国家自然科学基金、山东省高校创新团队等多项课题。获省部级科技奖一等奖 2 项，中国专利优秀奖 1 项。享受省部级优秀专业技术人才岗位津贴。

序

雷达作为目标探测和识别的主要手段,在公共和国防安全领域应用广泛。然而受复杂环境(陆地、城市、海洋等)及目标复杂运动的影响,目标雷达回波极其微弱,表现出明显的时变、非线性和非平稳特性,传统幅值检测和频域多普勒处理难以满足实际需求,复杂背景下的动目标探测技术成为影响雷达性能的关键因素,也是世界性难题,迫切需要研究新的检测理论和方法以迎接复杂环境和目标带来的挑战。

作者所在的研究团队一直专注于雷达微弱目标检测方面的研究,该书集中反映了该团队近十年来的研究成果,该书将雷达目标检测理论与分数阶变换理论相结合,从动目标能量积累和精细化特征提取的角度,介绍雷达目标检测的分数阶域处理理论及应用,扩展利用信号的多维多特征信息,是现有理论和方法的延伸。该书在大量实测数据尤其是对海雷达数据的基础上,对分数阶域处理理论和雷达动目标检测方法进行了详细的讨论及数据分析,使该书既有深刻的理论背景,又贴合工程实际。

该书内容精心组织,从杂波抑制、特征差异提取、相参和非相参积累、目标检测和参数估计等多个角度阐述,各章之间紧密联系和递进,便于读者理解掌握,对信号处理、雷达目标检测、目标识别等专业的技术人员具有重要的参考价值,也为研究者进一步提出新方法及丰富与发展该学科的理论体系奠定基础。

愿该书的出版能对分数域理论发展以及提升雷达复杂背景下目标探测能力起到重要作用。

陶然

2021 年 7 月

前　言

受复杂背景以及目标复杂运动特性的影响，目标雷达回波极其微弱、特性复杂，具有低可观测性，使得雷达对动目标的探测性能难以满足实际需求。复杂背景下低可观测动目标的检测技术成为影响雷达性能的关键因素。在雷达高速高机动目标探测、低慢小目标以及多目标的检测与识别中，信号呈现出时变、非平稳等复杂特性，传统的基于傅里叶变换的相参积累处理后的回波频谱将跨越多个多普勒单元，能量发散，严重影响了雷达的探测性能，亟须发展新的目标检测理论和方法，提高雷达在复杂背景下低可观测目标的探测能力。

本书重点阐述了作者所在研究团队近 10 年来在雷达动目标分数阶变换域检测方面的研究成果，并吸纳国内外发展现状和最新成果。团队在雷达目标检测领域已出版了两本书：一本是《雷达目标检测与恒虚警处理》，主要是从门限检测的角度，讨论如何根据背景自适应形成门限，实现恒虚警检测；另一本是《雷达目标检测的分形理论及应用》，主要是从特征差异检测角度，采用非线性处理的典型方法根据分形特征区分杂波和目标。本书在大量实测数据尤其是对海雷达数据的基础上，对分数域处理理论和雷达动目标检测方法进行了详细的讨论与实验分析，对前面两本书进行了补充和递进。全书分为两部分，共 10 章。

第一部分为第 1~6 章，主要以分数阶傅里叶变换(FRFT)理论及其应用为主。第 1 章雷达微弱目标检测技术概述，主要介绍雷达微弱目标检测技术发展现状，以及 FRFT 理论在目标检测和识别领域的应用。第 2 章介绍 FRFT 动目标检测原理及参数估计方法，包括 FRFT 的定义、数值计算方法、量纲归一化处理、最佳变换阶数确定方法及参数分辨力。第 3 章重点介绍 FRFT 域杂波抑制及目标检测方法，分别是小波包变换-FRFT 杂波抑制及动目标检测方法、FRFT 分级迭代相消多动目标检测与估计方法、FRFT 域自适应谱线增强动目标检测方法。第 4 章介绍 FRFT 谱对消动目标检测方法，从 FRFT 性质入手增强动目标信号，提出基于延时 FRFT 模函数对消和基于对称旋转角 FRFT 模函数对消的动目标检测方法。第 5 章阐述 FRFT 域自相似特性差异动目标检测方法，从 FRFT 域非线性特性差异(单一分形特性、扩展分形特性和多重分形特性)的角度区分杂波和动目标，构建检测器。第 6 章介绍 FRFT 域杂波图动目标检测方法，利用单帧 FRFT 相参处理与多帧非相参积累联合处理改善信杂比，提出 FRFT 域均值杂波图和 FRFT 域单极点反馈杂波图，采用双参数过门限检测技术，实现 FRFT 多帧恒虚警检测。

第二部分为第 7~10 章，在第一部分的基础上，将 FRFT 域处理扩展为分数阶表示域处理，将动目标多普勒处理拓展为微多普勒处理，主要介绍分数阶表示域微动特征提取及检测，主要方法包括短时 FRFT、分数阶模糊函数、线性正则变换、线性正则模糊函数、Radon 分数阶长时间相参积累等，扩展信号处理维度，延伸分数域处理理论和方法，进一步提高复杂背景下的动目标检测和精细化处理能力。第 7 章介绍微多普勒理论及分析方法概述，从微多普勒研究现状、海面微动目标回波信号建模、微动特征分析与检测、难点与挑战等几个方面进行系统阐述和总结。第 8 章主要介绍海杂波及动目标微多普勒特征认知，在经典双尺度海面散射模型中引入调频率描述多普勒频率变化，提出一维时变海面散射模型，得到时变海面的角度散射特性及分数阶功率谱特性，以复杂海上动目标为例，分别建立非匀速平动回波模型、三轴转动(俯仰、横滚、偏航)回波模型及长时间目标观测模型。第 9 章主要介绍短时 FRFT 域目标微动特征检测和估计方法，实现杂波背景下时变非平稳微动信号的时频谱高分辨表示。第 10 章主要介绍分数阶表示域机动目标长时间相参积累检测方法，从目标机动信息(加速度和急动度)的利用以及算法实时性角度出发，提出 Radon-FRFT、Radon-线性正则变换、Radon-分数阶模糊函数和 Radon-线性正则模糊函数，用于对非匀速平动目标、转动以及高阶动目标的检测，同时补偿长时间积累过程中的距离徙动和多普勒徙动，提高积累增益。

本书的出版获得了国家科学技术学术著作出版基金项目(2020-F-013)，国家自然科学基金重点项目(海上弱小目标探测信息融合新机理及方法研究 61531020)、面上项目(海杂波中雷达目标的变换域分形检测方法研究 61179017)、青年基金项目(基于稀疏域高分辨表示的海杂波抑制及微动目标检测技术研究 61501487、海杂波中弱目标微动特征提取及检测技术研究 61201445)，中国科协青年人才托举工程项目(YESS20160115)等的支持。本书由陈小龙统稿，课题组薛永华、王国庆、宋杰、董云龙、丁昊、张林、张建、周伟、苏宁远、牟效乾、李宝、郭海燕等参与了试验数据采集与处理等工作，在此对他们表示感谢。本书作者特别感谢何友院士、王永良院士、陶然教授、廖桂生教授为本书提出的宝贵意见和建议，以及对我们的研究工作所给予的指导、关心和帮助。书中引用了一些作者的论著及其研究成果，在此也向他们表示深深的谢意。

由于该领域仍处于发展阶段，新理论、新方法不断涌现，本书难以覆盖所有方面，书中不妥之处在所难免，恳请作者批评指正。

联系人：陈小龙。

E-mail: cxlcxl1209@163.com。

联系地址：山东省烟台市芝罘区二马路 188 号海军航空大学(邮编 264001)。

目　　录

序

前言

第一部分　分数阶傅里叶变换域雷达动目标检测

第1章　雷达微弱目标检测技术概述 ···················· 3

1.1　引言 ··· 3

1.2　基于统计模型的目标检测技术 ························ 3

1.3　基于特征差异的目标检测技术 ························ 5

1.4　基于变换域处理的动目标检测技术 ·················· 6

　1.4.1　动目标显示及杂波抑制方法 ·················· 6

　1.4.2　基于时频分析的动目标检测方法 ·············· 7

1.5　分数阶傅里叶变换域雷达信号处理技术 ············ 8

　1.5.1　分数阶傅里叶变换的起源及发展 ·············· 8

　1.5.2　分数阶变换在动目标检测和识别中的应用 ···· 10

1.6　亟待解决的技术难题 ······························· 14

1.7　小结 ··· 15

　参考文献 ··· 16

第2章　分数阶傅里叶变换动目标检测原理及参数估计方法 ··· 22

2.1　FRFT 定义和性质 ···································· 22

2.2　FRFT 的离散化计算 ································· 26

2.3　LFM 信号的 FRFT 表示 ···························· 27

2.4　最佳变换阶数的确定及 LFM 参数估计 ············ 28

　2.4.1　FRFT 域峰度搜索方法 ······················· 29

　2.4.2　FRFT 模对称性参数估计方法 ················ 31

　2.4.3　FRFT 模最大值参数估计方法 ················ 35

2.5　FRFT 动目标检测基本原理 ························· 41

　2.5.1　雷达动目标回波模型 ························· 41

　2.5.2　雷达动目标信号 FRFT 域表示及参数估计 ···· 46

2.6　FRFT 动目标参数估计精度分析 ·······························46
　　2.6.1　检测器输出信噪比分析 ·······························46
　　2.6.2　观测时长对估计精度的影响 ·······················47
　　2.6.3　搜索步长对估计精度的影响 ·······················48
　　2.6.4　FRFT 中心频率分辨力 ·······························48
　　2.6.5　仿真分析 ···49
2.7　雷达实测数据动目标 FRFT 谱分析 ·························52
　　2.7.1　X 波段雷达数据分析 ·······························52
　　2.7.2　S 波段雷达数据分析 ·······························54
2.8　小结 ···59
参考文献 ···60
第 3 章　分数阶傅里叶变换域杂波抑制及目标检测方法 ·········62
3.1　WPT-FRFT 杂波抑制及动目标检测方法 ···············62
　　3.1.1　WPT 抑制杂波 ···63
　　3.1.2　检测性能分析 ···65
　　3.1.3　实测数据验证与分析 ·································67
3.2　FRFT 分级迭代相消多动目标检测与估计方法 ·········73
　　3.2.1　多动目标检测与参数估计 ·······················73
　　3.2.2　实测数据验证与分析 ·································75
3.3　FRFT 域自适应谱线增强动目标检测方法 ···············80
　　3.3.1　FRFT 域 LFM 信号自适应滤波方法 ···············80
　　3.3.2　FRFT 域自适应动目标检测方法 ···················84
　　3.3.3　实测数据验证与分析 ·································87
3.4　小结 ···96
参考文献 ···97
第 4 章　分数阶傅里叶变换谱对消动目标检测方法 ···········99
4.1　基于延时 FRFT 模函数对消的动目标检测方法 ·········99
　　4.1.1　LFM 及其延时信号在 FRFT 域的时移特性 ·······99
　　4.1.2　动目标检测方法 ·····································100
　　4.1.3　实测数据验证与分析 ·······························101
4.2　基于对称旋转角 FRFT 模函数对消的动目标检测方法 ···103
　　4.2.1　LFM 信号和单频信号的对称旋转角 FRFT 模函数 ···104
　　4.2.2　动目标检测方法 ·····································105
　　4.2.3　实测数据验证与分析 ·······························106

4.3　两种对消方法性能对比与分析 ································ 108
　　4.3.1　对比分析与注意的问题 ································ 109
　　4.3.2　目标运动属性对检测性能的影响 ················ 110
　　4.3.3　高次项对检测性能的影响 ························· 111
　　4.3.4　延时的选取准则 ······································ 112
4.4　小结 ··· 113
参考文献 ··· 113
第5章　分数阶傅里叶变换域自相似特性差异动目标检测方法 114
5.1　分数布朗运动在 FRFT 域的自相似性 ················ 115
5.2　FRFT 域杂波的单一分形特性与目标检测 ··········· 120
　　5.2.1　实测海杂波数据 ······································ 120
　　5.2.2　FRFT 谱的单一分形特性 ·························· 124
　　5.2.3　FRFT 域分形维数的影响因素 ···················· 129
　　5.2.4　利用 FRFT 域分形 Hurst 指数的目标检测与性能分析 ·· 132
　　5.2.5　利用 FRFT 域其他单一分形特性的目标检测与性能分析 ·· 135
5.3　FRFT 域杂波的扩展分形特性与目标检测 ··········· 141
　　5.3.1　FRFT 谱的扩展分形特性 ························· 142
　　5.3.2　FRFT 谱扩展分形参数的影响因素 ·············· 145
　　5.3.3　目标检测与性能分析 ······························ 149
5.4　FRFT 域杂波的多重分形特性与目标检测 ··········· 151
　　5.4.1　FRFT 谱的多重分形特性与参数估计 ············ 151
　　5.4.2　FRFT 谱广义 Hurst 指数的影响因素 ············ 159
　　5.4.3　目标检测与性能分析 ······························ 162
5.5　小结 ··· 164
参考文献 ··· 165
第6章　分数阶傅里叶变换域杂波图动目标检测方法 ········ 167
6.1　时域杂波图对消技术 ···································· 168
6.2　FRFT 域杂波图对消技术 ································ 173
　　6.2.1　动目标信号 FRFT 域时移特性 ··················· 173
　　6.2.2　FRFT 域均值杂波图和 FRFT 域单极点反馈杂波图 ·· 174
6.3　FRFT 域杂波图 CFAR 检测方法 ······················ 179
　　6.3.1　双参数 CFAR 检测器 ······························ 180
　　6.3.2　检测性能分析 ·· 181
6.4　小结 ··· 186
参考文献 ··· 186

第二部分　分数阶表示域微动特征提取及检测

第7章　微多普勒理论及分析方法概述 ································· 191
 7.1　微多普勒研究概述 ··· 192
 7.2　海杂波建模及多普勒特征研究现状 ····························· 194
  7.2.1　动态海面散射杂波建模 ································· 194
  7.2.2　海杂波多普勒谱特征分析 ······························· 195
 7.3　微动目标回波信号建模及检测研究现状 ······················· 198
  7.3.1　海面微动目标回波信号建模 ··························· 198
  7.3.2　微动目标特征分析与检测方法 ························· 200
 7.4　难点与挑战 ··· 203
  7.4.1　海杂波建模及特性分析方面 ··························· 203
  7.4.2　微动目标回波建模及特性分析方面 ··················· 203
  7.4.3　微多普勒信号特征提取和检测方面 ··················· 204
 7.5　小结 ··· 204
 参考文献 ·· 205

第8章　海杂波及动目标微多普勒特性认知 ························· 213
 8.1　动态海面散射杂波特性认知 ····································· 213
  8.1.1　改进一维时变海面散射模型及散射特性 ············· 214
  8.1.2　改进一维时变海面散射模型的分数阶功率谱分析 ···· 219
  8.1.3　改进一维时变海面散射模型的验证与分析 ··········· 222
 8.2　海上动目标微多普勒特征认知 ··································· 226
  8.2.1　非匀速平动回波模型 ··································· 227
  8.2.2　三轴转动回波模型 ······································ 230
  8.2.3　长时间微动目标观测模型 ······························ 233
 8.3　小结 ··· 235
 参考文献 ·· 236

第9章　短时分数阶傅里叶变换域目标微动特征检测和估计方法 ··· 239
 9.1　微动信号 STFRFT 表示及特性 ································· 239
  9.1.1　短时分数阶傅里叶变换 ································· 239
  9.1.2　微动信号的 STFRFT 表达式 ·························· 240
  9.1.3　STFRFT 窗口长度选择 ······························· 242
 9.2　基于海尖峰判别和筛选的海杂波抑制方法 ···················· 243

9.2.1 海尖峰的判别方法 ·· 243

9.2.2 海尖峰时域特性分析 ·· 244

9.2.3 海尖峰变换域特性分析 ·· 246

9.2.4 海尖峰抑制方法 ·· 249

9.3 STFRFT 域微动目标检测和特征提取方法 ······················· 249

9.3.1 方法流程 ··· 249

9.3.2 方法分析 ··· 252

9.4 仿真与实测数据处理结果 ··· 253

9.4.1 微多普勒信号检测和性能分析 ································· 253

9.4.2 微多普勒特征提取和性能分析 ································· 257

9.4.3 实测数据处理结果 ·· 259

9.5 小结 ·· 263

参考文献 ·· 263

第 10 章 分数阶表示域机动目标长时间相参积累检测方法 ·········· 265

10.1 RFRFT 长时间相参积累检测方法 ································· 267

10.1.1 RFRFT 的基本原理与性质 ···································· 267

10.1.2 基于 RFRFT 的长时间相参积累 ····························· 271

10.1.3 仿真与实测数据处理结果 ····································· 280

10.2 RLCT 长时间相参积累检测方法 ··································· 290

10.2.1 RLCT 的基本原理 ··· 290

10.2.2 基于 RLCT 的长时间相参积累 ······························ 292

10.2.3 实测数据处理结果 ·· 295

10.3 RFRAF 长时间相参积累检测方法 ································ 300

10.3.1 RFRAF 的基本原理与性质 ···································· 300

10.3.2 基于 RFRAF 的长时间相参积累 ···························· 308

10.3.3 仿真与实测数据处理结果 ····································· 312

10.4 RLCAF 长时间相参积累检测方法 ································ 321

10.4.1 RLCAF 的基本原理与性质 ···································· 321

10.4.2 基于 RLCAF 的长时间相参积累 ···························· 326

10.4.3 仿真与实测数据处理结果 ····································· 327

10.5 RLCAF 域杂波抑制方法 ··· 335

10.5.1 RLCAF 域微动目标和海杂波表示 ·························· 335

10.5.2 海杂波抑制与微动目标检测方法 ····························· 337

10.5.3 仿真与实测数据处理结果 ····································· 337

10.6　小结 ……………………………………………………………… 339

参考文献 ……………………………………………………………… 340

附录 ………………………………………………………………… 344

雷达数据集介绍 ……………………………………………………… 344

彩图

第一部分

分数阶傅里叶变换域雷达动目标检测

第一部分

研究进展与相关法律法规的及其应用与分析问题研究

第 1 章　雷达微弱目标检测技术概述

1.1　引　　言

雷达是通过对物体表面反射的电磁波进行研究而获取信息的，当电磁波照射地面、海面等大面积的非规则散射体时，反射的回波在形式上具有杂乱时序特性，因此也称为杂波。通常，把海洋表面反射的杂散雷达电磁波称为海杂波[1]。对海杂波的研究已经有 50 多年的历史，人们对它的认识也经历了从低分辨率到高分辨率、从时间上平稳到非平稳、从空间上均匀到非均匀、从线性到非线性、从随机性到混沌和分形、从不相关到相关再到部分相关、从数值拟合到物理解释等不同的发展阶段[2,3]。

目标检测技术始终是雷达信号处理领域的难题，不仅具有理论重要性，而且在民用和军用方面均具有非常重要的地位[4]。在民用方面，目标检测技术在船舶的安全航行、浮冰规避和海洋环境的监测中有着广泛的应用。在军用方面，岸基雷达对海监视、反潜、对抗超低空突防的飞机和巡航导弹、检测隐身舰船时都会遇到目标检测问题。目标检测往往面临复杂的探测环境，例如，海面的粗糙程度要远远高于地面，并且海面不断地运动起伏，幅值分布复杂，无论是在时域还是在频域(多普勒域)，目标分辨单元的信杂/噪比(signal-to-clutter/noise ratio，SCR/SNR)可能都很低，具有低可观测性，这些都严重影响了目标的检测[5]。

高分辨率雷达的发展，使得对微弱目标的检测与识别成为可能，但在低掠射角及高海况的条件下，海杂波和气象杂波会淹没微弱目标信号，大量的杂波尖峰还会造成严重虚警，这些对雷达海上和低空探测的性能都会产生较大的干扰，也是限制各种平台对海雷达检测性能发挥的一个重要因素。为了能够有效、准确地获取雷达目标信息，除了要对雷达目标特性、雷达所处复杂环境的特性及其变化规律进行充分掌握和研究，还需要结合各种先进的信号处理方法，滤除或抑制杂波，改善信杂比，最大限度地积累目标能量，降低杂波对目标的干扰，达到区分目标和杂波的目的[6]。因此，提供稳健、可靠、快速的微弱目标的检测方法对于提高雷达探测性能、提升防御系统的"四抗"能力有着重要意义。

1.2　基于统计模型的目标检测技术

雷达目标检测方法的研究基本上是基于统计理论的，即将回波信号视为随机序列，采用统计模型对杂波幅值进行建模，然后从杂波中提取各种统计特征构造能量检测器，来实现目标检测。然而雷达目标检测研究发展至今，待检测目标与目标所处的环境都已经相当复杂，目标和杂波模型均呈多样化发展趋势，尤其是杂波模型，在现代目标检测的复杂环境中往往不成立或不完全成立，这就使经典目标检测方法由于模型失配而不能取得预期的检测结果。另外，雷达目标检测所面临的是种类繁多的杂波与干扰，由它们构成的环境往往是非线性的、时变的，尤其是随着雷达自身技术的发展，如新体制的采用、分辨率的提高等，回波信号变得非平稳、非高斯。此时，经典目标检测方法所做的独立、线性、平稳、高斯背景等假设不匹配，原来所设计的最佳目标检测策略的性能也必然会下降[7]。

杂波背景下的雷达目标检测理论建立在杂波是随机过程的基础上，杂波的统计模型研究时间最长、发展最成熟。但杂波的产生通常依赖诸多因素，如海杂波，包括雷达的工作状态(入射角、发射频率、极化、分辨率等)以及环境状况(如海况、风速、风向等)。随着基于统计理论的目标检测技术不断向复杂化发展，新出现的统计模型更能贴近实际，但都是针对特定背景或者特定环境的，不能很好地反映物理非线性动力学特征，而且所提出的越来越复杂的检测方法带来的是实时性的急剧降低或者缺乏可实现性。

雷达目标检测技术在实际应用过程中面临的背景并非三类背景(均匀背景、杂波边缘背景和多目标环境)中的任意单一类型，而是由海面、岛屿、陆地、其他目标、强散射点距离旁瓣以及不同海况等形成的，涵盖三种背景类型的复杂非均匀环境，从而使得常规基于统计模型的目标检测技术面临两难的参数选择问题。基于背景杂波统计分布的雷达目标检测方法最典型的代表为恒虚警率(constant false alarm rate，CFAR)检测器，按照杂波的分布模型，可分为高斯杂波模型与非高斯杂波模型下的 CFAR 检测器[8]；根据数据处理方式的不同，可以分为参量型与非参量型 CFAR 检测技术；按照数据处理域的不同，可以分为时域 CFAR 检测技术和频域 CFAR 检测技术；按照数据形式的不同，又可分为标量 CFAR 方法与向量 CFAR 方法。另外，还可以分为单参数 CFAR 方法与多参数 CFAR 方法、单传感器 CFAR 方法与多传感器 CFAR 方法。

CFAR 检测技术在形成检测门限时一般包括两个步骤：一是估计背景均值；二是计算门限因子，这两个步骤在很大程度上依赖对背景杂波类型的假设。其中，在 CFAR 检测器要求下，门限因子的计算依赖对背景杂波统计分布类型的假设，但是在目前的工程实际应用中，很难获得复杂非均匀环境中每个距离单元背景杂波的统计分布类型，因此也很难根据设定的虚警概率来求得门限因子。在估计背景均值时，传统 CFAR 检测方法一般是基于背景类型的某个假设来获取足够的独立同分布样本。例如，工程中常用的单元平均 CFAR(cell average CFAR，CA-CFAR)检测方法是基于均匀背景假设的，相应的检测单元背景均值是利用邻近距离单元的样本均值来估计的；选大 CFAR(greatest of CFAR，GO-CFAR)检测方法则是基于杂波边缘背景假设的，相应的检测单元背景均值是通过选择两侧邻近距离单元样本均值中的较大者来估计的；而选小 CFAR(smallest of CFAR，SO-CFAR)检测方法则是基于单边有多目标的背景假设的，相应的检测单元背景均值是通过选择两侧邻近距离单元样本均值中的较小者来估计的。然而，在实际雷达工作环境中，多数是针对复杂非均匀环境的。这种复杂非均匀环境使得基于单一背景类型假设的 CFAR 检测方法难以获得足够的独立同分布样本来进行背景均值估计，同时保护距离单元数和参考距离单元数的设置往往面临两难问题。

因此，经典的目标检测方法在复杂的目标检测环境和日益提高的现代目标检测要求下，越来越显得捉襟见肘，主要表现在两方面：①难以适应现代多样化的目标信号模型；②对目标检测环境的时变性、非平稳性考虑不足，当杂波分布类型偏离假设时，检测器的性能往往大幅下降，甚至难以保持 CFAR 检测器性能[9,10]。

1.3　基于特征差异的目标检测技术

传统的杂波中目标检测技术研究主要依赖某种统计特征，并期望所提特征对杂波和目标具有稳定的差异度和线性可分性，但这一研究过程有两方面因素没有系统全面地考虑：一是，背景杂波是一个多参数函数，即雷达系统参数(包括雷达频段、极化方式、脉冲重频、掠射角、观测距离、分辨单元尺寸、扫描速度、发射波形等)和环境参数(包括海域、海况、风速、风向、云雨、大气与海洋温度等)的函数[11]。杂波与诸多参数间表现为复杂的非线性依赖关系，并依各参数呈现不同的非线性规律，这些信息对增强不同频段杂波与目标特征差异度是十分有益的，但在形成统计特征过程中没有得到充分利用。二是，在存在目标的情况下，目标与杂波间不是简单的线性叠加，而是复杂的非线性合成关系，但在线性近似或模型简化的过程中往往会损失部分信息，导致仅有局部信息用于区分杂波和目标，实际上这种非线性关系往往会使得杂波与目标间存在一种非线性可分的状态。

在对微弱目标检测时判断目标的有无，其实也就是要对目标与杂波或者噪声进行分类，特征检测器就是基于该思想的，即判断回波是否属于背景所在的类。其大致的思路是，提取出目标回波和背景杂波之间稳健的、具有可分性的特征空间，根据特征的差别做出判别。基于这种架构，已经有研究者设计了目标检测的创新方法[12]。例如，利用目标和杂波背景的非线性特征差异设计检测器，非线性特征是杂波复杂性的直观体现，相关文献已经分别从散射机理和实测数据等方面研究了杂波的非线性特征，尤其是海杂波。从内容上看，非线性特征是对传统统计分布特性的补充和完善，它和传统统计分布特性属于研究同一问题的不同数学工具。分形属于非线性特征研究领域的典型内容，主要研究杂波的起伏结构。分形模型可以较好地描述信号粗糙程度，背景与目标的粗糙程度不同，其分形特性有所差异，因此可将该差异用于目标检测[13]。然而时域分形特性差异在低SNR/SCR 条件下不明显，检测性能下降。为此，人们研究了变换域中的非线性特征检测方法，将回波信号进行相参积累后构造非线性特征差异，提高了该类检测方法对微弱目标的检测能力[14]，但对回波时间序列的长度和训练数据的数据量具有很高的要求，增加了算法复杂性，并且变换域非线性特征的理论机理尚不明确，仅适合特定条件下的数据分析和目标检测。

1.4   基于变换域处理的动目标检测技术

近年来，对强杂波环境中位置和运动速率未知的动目标进行检测与估计的问题引起了人们的广泛关注。当 SCR 较低时，在时域中微弱动目标能量与杂波接近，已不能被正确区分和检测。因此，人们开始尝试利用各种变换和能量积累方法提取强杂波中的动目标，主要方法为经典的动目标显示(moving target indicator，MTI)[15-18]及杂波抑制方法[19-21]及基于时频分析的动目标检测(moving target detection，MTD)方法[22-43]等。

1.4.1   动目标显示及杂波抑制方法

雷达探测的目标，如飞机、导弹通常具有较高速度，接收信号会有较大的多普勒频移(切向目标除外)，而杂波由于处于静止或者较慢速的运动状态，所以能量主要集中在频率比较低的范围，用相应的带阻滤波器对回波信号进行滤波，杂波的能量就会被减弱甚至消除。这种利用径向速度的差别抑制无用杂波的方法称为 MTI 方法[15,16]。由于 MTI 方法对地物杂波的抑制能力有限，所以在 MTI 后串接一个窄带多普勒滤波器组来覆盖整个重复频率的范围，以达到动目标检测的目的，即 MTD 方法[17,18]。由于杂波和目标的多普勒频移不同，所以它们将在不同的多普勒滤波器的输出端出现，从而可以从杂波中检测出动目标，并且 MTD 方法还可以根据不同的窄带滤波器输出求出多普勒频移来确定目标的速度。

然而，在较强杂波干扰背景下，静止或慢速运动的目标，由于没有多普勒频移或者多普勒频移较小，加之杂波是动态变化的，如气象杂波和海杂波等，所以杂波在多普勒域有一定的谱宽。对于运动的慢速小目标，其回波的多普勒频率会落在杂波的频谱内，采用传统的 MTI 方法和 MTD 方法对动目标进行多普勒频移分辨已十分困难，增大了动目标检测的难度。另外，当进行长时间相参积累或目标做非匀速运动时，雷达回波中调制有与目标机动特性相关的多项式相位因子，这时的雷达回波信号将不满足传统信号处理中的平稳性要求，导致基于离散傅里叶变换(discrete Fourier transform，DFT)的常规 MTD 方法不再有效，也就是说，多普勒徙动导致相参积累增益下降。

实际应用表明，强杂波背景下雷达经 MTI 对消，使用 CFAR 检测器及杂波图 (clutter map，CM)检测后仍有大量剩余杂波，严重影响了后续对动目标的航迹起始与跟踪。这时可以结合多种杂波抑制方法，主要有[19-21]：①直接减小杂波的干扰强度，如通过调整或选择雷达发射波束宽度、提高发射重频、采用脉冲压缩技术、近程增益控制等，可减小杂波的有效反射面积，降低杂波功率水平；②对杂波进行去相关处理，如采用频率捷变技术、脉冲间积累技术、扫描间积累技术等，以消除杂波干扰，改善积累增益；③采用变极化措施，例如，圆极化对云、雨、雪杂波和海杂波可改善 15～20dB 的性能。

1.4.2　基于时频分析的动目标检测方法

在现代雷达系统中，目标多普勒频率与目标速度近似成正比，当目标做匀加速运动时，回波为线性调频(linear frequency modulation，LFM)信号。而运动状态比较复杂的目标在一段短的时间范围内，常可用 LFM 信号作为其一阶近似[22-25]，如海面动目标的雷达回波信号、合成孔径雷达(synthetic aperture radar，SAR)方位回波信号和反辐射导弹(antiradiation missile，ARM)发射初期的回波信号等。对这些参数未知且背景复杂的 LFM 信号的检测和参数估计有着较大的意义[26-29]。采用现有的检测方法在低信噪比，并且多个信号同时存在的情况下，进行 LFM 信号的实时检测和识别是十分困难的。因此，为更好地达到 LFM 信号实时检测和识别的目的，研究新的有效方法非常必要。

传统的傅里叶变换将信号在整体上分解为具有不同频率的正弦分量，仅能给出 LFM 信号的频率变化范围，不提供任何时间信息。时频分析方法是研究非平稳信号的有力工具，作为时间和频率的二维函数，时频分布给出了特定时间和特定频率范围的能量分布，也描述了非平稳信号的频率随时间的变化过程，因此对 LFM 信号有良好的时频聚焦性，并可应用于杂波中的动目标检测[30,31]。

作为线性时频表示，短时傅里叶变换(short time Fourier transform，STFT)最早被提出，是傅里叶变换的一种自然推广[32,33]，将时间信号加上时间窗后得到窗内信号的频率，将时间窗滑动进行傅里叶变换，从而得到信号的时变频谱，即信号的时频分布。但受不确定原理的制约，其时间分辨率和频率分辨率不能同时得到优化，限制了 STFT 对 LFM 信号的时频描述。为此，文献[32]提出了一种基于时频加窗 STFT 的 LFM 信号干扰抑制方法，通过时频加窗把 LFM 信号干扰分布在较宽频带的能量聚集在较窄的频带内，因此基于时频加窗 STFT 方法对信号的影响要小于基于 STFT 的方法；文献[33]采用分数阶变换实现了 STFT 窗的优化。

小波变换(wavelet transform，WT)采用可调的时频加窗，具有多分辨分析的特点，而且在时频域都具有表征信号局部特征的能力，较好地解决了时间分辨率和频率分辨率的矛盾[34]。文献[35]提出了多尺度小波能量积累器的概念，并给出了相应的多尺度小波能量积累方法，将信号在不同分解尺度上的小波能量进行积累，在此基础上设计出一种用于弱信号检测的小波能量检测方法，但该方法较为复杂，实时性不强。文献[36]将小波变换与相关处理和积累检测方法相结合，在小波域下对雷达回波信号做相关处理和积累检测，达到了抑制杂波、提高船用雷达目标检测能力的目的。然而，进行小波变换时所需的小波基函数和分解层数没有相应的确定准则，并且在 SCR 较低时，分解的细节系数中包含部分目标信号，因此容易造成 SCR 损失。

二次型时频分布中最典型的为 Wigner-Ville 分布(Wigner-Ville distribution，WVD)，它直接利用信号的时频二维分布描述非平稳信号幅频特性随时间的变化情况，表现出理想的时频聚集性，但 WVD 在多目标存在的情况下，交叉项将严重影响目标的检测。由于海洋环境中弱信号的谱与海杂波的谱相混叠，目标和背景差异很小，所以经典的频域或空域处理对海杂波中弱信号的检测难以奏效。文献[37]提出了一种海洋环境中基于 WVD 的 LFM 信号检测方法。文献[38]采用变化模态分解有效地解决了 WVD 交叉项干扰问题，但该算法较为复杂。Wigner-Hough 变换(Wigner-Hough transform，WHT)是对信号 WVD 的时频平面进行 Hough 变换的直线积分投影，可以有效地避免交叉项的干扰[39,40]，但信号积累后会出现虚假点，这会对信号的参数估计和分离带来影响，并且在强弱信号同时存在的情况下，存在强信号对弱信号的抑制现象。

文献[47]于 1998 年提出希尔伯特-黄变换(Hilbert-Huang transform，HHT)，运用经验模式分解(empirical mode decomposition，EMD)方法，将一个时间序列信号分解成有限个不同时间尺度的固有模态函数(intrinsic mode function，IMF)，然后将每个 IMF 进行 Hilbert 变换，得到时频平面上的能量分布谱图，用来分析信号的时频谱特征。HHT 能自适应地分析非线性、非平稳信号，非常适合分析海杂波数据[42]。为了对强海杂波中的固定微弱目标进行检测，文献[43]提出了基于 EMD 方法和盒维数的目标检测方法，与仅基于盒维数的微弱目标检测方法相比，提高了固定目标对海杂波盒维数的影响，从而提高了微弱目标的检测概率。然而 HHT 是一种迭代算法，容易引起插值失真，导致分解出的各个 IMF 在两端点附近失去物理意义，进而淹没信号特征信息。

1.5　分数阶傅里叶变换域雷达信号处理技术

1.5.1　分数阶傅里叶变换的起源及发展

随着现代信号处理理论的不断发展，分数阶傅里叶变换(fractional Fourier

tiansform，FRFT)作为非平稳信号处理的有力工具，在动目标检测方面的应用也备受关注。1980 年，文献[44]从特征值和特征函数的角度，以纯数学的方式提出了 FRFT 的概念，并用于微分方程的求解。尽管在信号处理领域，FRFT 具有潜在的用途，但是其缺乏有效的物理解释和快速算法，使得 FRFT 在信号处理领域迟迟未能受到应有的重视。直到 1994 年，文献[45]将 FRFT 解释成一种角度傅里叶变换，即信号在时频平面内坐标轴绕原点逆时针旋转任意角度后构成的分数阶 Fourier 域上的表示方法，从而明确了 FRFT 的物理意义。1996 年，文献[46]提出了一种运算量与快速傅里叶变换(fast Fourier transform，FFT)相当的离散算法后，FRFT 才吸引了越来越多信号处理领域学者的注意。2000 年，专著 *The Fractional Fourier Transform with Application in Optics and Signal Processing*[47]对 FRFT 进行了全面的介绍和总结，在 FRFT 发展史上具有里程碑的作用。随着国内外学者对 FRFT 理论研究的不断深入，这种新的时频分析工具表现出良好的应用前景，广泛应用于时变滤波[48]、声信号处理[49]、图像处理[50]、通信[51]、雷达[52]等诸多领域。国内主要在 FRFT 的基本理论、数值算法和应用三个层面开展了研究，取得了大量的研究成果，主要从 FRFT 的基本理论[53]、数值计算方法[54]和工程应用[55]等方面开展了研究，尤其是 FRFT 离散算法的实现和改进使得 FRFT 的应用更加有效可行。

　　将 FRFT 应用于雷达信号处理中，主要集中在 FRFT 域目标识别、波束形成、LFM 信号的检测与估计等方面。文献[56]将 FRFT 应用于波束形成，对 LFM 信号进行到达角估计，性能优于频域处理方法和空域处理方法。文献[57]研究了基于 FRFT 的多分量 LFM 信号的检测和参数估计，改进了最佳变换域的搜索过程，并提出了 FRFT 域的信号分离技术，有效地抑制了检测过程中强信号分量对弱信号分量的影响，但该技术需要设计滤波器，增大了系统复杂度。

　　FRFT 实质上是一种统一的时频变换，同时反映了信号在时域、频域的信息。FRFT 将信号分解在 FRFT 域一组正交的 chirp 基上，因而更适于分析或处理某些时变的非平稳信号，特别是 LFM 信号。LFM 信号是一种常见的非平稳信号，在现代雷达中有着广泛的应用。一方面，作为大时间-频带积的扩频信号，LFM 信号广泛应用于各种信息系统，如雷达、声呐和移动通信等；另一方面，现代雷达系统中目标多普勒频率与目标速度近似成正比，在较短的观测时长内，可用 LFM 信号作为动目标回波的一阶近似模型。由此可见，在现代雷达信号处理中，对 LFM 信号的检测和参数估计有着重要的意义。传统的傅里叶变换不能对 LFM 信号进行有效的能量积累，与常用二次型时频分布不同的是 FRFT 采用单一变量表示时频信息，没有交叉项干扰，且是一种线性变换，从而在加性噪声干扰情况下更具有优势[58]，并且具有比较成熟的快速离散算法，保证了 FRFT 能够进入数字信号处理的工程实用阶段。对于 LFM 信号，当旋转角度与信号相匹配时，可得到一个冲激信号，其能量聚集性最强；当旋转角度与信号不匹配时，仍然变换为广义的 LFM 信号。当信号分量之间和信号与噪声之间在时域或频域存在较强的耦合时，经典的时频分析方法和滤波方法难以实现有效的信号分离和信噪分离，而通过旋转一定的角度，FRFT 能够很容易地实现有效的信号分离和信噪分离，因此 FRFT 对 LFM 信号有很好的检测和识别效果[59]。

1.5.2 分数阶变换在动目标检测和识别中的应用

通过对动目标回波模型的讨论可知，目标平动的建模包括匀速运动和匀加速运动(有穷高阶运动和无穷高阶运动)。采用 FRFT 检测动目标的基本原理是，在雷达发射单频信号或 LFM 信号的前提下，目标多普勒频率与目标速度近似成正比，目标的运动状态不同，参数估计方法略有不同[60]，根据 Weierstrass 近似原理，其回波信号可由足够阶次的多项式相位信号近似表示，在一段短的观测时长内，可采用二次相位信号，即 LFM 信号作为动目标回波模型[61]。通过选择合适的变换阶数，将最佳 FRFT 域的信号幅值作为检测统计量，与门限进行比较后判断目标的有无。因此，采用 FRFT 检测杂波背景下的动目标具有很大的优越性，国内外学者对该领域进行了大量的研究，并提出了一系列基于 FRFT 的动目标检测方法，同时，采用 FRFT 能够得到目标运动的精细特征，因此也成为目标识别的方法之一，根据应用背景不同，主要分为以下五个方面。

1. FRFT 在高速高机动目标检测中的应用

目标的高速运动和较远的雷达观察距离导致多普勒模糊、距离模糊和低 SNR 等问题，使得高速微弱动目标检测一直是弹道目标、空间目标的预警和探测，以及外辐射源雷达信号处理领域的难题。利用长时间相参处理进行信号积累是提高微弱动目标检测能力的一种有效方法，可改善检测 SCR，即利用时间换取能量[62]。在实现高速微弱动目标长时间相参积累前，通常需要对回波进行距离徙动补偿和多普勒徙动补偿[63]，相参积累的有效性取决于补偿效果。现有的距离徙动补偿方法包括 Keystone 变换法、包络对齐法、检测前跟踪法和时频分析法等。针对多普勒徙动补偿，主要方法包括多项式相位法、解线调法及 WHT 法等。由于传统采用傅里叶变换的相参积累技术仅是针对含线性相位信号的最佳匹配滤波器，而目标径向加速度产生二次相位调制，因此积累增益会下降。借鉴 MTD 多普勒滤波器组的思想，将 p 阶 FRFT 看成一组扫频滤波器组，采用 FRFT 同时对中心频率和调频率进行补偿，然后通过构建不同距离单元的二维 FRFT 域检测单元图对动目标进行恒虚警检测，如图 1-1 所示，使得 FRFT 适于实现二次相位补偿的长时间相参处理，有效增强雷达在强杂波背景下对微弱动目标的检测能力[64]。文献[63]针对 LFM 脉冲压缩雷达检测高速和加速动目标时受到距离徙动和多普勒频率徙动(Doppler frequency migration，DFM)的影响，提出了一种基于变标处理和 FRFT

的动目标检测方法，利用变标处理补偿距离徙动，利用 FRFT 补偿多普勒频率徙动，提高了雷达对高速和加速动目标的检测性能。外辐射源雷达发射功率低，在探测高速、加速动目标时尤其需要长时间积累，文献[65]提出了基于包络插值和 FRFT 的数字电视辐射源雷达徙动补偿算法，使积累时间的增加不再受目标徙动的限制，为提高数字电视辐射源雷达的探测性能提供了一种有效的方法。

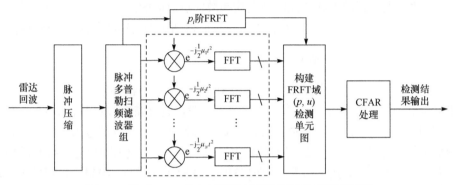

图 1-1　基于 FRFT 的加速度补偿相参积累检测原理框图

2. FRFT 在 SAR 成像及动目标检测中的应用

随着成像环境和成像对象的不断扩展，成像过程中越来越多地涉及非平稳信号，特别是 LFM 信号的处理问题，例如，动目标的 SAR 回波信号在方位上表示为 LFM 信号，以及目标转动和振动的多普勒回波也近似为调幅-LFM 信号。FRFT 对 LFM 信号有着良好的检测和参数估计性能，可以精确地估计出目标运动的两个关键参数(多普勒调频率和多普勒中心频率)，既不存在交叉项的干扰，又具有很高的时频分辨率，因而 FRFT 适合处理 SAR 对动目标的成像和检测问题。研究表明，正侧视情况下的机载 SAR 地面动目标回波可近似为 LFM 信号，在此基础上，文献[66]提出了基于 FRFT 的机载 SAR 动目标检测方法，有效消除了 LFM 信号的时频耦合特性对信号检测的影响。文献[67]采用 FRFT 替代 chirp scaling 算法(chirp scaling algorithm，CSA)中的 FFT，可以获得较 CSA 更好的聚焦效果。文献[68]针对传统的基于 FRFT 的机载 SAR 地面动目标检测方法的不足，重点解决了机载 SAR 多动目标检测和成像问题。随后，人们又将 FRFT 应用于多输入多输出(multiple-input multiple-output，MIMO)-SAR 成像[69]、导航卫星无源 SAR 动目标成像以及地面动目标指示器(ground moving target indicator，GMTI)[70]等领域，可同时得到动目标方位向和多普勒中心频率估计。逆合成孔径雷达(inverse synthetic aperture radar，ISAR)通过发射宽带信号实现径向高分辨，利用目标相对雷达姿态变化产生的多普勒实现横向高分辨，从而获得目标二维高分辨图像，目标回波经过运动补偿后，通常采用距离多普勒(range-Doppler，RD)算法进行成像，但 RD

算法在目标尺寸较大，发生距离徙动时，容易产生 ISAR 像模糊。此时，也可采用 FRFT 对多普勒域进行尺度变换，实现多普勒频率与信号频率的解耦合，无须距离徙动校正即可获得清晰的 ISAR 像[71]。若目标平稳运动，并且在很短的成像时间内，目标相对雷达视线可认为做均匀转动，而目标又同时存在机动，则均匀转动的假设不再成立，引起的相位误差会使散射点的多普勒谱展宽，ISAR 像模糊。为此，人们利用 FRFT 提取最大功率散射点对应的调频信号，并以该信号为参考信号消除目标平动引起的相位误差，从而得到非均匀转动参数的最优估计[72]。

3. FRFT 在 ARM 检测中的应用

ARM 是现代战争中打击雷达等辐射电磁波源的有力武器，雷达能检测出 ARM 是保证雷达生存的最基本手段之一。一般在载机瞄准式发射 ARM 时，载机处于匀速运动状态，而导弹做匀加速运动，因此载机的回波信号为单频信号，而 ARM 回波信号为 LFM 信号，对 ARM 的检测问题也转变成单频信号干扰和低 SNR 背景下的 LFM 信号检测问题。文献[73]应用 FRFT 来检测 ARM，在频域进行遮隔处理，去掉载机的单频信号分量，并采用分数阶自相关来完成 ARM 的检测与参数估计。随后，文献[74]针对 ARM 雷达回波信号的 LFM 特性，采用 FRFT 直接检测 ARM 信号，根据调频率和变换阶数的关系，大致确定变换阶数搜索范围，能够提高检测效率。另外，也有文献利用单频信号和 LFM 信号的 FRFT 域特性检测 ARM 信号，如正负对称旋转角的 FRFT 模值特性、时移特性[75]和共轭 FRFT 模值特性[76]等，可有效消除载机信号的干扰，并对背景噪声有一定的抑制作用。

4. FRFT 在海洋动目标检测中的应用

1) 海面动目标检测

海杂波中微弱目标，尤其是低(低掠射角)、慢(静止或慢速运动)、小(尺寸小)目标的检测技术是对海雷达信号处理核心和关键技术，在军用和民用领域有广泛的应用，如海面动目标的检测、船舶的安全航行、浮冰规避和海洋环境的监测等。海杂波中微弱目标的共同点是，由于雷达分辨低、距离远、背景强等因素，海杂波会淹没微弱目标信号，能量积累效果差，这些都严重降低了检测性能。与地物杂波不同，海面的粗糙程度要远远高于地面，并且海面不断地运动起伏，幅值分布复杂，在低掠射角及高海况的条件下，大量的杂波尖峰还会造成严重虚警。经典的基于统计理论[77]和混沌、分形[78]的强海杂波背景下的目标检测，受到模型匹配、SCR、算法复杂度和通用性的制约，难以满足雷达高检测概率、高稳定性和高可靠性的要求。由于 FRFT 在动目标检测和估计中的优势，将 FRFT 引入海面动目标检测中，分析海杂波在 FRFT 域的幅值特性和相关性，不仅不需要估计海杂波的模型参数，而且能估计出目标的运动参数，从而获得目标的运动状态[5,6]。

2) 水下动目标检测

声呐、鱼雷和海底探测等水声传感器通过对目标回波的处理来获取目标的参数，如目标的速度、距离和方位等，其中，目标的径向运动速度估计是水下信息处理的重要研究内容之一。主动传感器通过估计回波信号与发射信号之间的时延和多普勒伸缩因子来估计目标距离和相对径向速度。传统的匹配滤波技术，对于未知目标速度的检测和估计需要多个副本来覆盖目标的速度范围，容易造成回波和样本失配。由于水下信道存在混响和快速衰减的特性，所以水声传感器广泛采用 chirp 波形。文献[79]基于体积搜索声呐(volume search sonar，VSS)，首次采用 FRFT 增强声呐回波信号，并与频域处理方法进行比较，结果体现出 FRFT 方法的优越性。随后，文献[80]详细讨论了 FRFT 在主动声呐和截获声呐中的应用，推导了旋转角和调频率的关系，能够检测和估计多分量 LFM 信号。文献[81]研究了基于 FRFT 的水下目标的速度和距离联合估计问题，仅用单调频线性调频脉冲就可以同时完成水下动目标检测。水下主动探测不可避免地受到混响的干扰，动目标在匀加速运动时，单频发射脉冲的回波信号经过距离压缩后可视为 LFM 信号，文献[82]利用 FRFT 对 LFM 信号的能量聚集性，并将四阶累积量作为后置处理算子抑制混响，能够在混响背景中有效地检测和识别动目标回波。研究表明，基于 FRFT 的方法可在水下动目标检测中抑制海底混响干扰，提高信混比。

5. FRFT 在雷达信号识别中的应用

传统的目标识别方法大多是采用目标强散射中心的位置和幅值信息，基于高分辨距离像，但是目标幅值散射中心位置和幅值的随机性，以及高分辨距离像对目标姿态的敏感性，使得仅通过幅值起伏的识别方法变得困难。近年来，人们考虑如何在时频面上进行特征提取，FRFT 由于具有额外的自由度(旋转角度)，所以能够提供更多的目标特征信息，进而利用特征差异进行目标识别。研究表明，当声呐发射 LFM 信号时，水下目标(如水雷)的回波能量集中在某个 FRFT 域，表现为明显的峰值，文献[83]采用 FRFT 进行目标识别，然后通过支持向量机(support vector machine，SVM)或奇异值分解(singular value decomposition，SVD)方法对 FRFT 谱进行识别分类，实验表明此方法具有良好的识别率。文献[84]采用 FRFT 作为高分辨距离像时频特征的提取工具，使用主分量分析(principal component analysis，PCA)进行特征降维，较好地实现了目标识别功能。现代雷达已同时具备脉宽、载频、重频等参数的捷变和跳变功能，容易造成常规信号分选方法性能下降。为此，人们借助 FRFT 和高阶矩的相关理论，通过动态聚类法对提取出的包络曲线峰值所对应的变换角 α 值、峰值大小及包络曲线峰度特征进行分类，达到分选空间雷达辐射源信号的目的[85]。低截获概率(low probability of intercept，LPI)信号具有良好的抗干扰性和隐蔽性，对其调制信号的识别和分类问题成为难题，而 LPI 信号多表现为调频信号,因此其在 FRFT 域表现的不同分布特征也可作为 LPI 信号识别与分类的主要依据[86]。

1.6　亟待解决的技术难题

基于 FRFT 的动目标检测技术有着巨大的潜在优势,但实际应用仍有许多亟待解决的技术难题,具体如下。

1) 最佳旋转角的估计问题

FRFT 运算最重要的是最佳旋转角的确定,而目前的方法仍无法很好地平衡估计精度和运算量之间的矛盾,没有摆脱变换域参数二维搜索的局限,进一步制约了 FRFT 在实际工程中的应用。由于最佳旋转角与目标的运动状态尤其是加速度密切相关,而目标的有无未知,所以此时,应充分考虑各种实际因素的影响,根据待检测目标的类别大致判断加速度的范围,并结合寻优方法,进一步设计最优旋转角的搜索方法,提高运算效率。

2) FRFT 域杂波抑制问题

杂波背景中的动目标检测技术始终是雷达信号处理领域的难题,FRFT 在积累目标能量的同时,也会积累部分杂波能量;另外,在高海况时,海面起伏剧烈、粗糙,海杂波的幅值和多普勒均随时间变化,"快变信号"产生非 Bragg 谱,使得多普勒中心频率偏移或展宽[87],强杂波的 FRFT 幅值会严重影响对动目标的检测,降低雷达目标的检测性能。将 FRFT 理论与统计处理方法、分形理论、模糊数学和其他变换方法,如经验模态分解[88]等方法相结合,以提高抑制杂波的能力。

3) 非 LFM 信号的检测和估计问题

FRFT 对 LFM 信号有较好的能量聚集性,但在实际应用中,待检测信号具有某种特殊的时频特性,而该时频特性不能用少量参数来建模,例如,天波超视距雷达以及地波超视距雷达中的长时间积累使得目标回波为非 LFM 信号,其相位和多普勒频移是关于时间的光滑函数[89]。目标或目标部件除质心平动以外的振动和转动等微小运动,如直升机旋翼、军舰和装甲车上天线的转动、舰船的颠簸和摆动以及弹道导弹弹头的章动和劲动等,其目标回波均为调幅-调频信号,并且动目标在加速过程中由于发动机的变化和不稳定,其回波可能会产生高次相位。广泛使用的 Wigner 分布、FRFT、模糊函数等时频分析方法一般仅对二次相位信息有很好的分析效果,对三次相位信息无能为力。此时,一方面可采用近似分段的方法,将非 LFM 信号进行时间分段,每个时间段内近似表示为 LFM 信号;另一方面,直接设计与非 LFM 信号形式相匹配的基函数,使得非 LFM 信号在此基函数上的能量得到最大限度的积累,如分数阶模糊函数(fractional ambiguity function,

FRAF)。

4) FRFT 的改进算法设计与应用

FRFT 是一种统一的时频分析方法,可理解为将时频面以角度 α 做一定旋转,传统意义下的相关、卷积和功率谱等定义仅限于在时域或频域进行,而 FRFT 的出现及应用可将其推广到任意 FRFT 域,由此定义出一些有用的分数阶算子和分数阶变换[90,91],可用于处理和分析非平稳信号。FRFT 由于增加了旋转角度一维自由参数而增大了信号维度。增加了信息量,通过扩展额外的信号维度可将 FRFT 进一步推广为线性正则变换(linear canonical transform,LCT)[92,93],LCT 具有 3 个自由参数,不仅可对时频轴进行旋转,也可对其进行拉伸与扭曲变换,相较于 FRFT 的 1 个自由参数和傅里叶变换的 0 个自由参数,LCT 具有更强的灵活性,因此针对 FRFT 无法妥善处理的复杂非平稳信号,LCT 能够得到更好的处理效果。另外,FRFT 本身缺少时域定位功能,因此通过在 FRFT 中加入滑动的短时窗函数,得到短时 FRFT(short-time FRFT,STFRFT)[94],能够完成整个时间上的信号局部性质分析,可得到任意时刻的该段信号的频率变化,极大地扩展了 FRFT 的应用范围,同时为非 LFM 信号的检测和估计问题提供了有效的技术途径。

5) FRFT 的工程应用问题

一方面,FRFT 的离散化会导致栅栏效应;另一方面,FRFT 需要对目标信号进行相参积累,适用于相参体制的雷达信号处理,并且需要较长的观测时长以达到足够的脉冲数量,以满足较高的估计精度和检测概率的要求,但实际雷达波束照射目标时间短,用于积累的脉冲数量往往很难满足要求。另外,数据样本的减少对 SNR 的影响及解决途径同样值得关注。

1.7　小　　结

本章对雷达微弱目标检测技术进行了系统概述,分别介绍了基于统计模型的目标检测技术、基于特征差异的目标检测技术以及基于变换域处理的动目标检测技术。重点对 FRFT 雷达信号处理技术的研究现状进行了归纳总结。作为傅里叶变换的广义形式,FRFT 能够展示出信号从时域到频域的所有变化特征,动目标的雷达回波信号在一段短时间范围内,可用 LFM 信号作为其一阶近似,因此采用 FRFT 检测动目标具有很大的优越性。首先,从 FRFT 的机理和特点出发,对基于 FRFT 的 LFM 信号检测和估计、最佳变换角确定方法等相关研究进行归纳与分析;然后,从高速微弱动目标检测、SAR 成像和动目标检测、反辐射导弹检测、海洋动目标检测和雷达信号识别等方面重点介绍了 FRFT 理论在动目标检测和识别领域的应用和主要技术途径；最后，指出了该领域亟待解决的技术难题。

参 考 文 献

[1] Dong Y, Merrett D. Analysis of L-band multi-channel sea clutter[J]. IET Radar, Sonar & Navigation, 2010, 4(2): 223-238.

[2] Davidson G. Simulation of coherent sea clutter[J]. IET Radar, Sonar & Navigation, 2010, 4(2): 168-177.

[3] Ward K D, Watts S. Use of sea clutter models in radar design and development[J]. IET Radar, Sonar & Navigation, 2010, 4(2): 146-157.

[4] 何友, 黄勇, 关键, 等. 海杂波中的雷达目标检测技术综述[J]. 现代雷达, 2014, 36(12): 1-9.

[5] 陈小龙, 关键, 黄勇, 等. 雷达低可观测目标探测技术[J]. 科技导报, 2017, 35(11): 30-38.

[6] 陈小龙, 关键, 黄勇, 等. 雷达低可观测动目标精细化处理及应用[J]. 科技导报, 2017, 35(20): 19-27.

[7] 杨建宇. 雷达技术发展规律和宏观趋势分析[J]. 雷达学报, 2012, 1(1): 19-27.

[8] 何友, 关键, 孟祥伟, 等. 雷达目标检测与恒虚警处理[M]. 2 版. 北京: 清华大学出版社, 2011.

[9] 苏宁远, 陈小龙, 关键, 等. 基于深度学习的海上目标一维序列信号目标检测方法[J]. 信号处理, 2020, 36(12): 1987-1997.

[10] Chen X L, Su N Y, Huang Y, et al. False-alarm-controllable radar detection for marine target based on multi features fusion via CNNs[J]. IEEE Sensors Journal, 2021, 21(7): 9099-9111.

[11] 丁昊, 董云龙, 刘宁波, 等. 海杂波特性认知研究进展与展望[J]. 雷达学报, 2016, 5(5): 499-516.

[12] 许述文, 白晓惠, 郭子薰, 等. 海杂波背景下雷达目标特征检测方法的现状与展望[J]. 雷达学报, 2020, 9(4): 684-714.

[13] Luo F, Zhang D T, Zhang B. The fractal properties of sea clutter and their applications in maritime target detection[J]. IEEE Geoscience and Remote Sensing Letters, 2013, 10(6): 1295-1299.

[14] Chen X L, Guan J, He Y, et al. Detection of low observable moving target in sea clutter via fractal characteristics in fractional Fourier transform domain[J]. IET Radar, Sonar & Navigation, 2013, 7(6): 635-651.

[15] 丁坚, 张仕元, 孙林涛. 基于遗传退火算法的 MTI 滤波器设计方法[J]. 现代雷达, 2019, 41(6): 41-44.

[16] 李阳, 杨兴, 张鹏, 等. 同型雷达的抗同频干扰动目标显示处理[J]. 雷达与对抗, 2011, 31(4): 1-3.

[17] 马晓岩, 袁俊泉. 基于离散小波变换提高 MTD 检测性能的仿真分析[J]. 信号处理, 2001, 17(2): 148-151.

[18] Wang H, Cai L J. A localized adaptive MTD processor[J]. IEEE Transactions on Aerospace and Electronic Systems, 1991, 27(3): 532-539.

[19] 刘满朝, 聂翔, 孟兵. 一种舰载雷达海杂波抑制方法[J]. 现代雷达, 2018, 40(5): 32-36.

[20] Chen X L, Yu X H, Huang Y, et al. Adaptive clutter suppression and detection algorithm for radar maneuvering target with high-order motions via sparse fractional ambiguity function[J]. IEEE Journal of Selected Topics in Applied Earth Observations and Remote Sensing, 2020,13: 1515-1526.

[21] Yang Y, Xiao S P, Wang X S. Radar detection of small target in sea clutter using orthogonal projection[J]. IEEE Geoscience and Remote Sensing Letters, 2019, 16(3): 382-386.

[22] 关键, 李宝, 刘加能, 等. 两种海杂波背景下的微弱匀加速运动目标检测方法[J]. 电子与信息学报, 2009, 31(8): 1898-1902.

[23] 刘明敬, 刘刚. 基于 FRFT 的机动目标 ISAR 成像算法[J]. 现代雷达, 2009, 31(12): 49-52, 56.

[24] Zhao Z C, Tao R, Li G, et al. Sparse fractional energy distribution and its application to radar detection of marine targets with micro-motion[J]. IEEE Sensors Journal, 2019, 19(24): 12165-12174.

[25] Du W C, Gao X Q, Wang G H. Using FRFT to estimate target radial acceleration[C]. 2007 International Conference on Wavelet Analysis and Pattern Recognition Proceedings, Beijing, 2007: 442-447.

[26] 刘建成, 王雪松, 刘忠, 等. 基于分数阶 Fourier 变换的 LFM 信号参数估计精度分析[J]. 信号处理, 2008, 24(2): 197-200.

[27] 李家强, 金荣洪, 耿军平, 等. 基于高斯短时分数阶傅里叶变换的多分量 LFM 信号检测与参数估计[J]. 电子与信息学报, 2007, 29(3): 570-573.

[28] Lv X L, Xing M D, Zhang S H, et al. Keystone transformation of the Wigner-Ville distribution for analysis of multicomponent LFM signals[J]. Signal Processing(Elsevier), 2009, 89(5): 791-806.

[29] Cirillo L, Zoubir A, Amin M. Parameter estimation for locally linear FM signals using a time-frequency Hough transform[J]. IEEE Transactions on Signal Processing, 2008, 56(9): 4162-4175.

[30] Zhang Y, Qian S, Thayaparan T. Detection of a manoeuvring air target in strong sea clutter via joint time-frequency representation[J]. IET Signal Processing, 2008, 2(3): 216-222.

[31] Carretero-Moya J, Gismero-Menoyo J, Asensio-López A, et al. Application of the Radon transform to detect small-targets in sea clutter[J]. IET Radar, Sonar & Navigation, 2009, 3(2): 155-166.

[32] 张玉恒, 吴启晖, 王金龙. 基于时频加窗短时傅里叶变换的 LFM 干扰抑制[J]. 电子与信息学报, 2007, 29(6): 1361-1364.

[33] Durak L, Arikan O. Short-time Fourier transform: Two fundamental properties and an optimal implementation[J]. IEEE Transactions on Signal Processing, 2003, 51(5): 1231-1242.

[34] Hao Y L, Tang Y H, Zhu Y. A combined denoising algorithm approach to sea clutter in wave monitoring[C]. Second International Symposium on Intelligent Information Technology Application, Shanghai, 2008: 99-103.

[35] 李合生, 毛剑琴, 李世玲, 等. 基于多尺度小波能量积累的雷达回波检测方法[J]. 系统工程与电子技术, 2000, 22(11): 46-48, 65.

[36] 王宗鑫. 基于小波变换的雷达信号相关积累检测[D]. 大连: 大连海事大学, 2010.

[37] 袁俊泉, 皇甫堪, 王展. 海洋环境中基于 WVD 的 LFM 信号检测方法[J]. 国防科技大学学

报, 2002, 24(4): 73-76.

[38] Wang X J, Xue Y J, Zhou W, et al. Spectral decomposition of seismic data with variational mode decomposition-based Wigner-Ville distribution[J]. IEEE Journal of Selected Topics in Applied Earth Observations and Remote Sensing, 2019, 12(11): 4672-4683.

[39] 孙晓昶, 皇甫堪. 基于Wigner-Hough变换的多分量LFM信号检测及离散计算方法[J]. 电子学报, 2003, 31(2): 241-244.

[40] Barbarossa S. Analysis of multicomponent LFM signals by a combined Wigner-Hough transform[J]. IEEE Transactions on Signal Processing, 1995, 43(6): 1511-1515.

[41] Huang N E, Shen Z, Long S R, et al. The empirical mode decomposition and the Hilbert spectrum for nonlinear and non-stationary time series analysis[J]. Proceedings of the Royal Society of London Series A: Mathematical, Physical and Engineering Sciences, 1998, 454(1971): 903-995.

[42] 张建, 关键, 黄勇, 等. 基于Hilbert谱脊线盒维数的微弱目标检测算法[J]. 电子学报, 2010, 40(12): 2404-2409.

[43] 张建, 关键, 刘宁波, 等. 基于EMD和盒维数的固定微弱目标检测[J]. 信号处理, 2010, 26(4): 492-496.

[44] Namias V. The fractional order Fourier transform and its application to quantum mechanics[J]. IMA Journal of Applied Mathematics, 1980, 25(3): 241-265.

[45] Almeida L B. The fractional Fourier transform and time-frequency representations[J]. IEEE Transactions on Signal Processing, 1994, 42(11): 3084-3091.

[46] Ozaktas H M, Arikan O, Kutay M A, et al Digital computation of the fractional Fourier transform[J]. IEEE Transactions on Signal Processing, 1996, 44(9): 2141-2150.

[47] Ozaktas, H M, Zalevsky Z, Kutay M A. The Fractional Fourier Transform with Applications in Optics and Signal Processing[M]. New York: Wiley, 2000.

[48] Sharma S N, Saxena R, Saxena S C. Tuning of FIR filter transition bandwidth using fractional Fourier transform[J]. Signal Processing(Elsevier), 2007, 87(12): 3147-3154.

[49] 孙同晶, 刘桐, 杨阳. 多阶次分数阶傅里叶域特征融合的主动声呐目标稀疏表示分类方法[J]. 电子与信息学报, 2021, 43(3): 809-816.

[50] Tao R, Xin Y, Wang Y. Double image encryption based on random phase encoding in the fractional Fourier domain[J]. Optics Express, 2007, 15(24): 16067-16079.

[51] 张笑宇, 冯永新. 一种基于时分数据调制的加权分数阶傅里叶变换通信方法[J]. 兵工学报, 2020, 41(7): 1360-1367.

[52] 陈小龙, 关键, 黄勇, 等. 分数阶Fourier变换在动目标检测和识别中的应用: 回顾和展望[J]. 信号处理, 2013, 29(1): 85-97.

[53] 陶然, 邓兵, 王越. 分数阶傅里叶变换及其应用[M]. 北京: 清华大学出版社, 2009.

[54] Ran Q W, Yeung D S, Tsang E C C, et al. General multifractional Fourier transform method based on the generalized permutation matrix group[J]. IEEE Transactions on Signal Processing, 2005, 53(1): 83-98.

[55] 沙学军, 史军, 张钦宇. 分数傅里叶变换原理及其在通信系统中的应用[M]. 北京: 人民邮电出版社, 2013.

[56] Samil Yetik I, Nehorai A. Beamforming using the fractional Fourier transform[J]. IEEE Transactions on Signal Processing, 2003, 51(6): 1663-1668.

[57] 齐林, 陶然, 周思永, 等. 基于分数阶 Fourier 变换的多分量 LFM 信号的检测和参数估计[J]. 中国科学 E 辑, 2003, 33(8): 749-759.

[58] 曲强, 金明录. 基于自适应分数阶傅里叶变换的线性调频信号检测及参数估计[J]. 电子与信息学报, 2009, 31(12): 2937-2940.

[59] Cowell D M J, Freear S. Separation of overlapping linear frequency modulated (LFM) signals using the fractional Fourier transform[J]. IEEE Transactions on Ultrasonics, Ferroelectrics, and Frequency Control, 2010, 57(10): 2324-2333.

[60] 陈小龙, 王国庆, 关键, 等. 基于 FRFT 的动目标检测模型与参数估计精度分析[J]. 现代雷达, 2011, 33(5): 39-45.

[61] 庞存锁. 基于离散多项式相位变换和分数阶傅里叶变换的加速目标检测算法[J]. 电子学报, 2012, 40(1): 184-188.

[62] 杨志伟, 贺顺, 吴孙勇. 天基雷达高速微弱目标的积累检测[J]. 宇航学报, 2011, 32(1): 109-114.

[63] 张南, 陶然, 王越. 基于变标处理和分数阶傅里叶变换的运动目标检测算法[J]. 电子学报, 2010, 38(3): 683-688.

[64] Tao R, Zhang N, Wang Y. Analysing and compensating the effects of range and Doppler frequency migrations in linear frequency modulation pulse compression radar[J]. IET Radar Sonar & Navigation, 2011, 5(1): 12-22.

[65] 杨金禄, 单涛, 陶然. 数字电视辐射源雷达的相参积累徙动补偿方法[J]. 电子与信息学报, 2011, 33(2): 407-411.

[66] Sun H B, Liu G S, Gu H, et al. Application of the fractional Fourier transform to moving target detection in airborne SAR[J]. IEEE Transactions on Aerospace and Electronic Systems, 2002, 38(4): 1416-1424.

[67] Amein A S, Soraghan J J. A new chirp scaling algorithm based on the fractional Fourier transform[J]. IEEE Signal Processing Letters, 2005, 12(10): 705-708.

[68] 邓彬, 秦玉亮, 王宏强, 等. 一种改进的基于 FrFT 的 SAR 运动目标检测与成像方法[J]. 电子与信息学报, 2008, 30(2): 326-330.

[69] Wang W Q. MIMO-based SAR ground moving target detection approach[C]. Fourth International Conference on Intelligent Computation Technology and Automation. IEEE Computer Society, Shenzhen, 2011: 608-611.

[70] Baumgartner S V, Krieger G. Acceleration-independent along-track velocity estimation of moving targets[J]. IET Radar, Sonar & Navigation, 2010, 4(3): 474-487.

[71] 曹敏, 付耀文, 黎湘, 等. 基于 FRFT 的大型平稳目标 ISAR 成像算法[J]. 信号处理, 2009, 25(9): 1458-1462.

[72] 徐会法, 刘锋, 邹士杰, 等. 基于 FRFT 的非均匀转动目标 ISAR 自聚焦算法[J]. 光电技术应用, 2009, 24(3): 67-71.

[73] 张仕元, 吴乐南. 基于分数阶傅里叶变换的反辐射导弹检测技术[J]. 信号处理, 2007, 23(3): 336-338.

[74] 方前学, 王永良, 王首勇. 基于分数阶傅立叶变换的ARM检测技术[J]. 国防科技大学学报, 2008, 30(5): 90-93.

[75] 李宝, 关键, 刘加能, 等. 基于分数阶 Fourier 变换的反辐射导弹检测技术[J]. 信号处理, 2009, 25(10): 1639-1643.

[76] 尹德强, 李文海. 基于共轭 FRFT 模对消的反辐射导弹检测[J]. 雷达科学与技术, 2012, 10(1): 71-73, 81.

[77] Guan J, Zhang Y F, Huang Y. Adaptive subspace detection of range-distributed target in compound-Gaussian clutter[J]. Digital Signal Processing, 2009, 19(1): 66-78.

[78] Guan J, Liu N B, Huang Y, et al. Fractal characteristic in frequency domain for target detection within sea clutter[J]. IET Radar Sonar & Navigation, 2012, 6(5): 293-306.

[79] Barbu M, Kaminsky E J, Trahan R E. Sonar signal enhancement using fractional Fourier transform[C]. Automatic Target Recognition XV, Orlando, 2005: 170-177.

[80] Jacob R, Thomas T, Unnikrishnan A. Applications of fractional Fourier transform in sonar signal processing[J]. IETE Journal of Research, 2009, 55(1): 16-27.

[81] 马艳, 罗美玲. 基于分数阶傅里叶变换水下目标距离及速度的联合估计[J]. 兵工学报, 2011, 32(8): 1030-1035.

[82] 梁红, 刘劲波. 一种混响中高速运动目标检测方法[J]. 鱼雷技术, 2009, 17(5): 44-47.

[83] Li T T, Li X K, Xia Z. Classification of underwater mines by means of the FRFT and SVM[C]. The 2010 IEEE International Conference on Information and Automation, Harbin, 2010: 1824-1829.

[84] 谢德光, 张贤达. 基于分数阶 Fourier 变换的雷达目标识别[J]. 清华大学学报(自然科学版), 2010, 50(4): 485-488.

[85] 司锡才, 柴娟芳. 基于 FRFT 的 α 域-包络曲线的雷达信号特征提取及自动分类[J]. 电子与信息学报, 2009, 31(8): 1892-1897.

[86] 徐会法, 刘锋. 基于 FRFT 的一类低截获概率雷达信号调制识别[J]. 航天电子对抗, 2011, 27(2): 28-31.

[87] Lee P H Y, Barter J D, Caponi E, et al. Wind-speed dependence of small-grazing-angle microwave backscatter from sea surfaces[J]. IEEE Transactions on Antennas and Propagation, 1996, 44(3): 333-340.

[88] Elgamel S A, Soraghan J J. Using EMD-FrFT filtering to mitigate very high power interference in chirp tracking radars[J]. IEEE Signal Processing Letters, 2011, 18(4): 263-266.

[89] 许述文, 水鹏朗, 杨晓超. 基于 FRFT 的非线性调频信号双特征检测方法[J]. 中国科学: 信息科学, 2011, 41(10): 1200-1209.

[90] Torres R, Pellat-Finet P, Torres Y. Fractional convolution, fractional correlation and their translation invariance properties[J]. Signal Processing, 2010, 90(6): 1976-1984.

[91] 陈小龙, 黄勇, 关键, 等. 改进的一维时变海面模型及其分数阶功率谱研究[J]. 电子与信息学报, 2012, 34(8): 1897-1904.

[92] Wei D Y, Li Y M. Convolution and multichannel sampling for the offset linear canonical transform and their applications[J]. IEEE Transactions on Signal Processing, 2019, 67(23): 6009-6024.

[93] Koç A, Bartan B, Ozaktas H M. Discrete linear canonical transform based on hyperdifferential operators[J]. IEEE Transactions on Signal Processing, 2019, 67(9): 2237-2248.

[94] Tao R, Li Y L, Wang Y. Short-time fractional Fourier transform and its applications[J]. IEEE Transactions on Signal Processing, 2010, 58(5): 2568-2580.

第2章 分数阶傅里叶变换动目标检测原理及参数估计方法

在雷达、声呐等探测系统中对微弱动目标的检测一直是比较困难的，主要原因是这类目标的回波强度小且多普勒频率变化复杂。为了检测强杂波背景中的动目标，除了常规的杂波抑制、抗干扰和降低系统噪声等措施，一种比较有效的方法是利用相参积累技术来增强接收回波，即用时间换取能量。例如，将一定时间内的动目标回波信号建模为 LFM 信号，采用 FRFT 在最佳变换域使信号能量得到最大限度的积累，进而检测出动目标信号。但在实际应用中，一方面，得到可靠、稳健的方法的前提是建立精确、符合工程实际的数学模型。由于雷达发射信号的形式不同及目标的运动状态不同，直接将动目标回波建模为 LFM 信号极不准确，参数估计方法也需进行相应改变。另一方面，FRFT 对 LFM 信号有良好的能量聚集性，但只有当最佳旋转角与目标运动状态相匹配时，动目标回波信号才能达到最佳能量聚集，峰值最大。因此，需要研究最佳旋转角的确定方法，然而，传统的 FRFT 域峰值搜索的方法受信杂比制约，在强杂波幅值的干扰下很难做到参数的精确估计。

本章首先介绍 FRFT 的定义、数值计算方法以及 LFM 信号的 FRFT 表示。然后针对不同的雷达发射波形和目标运动状态，分别建立三种动目标回波模型。在此基础上，比较四种最佳变换阶数的确定方法，进而给出 LFM 信号参数估计方法。接着在 FRFT 域对回波信号进行检测，进一步分析观测时长、搜索步长、采样频率和 SCR 等因素对参数估计精度的影响以及 FRFT 对中心频率的分辨力，给出改善参数估计精度的方法。最后，结合 X 波段和 S 波段雷达实测数据对海杂波和动目标 FRFT 谱特性进行分析。本章结论为研究海杂波背景中基于 FRFT 的动目标检测问题奠定基础。

2.1 FRFT 定义和性质

在信号处理领域中，传统傅里叶变换是一个研究最为成熟、应用最为广泛的数学工具之一。傅里叶变换(Fourier transformation，FT)是一种线性算子，若将其看作从时间轴逆时针旋转π/2 到频率轴，则 FRFT 就是旋转任意角度α后得到信号新的表示形式。FRFT 在保留了传统 FT 原有性质和特点的基础上，又添加了许多特有的新优势，可以认为 FRFT 是 FT 的一种广义表示。

信号 $x(t)$ 的 FRFT(p 阶)定义式如下[1,2]：

$$X_p(u) = F_p[x](u) = \int_{-\infty}^{+\infty} x(t) K_p(t,u) \mathrm{d}t \tag{2-1}$$

其中，核函数为

$$K_p(t,u) = \begin{cases} \sqrt{\dfrac{1-\mathrm{j}\cot\alpha}{2\pi}} \mathrm{e}^{\mathrm{j}\left(\frac{1}{2}t^2\cot\alpha - ut\csc\alpha + \frac{1}{2}u^2\cot\alpha\right)}, & \alpha \neq n\pi \\ \delta(t-u), & \alpha = 2n\pi \\ \delta(t+u), & \alpha = (2n+1)\pi \end{cases} \tag{2-2}$$

式中，n 为整数；$\alpha = p\pi/2$ 为旋转角度；p 为 FRFT 的阶数；F_p 为 FRFT 算子。

当 $p=1$ 时，$\alpha = \pi/2$，可得

$$F_1[x](u) = \sqrt{\frac{1}{2\pi}} \int_{-\infty}^{+\infty} x(t) \mathrm{e}^{-\mathrm{j}ut} \mathrm{d}t \tag{2-3}$$

当 $p=0$ 时，$\alpha = 0$，可得

$$F_0[x](u) = \int_{-\infty}^{+\infty} x(t)\delta(t-u)\mathrm{d}t = x(u) \tag{2-4}$$

可见，当 $p=1$ 时，FRFT 退化成傅里叶变换；当 $p=0$ 时，就是原信号。因此，时域和频域均可看作 FRFT 域的特例。傅里叶变换算子的作用可看成在时频平面中旋转 $\pi/2$，即从时间轴到频率轴。不难理解，FRFT 算子可看成在时频平面中旋转 $\alpha = p\pi/2$。其表示如图 2-1 所示。

图 2-1 是 FRFT 的直观表示，将 t 旋转到 u 轴得到信号的 FRFT 域函数。将 t 旋转到 w 轴就是传统的傅里叶变换。从旋转的角度来看，旋转角为 $\alpha = p\pi/2$ 的分数阶傅里叶逆变换就是旋转角为 $-\alpha = -p\pi/2$ 的

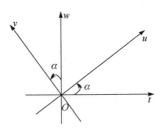

图 2-1　(t,w) 平面旋转 α 角到 (u,v) 平面

FRFT。如果从分数阶傅里叶逆变换定义出发，可以将 FRFT 解释为一种正交基的分解。分数阶傅里叶逆变换为

$$\begin{aligned} x(t) &= \int F_p[x_1(t)] K_{-p}(t,u)\mathrm{d}u \\ &= \sqrt{\frac{1+\mathrm{j}\cot\alpha}{2\pi}} \mathrm{e}^{-\mathrm{j}\frac{1}{2}t^2\cot\alpha} \int F_p[x(t)] \mathrm{e}^{-\mathrm{j}\frac{1}{2}u^2\cot\alpha + jut\csc\alpha} \mathrm{d}u, \quad \alpha \neq n\pi, n \in \mathbf{Z} \end{aligned} \tag{2-5}$$

分数阶傅里叶逆变换说明，FRFT 实际上是将信号分解到由线性调频函数构

成的正交基函数空间，而这些 LFM 基函数的调频率为 $\cot(-\alpha)$ ，初始频率为 $u\csc\alpha$ ，其复包络为 $\sqrt{\dfrac{1+\mathrm{j}\cot\alpha}{2\pi}}\mathrm{e}^{-\mathrm{j}\frac{1}{2}t^2\cot\alpha}$ 。通过改变旋转角度 α ，便可以得到不同调频率和初始频率的基函数。而 FRFT 的模值大小可以用来衡量信号与不同线性调频函数基的相似程度。

　　总之，当旋转角度 α 从 0 连续变化到 2π 时，FRFT 不仅包含了信号的时间域表示和频率域表示，而且给出了信号从时间域表示到频率域表示的演化过程。同时，旋转的过程也是信号在不同 LFM 基函数上投影的过程，投影值的大小反映了信号和此 LFM 基函数的相似程度。

FRFT 具有许多优良的性质，主要如下。

性质一：FRFT 算子为线性算子，即

$$F_p[c_1 f(t)+c_2 g(t)]=c_1 F_p[f(t)]+c_2 F_p[g(t)] \tag{2-6}$$

　　性质二：FRFT 算子具有叠加性，即

$$F_p F_q = F_{p+q} \tag{2-7}$$

　　证明：即要证明 $\displaystyle\int K_p(t,u)K_q(u,v)\mathrm{d}u = K_{p+q}(t,v)$

$$
\begin{aligned}
\int K_p(t,u)K_q(u,v)\mathrm{d}u &= \frac{\sqrt{1-\mathrm{j}\cot\alpha}\sqrt{1-\mathrm{j}\cot\beta}}{2\pi}\int \mathrm{e}^{\mathrm{j}\left[\frac{1}{2}u^2(\cot\alpha+\cot\beta)-u(t\csc\alpha+v\csc\beta)+\frac{1}{2}(t^2\cot\alpha+v^2\cot\beta)\right]}\mathrm{d}u \\
&= \frac{\sqrt{1-\mathrm{j}\cot\alpha}\sqrt{1-\mathrm{j}\cot\beta}}{2\pi}\mathrm{e}^{\mathrm{j}\frac{1}{2}(t^2\cot\alpha+v^2\cot\beta)}\int \mathrm{e}^{\mathrm{j}\left[\frac{1}{2}u^2(\cot\alpha+\cot\beta)-u(t\csc\alpha+v\csc\beta)\right]}\mathrm{d}u
\end{aligned}
\tag{2-8}
$$

将积分号里的指数项配平方，并令

$$
\begin{cases}
y = \dfrac{t\csc\alpha+v\csc\beta}{\cot\alpha+\cot\beta} \\[3mm]
z = \sqrt{\dfrac{\cot\alpha+\cot\beta}{\pi}}(u-y)
\end{cases}
\tag{2-9}
$$

则式(2-8)为

$$
\begin{aligned}
\int K_p(t,u)K_q(u,v)\mathrm{d}u &= \frac{\sqrt{1-\mathrm{j}\cot\alpha}\sqrt{1-\mathrm{j}\cot\beta}}{2\pi}\mathrm{e}^{\mathrm{j}\frac{1}{2}\left[t^2\cot\alpha+v^2\cot\beta-(\cot\alpha+\cot\beta)y^2\right]}\int \mathrm{e}^{\mathrm{j}\left[\frac{1}{2}(\cot\alpha+\cot\beta)(u-y)^2\right]}\mathrm{d}u \\
&= \frac{\sqrt{1-\mathrm{j}\cot\alpha}\sqrt{1-\mathrm{j}\cot\beta}}{2\sqrt{\pi}\sqrt{\cot\alpha+\cot\beta}}\mathrm{e}^{\mathrm{j}\frac{1}{2}(t^2\cot\alpha+v^2\cot\beta)}\int \mathrm{e}^{\mathrm{j}\frac{\pi}{2}z^2}\mathrm{d}z
\end{aligned}
\tag{2-10}
$$

再利用菲涅耳积分公式：

$$\int e^{j\frac{\pi}{2}z^2} dz = \sqrt{2} e^{j\frac{\pi}{4}} \tag{2-11}$$

将式(2-11)代入式(2-10)中得到

$$
\begin{aligned}
\int K_p(t,u)K_q(u,v)du &= \frac{\sqrt{-j-\cot(\alpha+\beta)}}{2\sqrt{\pi}} e^{j\frac{1}{2}[t^2\cot(\alpha+\beta)+v^2\cot(\alpha+\beta)-2tv\csc(\alpha+\beta)]} \sqrt{2e^{j\frac{\pi}{2}}} \\
&= \sqrt{\frac{1-j\cot(\alpha+\beta)}{2\pi}} e^{j\frac{1}{2}[t^2\cot(\alpha+\beta)+v^2\cot(\alpha+\beta)-2tv\csc(\alpha+\beta)]} \\
&= K_{p+q}(t,v)
\end{aligned}
\tag{2-12}
$$

性质三：Parseval 准则，即

$$\int x_1(t)x_2^*(t)dt = \int F_p[x_1(t)]F_p^*[x_2(t)]du \tag{2-13}$$

证明：根据 $p \neq 1$ 时的 FRFT 定义

$$
\begin{aligned}
\int F_p[x_1(t)]F_p^*[x_2(t)]du &= \int F_p[x_1(t)]\left(\int x_2(t)K_p(t,u)dt\right)^* du \\
&= \int x_2^*(t)\int F_p[x_1(t)]K_p^*(t,u)dudt
\end{aligned}
\tag{2-14}
$$

其中，

$$
\begin{aligned}
K_p^*(t,u) &= \left[\sqrt{\frac{1-j\cot\alpha}{2\pi}} e^{j(\frac{1}{2}t^2\cot\alpha - ut\csc\alpha + \frac{1}{2}u^2\cot\alpha)}\right]^* \\
&= \sqrt{\frac{1-j\cot(-\alpha)}{2\pi}} e^{j\left[\frac{1}{2}t^2\cot(-\alpha) - ut\csc(-\alpha) + \frac{1}{2}u^2\cot(-\alpha)\right]} \\
&= K_{-p}(t,u)
\end{aligned}
\tag{2-15}
$$

而分数阶傅里叶逆变换的定义为

$$x_1(t) = \int F_p[x_1(t)]K_{-p}(t,u)du \tag{2-16}$$

将式(2-15)、式(2-16)代入式(2-14)中得到

$$\int F_p[x_1(t)]F_p^*[x_2(t)]du = \int x_1(t)x_2^*(t)dt \tag{2-17}$$

令 $x_1(t) = x_2(t)$，即得到能量守恒关系：

$$\int |x(t)|^2 dt = \int |F_p[x(t)]|^2 du \tag{2-18}$$

在处理多分量 LFM 信号时，FRFT 的优势在于线性变换，不存在交叉项；性

质二可以理解为任何数据所处的变换域只是相对的，FRFT 的目的是找出一个最适合的变换域，从而提取有用信息，此性质在实际应用中非常重要；性质三反映了 FRFT 是保持能量守恒的。

2.2　FRFT 的离散化计算

在实际工程应用中所分析的信号均是离散化数据，因此 FRFT 的离散算法实现对 FRFT 的推广应用非常重要。目前，FRFT 的离散算法主要有四种，不同的定义方法具有不同的计算复杂度和精度[1]：

(1) 线性加权型离散 FRFT(discrete FRFT，DFRFT)，将任意阶次的 DFRFT 表示为恒等算子、DFT、时间反转算子和 DFT 的逆变换的线性组合[3]。

(2) 文献[4]的分解型 DFRFT，提出了 FRFT 量纲归一化方法，即离散尺度化法和数据补零/截取法，再进行 FRFT 的分解计算。

(3) 特征分解型 DFRFT，利用矩阵的特征值和特征向量来计算 DFRFT[5]。

(4) 文献[6]的采样型 DFRFT，直接对输入输出变量进行采样，然后通过限定输入输出采样间隔来保持变换的可逆性。

矩阵是不能旋转任意角度的，因此第一种采用旋转 DFT 矩阵任意角度的方法不具备良好的理论基础，而且其 DFRFT 矩阵不满足连续 FRFT 的旋转相加性，因此不能用相同的方法计算分数阶傅里叶逆变换。此外，实际得到的结果与连续 FRFT 还有较大的偏差，因此未得到实际应用。其计算复杂度与传统 FT 相同，为 $O(N\log_2 N)$。

第二种方法是指根据 FRFT 的表达式，将 FRFT 分解为信号的卷积形式，从而利用 FFT 来计算 FRFT。这种方法由 Ozaktas 等提出，其计算速度几乎和 FFT 相当，被公认为目前计算速度最快的一种 FRFT 数值计算方法，非常适合于对信号进行实时的 FRFT 数值计算。其思想比较直观，计算出的结果与连续 FRFT 的输出比较接近。但它要经过一次 2 倍内插和 2 倍抽取，而且需要进行坐标的无量纲化处理，计算复杂度为 $O(N\log_2 N)$。

第三种方法是采用特征值和特征向量的方法来计算 FRFT。它保持了连续 FRFT 的特征值与特征函数的关系，克服了第一种方法中特征值与特征向量的不匹配缺点，采用了两种正交映射的方法来计算 DFT 的 Hermite 特征向量，由此开发出两种快速算法，即 Orthogonal Procrustes 算法和 Gram-Schmite 算法[7]。这两种算法都有与连续 FRFT 相近的输出结果。其计算复杂度为 $O(N^2)$。

第四种方法由 Pei 等提出，优点是简单直观，并且计算速度很快，只需要两次 chirp 乘积和一次 FFT 运算，因此它的计算速度与 FFT 相当，总运算量为

$2P + \dfrac{P}{2}\log_2 P$，其中，$P$ 为输出序列的长度。它的缺点是不满足旋转相加性。

　　本书所介绍方法主要采用由文献[4]提出的分解方法，这种方法把时域原始函数的 N 个采样点映射为 FRFT 域的 N 个采样点，并且该方法的计算复杂度为 $O(N\log_2 N)$。在对回波信号进行 DFRFT 时，需要对量纲进行归一化处理[8]，即先量纲归一化再采样。引入尺度因子 $S = \sqrt{T/f_s}$，定义新的尺度化坐标：

$$\begin{cases} x = T/S \\ y = f_s S \end{cases} \tag{2-19}$$

式中，T 为采样时长；f_s 为采样频率。式(2-19)中的 x、y 分别表示时间和频率归一化后的新标尺，且均为无量纲的量。在新坐标中，时间和频率的限定区间统一为 $[-\Delta x/2, \Delta x/2]$，其中 $\Delta x = \sqrt{T \cdot f_s}$。新的坐标实现了无量纲化，信号在时域和频域均转换为无量纲的域，并且在时域和频域的支撑长度都等于 Δx，则 DFRFT 可通过式(2-20)计算得到

$$X_p\left(\frac{m}{2\Delta x}\right) = A_\alpha e^{j\frac{1}{2}\left(\frac{m}{2\Delta x}\right)^2(\cot\alpha - \csc\alpha)} \sum_{n=-N}^{N}\left[x\left(\frac{n}{2\Delta x}\right)e^{j\frac{1}{2}\left(\frac{m}{2\Delta x}\right)^2(\cot\alpha - \csc\alpha)}\right]e^{j\frac{1}{2}\left(\frac{m-n}{2\Delta x}\right)^2\csc\alpha} \tag{2-20}$$

式中，N 为离散信号的长度。

2.3　LFM 信号的 FRFT 表示

　　对于雷达系统，LFM 信号是广泛存在且非常重要的一类信号。除了脉压技术中大时宽带宽积的已知参数的 LFM 信号，更多的类似于参数未知 LFM 信号的动目标回波信号，如海面运动舰船回波和 ARM 发射初期的回波信号等。因此，对 LFM 信号的有效处理在雷达系统中非常重要。作为双线性时频分布的核心，Wigner-Ville 分布对研究单分量 LFM 信号十分有利，而对于多分量 LFM 信号，二次型时频分布的结构必然引入各分量之间的交叉项，使得时频平面模糊不清，难于发现各个 LFM 分量。而 FRFT 是一种一维的线性变换，可借助 FFT 实现，运算量小，并且在对多个 LFM 分量进行处理时不存在交叉项，因此在处理 LFM 信号领域有着广泛的应用，如基于 FRFT 的 LFM 信号检测与参数估计。

　　噪声背景下的 LFM 信号模型可表示为

$$x(t) = s(t) + w(t) = A(t)\exp\left(j2\pi f_0 t + j\pi\mu t^2\right) + w(t) \tag{2-21}$$

式中，$A(t)$ 为信号幅值时间的函数；f_0 和 μ 分别为 LFM 信号的中心频率和调频率；$w(t)$ 为加性高斯白噪声。则 $x(t)$ 的 FRFT 为

$$F_\alpha[x(t)] = A_\alpha \mathrm{e}^{\frac{ju^2\cot\alpha}{2}} \int_{-\infty}^{\infty} [s(t)+w(t)] \mathrm{e}^{j\left(\frac{1}{2}t^2\cot\alpha - ut\csc\alpha\right)} \mathrm{d}t$$

$$= A(t)A_\alpha \mathrm{e}^{\frac{ju^2\cot\alpha}{2}} \int_{-\infty}^{\infty} \mathrm{e}^{j\frac{\cot\alpha+2\pi\mu}{2}t^2 + j(2\pi f_0 - u\csc\alpha)t} \mathrm{d}t + F_\alpha[w(t)]$$

(2-22)

当旋转角度与 LFM 信号调频率相匹配时，$\alpha_0 = \arctan\left(-\dfrac{1}{2\pi\mu}\right)$，有

$$\left|F_{\alpha_0}[x(t)]\right| = \left|A(t)A_{\alpha_0}\delta(2\pi f_0 - u\csc\alpha_0)\right| + \left|F_{\alpha_0}[w(t)]\right|$$

(2-23)

　　由式(2-23)可知，LFM 信号在 FRFT 域呈现冲激函数，而噪声不会呈现明显的能量聚集，利用这一特性可实现噪声背景下的 LFM 信号检测。信号的 FRFT 可看成在一组正交 LFM 基函数上的分解，因此一个 LFM 在适当的变换域中将表现为一个冲激函数，即 FRFT 在某个 FRFT 域对给定的 LFM 信号具有较好的能量聚集性。这种聚集性对分析和处理 LFM 信号具有很好的作用。另外，从时频分布的角度来说明 LFM 信号的聚集性。一个有限长 LFM 信号的 Wigner-Ville 分布在时频平面呈现为斜直线的背鳍形分布，而一个信号的 Wigner-Ville 分布在 FRFT 域的直线积分投影就是该信号在此 FRFT 域上的 FRFT 模平方，因此若在与该斜直线相垂直的 FRFT 域上求信号的 FRFT，则在该域的某点将出现明显的峰值，如图 2-2 所示。这一特性在利用 FRFT 处理 LFM 信号时非常有用。LFM 信号在时频平面的谱分布如图 2-2 所示，在频域，LFM 信号的能量分布在很宽的频谱范围内；而通过旋转时频轴，使得 LFM 信号与某组基的调频率相匹配，在该组基上形成峰值，信号能量得到最大限度的积累，说明 LFM 信号在 FRFT 域上具有良好的时频聚集性，u_0 域称为最佳 FRFT 域。

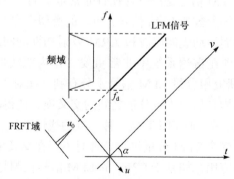

图 2-2　LFM 信号在时频平面的谱分布

2.4　最佳变换阶数的确定及 LFM 参数估计

对回波信号进行 FRFT，信号能量在参数平面(α, u)上形成二维分布，通过阈

值搜索此二维平面的峰值点，可确定信号的最佳旋转角度[1]，即

$$(\alpha_0, u_0) = \arg\max_{\alpha, u} \left| F_\alpha(u) \right| \tag{2-24}$$

但该方法存在以下两方面不足：一方面是参数估计精度由搜索步长决定，当参数估计精度要求比较高时，就需要采用很小的搜索步长，使得运算量增大；另一方面是仅适用于高 SNR/SCR 环境，变换域信号峰值易受到噪声或杂波干扰，不能有效积累信号能量。因此，人们分别从降低运算量和提高变换域 SNR/SCR 的角度对传统二维峰值搜索方法进行改进，主要有步进式粗搜方法和拟 Newton 法精搜方法[8]、分级迭代峰值搜索方法[9]、FRFT 极值混合优化方法[10]、最大分数阶时宽带宽比值法和最小基带带宽法[11]、黄金分割优化峰值搜索方法[12]、FRFT 域峰度搜索方法等，在一定程度上提高了算法的运算效率。文献[13]利用高阶统计量抑制噪声的特性，通过计算雷达回波信号在 FRFT 域的峰度值，采用分级迭代峰值搜索方法[13]，可有效确定低 SNR/SCR 下 LFM 信号的最佳旋转角度。基于前面的论述，比较了上述六种最佳旋转角度确定方法的基本原理和特点，如表 2-1 所示。

表 2-1　各类最佳旋转角度确定方法比较

方法	基本原理及特点
步进式粗搜方法和拟 Newton 法精搜方法[8]	将拟 Newton 法引入 FRFT 域的峰值检测过程，在不降低精度的前提下，进一步简化处理过程
分级迭代峰值搜索方法[9]	采用分级迭代运算方法，按照估计参数先粗后精的顺序，逐级缩小峰值搜索范围，降低运算量
FRFT 极值混合优化方法[10]	将全局搜索性能好的混沌优化法和局部搜索能力强的多步拟 Newton 法相结合，保证收敛到全局最优解
最大分数阶时宽带宽比值法和最小基带带宽法[11]	根据时频分析的不确定原理，通过定义 FRFT 域的时宽带宽比值，使该比值达到最大值的旋转角为最佳旋转角；对于具有相同调频率但时移和频移不同的多分量 LFM 信号，根据信号在 FRFT 域的基带带宽不同，确定各自分量的最佳旋转角度
黄金分割优化峰值搜索方法[12]	以黄金分割点为阶次搜索步长划分的依据，在对应阶次二维时频平面进行峰值搜索
FRFT 域峰度搜索方法[13]	利用高阶统计量抑制噪声，将 FRFT 和峰度结合可以有效确定低信杂比下 LFM 信号的最佳变换阶数

2.4.1　FRFT 域峰度搜索方法

选择合适的旋转角度对 LFM 信号进行 FRFT，LFM 信号将在某一特定的 FRFT 域上呈现能量的聚集，幅值出现明显的峰值，而噪声不会呈现出明显的能量聚集，利用这一特性可实现 LFM 信号的检测和参数估计。传统对含有未知参

数的 LFM 信号检测的基本思路是以旋转角 α 为变量，对观测信号连续进行 FRFT，形成信号能量在参数平面(p,u)上的二维分布，在此平面上按阈值进行峰值点的二维搜索实现信号的检测和参数估计，也即峰值搜索参数估计方法[14]。

传统的峰值搜索方法仅利用了 FRFT 对 LFM 信号的能量聚集性来抑制海杂波，在低 SCR 时，检测性能严重下降。文献[15]指出，在 FRFT 域，当某一角度与 LFM 信号分量相匹配时，这一分量变为超高斯信号，其峰度值很大；而当选择的角度与 LFM 信号不匹配时，仍然为 LFM 信号，FRFT 域的峰度曲线在匹配角度处会出现一个大的峰值点。因此，将 FRFT 和峰度结合可以有效地确定低 SCR 下 LFM 信号的最佳变换阶数。根据频域峰度(谱峰度)的定义，雷达回波信号在 FRFT 域的谱峰度为

$$K_s\left(X_p\right) = \frac{\mathrm{E}\left[X_p^2\left(X_p^*\right)^2\right]}{\mathrm{E}\left(X_p X_p^*\right)^2} - 2 \tag{2-25}$$

式中，E[·]表示求期望。采用最大谱峰度搜索的方法为

$$\{p_0, u_0\} = \arg\max_{p,u}\left|K_s\right| \tag{2-26}$$

在 FRFT 域分别采用最大峰值搜索和最大谱峰度搜索的方法，确定最佳变换阶数 p_{opt}，海杂波采用实测海杂波数据，仿真产生 LFM 信号，研究低 SCR 条件下(SCR = −6dB)，两种最佳变换阶数确定方法的估计性能。分别将输入信号旋转不同的角度，得到在各个 FRFT 域输出幅值的最大值，如图 2-3 所示。可以看出，谱峰度搜索方法明显优于峰值搜索方法，峰值搜索方法虽然能够在 FRFT 域形成较大幅值点，但旁瓣水平较高，主瓣较宽，在相同门限下，容易发生虚警。而谱

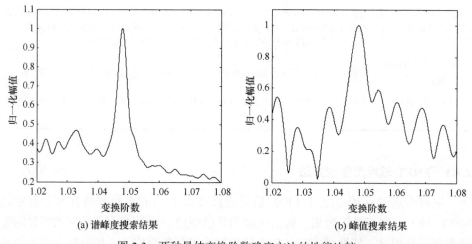

(a) 谱峰度搜索结果　　　　　　　　(b) 峰值搜索结果

图 2-3　两种最佳变换阶数确定方法的性能比较

峰度搜索方法利用了高阶统计量,脉络尖锐,基本呈水平线性,在最佳变换域 LFM 信号的能量积累最大,从而较好地降低了海杂波的影响,参数估计精度更高。

由式(2-26)可知,通过确定变换阶数可以估计目标回波的调频率,进而估计其加速度,图 2-4 给出了不同 SCR 下,两种最佳变换阶数确定方法的参数估计性能曲线。可知,两者在 SCR>–5dB 时均能正确估计仿真目标的运动状态,即调频率为 300Hz/s,对应目标的加速度为 4.5m/s^2;而当 SCR<–5dB 时,谱峰度搜索的参数估计精度较高,在 SCR = –8dB 时,两者调频率估计相差 40Hz/s,对应目标的加速度估计相差 0.6m/s^2。因此,谱峰度搜索方法更适用于较低 SCR 环境。考虑到通常的目标检测是在一般海况下,且计算信号的谱峰度值会增加运算量,因此常采用峰值搜索方法确定最佳变换阶数。

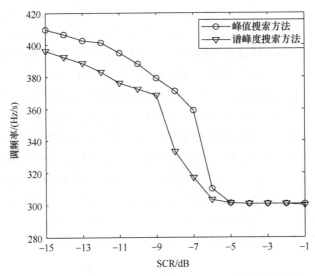

图 2-4　两种最佳变换阶数确定方法的参数估计性能曲线

2.4.2　FRFT 模对称性参数估计方法

1. LFM 信号的 FRFT 模函数对称性

LFM 信号在不同阶数的 FRFT 域具有不同的能量分布,如果相邻阶数的 FRFT 模函数满足某种关系,将有利于提高最佳变换阶数估计效率。在仿真分析中,发现 LFM 信号在不同变换阶数的 FRFT 模函数峰值具有对称性与单边单调性,下面推导对其进行证明。

证明:单分量 LFM 信号 $x(t) = \mathrm{e}^{jmt^2/2}$ 的 FRFT 为

$$F_p[x(t)] = \sqrt{\frac{1+\mathrm{j}\tan\alpha}{1+m\tan\alpha}}\mathrm{e}^{\mathrm{j}\left(\frac{u^2}{2}\times\frac{m-\tan\alpha}{1+m\tan\alpha}\right)}, \quad \alpha - \arctan m - \pi/2 \neq n\pi \qquad (2\text{-}27)$$

则其模函数为

$$\left|F_p[x(t)]\right|^2 = \left|\sqrt{\frac{1+\mathrm{j}\tan\alpha}{1+m\tan\alpha}}\mathrm{e}^{\mathrm{j}\left(\frac{u^2}{2}\times\frac{m-\tan\alpha}{1+m\tan\alpha}\right)}\right|^2 = \sqrt{\frac{1+\tan^2\alpha}{(1+m\tan\alpha)^2}} \tag{2-28}$$

函数 $G(\theta) = \dfrac{1+\tan^2(\alpha+\theta)}{[1+m\tan(\alpha+\theta)]^2}$ ，将 $\tan\alpha = -1/m$ 代入并化简，得到

$$G(\theta) = \frac{1+\tan^2\theta}{\tan^2\theta(1+m^2)} \tag{2-29}$$

可验证式(2-29)为偶函数，并且两侧均为单调函数，则说明式(2-28)关于 $\alpha = -\arctan(1/m)$ 对称，且在对称轴每一侧为单调函数。因此，可以得到，调频率为 m 的时间无限长 LFM 信号的 FRFT 模函数是关于旋转角度对称的，对称轴为 $\alpha = -\arctan(1/m)$ ，并且在对称轴的每一侧为单调函数。然而实际应用中的信号均是时限信号，因此需要分析时限 LFM 信号的 FRFT 模函数。

文献[16]详述了 FRFT 模平方与 Wigner-Ville 分布之间的关系，即信号 Wigner-Ville 分布的投影给出 FRFT 模平方。时限 LFM 信号的 Wigner-Ville 分布是斜直线的背鳍形分布，完全投影时的 FRFT 模平方最大，而随着投影角度与最佳投影角度的偏离程度增大，FRFT 模平方单调减小，投影角度和 FRFT 阶数 p 相对应。如图 2-5 所示，在 u 轴的某点上投影值最大，而在夹角为 α 与 $-\alpha$ 的 u_1 和 u_2 轴上投影值相同，随着 α 的增大，投影值减小。通过图示分析，可以得到时限 LFM 信号的 FRFT 模函数具有对称性和单边单调性，且对称轴仍然是 $\alpha = -\arctan(1/m)$ 。下面通过公式推导来验证图示分析的正确性。

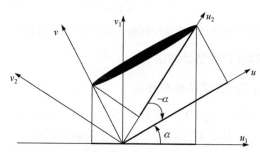

图 2-5   LFM 信号的 Wigner-Ville 分布及其在对称 FRFT 域上的投影

LFM 信号仍为 $x(t) = \mathrm{e}^{\mathrm{j}mt^2/2}$ 。其旋转角为 α_1 的 FRFT 模值为

$$\left|F_{p_1}[x(t)]\right| \approx \begin{cases} A/\sqrt{\sin|\alpha_0 - \alpha_1|}, & u_{\min} \leqslant u \leqslant u_{\max} \\ 0, & \text{其他} \end{cases} \tag{2-30}$$

式中，α_0 为使得 LFM 信号能量聚集最佳的旋转角度，$\alpha_0 \neq \pi/2$；$[u_{\min}, u_{\max}]$ 为旋转角为 α_1 的 FRFT 域的谱支撑区。后续分析中只考虑谱支撑区范围之内的情况，则

$$\left| F_{p_0-p'}[x(t)] \right| \approx A/\sqrt{\sin|\alpha'|} \tag{2-31}$$

$$\left| F_{p_0+p'}[x(t)] \right| \approx A/\sqrt{\sin|-\alpha'|} \tag{2-32}$$

可得

$$\left| F_{p_0+p'}[x(t)] \right| \approx \left| F_{p_0-p'}[x(t)] \right| \tag{2-33}$$

式中，$\alpha' = p'\pi/2$，$|\alpha'| \leqslant \pi/2$。由式(2-33)可见，模函数随着 α' 的增大而减小。由以上分析可见，LFM 信号在不同阶数的 FRFT 模值关于最佳变换阶数近似对称，且单边单调性。

2. LFM 参数估计方法

本节给出一种利用 FRFT 估计 LFM 信号参数的改进方法，此方法的理论依据是 LFM 信号在不同阶数的 FRFT 模函数峰值具有近似的对称性，且单边单调性。此方法采用两级搜索，第一级搜索采用粗略估计，第二级搜索利用 LFM 信号的 FRFT 模函数的对称性及单边单调性精确搜索，可以达到较高的精度。由于目前采用的仿真算法均有一定的误差，在整个变换区间[0, 2]无法保证严格的对称性和单边单调性，但在峰值周围一定的区域内，这种性能得到了较好的保证，而第一级粗略搜索使得第二级搜索区间缩小在峰值周围以达到较好的对称性和单边单调性。具体步骤如下：

(1) 用较大的变换阶数步长 w 对变换阶数区间[0, 2]进行离散化，分别计算所对应的 FRFT 模函数，搜索得到变换阶数的粗略估计值 p_0，并判断 $\max\{|F_{p_0-w}[x(t)]|\}$ 和 $\max\{|F_{p_0+w}[x(t)]|\}$ 的大小关系。

① 如果 $\max\{|F_{p_0-w}[x(t)]|\} > \max\{|F_{p_0+w}[x(t)]|\}$，则令 $X = F_{p_0-w}[x(t)]$；

② 如果 $\max\{|F_{p_0-w}[x(t)]|\} = \max\{|F_{p_0+w}[x(t)]|\}$，则 p_0 为阶数估计值，算法结束；

③ 如果 $\max\{|F_{p_0-w}[x(t)]|\} < \max\{|F_{p_0+w}[x(t)]|\}$，则令 $X = F_{p_0}[x(t)]$。

(2) 对 X 连续做 τ 阶 FRFT，直到做过 n 次 τ 阶 FRFT 后满足 $\max\{|F_{n\times\tau}[x(t)]|\} < \max\{|F_{(n-1)\times\tau}[x(t)]|\}$，则根据叠加性得到 X 的阶数估计值为 $(n-1)\times\tau$。

(3) 综合(1)和(2)，两次变换阶数之和为信号 $x(t)$ 的变换阶数估计值。

对参数很难做到准确估计，然而利用 LFM 信号的 FRFT 模函数对称性可以对估计结果进行较好的分析，预测真实值和估计值之间的大小关系。具体方法：在得出 $(n-1)\times\tau$ 为阶数估计值时，比较 $\max\{|F_{n\times\tau}[x(t)]|\}$ 和 $\max\{|F_{(n-2)\times\tau}[x(t)]|\}$ 之间

的大小关系，如果 $\max\{|F_{n\times\tau}[x(t)]|\} > \max\{|F_{(n-2)\times\tau}[x(t)]|\}$，则阶数估计值小于理论值；反之，阶数估计值大于理论值。

该方法实际上缩小了搜索范围，并且可以根据所需精度设定第二级变换阶数步长 τ，可以较好地减小运算量，能达到较高精度。在估计出最佳变换阶数 α_0 后，就可以通过 α_0 估计 LFM 信号的调频率，利用峰值位置 u_0 估计中心频率。

仿真实例：信号 $x_k = \mathrm{e}^{-j0.01989k^2}$，信号取样序列为 $\boldsymbol{x} = [x_{-15}, x_{-14}, \cdots, x_{14}, x_{15}]$，取样长度为 31。仿真结果如图 2-6 和图 2-7 所示。图 2-6 为初次粗略搜索的幅值图，可以看出，FRFT 模函数具有较好的对称性和单边单调性。在[0, 2]上以步长 $w=1/15$ 选取变换阶数进行 FRFT，对模函数峰值搜索得到 p 的粗略估计值为 13/15。比较可得

$$\max\{|F_{14/15}[x(t)]|\} > \max\{|F_{12/15}[x(t)]|\} \tag{2-34}$$

因此，令 $X = F_{13/15}[x(t)]$，以 $F_{13/15}[x(t)]$ 为二级搜索的信号。对 X 连续进行阶数为 $\tau = 1/225$ 的 FRFT，并进行比较得到信号的变换阶数估计值 p。信号的 p 阶 FRFT 幅值图如图 2-7 所示。

第一级搜索采用一般的搜索方法，即分别在每个阶数求出对应的 FRFT 模值，则最大值所对应的阶次为初次估计值。第二级搜索只做了 3 次 FRFT 和 3 次比较即得到了高精度的阶数估计值。一般的单级二维搜索方法基本需要做225次 FRFT 才能达到该方法的精度，因此该方法明显提高了搜索效率，减小了运算量，并且通过对比发现

$$\max\{|F_{13/15+\tau}[x(t)]|\} < \max\{|F_{13/15+3\times\tau}[x(t)]|\} \tag{2-35}$$

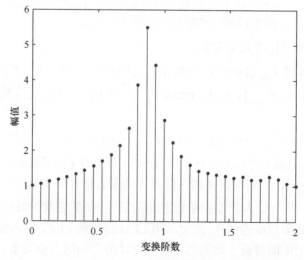

图 2-6　LFM 信号的 FRFT 模函数幅值与变换阶数关系图

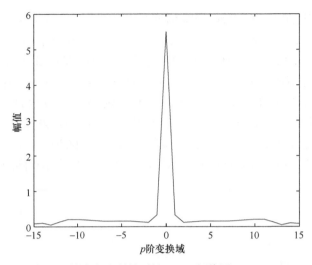

图 2-7　搜索方法所得到的 FRFT 幅值图($p = 0.8745$)

　　因此，变换阶数的估计值小于其理论值。在后续处理中可以将变换阶数的搜索范围缩小在$[13/15 + 2 \times \tau, 13/15 + 3 \times \tau]$上进行再次搜索，以达到更高的精度。

　　以上仿真均是在无噪声干扰的情况下进行的。当存在噪声干扰时，噪声的随机性势必影响其 FRFT 模函数的对称性和单边单调性，这将影响参数估计的精度。下面将针对不同信噪比进行仿真，噪声为高斯白噪声，具体数据见表 2-2。

表 2-2　不同信噪比下变换阶数估计值

信噪比/dB	−2	1	3	5	7
阶数估计值	0.8825	0.8667	0.8706	0.8745	0.8745

　　从表 2-2 可见，随着信噪比的增大，参数估计值的精度越来越接近理论值。这是由于高斯白噪声在整个 FRFT 域能量分散，所以在信噪比较大时，噪声对检测与参数估计的影响就变得非常有限，该方法仍然会达到较好的效果。而对于在 FRFT 域存在能量聚集的杂波背景，该检测与参数估计方法性能将下降。

2.4.3　FRFT 模最大值参数估计方法

1. 方法流程及步骤

基于 FRFT 模最大值的 LFM 信号参数估计方法主要分三个步骤完成：

步骤 1　在整个变换阶数(0, 2)内以较大的间隔搜索，由 FRFT 的性质可知最佳变换阶数在此时的最大值点附近。假设间隔为 π/N，则需要做$[2/(\pi/N)]$次 FRFT。

步骤 2　寻找第二峰值点和第三峰值点。

步骤 3 在这两点之间设置一个较小的间隔,重复步骤 1 搜索,模最大值点对应的变换阶数为最佳变换阶数。由量纲归一化计算得出调频率。此时设置的间隔为 π/M,需要做 $2[M/N]-1$ 次 FRFT,则总的运算量为 $[2/(\pi/N)]+2[M/N]-1$ 次的 FRFT。

设满足估计精度要求的间隔为 $\pi/4000$,即 $M=4000$。对于步骤 1 中不同的间隔(π/N),运算量是不同的。图 2-8 给出了当 M 一定,N 与运算量的关系图。由图 2-8 可以得出,最小值为 140,此时 $N=116$,即当 $N=116$、$M=4000$ 时,运算量相当于 140 次的 FRFT,相比于二维搜索法,当采样间隔为 $\pi/4000$ 时,4000 次的 FRFT 运算量减少为原来的 1/30,而由于采样间隔相同,所以计算精度是相同的。

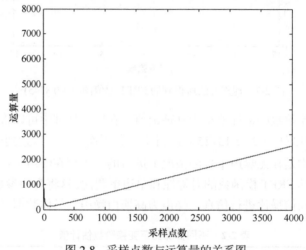

图 2-8　采样点数与运算量的关系图

2. 仿真性能分析

仿真验证方法的有效性,设信号 $s(t)=\mathrm{e}^{j\pi 30 t^2}$,采样频率为 500Hz,由已知的调频率经量纲归一化计算得到最佳变换阶数为 1.076。

1) 高斯白噪声背景

信噪比为 -3dB,采用二维搜索法在 (0, 2) 变换阶数范围内进行 FRFT,采样间隔为 $\pi/4000$,得到三维图如图 2-9 所示。估计出的信号为 $\hat{x}(t)=\exp(j\pi 29.9479 t^2)$。运算量相当于 4000 次 1000 点的 FFT。

图 2-10 为估计方法中由步骤 1 粗略搜索的幅值图,在 (0, 2) 上以间隔 $\pi/140$ 进行 FRFT,经过一维搜索得到变换阶数 p 的粗略估计值为区间 (1.0547, 1.0996)。其中,最大值点为 1.0771,次最大值点是 1.0547,次次最大值点是 1.0996。在区间 (1.0547, 1.0996) 以 $\pi/4000$ 进行步骤 2 精确搜索,得到结果如图 2-11 所示,最大值点是 1.0759,由量纲归一化得到调频率为 29.9479,与真实值 30 相差 0.0521,相对误差为 0.1737%。

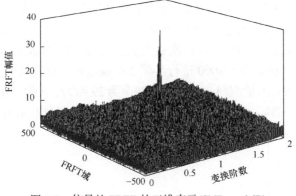

图 2-9　信号的 FRFT 的三维表示(SNR = −3dB)

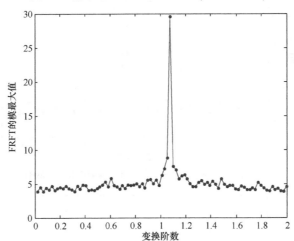

图 2-10　步骤 1 粗略搜索最佳旋转角度的变换结果(SNR = −3dB)

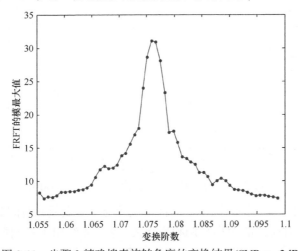

图 2-11　步骤 2 精确搜索旋转角度的变换结果(SNR = −3dB)

当信噪比为–9dB 时，图 2-12 为由步骤 1 粗略搜索的幅值图，在(0, 2)上以间隔 π/140 进行 FRFT，经过一维搜索得到变换阶数 p 的粗略估计值为区间(1.0547, 1.0996)。其中，最大值点为 1.0771，次最大值点是 1.0547，次次最大值点是 1.0996。在区间(1.0547, 1.0996)以 π/4000 进行步骤 2 精确搜索，得到结果如图 2-13 所示，最大值点是 1.0759，由量纲归一化得到调频率为 29.9479，与真实值 30 相差 0.0521，相对误差为 0.1737%。因此，当信噪比为–9dB 时，仍然能很好地估计出调频率。

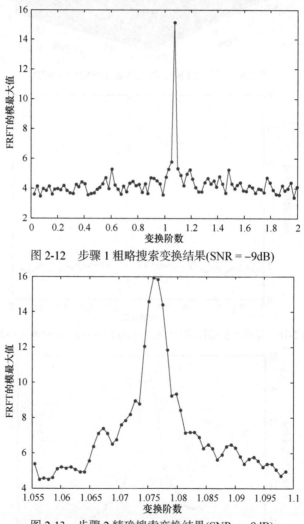

图 2-12 步骤 1 粗略搜索变换结果(SNR = –9dB)

图 2-13 步骤 2 精确搜索变换结果(SNR = –9dB)

表 2-3 给出了在不同调频率下的估计误差与相对误差，时间截取为(0,2)。由表 2-3 可见，相对误差的大小与调频率无关。表 2-4 给出了不同截取时间下的估计误差与相对误差，截取时间为(0, T)。从表 2-4 中可以看出，截取时间大于 1s

后对调频率估计误差基本没有影响。

表 2-3　不同调频率下的估计误差与相对误差

调频率(采样频率 500Hz)	调频率估计误差	相对误差/%
2	1.7767	11.165
5	5.1701	3.402
10	10.1097	1.097
20	20.0164	0.082
50	49.9223	0.1554
100	100.4774	0.4774
200	200.4232	0.2116
500	500.524	0.1048
1000	1005.8	0.58
2000	2006.4	0.32
5000	5009.2	0.184

表 2-4　不同截取时间下的估计误差与相对误差

截取时间 T/s	调频率估计误差	相对误差/%
1	28.8762	3.746
2	29.9479	0.1737
3	30.0857	0.2857
4	29.9731	0.0897

2) 海杂波背景

背景杂波为海杂波,信杂比为-7.3dB。图 2-14 为由步骤 1 粗略搜索的幅值图,

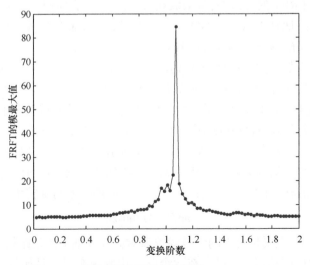

图 2-14　步骤 1 粗略搜索变换结果(SCR = -7.3dB)

在(0,2)上以间隔 π/140 进行 FRFT，经过一维搜索得到变换阶数 p 的粗略估计值为区间(1.0547，1.0996)内。其中最大值点为 1.0771，次最大值点是 1.0547，次次最大值点是 1.0996。在区间(1.0547，1.0996)以 π/4000 进行步骤 2 精确搜索，得到结果如图 2-15 所示，最大值点是 1.0759，由量纲归一化得到调频率为 29.9479，与真实值 30 相差 0.0521，相对误差为 0.1737%。因此，当信杂比为–7.3dB 时，仍然能估计出调频率。

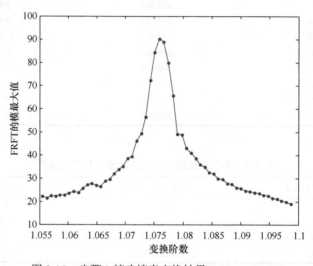

图 2-15　步骤 2 精确搜索变换结果(SCR = –7.3dB)

3. 提高参数估计精度的方法

为了保证 FRFT 的分辨率，可采取在某一区间内减小旋转角 α 的搜索间隔 $\Delta\alpha$ 的办法。但无限地减小 $\Delta\alpha$ 并不能使分辨率提高，反而使运算量增大。因此，仅通过减小旋转角的搜索间隔来提高其分辨率是不可行的。

采取对采样数据内插或抽取 M 倍的方法来提高其分辨率。设搜索的数据长度为 τ，与之匹配的旋转角为 α，变换后数据长度为 $M\tau$，与之匹配的旋转角为 β。计算两者的 FRFT，由于经过无量纲化后两者搜索数据的时域长度不变，而变换后数据的旋转域将被拉伸($M>1$)或压缩($M<1$)M 倍，如图 2-16(a)所示。因此，达到最佳匹配时两者的旋转角 α、β 存在如式(2-36)所示关系。经过这样的角度变换后，信号调频率的绝对值与旋转角变化的关系曲线如图 2-16(b)所示。这里，y_1 表示变换前调频率与旋转角的关系曲线；y_2 表示变换后调频率与旋转角的关系曲线。

$$\tan\beta = M\tan\alpha \tag{2-36}$$

提高分辨率，主要是将不同信号参数值对应在 p 轴上的差距拉大以区分信号。首先考虑一种极限情况：假设存在两个归一化调频率很大且比较相近的 LFM 信

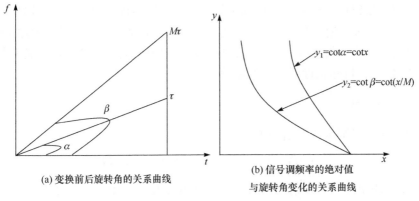

(a) 变换前后旋转角的关系曲线　　　(b) 信号调频率的绝对值
与旋转角变化的关系曲线

图 2-16　角度变换前后信号关系示意图(M>1)

号，其调频率分别为 μ_1 和 μ_2，则此时它们对应的旋转角 α_1 和 α_2 接近于 0 或 π，α_1 和 α_2 值的微小变化可能导致调频率 $\mu_1 = -\cot\alpha_1$ 和 $\mu_2 = -\cot\alpha_2$ 的剧烈变化，所以当 μ_1 和 μ_2 本身差别很小时，反映在 α_1 和 α_2 上的变化可能看不出来，不利于区分信号。故对信号进行内插运算，即选择大于 1 的 M 值。从图 2-16(b)可以看出，当 M>1 时，$\mu_{y_1} > \mu_{y_2}$，$\cot\beta_1$ 和 $\cot\beta_2$ 随 β_1、β_2 值的变化而变化的速度恒小于 $\cot\alpha_1$ 和 $\cot\alpha_2$ 随 α_1、α_2 值的变化而变化的速度，故通过这样的处理，更有利于区分这两个信号。

随着信号调频率的逐渐减小，特别是当归一化调频率 μ_1 和 μ_2 值接近零时，α_1 和 α_2 值将接近 $\pi/2$，此时由于曲线 $\cot\alpha$ 底部形态过于平缓，有可能出现当调频率变化还未接近零时，旋转角的变化已经为零，调频率 $\mu_1 = -\cot\alpha_1$ 和 $\mu_2 = -\cot\alpha_2$ 的值随 α_1 和 α_2 的变化过于缓慢，无法区分信号。因此，应选择小于 1 的 M 值，使得变换后数据的旋转域被压缩为原来的 $1/M$。当 M<1 时，$\mu_{y_1} > \mu_{y_2}$，即 $\cot\beta_1$ 和 $\cot\beta_2$ 随 β_1、β_2 值的变化而变化的速度要快于 $\cot\alpha_1$ 和 $\cot\alpha_2$ 随 α_1、α_2 值的变化而变化的速度，从而更好地体现当调频率接近零时，两个信号调频率之间的差别。

可见，应选择适当的 M 值，使调频率随旋转角变化的速度适中，以更好地区分信号。仿真表明，当归一化调频率 μ<0.3 时，一般取 M<1，否则，应取 M>1，即首先由本节研究方法的步骤 1 对信号进行初定位，在大致知道 LFM 信号斜率的取值范围后，即可选择出合适的 M 值处理相应信号，提高分辨率。

2.5　FRFT 动目标检测基本原理

2.5.1　雷达动目标回波模型

根据雷达发射信号的波形和目标的运动状态，分三种情况建立动目标回波模型。当雷达发射单频信号时，目标做匀速运动产生多普勒效应，其频移与速度成正比，在此不做讨论。第一种情况为雷达发射单频信号，目标做近似匀加速运动；第二种情况为雷达发射 LFM 信号，目标做近似匀速运动；第三种情况为雷达发射 LFM 信号，目标做近似匀加速运动。

1. 动目标模型一

设雷达发射恒定单频信号为

$$S_T(t) = A\exp\left[\mathrm{j}\left(2\pi f_c t + \varphi_0\right)\right], \quad 0 \leqslant t \leqslant T \tag{2-37}$$

式中，A 为幅值；f_c 为发射机的载频；φ_0 为初始相位。则回波信号为

$$S_r(t) = A\exp\left\{\mathrm{j}\left[2\pi f_c(t - \tau) + \varphi_0 + \varphi_r\right]\right\} \tag{2-38}$$

式中，τ 为发射和接收的延时；φ_r 为速度和加速度引起的相移。

当目标以加速度 a_s 朝向雷达做径向匀加速运动时，目标相对雷达的径向距离可表示为

$$R(t) = R_0 - v_0 t - \frac{1}{2}a_s t^2 \tag{2-39}$$

式中，R_0 为初始距离；v_0 为目标初速度；a_s 为目标加速度。因此，回波延时 τ 可以表示为

$$\tau = \frac{2R(t)}{c} = \frac{2R_0 - 2v_0 t - a_s t^2}{c} \tag{2-40}$$

式中，c 为光速。

把式(2-40)代入式(2-38)整理得到

$$S_r(t) = A\exp\left[\mathrm{j}\left(2\pi f_c t + 2\pi \frac{2v_0}{\lambda}t + 2\pi \frac{a_s}{\lambda}t^2 - 4\pi f_c R_0 + \varphi_0 + \varphi_r\right)\right] \tag{2-41}$$

根据瞬时频率的定义：

$$f(t) = \frac{1}{2\pi}\frac{\mathrm{d}\varphi(t)}{\mathrm{d}t} = f_c + \frac{2v_0}{\lambda} + \frac{2a_s}{\lambda}t = f_c + f_0 + \mu t \tag{2-42}$$

式中，$f_0 = \dfrac{2v_0}{\lambda}$ 为多普勒频率(Hz)；$\mu = \dfrac{2a_s}{\lambda}$ 为加速度引起的调频率(Hz/s)。可见回波的频率与时间呈线性关系，若不考虑传播过程的衰减、低频调制和噪声，则回波可以看成 LFM 信号：

$$S_r(t) = A\exp\left\{\mathrm{j}\left[2\pi(f_c + f_0)t + \pi\mu t^2 - 4\pi f_c R_0 + \varphi_0 + \varphi_r\right]\right\} \tag{2-43}$$

为了得到只与目标有关的频率信息，将信号进行混频处理。经过混频处理后，

回波信号频率从 f_c+f_0 搬移到 f_0 附近，若仅考虑目标速度 v_0 和加速度 a_s 的影响，忽略一些与发射波形无关的因素，如距离衰减、天线方向特性等，省略相位中的常量，则混频处理后的回波信号表示为

$$S_r(t) = A\exp\left[2\pi j\left(f_0 t + \frac{1}{2}\mu t^2\right)\right] \tag{2-44}$$

由此可见，目标的初速度和径向加速度信息体现在回波的中心频率和调频率上，因此速度和加速度的估计就分别等价于 LFM 信号中心频率和调频率的估计。若不考虑噪声和杂波，则观测时长 T 内的采样信号可表示为

$$x(nT_s) = A\exp\left[j2\pi f_0 nT_s + j\pi\mu(nT_s)^2\right], \quad 1\leqslant n\leqslant N \tag{2-45}$$

式中，T_s 为采样周期；N 为采样点数。因此，当雷达发射单频信号时，匀加速直线动目标的回波是 LFM 信号。回波信号的中心频率 f_0 和调频率 μ 包含了目标的运动信息，其初速度和加速度的计算公式分别为

$$\hat{v}_0 = \frac{f_0\lambda}{2} \tag{2-46}$$

$$\hat{a}_s = \frac{\mu\lambda}{2} \tag{2-47}$$

2. 动目标模型二

假设雷达发射 LFM 信号：

$$S_T(t) = \text{rect}\left(\frac{t}{T_p}\right)\exp\left[j2\pi\left(f_c t + \frac{1}{2}\gamma t^2\right)\right] \tag{2-48}$$

式中，$\text{rect}(u) = \begin{cases} 1, & |u|\leqslant 1/2 \\ 0, & |u|>1/2 \end{cases}$；$f_c$ 为发射机的载频；T_p 为时宽；$\gamma = B/T_p$ 为雷达发射信号调频率，B 为带宽。假设目标的雷达散射截面积(radar cross section，RCS)为 δ，并且以速度 v 朝向雷达运动，在 t 时刻与雷达的距离可以表示为

$$R(t) = R_0 - vt \tag{2-49}$$

则雷达接收的信号为

$$S_r(t) = \delta\text{rect}\left[\frac{t-2R(t)/c}{T_p}\right]\exp\left(j2\pi\left\{f_c\left[t-\frac{2R(t)}{c}\right] + \frac{1}{2}\gamma\left[t-\frac{2R(t)}{c}\right]^2\right\}\right) \tag{2-50}$$

假设测量的参考距离为 R_{ref}，参考延时表示为 $\tau_0=2R_{\text{ref}}/c$，则脉宽为 T_p 的参考信号为

$$S_{\text{ref}}(t) = \text{rect}\left(\frac{t-\tau_0}{T_{\text{ref}}}\right)\exp\left\{j2\pi\left[f_c(t-\tau_0)+\frac{1}{2}\gamma(t-\tau_0)^2\right]\right\} \tag{2-51}$$

考虑到 v 远小于 c，则回波信号经解调后输出形式为[17]

$$S(\tilde{t}) = \delta\text{rect}\left[\frac{\tilde{t}-(2\Delta R/c-2v\tau_0/c)}{T_p}\right]\exp\left[j2\pi\left(f_0\tilde{t}+\frac{1}{2}\mu\tilde{t}^2+\varphi\right)\right]+w(\tilde{t}) \tag{2-52}$$

式中，$\tilde{t}=t-\tau_0$；$\Delta R=R_0-R_{\text{ref}}$；$w(\tilde{t})$ 为零均值方差是 σ^2 的加性高斯噪声；$f_0=-\dfrac{2[\gamma(\Delta R-v\tau_0)-f_c v]}{c}$；$\mu=\dfrac{4}{c}\gamma v$；$\varphi=-\dfrac{2}{c}\left[f_c(\Delta R-v\tau_0)-\dfrac{\gamma}{c}(\Delta R-v\tau_0)^2\right]$。式(2-52)表明，解调后的动目标回波近似为 LFM 信号。调频率取决于发射信号的调频率和动目标的径向速度。当动目标的径向速度很低，发射信号的脉宽很短时，回波的二阶相位项可以忽略不计(μ 可以忽略不计)。当参考距离与目标的初始距离均为零时，目标回波的中心频率可以改写为

$$f_0 = \frac{2f_c v}{c} = \frac{2v}{\lambda} \tag{2-53}$$

因此，目标做匀速运动时的速度可以由式(2-54)估计得到

$$\hat{v} = \frac{f_0\lambda}{2} \tag{2-54}$$

3. 动目标模型三

假设雷达发射信号形式为式(2-48)，则目标距离是时间的二次函数：

$$R(t) = R_0 - v_0 t - \frac{1}{2}a_s t^2 \tag{2-55}$$

回波信号可以表示为

$$S_r(t) = \text{rect}\left(\frac{t-\tau}{T_p}\right)\exp\left\{j2\pi\left[f_c(t-\tau)+\frac{\gamma}{2}(t-\tau)^2\right]\right\} \tag{2-56}$$

式中，延时 $\tau=2R(t)/c$。采用参考信号对回波信号进行解调后，输出为

$$S_r(t) = \exp\left\{j2\pi\left[\left(\frac{\gamma T_p}{2}-f_c-\gamma\tau_0\right)\tau+\frac{\gamma}{2}\tau^2\right]+j\phi\right\} \tag{2-57}$$

式中，$\tau_0=2R_0/c$；$\varphi=2\pi\left(f_c\tau_0-\gamma\dfrac{T_p}{2}\tau_0+\dfrac{\gamma}{2}\tau_0^2\right)$。通过相位推导，得到由目标平移运动产生的多普勒频移：

$$f_d = -\frac{2}{c}\left[\gamma\left(\frac{T_p}{2}-\tau_0\right)-f_c\right](v_0+a_s t)-\gamma\frac{4}{c^2}R(t)(v_0+a_s t)\approx\frac{2}{\lambda}(v_0+a_s t) \tag{2-58}$$

由式(2-58)得知，由目标平移运动导致的多普勒频移可以用一阶多项式(LFM信号)来近似表示，其中，中心频率和调频率分别为

$$f_0 = \frac{2v_0}{\lambda}, \quad \mu = \frac{2a_s}{\lambda} \tag{2-59}$$

因此，回波的采样形式为

$$S_r(nT_s) = \exp(j\varphi)\exp\left\{j2\pi\left[f_0 nT_s + \frac{1}{2}\mu(nT_s)^2\right]\right\}, \quad 1 \leqslant n \leqslant N \tag{2-60}$$

4. 杂波模型

杂波模型对杂波背景下的目标检测起着至关重要的作用。文献[18]将回波看作一些独立散射体回波的叠加，而每个散射体回波具有不同的运动速度，即

$$c(t) = \sum_{k=1}^{N} a_k \exp[j\omega_{D,k}(t-t_0) + \varphi_{t_0,k}] \tag{2-61}$$

式中，N 为独立散射体的数目；a_k 为第 k 个散射体的振幅，$\omega_{D,k}$ 和 $\varphi_{t_0,k}$ 分别为第 k 个散射体的多普勒角频率和在 t_0 时刻的相位。

文献[19]～[21]中所研究的模型把海杂波回波看作由一阶海杂波、二阶海杂波和大气噪声组成。一阶海杂波是指高频无线电波在海面传播，与正弦形海浪只发生一次作用所引起的反射回波。其模型近似为

$$c(t) = \sum_{i=1}^{M} \delta_i \exp[\pm j(2\pi f_B + \phi_i)] \tag{2-62}$$

式中，f_B 为岸基条件下的一阶海杂波频率；M 为海面等分数；δ_i 和 ϕ_i 分别为海杂波的振幅和相位。由模型可知，海杂波模型中均有类似于单频回波信号的成分，在一定程度上海杂波回波可以看作多个单频信号的叠加。

对动目标回波模型的讨论得知，在雷达发射单频信号或 LFM 信号的前提下，目标多普勒频率与目标速度近似成正比，动目标回波可用 LFM 信号表示，根据目标的运动状态不同，参数估计方法略有不同。复杂动目标在一段短的时间里，也可用 LFM 信号作为其一阶近似。目前，很多文献都将其回波信号建模为幅值恒定不变的 LFM 信号[22]，然而处于运动状态的目标，其 RCS 随视角变化产生起伏，因此采用时变幅值的 LFM 信号模型更符合工程实际。假设雷达处于对目标的跟踪状态，目标相对雷达做匀加速运动，其径向初速度为 v_0，加速度为 a_s，则目标的瞬时速度为 $v(t)=v_0+a_s t$。在观测时长 T 内，雷达回波模型可表示为

$$x(t) = s(t) + c(t) = A(t)\exp\left(j2\pi f_0 t + j\pi\mu t^2\right) + c(t), \quad |t| \leqslant T \tag{2-63}$$

式中，$A(t)$ 为时间的函数；中心频率 $f_0 = 2v_0/\lambda$；调频率 $\mu = 2a_s/\lambda$，λ 为雷达工作波长；$c(t)$ 为噪声或杂波。

2.5.2　雷达动目标信号 FRFT 域表示及参数估计

选择合适的旋转角度对动目标信号进行 FRFT，动目标信号将在某一特定的 FRFT 域上呈现能量的聚集，幅值出现明显的峰值，而噪声或杂波不会呈现明显的能量聚集，利用这一特性可实现动目标信号的检测和参数估计。确定最佳变换阶数的基本思路：以旋转角 α 为变量，对观测信号连续进行 FRFT，形成信号能量在参数平面 (p, u) 上的二维分布，在此平面上按阈值进行峰值点的二维搜索估计出信号的最佳变换阶数。在对参数估计过程中，需要对量纲进行归一化处理，引入尺度因子 $S = \sqrt{T / f_s}$，定义新的尺度化坐标：

$$\begin{cases} x = T / S \\ y = f_s S \end{cases} \tag{2-64}$$

式中，f_s 为采样频率。新的坐标实现了无量纲化。

对于式(2-63)给出的动目标回波信号模型，参数估计方法为

$$\{p_0, u_0\} = \arg\max_{p, u} \left| X_p(u) \right| \tag{2-65}$$

$$\begin{cases} \hat{\mu} = -\cot(p_0 \pi / 2) \big/ S^2 \\ \hat{f}_0 = \mu_0 \csc(p_0 \pi / 2) / S \\ \hat{A}(t) = \mathrm{Re}\left\{ x(t) \exp\left[-\mathrm{j}\left(2\pi \hat{f}_0 t + \mathrm{j}\pi \hat{\mu} t^2 \right) \right] \right\} \end{cases} \tag{2-66}$$

式中，$X_p(\mu)$、$\hat{f}_0$、$\hat{\mu}$ 和 $\hat{A}(t)$ 分别为 $x(t)$ 的 FRFT、中心频率、调频率和时变幅值估计值；Re{} 为取实部运算。

2.6　FRFT 动目标参数估计精度分析

在对动目标回波信号进行检测与估计的过程中，受到背景噪声的影响，必然会带来一定的误差。本节对其检测性能和影响参数估计精度的因素进行分析，以提高检测效率。

2.6.1　检测器输出信噪比分析

由于 FRFT 具有在二维 FRFT 域聚集信号而分离噪声的性质，传统的信噪比定义，即平均信号功率与平均噪声功率的比值，已不再适用。文献[23]提出把信号在 FRFT 域的峰值平方作为信号功率，该处的噪声方差作为噪声功率。采用 FRFT 检测动目标的检测统计量为

$$\left|X_\alpha(u)\right|^2 = \left|S_\alpha(u) + W_\alpha(u)\right|^2 \tag{2-67}$$

式中，$X_\alpha(u)$、$S_\alpha(u)$、$W_\alpha(u)$分别为 $x(t)$、$s(t)$ 和 $w(t)$ 旋转角 α 的 FRFT。则检测器的输出信噪比为[24]

$$\mathrm{SNR}_{\mathrm{out}} = \frac{\left|S_\alpha(u)\right|^4}{\mathrm{var}\left(\left|X_\alpha(u)\right|^2\right)} = \frac{\left[(2N+1)A^2/\sigma_{\mathrm{n}}^2\right]^2}{2\left[(2N+1)A^2/\sigma_{\mathrm{n}}^2 + 1\right]} = \frac{\left(Tf_{\mathrm{s}}\mathrm{SNR}_{\mathrm{in}}\right)^2}{2\left(Tf_{\mathrm{s}}\mathrm{SNR}_{\mathrm{in}} + 1\right)} \tag{2-68}$$

式中，σ_{n}^2 为噪声方差，输入信噪比 $\mathrm{SNR}_{\mathrm{in}}$ 定义为 $A^2/\sigma_{\mathrm{n}}^2$。显然增加数据长度 N，即延长观测时长 T 能够改善输出信噪比，提高参数估计精度。

2.6.2 观测时长对估计精度的影响

在信号检测阶段，不能漏检 FRFT 域动目标信号位置的尖峰，要求搜索步长不大于尖峰宽度，因此需要确定信号在 FRFT 域的尖峰宽度。针对式(2-63)的动目标回波信号，在不考虑噪声的情况下，$s(t)$ 的 FRFT 为

$$\begin{aligned}
F_\alpha[s(t)] &= \sqrt{\frac{1-\mathrm{j}\cot\alpha}{2\pi}}\,\mathrm{e}^{\frac{\mathrm{j}u^2\cot\alpha}{2}}\int_{-T}^{T} s(t)\mathrm{e}^{\mathrm{j}\left(\frac{1}{2}t^2\cot\alpha - ut\csc\alpha\right)}\mathrm{d}t \\
&= A\sqrt{\frac{1-\mathrm{j}\cot\alpha}{2\pi}}\,\mathrm{e}^{\frac{\mathrm{j}u^2\cot\alpha}{2}}\int_{-T}^{T}\mathrm{e}^{\mathrm{j}\frac{\cot\alpha+2\pi\mu}{2}t^2 + \mathrm{j}(2\pi f_0 - u\csc\alpha)t}\mathrm{d}t
\end{aligned} \tag{2-69}$$

令 $A_\alpha = \sqrt{\dfrac{1-\mathrm{j}\cot\alpha}{2\pi}}$，当 $\alpha = \arctan\left(-\dfrac{1}{2\pi\mu}\right)$ 时，有

$$\left|F_{\mathrm{s}}[s(t)]\right| = \left|AA_\alpha\int_{-T}^{T}\exp\left[\mathrm{j}(2\pi f_0 - u\csc\alpha)t\right]\mathrm{d}t\right| = 2A_\alpha T\left|A\mathrm{sinc}\left[(2\pi f_0 - u\csc\alpha)T\right]\right| \tag{2-70}$$

因此，当 LFM 信号达到最佳能量聚集时，其 FRFT 模函数为 sinc 函数，尖峰宽度 D 为

$$D = \frac{2\pi}{T\csc\alpha_0} = \frac{2\pi}{T}\sin\alpha_0 \tag{2-71}$$

式中，α_0 为能量集聚最佳的旋转角。由式(2-68)可知，信号在 FRFT 域的模函数谱宽与信号观测时长成反比。因此，延长信号观测时长，能够得到尖锐的谱峰，有助于提高参数估计的精度。

由分解型 DFRFT 的原理可知，若信号 $s(t)$ 的最高频率为 f，则 $F_\alpha[s(t)]$ 可由式(2-72)计算：

$$F_\alpha[s(t)] = \frac{\sqrt{2\pi}A_\alpha}{2f}\sum_{n=-M}^{M}\exp(\mathrm{j}\pi u^2\cot\alpha)\exp\left[\frac{\mathrm{j}\pi n^2\cot\alpha}{(2f)^2} - \frac{\mathrm{j}2\pi u\csc\alpha}{2f}\right]s\left(\frac{n}{2f}\right) \tag{2-72}$$

则 FRFT 模函数必然存在一个峰值 P，为

· 48 · 雷达目标检测分数域理论及应用

$$P = \left| \frac{\sqrt{2\pi} A A_{\alpha_0}}{2f} \right| (2M+1) = \frac{\sqrt{2\pi} |A| A_{\alpha_0}}{2f} T f_s \tag{2-73}$$

式中，$2M+1$ 为采样点数。

可见，FRFT 模函数的峰值与进行变换的点数成正比。因此，同样延长信号观测时长或提高采样频率，即有效数据长度，能够增大目标信号聚集峰值，提高输出 SNR，改进参数估计精度。

2.6.3 搜索步长对估计精度的影响

在 FRFT 域进行峰值的二维搜索时，需要兼顾运算速度和参数估计精度，首先要确定合适的变换阶数搜索步长。由目标加速度的估计公式：

$$a_s = \frac{\mu\lambda}{2} = -\frac{\lambda}{2} \cdot \frac{\cot\alpha}{S^2} = -\frac{\lambda f_s}{T} \cot\alpha \tag{2-74}$$

对式(2-74)两边微分可得目标加速度的分辨率表达式为

$$\Delta a_s = \frac{\lambda f_s}{T} \cdot \frac{1}{\sin^2\alpha} \Delta\alpha \tag{2-75}$$

可知，减小角度搜索步长 Δa_s、延长观测时长 T、提高采样速率 f_s，均可提高目标加速度的分辨率，从而提高目标加速度估计的精度。对于给定的波长、采样速率和观测时长，重写式(2-75)得

$$\Delta a_s = K \frac{2}{1 - \cos(2\alpha)} \Delta\alpha \tag{2-76}$$

式中，K 为常数。当旋转角 $\alpha \in (0, \pi/2)$ 时，目标加速度分辨率 Δa_s 随旋转角 α 的增大而减小，搜索步长的选择由参数估计精度决定，当参数估计精度要求比较高时，需要采用较小的搜索步长。

在实际应用中，为了适应算法的快速性要求，可以利用 FRFT 模函数的对称性[25]以及分级计算迭代的方法[26]，在保证参数估计精度的同时减少扫描次数。

2.6.4 FRFT 中心频率分辨力

当多个 LFM 信号具有相同调频率，但中心频率很相近时，信号的 FRFT 可能会在 FRFT 域产生模糊，给检测带来困难。文献[27]给出了 FRFT 对多分量 LFM 信号中心频率的分辨力表达式，分析了影响分辨力的具体原因。FRFT 对中心频率 f_0 的估计误差为

$$\Delta f_0 = \left| \frac{\csc\alpha}{T} \right| = \left| \frac{\csc\left[\operatorname{arccot}(\mu S^2)\right]}{T} \right| = \left| \frac{\csc\left[\operatorname{arccot}(\mu T / f_s)\right]}{T} \right| \tag{2-77}$$

进一步分析各个参数对中心频率估计误差 Δf_0 的影响，将 Δf_0 对参数 μ、f_s、T 分别求偏导数，可得中心频率的估计误差 Δf_0 随着 T 和 f_s 单调递减，随着 μ 的绝对值单调递增。当 μ 一定时，延长观测时长和提高采样频率都可以提高对中心频率的估计精度和分辨力。

综上所述，当采用 FRFT 对动目标进行检测和参数估计时，适当延长对回波信号的观测时长 T 或者提高采样频率 f_s、增加变换点数，能够使信号在 FRFT 域的能量分布更加集中，进而提高对参数的分辨力。但在工程应用中，采样频率不可能无限地提高。因此，在延长观测时长的同时适当缩短搜索步长，能够提高输出信噪比，保证参数估计精度。

2.6.5　仿真分析

通过仿真验证和分析基于 FRFT 的动目标检测器的检测性能，并研究影响参数估计精度的因素。在复高斯噪声背景下，一个匀加速运动目标的回波信号经过匹配滤波，得到混频后的零中频数据。回波模型为式(2-63)，中心频率 $f_0 = 50\text{Hz}$，调频率 $\mu = 100\text{Hz/s}$，采样频率 $f_s = 1000\text{Hz}$。仿真满足采样定理，量纲进行归一化处理。

图 2-17 给出了动目标回波信号 FRFT 域的能量分布和 FRFT 幅值图(SNR = −5dB)。动目标回波信号由 LFM 信号近似，FRFT 对 LFM 信号有很好的能量聚集性，因此能在某一 FRFT 域形成峰值，而噪声则均匀地分布在整个 FRFT 域，从而能够抑制噪声，最大限度地积累信号能量。在合适的 SNR 下，可以通过预先设置的门限判定是否存在目标。

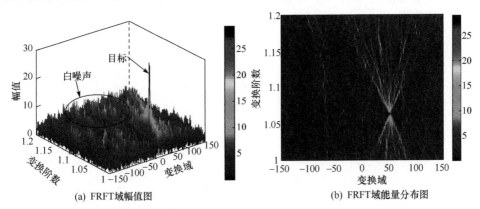

(a) FRFT域幅值图　　　　　　　　　(b) FRFT域能量分布图

图 2-17　高斯噪声中动目标回波信号 FRFT 域谱分布

研究检测概率与搜索步长的关系，如图 2-18 所示。虚警概率设为 10^{-2}，每个 SNR 条件下仿真 10^4 次。由图 2-18 可知，基于 FRFT 的检测器在 SNR 高于−5dB 时能够很好地检测出信号，而当 SNR 低于−6dB 时，检测概率迅速下降，在搜索步长由 0.01 缩短到 0.001 时，能够明显提升检测概率(SNR = −8dB，$P_d = 0.9$)；而进一步缩短搜索步长，检测概率仅有 0.02 的提高，说明此时缩短搜索步长对检测概率的改善效果可以忽略，同时大大增加了运算量。因此，最佳搜索步长设为 10^{-3}，此时参数估计精度能够达到 0.001。在实际中，可根据参数估计精度，在算法的快速性和检测概率之间进行折中，适当延长搜索步长而减少运算量。

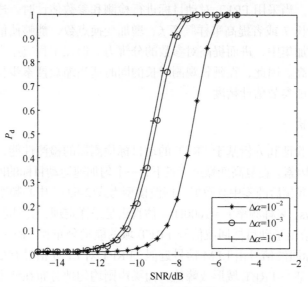

图 2-18　搜索步长对检测概率的影响($T = 1\text{s}$)

图 2-19 给出了检测概率与信号观测时长的关系。可以看到，通过延长观测时

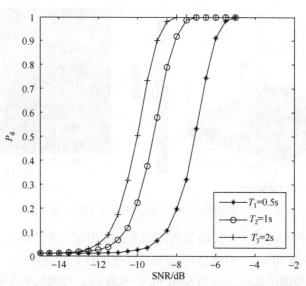

图 2-19　观测时长对检测概率的影响($\Delta\alpha = 10^{-3}$)

长，可以有效提高检测概率，此时信号采样数据增多，能够积累更多的信号能量。比较图 2-18 和图 2-19 可以发现，延长观测时长更容易提高检测概率。

图 2-20 给出了观测时长与输出信噪比的关系曲线，可以看出，延长观测时长，即增大采样数据长度能够显著提高检测器的输出信噪比。考虑到对目标观测时长的限制，观测时长一般取 1s。在实际中，LFM 雷达脉冲信号的脉内调制是时限的，采样时间 T_s 一般由脉冲宽度确定，采样频率 f_s 也可以认为是一个定值。因此，参数估计精度和分辨力主要由观测时长 T 决定。

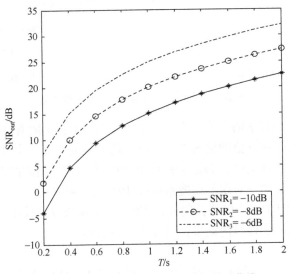

图 2-20　观测时长与输出信噪比的关系曲线

研究参数估计性能与搜索步长 $\Delta\alpha$ 和观测时长 T 的关系，图 2-21 和图 2-22 给

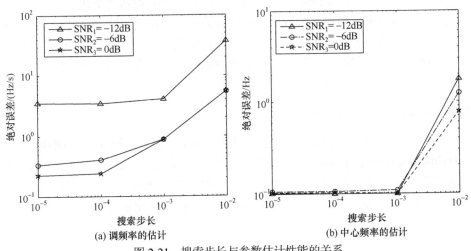

(a) 调频率的估计　　　　　　　(b) 中心频率的估计

图 2-21　搜索步长与参数估计性能的关系

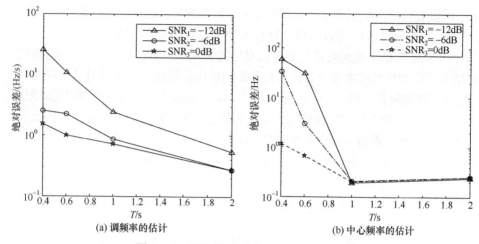

图 2-22　观测时长与参数估计性能的关系

出了调频率和中心频率估计值的绝对误差。可以看出：①随着搜索步长的缩短、观测时长的延长，估计值的绝对误差减小且趋于稳定；②不能通过无限制地缩短搜索步长来改善估计精度；③随信噪比的增加，参数估计值的绝对误差逐渐减小；④中心频率估计值的绝对误差在搜索步长 10^{-3} 或观测时长 1s 后开始稳定。信号的调频率对应 FRFT 域中的变换阶数，而缩短搜索步长导致较小的变换阶数间隔，因此调频率参数的估计对搜索步长的改变较为敏感。

2.7　雷达实测数据动目标 FRFT 谱分析

海表面受海况等因素的影响变化繁杂多样，海杂波也随之变化多端，而海杂波模型并不能真实准确地反映海杂波的这种情形，因此对实测海杂波数据的分析更具有实用价值。本节分别对 X 波段和 S 波段的雷达回波数据进行研究，分析比较海杂波和动目标回波在频域和 FRFT 域的幅值特性，为进一步研究海杂波背景下微弱动目标检测奠定基础。

2.7.1　X 波段雷达数据分析

2001 年，加拿大 McMaster 大学的自适应系统实验室围绕 X 波段的智能像素处理(intelligent pixel-processing，IPIX)雷达海杂波数据[28]，IPIX 雷达参数及数据库介绍详见附录 1。其所选用数据批次为 19931107_135603_starea.cdf，主要研究 HH(horizontal-horizontal)极化与 VV(vertical-vertical)极化的情况，数据说明见表 2-5。

表 2-5　IPIX 雷达数据说明

编号	主目标距离单元	次目标距离单元	采样点数	极化方式	脉冲重频/Hz
19931107_135603_starea.cdf	9	8:11	131072	HH/VV/HV/VH	1000

图 2-23 给出了 IPIX 雷达实测海杂波数据(距离单元 2)的归一化幅值时域和频域波形。由图 2-23(b)可知，由于海面风速达 10km/h，海杂波起伏较为剧烈，具有一定正的多普勒频率，但频谱大多集中在零频附近。

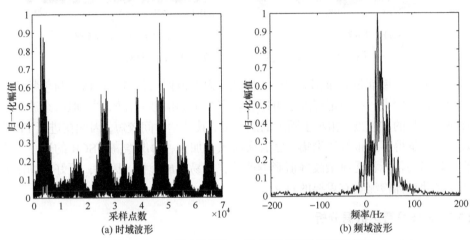

(a) 时域波形　　　　　　　　　　　(b) 频域波形

图 2-23　IPIX 雷达数据归一化时频域波形(距离单元 2)

对实测海杂波数据做 FRFT，分析其在各个旋转角度 FRFT 域的能量分布特性，变换阶数 p 的步长为 0.001，变换范围为[1,1.2]。分别画出距离单元 2 和距离单元 7 的海杂波回波的 FRFT 域谱图和能量分布，如图 2-24 和图 2-25 所示。可见，海杂波在 FRFT 域幅值起伏变化剧烈，频率较高，但在变换阶数 $p=1$(频域)

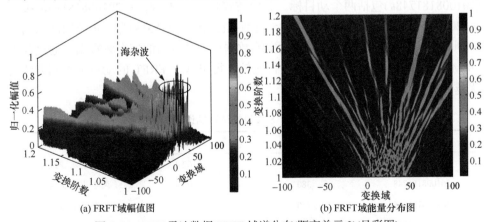

(a) FRFT域幅值图　　　　　　　　(b) FRFT域能量分布图

图 2-24　IPIX 雷达数据 FRFT 域谱分布(距离单元 2)(见彩图)

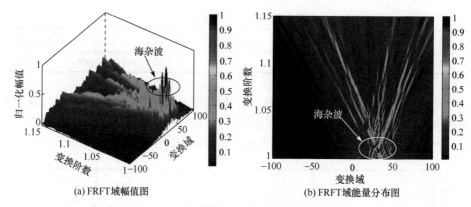

(a) FRFT域幅值图　　　　　　　(b) FRFT域能量分布图

图 2-25　IPIX 雷达数据 FRFT 域谱分布(距离单元 7)

周围的 FRFT 域能量分布相对集中。因此，海杂波回波信号可以认为与单频信号的相似程度较大，在一定程度上可以看作多个单频信号的叠加[18]。但海杂波也具有微弱变化的加速度，相对于固定的加速度，其持续时间较短，因此在进行 FRFT 时，其能量得不到很好的聚集。随着海面风力加大，海况增高，SCR 的进一步降低，微弱动目标将受海杂波峰值影响严重，容易造成虚警。因此，更好地抑制海杂波对动目标检测具有重要的意义。

2.7.2　S 波段雷达数据分析

采用某 S 波段雷达观测海面动目标，采集数据为中频数据，经过混频和脉压后，在雷达终端显示目标的方位和距离，风向风速为东南风 3～4 级。S 波段对海雷达及数据介绍详见附录的第 3 部分。采用其中的 4 批数据，采集数据说明如表 2-6 所示。数据命名采用时间顺序命名，201008181907 批数据(201008181907#)为近岸数据，包括少部分地杂波和大部分海杂波数据；201008181748 批数据(201008181748#)包括两个动目标，其回波较强，SCR 较高；201008181838 批数据(201008181838#)和 201008181835 批数据(201008181835#)为远距离回波数据，分别包括一个微弱动目标。采用的实测数据均为脉压后的零中频数据，通过与雷达 MTD 处理后的频域检测结果进行比较，得出基于 FRFT 的动目标检测方法的优越性。

表 2-6　S 波段雷达数据说明

文件名	起始波门/μs	量程/μs	目标状态信息
201008181907	170	102.4	地杂波居少，海杂波居多
201008181748	380	102.4	两个动目标(强目标)
201008181835	850	102.4	一个动目标(弱目标)
201008191242	1100	102.4	一个动目标(动目标)

　　分析 201008181907 批数据的时频域特性，如图 2-26 所示。可知，该雷达离岸距离大约为 14nm，因此脉压后数据在前半部分为固定地杂波，中间部分为海杂波。对海杂波单元进行 FFT，得到频域波形，可以看出海杂波具有一定的速度，但由于风速较低，海面较为平静，多普勒频率仍集中在零频附近。其时频能量分布如图 2-27 所示，可知地杂波能量集中在零频，而海杂波能量较为分散。

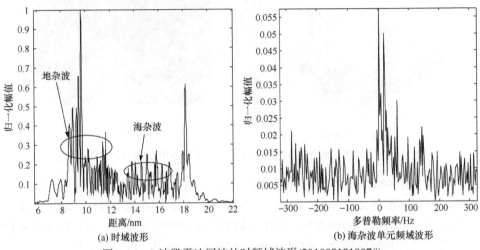

(a) 时域波形　　　　　　　　　　　　　　(b) 海杂波单元频域波形

图 2-26　S 波段雷达回波的时频域波形(201008181907#)

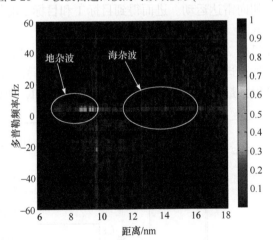

图 2-27　S 波段雷达回波时频能量分布(201008181907#)(见彩图)

　　分析海杂波单元在各个旋转角度 FRFT 域的能量分布特性，图 2-28 给出了海杂波数据的 FRFT 域谱分布，通过比较图 2-25 和图 2-28 可以发现，两部雷达采集得到的海杂波具有相似的特性，海杂波在 FRFT 域能量大部分集中在 $p=1$ 处，并存在多个尖峰，因此海杂波可以建模为多个单频信号的叠加。同时发现采集的海杂波在 FRFT 域毛刺较多，且分散较为均匀，原因是采集数据时海况较低，混有部分高斯噪声。

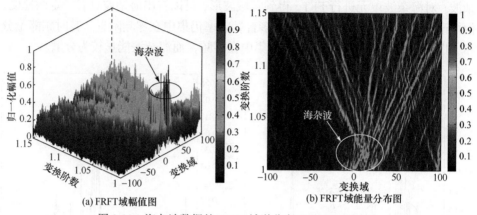

(a) FRFT 域幅值图　　　　　　　　　　(b) FRFT 域能量分布图

图 2-28　海杂波数据的 FRFT 域谱分布(201008181907#)

分析 201008181748 批数据的时域特性，如图 2-29(a)所示。由图 2-29(a)可以看出，经过匹配滤波处理后，分别在 27nm 和 34nm 存在两个目标，其回波能量较强，由于回波信号的相参性，脉压后抑制了大部分的海杂波，目标很容易被检测。分别分析其频域特性，如图 2-29(b)和图 2-30 所示，可知目标具有一定正的多普勒频率，均为朝向雷达运动。进而得到目标 1 和目标 2 的径向运动速度分别为 4.19kn 和 10.85kn。

分析目标 1 和目标 2 在 FRFT 域的谱分布，如图 2-31 和图 2-32 所示。由 2.2 节可知，匀速或匀加速运动的目标回波可建模为 LFM 信号，选择一定的旋转角度，能使目标能量得到最大限度的聚集，改善 SCR。可知，动目标在 FRFT 域形

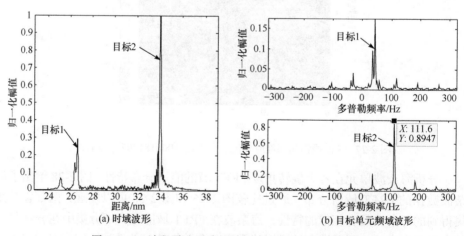

(a) 时域波形　　　　　　　　　　(b) 目标单元频域波形

图 2-29　S 波段雷达回波的时频域波形(201008181748#)

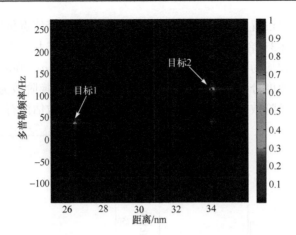

图 2-30　S 波段雷达回波时频分析(201008181748#)(见彩图)

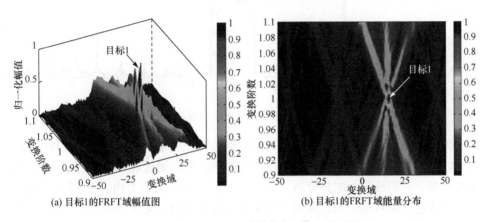

(a) 目标1的FRFT域幅值图

(b) 目标1的FRFT域能量分布

图 2-31　目标 1 的 FRFT 域谱分布(201008181748#)

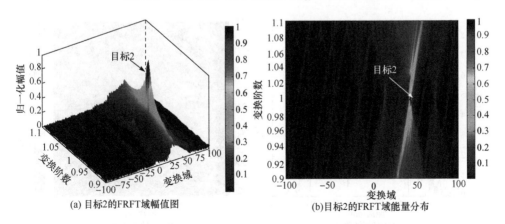

(a)目标2的FRFT域幅值图

(b)目标2的FRFT域能量分布

图 2-32　目标 2 的 FRFT 域谱分布(201008181748#)

成明显峰值，可以设置固定门限对信号进行检测，根据峰值点位置，估计出目标的运动参数。图 2-33 给出了目标 1 和目标 2 在最佳 FRFT 域的幅值图，可知，两者的最佳变换阶数均为 $p=1$(频域)，且均为匀速运动，即 $a_0 = 0\text{m/s}^2$。目标 1 和目标 2 的径向运动速度分别为 4.0837kn 和 10.7661kn。当变换阶数为 1 时，FRFT 域为频域，但受变换阶数的搜索步长影响，目标的运动参数估计有一定误差。

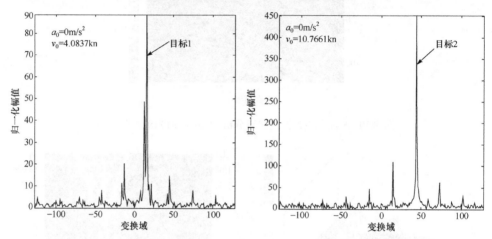

图 2-33　目标 1 和目标 2 的最佳 FRFT 域幅值图(201008181748#)

图 2-34(a)给出了 201008191242 批数据的时域波形，由图可知，即使经过匹配滤波，回波幅值起伏仍很剧烈，仅利用时域波形，通过设置固定门限检测目标比较困难。对回波进行时频分析，如图 2-34(b)所示，可以看出，在 87nm 附近存在一个快速运动目标，但在频域其能量分布较为分散，集聚效果不理想，最大峰值点坐标为(87.26nm,-308.2Hz)，计算得到目标的径向速度为 $v_0 = -30.0767\text{kn}$。由

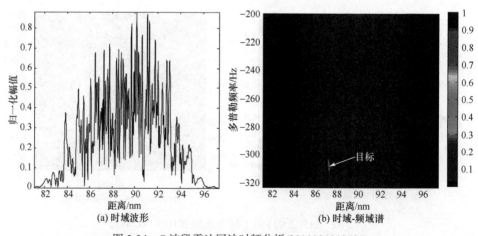

(a) 时域波形　　　　　　　　　(b) 时域-频域谱

图 2-34　S 波段雷达回波时频分析(201008191242#)

于目标距离较远，接收机回波中存在频谱分布均匀的高斯噪声，干扰了微弱动目标的检测，容易造成虚警，降低检测性能。将回波信号转换至 FRFT 域，如图 2-35 所示，由图可知，目标能量集聚在变换阶数 $p=1$ 附近，说明目标具有微弱变化的加速度，且在最佳 FRFT 域峰值明显，可以根据峰值搜索检测目标。

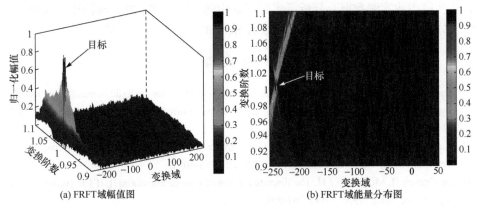

(a) FRFT 域幅值图　　　　　　　　(b) FRFT 域能量分布图

图 2-35　目标单元 FRFT 域谱分布(201008191242#)

通过对 S 波段雷达数据进行分析，可知作为 FT 的广义形式，FRFT 对海面动目标信号具有很好的能量聚集性，尤其适用于检测具有一定加速度或非匀速运动的目标。但同时发现当海况较高、SCR 较低时，在 FRFT 域海杂波对目标回波信号干扰严重，仅采用二维搜索最大峰值的方法检测目标，会导致较高的虚警概率。因此，研究基于 FRFT 的微弱动目标检测，进一步抑制海杂波，提高 SCR，具有很高的实际应用价值。

2.8　小　　结

本章主要阐述 FRFT 动目标检测的原理及参数估计方法。首先，介绍了 FRFT 的定义、性质、离散化计算方法。由于雷达动目标回波在解调后与 LFM 信号有密切联系，所以随后分析了 LFM 信号的 FRFT 表示，并分析比较了四种 FRFT 最佳变换阶数的估计方法，即分级迭代峰值搜索方法、谱峰度搜索方法、FRFT 模对称参数估计方法、FRFT 模最大值参数估计方法，从而为后续寻找动目标回波最佳 FRFT 域奠定了基础。其次，根据雷达发射的不同信号形式和动目标状态，建立了动目标回波模型并给出了动目标信号的 FRFT 域表示，给出了速度、加速度与信号初始频率和调频率之间的关系。再次，分析了 FRFT 对 LFM 信号的调频率和中心频率的分辨力问题。通过推导，得出参数估计精度受信号观测时长 T、采样频率 f_s、搜索步长 Δa_s 以及信噪比的联合作用，延长 T、增加 f_s 或缩短 $\Delta \alpha$ 均可以减小估计误差。考虑到实际采样速率的限制，延长观测时长比增加采样频率更有效。根据参数估计精度需要，可以设置不同的搜索步长，但在 $\Delta a_s \approx 10^{-3}$ 时误差趋于稳定，在实际中可采用变步长的方法减少运算量，并对影响参数估计精度的因素进行了仿真分析，给出了高斯噪声背景下的检测概率。最后，基于 X 波段和 S 波段雷达实测数据，分析了实际背景中动目标回波 FRFT 域特性，从而为后续区分海杂波和动目标，以及提出改善 SCR 的方法奠定了基础。

参 考 文 献

[1] Tao R, Li B Z, Wang Y. Spectral analysis and reconstruction for periodic nonuniformly sampled signals in fractional Fourier domain[J]. IEEE Transactions on Signal Processing, 2007,55(7): 3541-3547.

[2] Almeida L B. The fractional Fourier transform and time-frequency representations[J]. IEEE Transactions on Signal Processing, 1994, 42(11): 3084-3091.

[3] Santhanam B, McClellan J H. The discrete rotational Fourier transform[J]. IEEE Transactions on Signal Processing, 1996, 44(4): 994-998.

[4] Ozaktas H M, Arikan O, Kutay M A, et al. Digital computation of the fractional Fourier[J]. IEEE Transactions on Signal Processing, 1996, 44(9): 2141-2150.

[5] Pei S C, Yeh M H. Improved discrete fractional Fourier transform[J]. Optics Letters, 1997, 22(14): 1047-1049.

[6] Pei S C, Ding J J. Closed-form discrete fractional and affine Fourier transforms[J]. IEEE Transactions on Signal Processing, 2000, 48(5): 1338-1353.

[7] Hanna M T. A discrete fractional Fourier transform based on orthonormalized McClellan-Parks eigenvectors[J]. Journal of Engineering and Applied Science, 2004, 51(1): 11-30.

[8] Qi L, Tao R, Zhou S Y, et al. Detection and parameter estimation of multicomponent LFM signal based on the fractional Fourier transform[J]. Science in China Series F: Information Sciences, 2004, 47(2): 184-198.

[9] Chen X L, Guan J. A fast FRFT based detection algorithm of multiple moving targets in sea clutter[C]. 2010 IEEE Radar Conference, Arlington, 2010: 402-406.

[10] 卫红凯, 王平波, 蔡志明, 等. 分数阶 Fourier 变换极值搜索算法研究[J]. 电子学报, 2010, 38(12): 2949-2952.

[11] Serbes A, Durak L. Optimum signal and image recovery by the method of alternating projections in fractional Fourier domains[J]. Communications in Nonlinear Science and Numerical Simulation, 2010, 15(3): 675-689.

[12] Li X, Jiang Y Y. Golden-section peak search in fractional Fourier domain[C]. 2011 International Conference on Electric Information and Control Engineering, Wuhan, 2011: 4230-4233.

[13] Guan J, Chen X L, Huang Y, et al. Adaptive fractional Fourier transform-based detection algorithm for moving target in heavy sea clutter[J]. IET Radar Sonar & Navigation, 2012, 6(5): 389-401.

[14] 牛虹, 齐林, 宋家友. 基于 FRFT 的时变幅度 Chirp 信号的参数估计[J]. 现代雷达, 2007,

29(11): 37-39, 43.

[15] Catherall A T, Williams D P. High resolution spectrograms using a component optimized short-term fractional Fourier transform[J]. Signal Processing, 2010, 90(5): 1591-1596.

[16] Ozaktas H M, Erkaya N, Kutay M A. Effect of fractional Fourier transformation on time-frequency distributions belonging to the Cohen class[J]. IEEE Signal Processing Letters, 1996, 3(2): 40-41.

[17] Cao M, Fu Y W, Jiang W D, et al. High resolution range profile imaging of high speed moving targets based on fractional Fourier transform[J]. Proceeding of SPIE, 2007: 678654.

[18] Gini F, Greco M. Texture modeling and validation using recorded high resolution sea clutter data[C]. 2001 IEEE Radar Conference, Atlanta, 2001: 378-391.

[19] 赵志信, 国磊, 李永新. 强海杂波背景条件下海上目标检测方法[J]. 应用科技, 2006: 33(8): 30-33.

[20] 李广强, 盛文. 海杂波特性分析方法研究和比较[J]. 中国电子科学研究院学报, 2006, 1(5): 481-485.

[21] 马明权, 盛文, 张伟, 等. 天波超视距雷达海杂波多普勒特性分析[J]. 火力与指挥控制, 2010, 35(4): 82-84.

[22] 关键, 李宝, 刘加能, 等. 两种海杂波背景下的微弱匀加速运动目标检测方法[J]. 电子与信息学报, 2009, 31(8): 1898-1902.

[23] Barbarossa S. Analysis of multicomponent LFM signals by a combined Wigner-Hough transform[J]. IEEE Transactions on Signal Processing, 1995, 43(6): 1511-1515.

[24] 陶然, 邓兵, 王越. 分数阶傅里叶变换及其应用[M]. 北京: 清华大学出版社, 2009.

[25] 陈广东, 朱兆达, 朱岱寅. 分数傅立叶变换用于抑制 SAR 杂波背景检测慢速动目标[J]. 航空学报, 2005, 26(6): 748-753.

[26] 郭斌, 张红雨. 分级计算迭代在 Radon-Ambiguity 变换和分数阶 Fourier 变换对 chirp 信号检测及参数估计的应用[J]. 电子与信息学报, 2007, 29(12): 3024-3026.

[27] 刘锋, 黄宇, 陶然, 等. 分数阶 Fourier 变换对多分量 Chirp 信号中心频率的分辨能力[J]. 兵工学报, 2009, 30(1): 14-18.

[28] Drosopoulos A. Description of the OHGR Database[R]. Ottawa: Defence Research Establishment, 1994: 1-30.

第 3 章 　分数阶傅里叶变换域杂波抑制及目标检测方法

在雷达对海观测目标时，微弱的动目标回波常常淹没在海杂波中，SCR 较低，雷达不易检测到目标，同时海杂波的大量尖峰还会造成严重虚警，对雷达的检测性能产生较大影响。近年来，人们利用分形[1]、CFAR[2]、Wigner-Ville 分布[3]等方法进行微弱动目标检测，但分形方法无法获得目标的运动信息；CFAR 方法需要建立统计模型且检测过程复杂；WVD 在多目标存在的情况下，交叉项将严重影响目标的检测。

本章将 FRFT 引入海杂波背景下的动目标检测与参数估计中，从 FRFT 域的海杂波抑制方法入手，介绍三种海面动目标的检测方法：基于小波包变换-FRFT 的单个动目标检测方法[4]、基于 FRFT 的多动目标检测方法[5]以及 FRFT 域自适应动目标检测方法[6,7]，主要解决低信杂比条件下的动目标检测问题。第一种方法针对海面中同一距离单元内单个动目标，利用小波包变换(wavelet packet transform, WPT)抑制海杂波，提高 SCR，在 FRFT 域进行动目标检测，并分析检测性能；第二种方法借鉴 "CLEAN" 思想[8]，逐次对消回波信号，检测目标，克服多个目标 FRFT 幅值间的遮蔽作用，能够检测同一方位或同一距离单元内的多个动目标，同时采用分级迭代峰值搜索方法确定最佳变换阶数，大大降低了运算量；第三种方法将基于 FRFT 的动目标检测方法与基于统计理论的方法初步结合，构造了自适应谱线增强器，能够很好地抑制海杂波，改善 SCR，输出信号与门限进行比较后检测动目标。

3.1 　WPT-FRFT 杂波抑制及动目标检测方法

自 Donoho 提出基于小波变换的阈值消噪方法[9]以来，小波变换在杂波抑制和信号检测方面显示出巨大的潜力，而 WPT 则是对小波分解中没有细分的高频部分进一步分解，有更精细的信噪分离能力。本节结合小波包理论和 FRFT 域处理 LFM 信号的方法，给出一种应用小波包变换的 FRFT 域动目标检测方法 (WPT-FRFT)，在最大限度地保留动目标信号能量的同时尽可能地抑制杂波，以达到低 SCR 下有效检测出动目标的效果。

在强杂波背景下，通常 SCR 为 0dB 以下，雷达回波信号中杂波能量占主导地位，一般的时域检测是不合适的。因此，微弱动目标检测可转化为在接收回波信号中抑制杂波而检测 LFM 信号。WPT-FRFT 检测系统框图如图 3-1 所示。WPT 是一种线性变换，具有良好的时频域局部化的性质，是对小波分解中没有细分的高频部分进一步分解，弥补了小波时间分辨率高、时频率分辨率低的缺陷，同时在低频和高频进行分解，能够自适应地确定信号在不同频段的分辨率。杂波为高频分量，目标信号为宽带调频分量，因此回波经过多尺度 WPT，对不同频段信号能量进行滤波，滤除大部分杂波信号的同时提高了 SCR。通过选择合适的旋转角度，对回波信号进行 FRFT，LFM 信号将在这一特定的 FRFT 域上呈现能量聚集，幅值出现明显的峰值。取峰值的绝对值作为检测统计量，与门限进行比较后判断目标的有无。

图 3-1　WPT-FRFT 检测系统框图

3.1.1　WPT 抑制杂波

雷达信号小波包的高频部分表征的是雷达杂波的方差特性，根据尺度的不同，选用不同的阈值进行处理，用剩余的小波包系数重构信号[10]，达到抑制杂波的目的。在雷达信号检测过程中，由于很难知道先验概率和代价函数，所以一般采用 Neyman-Pearson 准则进行判决：在给定的 P_{fa}(虚警概率)下使 P_1(漏警概率)最小，即检测概率 $P_d = 1 - P_1$ 达到最大。

WPT 是一种线性变换，因此含杂波信号 $x(t)$ 的 WPT 是由信号 $s(t)$ 和杂波 $c(t)$ 的 WPT 线性叠加而成的。假设在一定小波包分解尺度 j 下，信号小波包系数表示为

$$\begin{cases} H_1 : d_x^j = d_s^j + d_c^j \\ H_0 : d_x^j = d_c^j \end{cases} \tag{3-1}$$

式中，H_1 为有目标存在的假设；H_0 为无目标存在的假设；d_s^j 为尺度 j 下信号的小波包系数；d_c^j 为尺度 j 下杂波的小波包系数。

由 WPT 的理论可知，高斯噪声经过 WPT 之后仍然是高斯噪声，当序列长度足够长，分解尺度足够多时，非高斯杂波的小波包系数近似服从高斯分布[11]。由此，可以假设杂波的小波包系数 d_c^j 服从均值为 μ_0、方差为 σ^2 的高斯分布。有目标和无目标存在时的似然函数分别为[12]

$$p\left(d_x^j \mid H_1\right) = \frac{1}{\sqrt{2\pi}\sigma} \exp\left[-\frac{\left(d_x^j - A_j - \mu_0\right)^2}{2\sigma^2}\right] \tag{3-2}$$

$$p\left(d_x^j \mid H_0\right) = \frac{1}{\sqrt{2\pi}\sigma} \exp\left[-\frac{\left(d_x^j - \mu_0\right)^2}{2\sigma^2}\right] \tag{3-3}$$

式中，A_j 为目标信号小波包系数均值的估计值。由式(3-2)和式(3-3)可以得出似然比为

$$\Lambda(d_x^j) = \frac{p\left(d_x^j \mid H_1\right)}{p\left(d_x^j \mid H_0\right)} = \exp\left[\frac{A_j(2d_x^j - A_j - 2\mu_0)}{2\sigma^2}\right] \tag{3-4}$$

两边取对数，统计量 $z = \dfrac{d_x^j - \mu_0}{\sigma}$。

$$z \underset{H_0}{\overset{H_1}{\underset{<}{>}}} \frac{\sigma}{A_j}\ln\Lambda + \frac{A_j}{2\sigma} \tag{3-5}$$

将 $\dfrac{\sigma}{A_j}\ln\Lambda + \dfrac{A_j}{2\sigma} \overset{\text{def}}{=\!=} \gamma_0$，由此可以得到尺度 j 下的小波包系数的门限为

$$\eta = \gamma_0\sigma + \mu_0 \tag{3-6}$$

当$|z|<\gamma_0$ 时，认为小波包系数是杂波的小波包系数，使用阈值处理。式(3-6)中的检测门限η中还有未知参数，算法采用阈值删除技术，对杂波背景的均值μ_0和标准差σ进行准确估计。

含杂波信号经小波包分解后得到低频部分和高频部分，其中，高频部分中又含有一部分的低频部分，如果粗略地认为所有的高频部分为杂波的小波包系数，进行参数估计，则会产生较大误差。因此，需要在高频部分进行阈值处理，提取出杂波的小波包系数，保证结果的准确性。这里采用最小最大方差阈值法(minimaxi)[10]对高频部分进行处理，阈值函数为

$$\text{th}_j = \begin{cases} 0, & N_j \leqslant 32 \\ 0.3936 + 0.1829\log_2^{N_j}, & N_j > 32 \end{cases} \tag{3-7}$$

式中，N_j 和 th_j 分别为尺度 j 下高频系数的长度和阈值水平。该阈值产生一个最小均方误差的极值，可以在一个给定函数集中实现最大均方误差最小化，与其他阈值相比，不易丢失信号中的有用成分。

具体流程为：首先选取适当的小波包基，根据最小 Shannon 熵准则得到最优

小波树，将尺度 j 下的小波包系数按绝对值大小进行排序，然后经过 minimaxi 阈值处理，滤除从最大值起始的 n_j 个小波包系数，认为这些被滤除的小波包系数是目标信号的小波包系数，取剩余的小波包系数 $N'_j = N_j - n_j$ 作为杂波小波包系数的估计 $\hat{d}_i^j (i = 1, 2, \cdots, N'_j)$。均值 μ_0 和标准差 σ 的无偏估计量分别为

$$\hat{\mu}_0 = \frac{1}{N'_j} \sum_{i=1}^{N'_j} \hat{d}_i^j \tag{3-8}$$

$$\hat{\sigma} = \sqrt{\frac{1}{N'_j - 1} \sum_{i=1}^{N'_j} \left(\hat{d}_i^j - \hat{\mu}_0 \right)^2} \tag{3-9}$$

得到新的检测统计量 $T = \dfrac{d_x^j - \hat{\mu}_0}{\hat{\sigma}}$。

$$T \underset{H_0}{\overset{H_1}{\gtrless}} \frac{\hat{\sigma}}{A_j} \ln \Lambda + \frac{A_j}{2\hat{\sigma}} \tag{3-10}$$

将 $\dfrac{\hat{\sigma}}{A_j} \ln \Lambda + \dfrac{A_j}{2\hat{\sigma}} \overset{\text{def}}{=} \varsigma$，可知，检测统计量 T 服从零均值、单位方差的高斯分布 $T \sim N(0, 1)$。因此，式(3-6)重写为

$$\eta = \varsigma \hat{\sigma} + \hat{\mu}_0 \tag{3-11}$$

对含杂波信号进行处理，最后将处理后的小波包系数进行信号重构得到杂波抑制后的信号。参数 ς 仅由虚警概率 $P_{\text{fa}} = \text{erfc}(\varsigma)$ 确定，其中 erfc 为互补误差函数。

3.1.2　检测性能分析

由于 LFM 信号在不同的 FRFT 域上呈现出不同的能量聚集性，检测含有未知参数的 LFM 信号的基本思路是，以旋转角为变量进行扫描，求观测信号的 FRFT，从而形成信号能量在参数 (α, u) 平面上的二维分布，在此平面上按阈值进行峰值点的二维搜索即可检测单个动目标回波信号并估计其运动参数。建立杂波抑制后的微弱动目标检测模型为

$$\begin{cases} H_1 : F_p(u) = S_p(u) + N_p(u) \\ H_0 : F_p(u) = N_p(u) \end{cases} \tag{3-12}$$

式中，$S_p(u)$、$N_p(u)$ 分别为目标 $s(t)$ 和高斯杂波 $n(t)$ 的 p 阶 FRFT。

$F_p(u)$ 为复信号，其实部和虚部分别为 $\text{Re}[F_p]$、$\text{Im}[F_p]$。将雷达回波信号量纲归一化处理，进行 FRFT，经过包络检波后输出结果为

$$M = \sqrt{\mathrm{Re}^2[F_p] + \mathrm{Im}^2[F_p]} = \left| F_p(u) \right| \tag{3-13}$$

设随机过程 $n(t)$ 的协方差为

$$C_n(\tau) = \mathrm{E}\Big[n(t)n^*(t+\tau) \Big] = N_0\delta(\tau) \tag{3-14}$$

则 $n(t)$ 的 FRFT 域的协方差为

$$C_N(\tau) = \mathrm{E}\Big[N_p(t,u)N_p^*(t+\tau,u) \Big] = \int_0^T n(t)n^*(t+\tau)K_p(t,u)K_p^*(t,u)\mathrm{d}t = A_\alpha^2 N_0 T \tag{3-15}$$

则随机向量 $\mathrm{Re}[F_p]|\,\mathrm{H}_0$、$\mathrm{Im}[F_p]|\,\mathrm{H}_0$ 服从零均值、方差为 $A_\alpha^2 N_0 T/2$ 的高斯分布，其概率密度函数(probability density function，PDF)为

$$p\big(\mathrm{Re}[F_p]|\,\mathrm{H}_0\big) = p\big(\mathrm{Im}[F_p]|\,\mathrm{H}_0\big) = \frac{1}{\pi A_\alpha^2 N_0 T}\exp\left(-\frac{\big|\mathrm{Re}[F_p]\big|^2}{A_\alpha^2 N_0 T} \right) \tag{3-16}$$

令 $A_\alpha^2 N_0 T/2 = \sigma^2$，则包络峰值 $M|\,\mathrm{H}_0$ 服从瑞利分布，其 PDF 为[13]

$$p\big(M|\,\mathrm{H}_0\big) = \frac{M}{\sigma^2}\exp\left(-\frac{M^2}{2\sigma^2} \right),\ M \geqslant 0 \tag{3-17}$$

当有目标存在时，考虑到 $n(t)$ 的均值为零，则向量 $\mathrm{Re}[F_p]|\,\mathrm{H}_1$、$\mathrm{Im}[F_p]|\,\mathrm{H}_1$ 同样服从高斯分布，数学期望为

$$\mathrm{E}\big(\mathrm{Re}[F_p]|\,\mathrm{H}_1\big) = \mathrm{E}\big(\mathrm{Im}[F_p]|\,\mathrm{H}_1\big) = \frac{1}{2}\mathrm{E}\big[S_p(u) \big] = \frac{1}{2}AA_\alpha T \mathrm{e}^{\mathrm{j}\frac{1}{2}u^2\cot\alpha} \tag{3-18}$$

$$p\big(\mathrm{Re}[F_p]|\,\mathrm{H}_1\big) = p\big(\mathrm{Im}[F_p]|\,\mathrm{H}_1\big) = \frac{1}{2\pi\sigma^2}\exp\left[-\frac{\big|\mathrm{Re}[F_p] - \mathrm{E}\big(\mathrm{Re}[F_p]|\,\mathrm{H}_1\big)\big|^2}{2\sigma^2} \right] \tag{3-19}$$

那么包络峰值 $M|\,\mathrm{H}_1$ 服从莱斯分布，其 PDF 为

$$p\big(M|\,\mathrm{H}_1\big) = \frac{M}{\sigma^2}\mathrm{I}_0\left(\frac{AA_\alpha T}{2\sigma^2}M \right)\exp\left[-\frac{M^2 + (AA_\alpha T/2)^2}{2\sigma^2} \right] \tag{3-20}$$

式中，$\mathrm{I}_0()$ 是第一类零阶 Bessel 函数。

由式(3-17)和式(3-20)得似然比为

$$\Lambda = \frac{p\big(M|\,\mathrm{H}_1\big)}{p\big(M|\,\mathrm{H}_0\big)} = \exp\left(\frac{A^2 T}{4N_0} \right)\mathrm{I}_0\left(\frac{AA_\alpha T}{2\sigma^2}M \right) \tag{3-21}$$

由于函数 I_0 为单调上升函数，故以 $\mathrm{I}_0\left(\dfrac{AA_\alpha T}{2\sigma^2}M \right)$ 进行判决完全等效于以统计量 M

进行判决, 于是判决规则可以写为

$$M = \left| F_p(u) \right| \begin{matrix} H_1 \\ \gtrless \\ H_0 \end{matrix} \eta \tag{3-22}$$

式中, η 为判决门限, 其值由给定的虚警概率和杂波功率水平确定。因此, 回波经 FRFT、包络检波后, 与门限比较, 如果大于门限, 则认为有目标, 相反, 则认为无目标。当检测到目标时, 可估计信号参数。

讨论高斯杂波背景下 FRFT 域动目标检测系统的检测性能。检测器变量 $M \mid H_0$ 服从瑞利分布, 所以虚警概率等于

$$P_{\mathrm{fa}} = \int_\eta^{+\infty} P(M \mid H_0)\mathrm{d}M = \exp\left(-\frac{\eta^2}{2\sigma^2}\right) \tag{3-23}$$

检测概率等于

$$P_{\mathrm{d}} = \int_\eta^{+\infty} P(M \mid H_1)\mathrm{d}M = \int_\eta^{+\infty} \frac{M}{\sigma^2}\exp\left[-\frac{M^2 + \left(AA_\alpha T/2\right)^2}{2\sigma^2}\right]\mathrm{I}_0\left(\frac{AA_\alpha T}{2\sigma^2}M\right)\mathrm{d}M \tag{3-24}$$

3.1.3　实测数据验证与分析

假设雷达工作波长 $\lambda = 3$cm, 一个匀加速运动目标, 回波的中心频率 $f_0 = 100$Hz, 则目标初速度 $v = 1.5$m/s, 调频率 $\mu = 50$Hz/s, 加速度 $a_\mathrm{s} = 0.75$m/s^2, 信号接收时长 $T = 1$s, 以原点为中心, 采样频率 $f_\mathrm{s} = 1000$Hz, 虚警概率 $P_{\mathrm{fa}} = 10^{-4}$。仿真满足采样定理, 量纲做归一化处理。

为缩小基于 FRFT 动目标检测的峰值搜索区域, 降低运算量, 最有效的方法就是根据目标运动状态, 估计出可能的调频范围, 缩小 FRFT 的变换阶数 p 的取值区间。假设调频率 μ 为正斜率, 则 FRFT 的变换阶数 p 与目标回波调频率 μ 的关系为

$$p = \frac{-2\operatorname{arccot}\hat{\mu}}{\pi} + 2 \tag{3-25}$$

式中, $\hat{\mu}$ 为量纲归一化后的调频率。图 3-2 为不同调频率取值对应的 FRFT 的变换阶数区间变化。由图 3-2 可知, 在雷达参数一定时, 即使调频率变换范围很广, FRFT 阶数变化也很小。因此, 在进行二维峰值搜索最佳变换阶数时, 只需取 $1 \leqslant p \leqslant 1.2$ 即可实现对 LFM 信号的有效积累, 缩小了搜索范围, 提高了运算效率, $p_{\mathrm{opt}} = 1.0318$。

1. 高斯杂波背景下的仿真结果

为选出最优小波包基, 需要比较含杂波信号在不同小波包基下的检测效果。

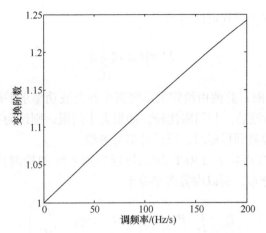

图 3-2　FRFT 的变换阶数与调频率的关系曲线

设杂波为高斯杂波，SCR 为−12.7dB。选择 Symlets 系列、Daubechies 系列、Coiflets 系列、Biorthogonal 系列、ReverseBior 系列和 DMeyer 小波，以相关系数为评判信号处理效果的依据。通过求在不同的分解尺度和小波包基处理后的信号与原始信号的相关系数，称取得最大相关系数时的小波包基参数和分解尺度参数的组合为最佳系数组合，此时的小波包基和分解尺度参数分别为最优小波包基和最优分解尺度，保证重构信号与原始信号的最大相似性。

　　含高斯杂波信号首先按照最小 Shannon 熵准则分解为最优小波树，然后经过自适应阈值处理，得到杂波抑制后的信号，经过 FRFT 对信号进行积累，最后在 FRFT 域形成检测统计量，并与门限比较得到检测结果。采用相关系数法确定最优小波包基和最优分解尺度，结果表明 Symlets11 小波包基处理后的相关系数最大，进行了 5 层分解。图 3-3(a)为含高斯杂波信号时域波形；图 3-3(b)为杂波抑制

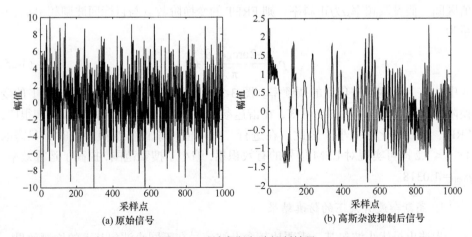

图 3-3　时域高斯杂波抑制结果

后的信号波形；图 3-4 为抑制杂波前后的 FRFT 域信号幅值图，其中幅值做了归一化处理。

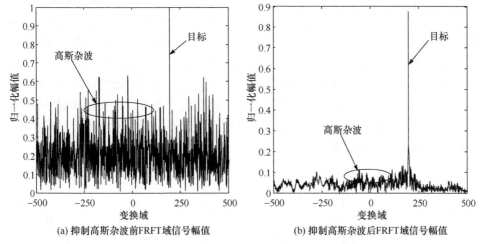

(a) 抑制高斯杂波前FRFT域信号幅值　　　　(b) 抑制高斯杂波后FRFT域信号幅值

图 3-4   最佳 FRFT 域高斯杂波抑制结果

图 3-3 和图 3-4 表明在高斯杂波背景下，小波包抑制杂波的方法能够在不同频段自适应地确定门限，剔除含杂波能量的小波包，信号重构后可以有效地抑制强杂波分量，较好地保留了目标信号本身的信息。由图 3-4 可以看出，FRFT 对信号有很好的聚集性，但当未经过杂波抑制时，目标受到高斯杂波影响严重，检测概率较低，虚警概率较高；而经过小波包变换后，杂波得到了较好抑制，目标峰值较为突出，易于检测出目标。表 3-1 给出了抑制高斯杂波前后 FRFT 域的检测性能。可以看出，WPT-FRFT 检测器能够较好地抑制高斯杂波，目标信号更加突出，对调频率和中心频率的估计精度高，有助于提高检测概率而降低虚警概率。

表 3-1   WPT-FRFT 对高斯杂波的抑制结果

处理方法	目标最大峰值	高斯杂波最大峰值	|FRFT|峰值差	$\hat{\mu}$	$\hat{f}_0$
抑制高斯杂波前	1	0.63	0.47	49.64	100.26
抑制高斯杂波后	0.93	0.13	0.80	50.24	100.23

2. 实测海杂波数据的仿真结果

采用 WPT-FRFT 检测器对实测海杂波背景下的信号进行处理。仿真采用相同的目标信号，海杂波采用 IPIX 雷达海杂波数据，编号为 19931107_135603。图 3-5

为抑制海杂波前后的 FRFT 域信号幅值图，其中幅值做了归一化处理。图 3-5(a) 中虽然出现了峰值，但峰值位置并不是真实目标位置，FRFT 域最大峰值为海杂波峰值，造成虚警。图 3-5(b)中回波信号经过杂波抑制，在 FRFT 域能够正确检测出目标，目标的能量虽然有所削弱，但是对海杂波的抑制作用总是大于对目标的削弱作用。这是因为回波信号中海杂波能量占主导地位，海杂波在一定程度上可以看作多个单频信号的叠加，而目标信号为调频分量。通过对回波信号进行多尺度 WPT，海杂波能量主要集中在某几个频段的小波包中，而目标信号能量则分散到多个频段的小波包中，并且海杂波的小波包能量要明显高于目标信号的小波包能量。因此，通过对不同频段进行自适应门限处理，能够较好地抑制海杂波分量而使目标更容易被检测。

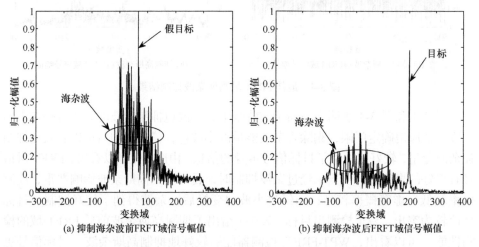

图 3-5 最佳 FRFT 域 IPIX 海杂波抑制结果

表 3-2 给出了抑制海杂波前后的检测性能。可以看出，WPT-FRFT 检测器能够提高目标信号与海杂波的|FRFT|峰值差，克服了在低 SCR 时，FRFT 域直接幅值检测不能正确估计目标运动参数的缺点。仿真证明，设计的检测器应用在海杂波背景的微弱动目标检测问题，仍能得到较好效果。

表 3-2 WPT-FRFT 对 IPIX 海杂波的抑制结果

处理方法	目标最大峰值	海杂波最大峰值	|FRFT|峰值差	$\hat{\mu}$	$\hat{f}_0$
抑制海杂波前	1	0.74	0.26	−0.00031	33.27
抑制海杂波后	0.79	0.33	0.46	49.64	100.29

采用基于 WPT-FRFT 的动目标检测方法对 S 波段雷达 201008181835 批数据

进行分析，其脉压后的时域波形及时频幅值图如图 3-6 所示。由图 3-6 可以看出，在时域中，动目标回波被海杂波和高斯噪声所遮蔽，无法提取目标信息，通过时频分析，可以发现在 73nm 附近存在一微弱动目标，其多普勒频率分布不集中，说明目标做非匀速运动，速度估计误差较大。

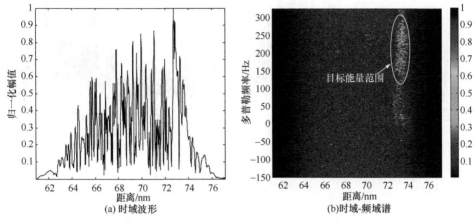

图 3-6　S 波段雷达回波时频分析(201008181835#)

图 3-7(a)和图 3-7(b)比较了微弱动目标回波在频域和最佳 FRFT 域的幅值，可以发现在 FRFT 域比较容易检测出微弱动目标，发现动目标具有一定的加速度，通过旋转一定的角度，使得动目标回波信号与 LFM 基相匹配，在 FRFT 域形成峰值，能够最大限度地积累目标能量。进一步采用 WPT 抑制海杂波，$\varsigma = 4.753$，如图 3-7(c)所示。采用不同变换方法对微弱动目标进行检测，结果如表 3-3 所示，可以看出经过 WPT-FRFT 处理后，目标与海杂波的峰值差由频域中的 0.148 提升至 WPT-FRFT 域中的 0.395。基于 S 波段雷达实测数据的 SCR 定义为

$$\mathrm{SCR} = 10 \lg \frac{\dfrac{1}{2d}\left|\displaystyle\sum_{i=m-d}^{m+d} y(i)\right|^2}{\dfrac{1}{N-2d}\left[\displaystyle\sum_{i=1}^{m-d} |y(i)|^2 + \sum_{i=m+d}^{N} |y(i)|^2\right]} \tag{3-26}$$

式中，SCR 为目标能量与海杂波能量比；$y(m)$ 为输出信号的最大值；m 为目标最大峰值所在位置；d 为峰值宽度的 1/2，表示目标能量泄漏的范围，$d = D/2$。根据式(2-71)计算得到 S 波段雷达的动目标回波信号在 FRFT 域的峰值宽度为 5 个采样点，因此 $d = 2$。由表 3-3 可知，采用基于 WPT-FRFT 域检测动目标的方法能够改善 SCR 约 3dB，通过在 FRFT 域搜索最大峰值点，估计出目标的运动状态为 $a_0 = 2.4125\mathrm{m/s}^2$、$v_0 = 24.3379\mathrm{kn}$。

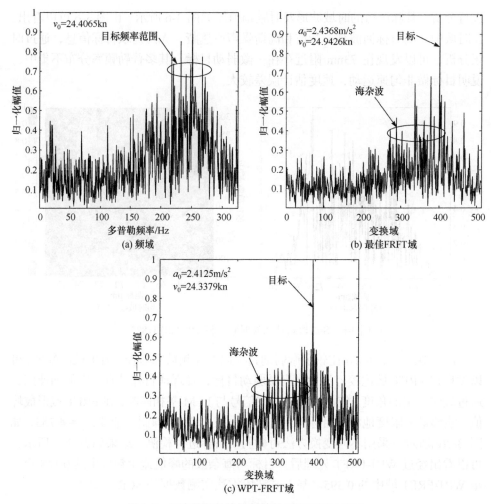

图 3-7　　S 波段海杂波抑制结果(201008181835#)

表 3-3　　不同变换方法处理 S 波段雷达数据结果(201008181835#)

变换方法	目标峰值	海杂波峰值	峰值差	SCR/dB	a_0/(m/s^2)	v_0/kn
频域	1	0.852	0.148	1.7089	—	24.4065
最佳 FRFT 域	1	0.681	0.319	3.4508	2.4368	24.9426
WPT-FRFT 域	1	0.605	0.395	4.7638	2.4125	24.3379

3. 检测性能仿真

通过 Monte-Carlo 仿真方法，分别在高斯杂波背景和实测海杂波背景下，验证检测器的检测性能。假定虚警概率为 10^{-2}，实验次数为 10^4。图 3-8 给出了不同杂波背景下检测器性能比较，并与匹配滤波器的检测性能进行了比较。图 3-8 中的 SCR 为经过小波包抑制杂波后的 SCR。由图 3-8 可知，在高斯杂波背景下，小波包抑制杂波能够明显改善检测器的检测性能，通过 FRFT，对目标信号的能量进行积累，能够在低 SCR 时(SCR = −12dB)检测出目标；在实测海杂波背景下，检测性能有所下降，但仍能在−5dB 左右很好地检测出目标。本节所设计的检测器的检测性能接近于匹配滤波器。

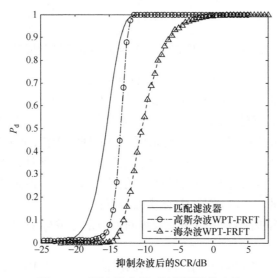

图 3-8　不同杂波背景下检测器性能比较

3.2　FRFT 分级迭代相消多动目标检测与估计方法

通常对动目标的检测是在 FRFT 域进行二维峰值搜索，估计参数[14]，但这种方法运算量大，估计精度不高。在低 SCR 时，FRFT 对强杂波的抑制作用有限，检测性能较低，并且若在同一距离单元或同一方位上存在多个动目标，回波为多分量 LFM 信号，则 FRFT 谱存在相互遮蔽问题[15]，影响了对弱信号的检测。基于上述考虑，本节给出一种海杂波背景下多动目标检测的快速算法，其优点在于能够在较低 SCR 下对动目标回波信号的能量进行充分积累，降低了信号间遮蔽性的影响，并且提高了运算速度。

3.2.1　多动目标检测与参数估计

基于 FRFT 域多微弱动目标检测系统框图如图 3-9 所示。回波信号首先进行多尺度 WPT，对不同频段信号能量进行滤波，滤除大部分海杂波。然后，通过选择合适的旋转角度，对回波信号进行 FRFT，取峰值的绝对值作为检测统计量，与门限进行比较后判断目标的有无。采用分级迭代的计算方法进行峰值搜索，估计参数，减小运算量。借鉴"CLEAN"思想[8]，剔除强目标分量，降低遮蔽影响，重复算法直到检测不出信号。

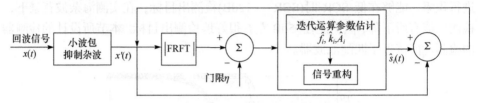

图 3-9　基于 FRFT 域多微弱动目标检测系统框图

结合 FRFT 的定义可知，若海面目标做匀速运动($a = 0$、$p = 1$)，则其 FRFT 谱退化为频谱，是 FRFT 域的一种特例，仍能检测出目标。传统的 FRFT 域检测 LFM 信号需要进行峰值点的二维搜索，搜索步长的选择由参数估计精度确定，当参数估计精度要求比较高时，就需要采用很小的搜索步长，使运算量增大。为此，本节借鉴"CLEAN"思想，采用分级迭代运算方法，按照估计参数先粗后精的顺序，逐级缩小峰值搜索范围，检测目标并估计参数。经过改进的峰值搜索方法，大大降低了运算量。所提方法的具体步骤如下：

(1) 选择适当的小波包基和分解尺度对回波信号进行 WPT，抑制杂波分量，提高 SCR。

(2) 粗略确定变换阶数 p 的范围。对回波信号进行 FRFT，此时强目标信号必定在某个角度的 FRFT 域中表现为很窄的"冲激谱"。为缩小基于 FRFT 域动目标检测的峰值搜索区域，降低运算量，最有效的方法就是根据目标运动状态，估计出可能的调频范围，缩小 FRFT 的变换阶数 p 的取值区间。假设调频率 μ 为正斜率，则 FRFT 的变换阶数 p 与信号调频率的关系为式(3-25)。

(3) 分级迭代运算，估计参数。根据变换阶数 p 的搜索范围$[a_1, b_1]$，确定初始搜索步长 l_1。初始搜索步长 l_1 取比扫描范围长度$\Delta(\Delta = b_1-a_1)$低一个数量级的最小值，若$\Delta = 0.2 = 2\times10^{-1}$，则 $l_1=10^{-2} = 0.01$。以初始搜索范围$[a_1, b_1]$，初始搜索步长 l_1，在 FRFT 域进行第 1 次峰值搜索，过门限的最强峰值点坐标(p_1, u_1)，然后以第一次估计值为初始值，进行如下迭代过程：

$$\begin{cases} a_{n+1} = p_n - l_n \\ b_{n+1} = p_n + l_n \\ l_{n+1} = 0.1l_n \end{cases} \tag{3-27}$$

式中，$[a_{n+1}, b_{n+1}]$为第 $n+1$ 次变换阶数的搜索范围；l_{n+1} 为第 $n+1$ 次的搜索步长；p_n 为第 n 次搜索的最佳变换阶数。最佳变换阶数 p_n 将以指数函数 $p(n) = 0.1^n$ 趋近所要求的精度的估计值。依次进行迭代过程，直到 p_n 满足所要求的精度，根据式(2-68)估计出第 1 个动目标的参数 $\hat{f}_1$、$\hat{\mu}_1$、$\hat{A}_1$。

(4) 重构回波信号。第 1 个目标回波为

$$s_1(t) = A_1 \exp(\mathrm{j}2\pi f_1 t + \mathrm{j}\pi\hat{\mu}_1 t^2) \tag{3-28}$$

式中，A_1 为抑制杂波后的目标幅值。将第 1 个动目标的参数估计值 $\hat{f}_1$、$\hat{\mu}_1$、$\hat{A}_1$ 代入式(3-28)中，得到重构回波信号 $s_1(t)$，与抑制杂波后的信号 $x'(t)$ 相消，滤除第 1 个强目标分量，减少了遮蔽干扰。

(5) 将滤除第 1 个强目标分量后的信号从时域变换到 FRFT 域中，按同样的方法进行分级迭代运算和信号重构，估计出第 2 个动目标信号参数，得到滤除第 2 个强目标分量的回波。

(6) 重复步骤(3)～步骤(5)，直到检测不出信号为止。

3.2.2　实测数据验证与分析

采用 IPIX 雷达回波数据验证算法，仅讨论目标与海杂波在 FRFT 域不可分的情况。雷达工作波长 $\lambda = 3\mathrm{cm}$，有 3 个匀加速运动目标，中心频率 f_d 分别为 80Hz、70Hz、150Hz；调频率 μ 分别为 40Hz/s、45Hz/s、200Hz/s，SCR 分别为–4dB、–8dB、–10dB。信号接收时长 $T = 1\mathrm{s}$，采样频率 $f_s = 1000\mathrm{Hz}$，虚警概率 $P_{\mathrm{fa}} = 10^{-4}$。仿真满足采样定理，量纲进行归一化处理。

1. 目标遮蔽性影响

多分量 LFM 信号 FRFT 谱之间存在遮蔽影响。文献[15]分析了 FRFT 域中多分量 LFM 信号的遮蔽性，给出了遮蔽系数的定义：

$$\varepsilon_{\alpha_0} = \frac{A_g^2}{A_h^2 f_s^2 T_d^2} \sqrt{\frac{f_s^2 + \mu_g^2 T_d^2}{(\mu_h - \mu_g)^2}} \tag{3-29}$$

式中，A_g 与 μ_g 分别为 LFM 信号 $g(t)$ 的幅值和调频率；A_h 与 μ_h 分别为 LFM 信号 $h(t)$ 的幅值和调频率；α_0 为 $h(t)$ 实现最佳能量聚集的 FRFT 角度；f_s 为采样频率；T_d 为采样时长。ε_{α_0} 体现了分量 $g(t)$ 对分量 $h(t)$ 的 FRFT 谱遮蔽程度，ε_{α_0} 越小越好。根据仿真条件，得出目标 1 对目标 2 的 FRFT 谱遮蔽系数 $\varepsilon_{\alpha_0} = 1.263 > 1$。

图 3-10 为海杂波背景下目标回波信号的 FRFT 幅值图。FRFT 对 LFM 信号有很好的能量聚集性，因此海杂波背景下动目标的回波在 FRFT 域能够形成峰值，在合适的 SCR 下，如果目标的峰值超过了海杂波的峰值，则可以通过设置的门限判定是否存在目标。但是图 3-10 也表明，目标 2 受遮蔽作用影响，其 FRFT 谱完全被强目标 1 的 FRFT 谱淹没，目标 3 淹没在海杂波的 FRFT 谱中。如果直接在 FRFT

域进行目标检测，海杂波的峰值将会超过弱目标回波的峰值，目标受海杂波影响
严重，虚警概率较大。因此，需要抑制海杂波和降低强目标回波的遮蔽作用。

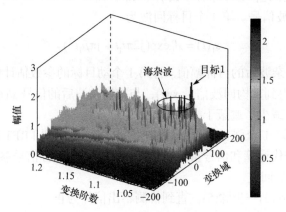

图 3-10　海杂波背景下目标回波信号的 FRFT 幅值图

2. 算法仿真

仿真选用 Symlets 系中序号为 11(symlets11)的基作为小波包分解的基函数，
进行 5 层分解。图 3-11 为海杂波抑制后回波信号 FRFT 幅值图，从图中可以较为
明显地看出目标的峰值，海杂波得到了较好的抑制。目标的能量虽然有所削弱，
但是对海杂波的抑制作用总是大于对目标的削弱作用。通过对不同频段进行自适
应门限处理，能够较好地抑制海杂波分量而使目标更容易检测。

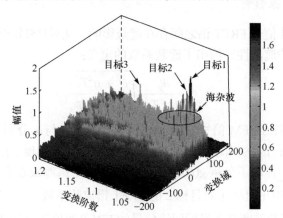

图 3-11　海杂波抑制后回波信号 FRFT 幅值图

图 3-12 为不同调频率取值对应的 FRFT 的变换阶数区间变化，由图可知，当
雷达参数一定时，即使调频率变化范围很广，FRFT 的变换阶数变化也很小，只
需取 $1 \leq p \leq 1.3$，即可实现对 LFM 信号的有效积累，提高运算效率。

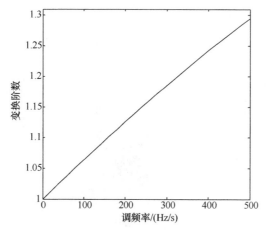

图 3-12　FRFT 变换阶数与调频率的关系曲线

　　按照分级迭代运算方法，估计目标参数。调频率估计精度为 0.0001，确定出变换阶数 p 的精度要求为 0.0001，初始搜索范围 $[a_1, b_1] = [1, 1.3]$，初始搜索步长 $l_1 = 0.01$。在 FRFT 域进行第 1 次峰值搜索，得到最强峰值点坐标 $(p_1, u_1) = (1.03, 81.5816)$；然后缩小变换阶数搜索范围 $[a_2, b_2] = [(1.03-0.01), (1.03+0.01)] = [1.02, 1.04]$，搜索步长 $l_2 = 0.1l_1 = 0.001$，进行第 2 次峰值搜索，得到最强峰值点坐标 $(p_2, u_2) = (1.025, 80.5806)$；再一次缩小变换阶数搜索范围 $[a_3, b_3] = [(1.025-0.001), (1.025+0.001)] = [1.024, 1.026]$，搜索步长 $l_3 = 0.1l_2 = 0.0001$，进行第 3 次峰值搜索，得到最强峰值点坐标 $(p_3, u_3) = (1.0255, 80.1954)$。此时最佳变换阶数 p 已经达到精度要求，进而得到目标 1 的参数估计值 $\hat{f}_1 = 80.2597\text{Hz}$、$\hat{\mu}_1 = 40.0767\text{Hz/s}$、$\hat{A}_1 = 0.1701$，重构信号，至此目标 1 的检测与参数估计过程结束。

　　图 3-13 为目标 1 的最佳 FRFT 域幅值图。图 3-14 为滤除目标 1 的 FRFT 幅值图。重复迭代过程，依次估计出目标 2 的峰值点坐标 $(p, u) = (1.0286, 70.5694)$，参数 $\hat{f}_2 = 70.4413\text{Hz}$、$\hat{\mu}_2 = 44.9550\text{Hz/s}$、$\hat{A}_2 = 0.1073$。目标 3 的峰值点坐标 $(p, u) = (1.1257, 98.5986)$，参数 $\hat{f}_3 = 150.5523\text{Hz}$、$\hat{\mu}_3 = 200.0557\text{Hz/s}$、$\hat{A}_3 = 0.0853$。图 3-15～图 3-17 给出了目标 2 和目标 3 的检测结果。由仿真结果可知，在调频率估计精度为 0.0001，变换阶数初始搜索范围为 [1,1.2] 时，传统的 FRFT 域峰值点的二维搜索需要计算 2000 次的 FRFT 才能满足要求。采用分级迭代方法，每个信号需要 3 级搜索过程，分别进行 30 次、20 次、20 次 FRFT 运算。因此，共需 210 次 FRFT 运算就能检测出所有目标信号，大大减少了运算量，提高了运算速度。由图 3-13～图 3-17 可以看出，基于 FRFT 的多微弱动目标检测快速算法可以检测出强杂波背景下的微弱动目标，能够降低信号间的遮蔽作用，在保证参数估计精度的同时提高了运算效率。理想情况下，可以完全消除强目标信号，然而实际上参数估计总

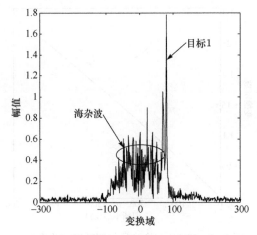

图 3-13　目标 1 的最佳 FRFT 域幅值图

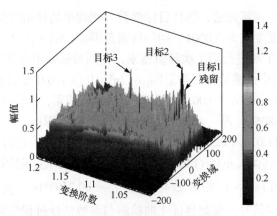

图 3-14　滤除目标 1 的 FRFT 幅值图

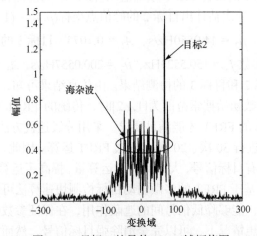

图 3-15　目标 2 的最佳 FRFT 域幅值图

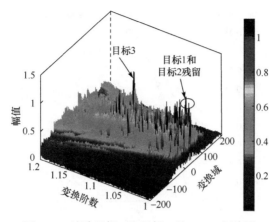

图 3-16 滤除目标 1 和目标 2 的 FRFT 幅值图

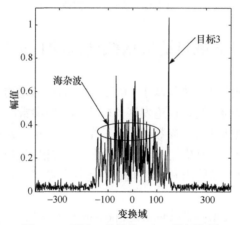

图 3-17 目标 3 的最佳 FRFT 域幅值图

存在误差，导致信号仍有一定的残留，在一定程度上影响了检测性能。

3. 检测性能仿真

通过 Monte-Carlo 仿真方法，在实测海杂波(IPIX 数据)背景下验证检测器的检测性能。在不同 SCR 条件下对一匀加速运动目标进行检测，信号接收时长 $T=1s$，采样频率 $f_s=1000Hz$，假定虚警概率为 0.01，每个 SCR 条件下仿真 10^4 次。图 3-18 给出了检测性能曲线。图 3-18 中的 SCR 定义为经过小波包抑制杂波后的 SCR。可知，在实测海杂波背景下，小波包抑制杂波的方法能够明显改善检测器的检测性能，通过 FRFT 对目标信号的能量进行积累，能在-10dB 左右很好地检测出目标，而当 SCR 低于-10dB 时，强海杂波能量远大于目标信号能量，目标信号的小波包系数会被误认为海杂波的小波包系数，此时采用 WPT 抑制海杂波的效果不佳，导致检测概率急剧下降。

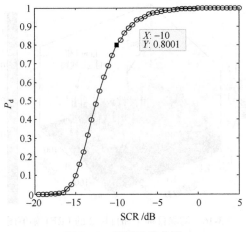

图 3-18　检测性能曲线

3.3　FRFT 域自适应谱线增强动目标检测方法

基于统计理论的检测方法和基于 FRFT 域的动目标检测方法一直是分别应用于海杂波目标检测中的。统计理论发展比较成熟，但参数的估计过程比较烦琐，而 FRFT 可以精确地估计目标参数，方法简单。近几年，人们开始研究 FRFT 域的自适应滤波方法[16-18]，其应用于 LFM 信号，能够很好地改善信号的收敛性能，减小稳态误差，同时可以使用 FFT 实现，因此其在噪声消除和谱线增强等方面显示出巨大的潜力。

本节将自适应谱线增强器(adaptive line enhancer, ALE)方法和 FRFT 的时频分析方法相结合，提出一种基于 FRFT 的自适应动目标检测方法。首先，介绍 FRFT 域 LFM 信号自适应滤波方法，并在此基础上对加权矢量的更新公式进行改进，引入泄漏因子，降低滤波器的记忆效应[19]；对自适应步长进行功率归一化，提高滤波器的收敛速率。然后，构造一种 FRFT 域自适应谱线增强器，以改善 SCR。最后，仿真分析自适应滤波器的收敛性能及动目标检测性能。仿真结果表明，所提方法不仅能够快速精确地确定信号在 FRFT 域的最佳变换阶数，使 LFM 信号得到很好的积累，而且能够很好地跟踪信号，降低滤波器的记忆效应，在最大限度地保留目标信号能量的同时抑制杂波，在低 SCR 条件下能够很好地检测出动目标。

3.3.1　FRFT 域 LFM 信号自适应滤波方法

LFM 信号是一种特殊的非平稳信号，广泛应用于雷达、声呐、通信等领域，对 LFM 信号的处理在现代信号处理中占有重要的地位。如何恢复被噪声污染的 LFM 信号是一个关键问题，从本质上来说，可归结为含噪声信号的滤波或波形估计[20]。但当信号的先验信息未知时，对噪声中的 LFM 信号检测非常困难。最小均方(least mean square，LMS)自适应滤波方法，不需要信号与噪声的先验知识，具有简单、鲁棒和易于实现等优点而得到广泛应用[21]。然而由于 LMS 自适应滤波方法的收敛性能对输入信号自相关矩阵的特征值分散程度比较敏感，所以当最大特征值和最小特征值差异较大时，其收敛性能大大降低[22]。

针对时域 LMS 自适应滤波方法中输入信号自相关矩阵特征值分散程度较大的情况，通过对输入信号进行正交变换可以降低其分散程度，从而提高收敛速度，称为变换域自适应滤波方法[23]，如频域 LMS 自适应滤波方法、余弦变换域 LMS 自适应滤波方法、小波变换域 LMS 自适应滤波方法等。LFM 在 FRFT 域有良好的能量聚集性，因此在 FRFT 域处理 LFM 信号有很大的优势[24]。基于 FRFT 域的自适应滤波方法是最近才出现的研究成果[17]，该方法将 LMS 自适应滤波方法的自适应信号处理方法和 FRFT 的时频分析方法相结合，应用于 LFM 信号，能够很好地改善其收敛性能，减小稳态误差，同时可以使用 FFT 实现，因此在噪声消除和谱线增强等方面显示出巨大的潜力。

文献[20]将信号检测与 FRFT 域的扫频滤波方法相结合，提出了一种 LFM 信号的滤波方法，但该方法只相当于一个开环的自适应滤波器，不适合作为信号检测方法。文献[25]研究了自适应滤波器对 LFM 信号的跟踪性能，研究结果表明，自适应滤波器对变化的频率存在记忆效应，导致自适应滤波器输出的滞后误差显著增加，降低了滤波器的性能。本节在介绍已有 FRFT 域 LMS 自适应滤波方法的基础上，对加权矢量的迭代公式进行改进。图 3-19 给出了 FRFT 域自适应滤波系统框图，其中 IFRFT 表示逆 FRFT。

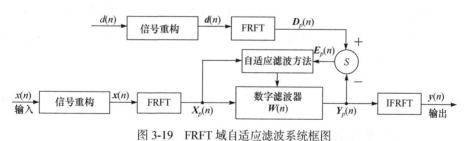

图 3-19　FRFT 域自适应滤波系统框图

1. LMS 自适应滤波方法

输入信号 $x(n)$ 经过信号重构、滤波器在 n 时刻对 N 个采样点形成 N 维输入信号列向量 $\boldsymbol{x}(n)$：

$$\boldsymbol{x}(n)=[x(n-N+1), x(n-N+2), \cdots, x(n)]^{\mathrm{T}} \tag{3-30}$$

和期望信号列向量 $\boldsymbol{d}(n)$：

$$d(n)=[d(n-N+1), d(n-N+2),\cdots, d(n)]^{\mathrm{T}} \tag{3-31}$$

对向量 $x(n)$ 和 $d(n)$ 分别做 N 点 DFRFT，分别得到 FRFT 域的表示 $X_p(n)$ 和 $D_p(n)$：

$$X_p(n)=[X_{1p}(n), X_{2p}(n),\cdots, X_{Np}(n)]^{\mathrm{T}} \tag{3-32}$$

$$D_p(n)=[D_{1p}(n), D_{2p}(n),\cdots, D_{Np}(n)]^{\mathrm{T}} \tag{3-33}$$

式中，p 为变换阶数。则滤波器的输出 $Y_p(n)$ 为

$$Y_p(n) = X(n)W(n) \tag{3-34}$$

式中，$W(n)$ 为 N 维加权矢量；$N\times N$ 矩阵 $X(n)=\mathrm{diag}\{X_p(n)\}$。LMS 自适应滤波方法的误差矢量为

$$E_p(n) = D_p(n) - Y_p(n) = D_p(n) - X(n)W(n) \tag{3-35}$$

通过更新加权矢量，使滤波器输出误差达到最小：

$$W(n+1) = W(n) + \mu_{\mathrm{LMS}}X^H(n)E_p(n) \tag{3-36}$$

自适应步长 μ_{LMS} 决定滤波器的收敛速率和稳定性。均方误差(mean square error，MSE)为误差矢量的均方值：

$$\varepsilon(n)=\mathrm{E}\left[E_p^H(n)E_p(n)\right]/N = \left\{\mathrm{E}\left[D_p^H(n)D_p(n)\right]+W^H(n)R_{xx}W(n)-2R_{xd}^HW(n)\right\}/N \tag{3-37}$$

式中，$R_{xx}=\mathrm{E}\left[X^H(n)X(n)\right]$ 为输入信号 FRFT 域的自相关矩阵(假设为正定阵)；$R_{xd}=\mathrm{E}\left[X^H(n)D_p(n)\right]$ 为输入信号和期望信号 FRFT 域的互相关矩阵。FRFT 域 LMS 自适应滤波方法的加权矢量平均值的收敛条件为

$$0 < \mu_{\mathrm{LMS}} < \frac{2}{\mathrm{Tr}[R_{xx}]} < \frac{1}{\lambda_{\max}} \tag{3-38}$$

式中，$\mathrm{Tr}[R_{xx}]$ 为 R_{xx} 的迹；$\lambda_{\max}$ 为 R_{xx} 的最大特征根。

尽管 FRFT 域 LMS 自适应滤波方法能够跟踪非平稳 LFM 信号，但对初始频率存在记忆效应[25]，尤其是在低 SNR 环境下，滤波器受到残留噪声的影响，降低了跟踪性能。为了更好地在时变环境中跟踪信号，滤波器系数也必须是时变的。系数滤波方法用来提高对时变环境的跟踪能力，具有代表性的为泄漏 LMS(leakage LMS，LLMS)自适应滤波方法。同时，为了减小输入收敛过程中对噪声的放大作用，使过剩误差保持不变，可以采用归一化最小均方(normalized least mean square，NLMS)方法对自适应步长进行功率归一化处理。

2. LLMS 自适应滤波方法

FRFT 域 LMS 自适应滤波方法能够跟踪非平稳 LFM 信号[26]，但对初始频率存在记忆效应，尤其是在低 SCR 环境下，滤波器受到残留杂波的影响，降低了跟踪性能。为了更好地在时变环境中跟踪信号，滤波器系数也必须是时变的。采用系数滤波方法可以提高滤波器对时变环境的跟踪能力，常用的方法为 LLMS 自适应滤波方法：通过把泄漏系数滤波器响应函数加到当前滤波器抽头的加权矢量上，减少对新的更新权矢量的影响，降低记忆效应，其加权矢量的更新公式为

$$W(n+1) = \gamma_{\triangle} W(n) + \mu_{\text{LLMS}} X^H(n) E_p(n) \tag{3-39}$$

式中，$\gamma_{\triangle}$ 为泄漏因子。在实际中为保证稳定性，$\gamma_{\triangle}$ 的一般取值范围为 $0.95 < \gamma_{\triangle} < 1$，当输入信号频率变化加快时，$\gamma_{\triangle}$ 取值可相应降低。将 $\gamma_{\triangle}$ 设为 1，方法变为标准的 LMS 自适应滤波方法。文献[25]指出，在低 SNR 环境下，相比 LMS 自适应滤波方法，LLMS 自适应滤波方法能够抑制噪声，有更好的频率跟踪性能。

3. 归一化 LMS 自适应滤波方法

NLMS 自适应滤波方法能够减小 LMS 自适应滤波方法在收敛过程中对噪声的放大作用，在一定程度上可以认为是采用变步长的方法，相比 LMS 自适应滤波方法具有更好的收敛性能，其加权矢量的更新公式为

$$W(n+1) = W(n) + \mu_{\text{NLMS}} X^H(n) E_p(n) \tag{3-40}$$

其自适应步长为

$$\mu_{\text{NLMS}} = \frac{\mu_{\triangle}}{\beta + X_p^H(n) X_p(n)} \tag{3-41}$$

式中，$X_p^H(n) X_p(n)$ 为 FRFT 域中输入信号功率，可以根据式(3-42)计算得到。在实际应用时，输入信号功率可能很小，从而使 μ_{NLMS} 不稳定，因而增加一个正常数 β。

$$X_p^H(n) X_p(n) = \sum_{i=1}^{N} \left| X_{ip}(n) \right|^2 \tag{3-42}$$

这里，假设

$$X_p^H(n) X_p(n) \approx \text{Tr}[R_{xx}] \tag{3-43}$$

同时，μ_{NLMS} 又必须满足式(3-44)的收敛条件，因此得到保证 FRFT 域 NLMS 自适应滤波方法收敛步长范围为

$$0 < \mu_{\triangle} < 2 \tag{3-44}$$

3.3.2　FRFT 域自适应动目标检测方法

基于 FRFT 域自适应动目标检测系统框图如图 3-20 所示。由于只有采用变换阶数与信号参数相匹配的 FRFT，相应的自适应过程的均方误差才能收敛到其最小值附近，而在其他 FRFT 域中，均方误差不能有效地收敛。因此，首先回波信号经过信号重构形成输入信号向量，并在不同的 FRFT 域，按照 2.4 节的谱峰度搜索方法，分级迭代计算最佳变换阶数。然后，将输入信号向量通过构造的归一化泄漏 LMS(normalized leakage LMS，NL-LMS)自适应谱线增强器，在最佳变换域抑制海杂波，提高 SCR。采用输出信号的幅值作为检测统计量，在不同距离单元的 FRFT 域与门限进行比较后判断目标的有无，最后估计出目标的运动参数。

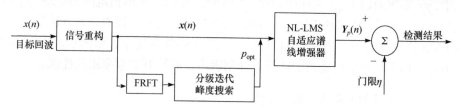

图 3-20　基于 FRFT 域自适应动目标检测系统框图

1. 分级迭代谱峰度搜索

通过计算信号在不同变换阶数下的 FRFT 域谱峰度值，分级迭代运算，逐级缩小搜索范围，按照参数估计先粗后精的顺序计算最佳变换阶数，大大减少了运算量，具体步骤如下。

根据目标运动状态和雷达参数，估计出可能的调频范围，尽可能缩小变换阶数 p 的取值区间。

根据变换阶数 p 的搜索范围 $[a_1, b_1]$，确定初始搜索步长 l_1。步长取比搜索范围长度 $\Delta(\Delta = b_1 - a_1)$ 低一个数量级的最小值，如 $\Delta = 0.2 = 2\times10^{-1}$，则 $l_1 = 10^{-2} = 0.01$。计算不同变换阶数对应 FRFT 域幅值的谱峰度值，以初始搜索范围 $[a_1, b_1]$，初始步长 l_1，在 FRFT 域进行第 1 次搜索，过门限的最强峰度点对应的变换阶数为 p_1。然后以第一次估计值为初始值，按照

$$\begin{cases} a_{M+1} = p_M - l_M \\ b_{M+1} = p_M + l_M \\ l_{M+1} = 0.1 l_M \end{cases} \tag{3-45}$$

进行分级迭代。式(3-45)中，$[a_{M+1}, b_{M+1}]$ 为第 $M+1$ 次变换阶数的搜索范围；l_{M+1} 为第 $M+1$ 次的步长长度；p_M 为第 M 次搜索的最佳变换阶数。最佳变换阶数 p_M 将以指数函数 $p(n) = 0.1^n$ 趋近所要求的精度的估计值。依次进行迭代过程，直到 $l_M \leqslant \varepsilon$，满足所要求的精度。

谱峰度搜索需要经过分级迭代过程，其迭代次数 M 为

$$M = \left\lceil \log_2\left(\frac{l_1}{\varepsilon}\right) + 1 \right\rceil \tag{3-46}$$

式中，$\lceil\ \rceil$ 表示向上取整运算。在整个谱峰度搜索最佳变换阶数的过程中，需要进行 DFRFT 运算的次数为

$$N_1 = \sum_{n=1}^{M} \frac{b_n - a_n}{l_n} \tag{3-47}$$

式中，N_1 取决于搜索步长 l 和参数估计精度 ε。而传统的 FRFT 域二维峰值搜索需要

$$N_2 = \frac{b_1 - a_1}{\varepsilon} \tag{3-48}$$

次 DFRFT 运算，降低了计算效率。

由于 DFRFT 的运算量为 $O(M\log_2 N)$，谱峰度分级迭代搜索方法和峰值搜索方法所耗费的运算量分别为 $O(N_1 \times M\log_2 N)$ 和 $O(N_2 \times M\log_2 N)$，前者相对于后者运算量明显降低。因此，谱峰度分级迭代搜索方法不仅提高了 LFM 信号在 FRFT 域的能量聚集程度，并且可以根据需要的精度设定搜索步长，缩小了搜索范围，减少了运算量。

2. FRFT 域自适应谱线增强器

在实际应用中，往往很难获得图 3-19 所示的自适应滤波方法中的期望信号 $d(n)$。在这种情况下，可以采用文献[27]在 1976 年提出的 ALE 方法。该方法可在不需要独立的期望信号情况下实现信噪的分离。通过将窄带和宽带混合信号延迟，使宽带信号去相关，ALE 自适应地与相关的窄带信号进行匹配，可以把窄带和宽带信号分离开。FRFT 对 LFM 信号有很好的能量聚集性，LFM 信号在某一 FRFT 域可视为一个窄带信号，而噪声为宽带信号。因此，借鉴 ALE 方法，只需将输入信号延迟一定的时间作为期望信号，即可对噪声环境中的 LFM 信号进行滤波和检测。FRFT 域自适应谱线增强器系统框图如图 3-21 所示。

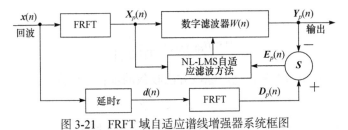

图 3-21　FRFT 域自适应谱线增强器系统框图

输入信号 $x(n)$ 经过延时 τ 作为期望信号 $d(n)$，经过信号重构后，分别得到 N

维输入信号矢量 $\boldsymbol{x}(n)$ 和期望信号矢量 $\boldsymbol{d}(n)$。采用谱峰度搜索方法，分级迭代确定最佳变换阶数 p，然后进行 DFRFT 得到 $\boldsymbol{X}_p(n)$ 和 $\boldsymbol{D}_p(n)$。$\boldsymbol{D}_p(n)$ 与输出 $\boldsymbol{Y}_p(n)$ 作差后得到误差向量 $\boldsymbol{E}_p(n)$，NL-LMS 自适应滤波方法通过式(3-49)更新加权矢量，使滤波器输出误差达到最小。

$$W(n+1) = \gamma_\triangle W(n) + \mu_{\text{NL-LMS}} X^H(n) E_p(n) \tag{3-49}$$

式中，$\gamma_\triangle$ 为式(3-49)中的泄漏因子；$\mu_{\text{NL-LMS}}$ 为归一化自适应步长，表示为

$$\mu_{\text{NL-LMS}} = \frac{\mu_\triangle}{\beta + X_p^H(n) X_p(n)} \tag{3-50}$$

3. 收敛性能分析

研究 NL-LMS 自适应滤波方法的收敛性，假设加权向量 $W(n)$ 与输入信号矩阵 $X(n)$ 不相关，则将式(3-35)代入式(3-49)中得到加权矢量的更新公式为

$$W(n+1) = \left[\gamma_\triangle I - \mu_{\text{NL-LMS}} X^H(n) X(n) \right] W(n) + \mu_{\text{NL-LMS}} X^H(n) D_p(n) \tag{3-51}$$

两边取数学期望，可得

$$E\left[W(n+1)\right] = \left(\gamma_\triangle I - \mu_{\text{NL-LMS}} R_{xx}\right) E\left[W(n)\right] + \mu_{\text{NL-LMS}} R_{xd} \tag{3-52}$$

式中，I 为单位阵。引入加权误差矢量：

$$V(n) = W(n) - W_{\text{opt}} \tag{3-53}$$

则式(3-52)变为

$$E\left[V(n+1)\right] = \left(\gamma_\triangle I - \mu_{\text{NL-LMS}} R_{xx}\right) E\left[V(n)\right] + (\gamma_\triangle - 1) W_{\text{opt}} \tag{3-54}$$

当 NL-LMS 自适应滤波方法的自适应过程收敛时，必有

$$\left|\gamma_\triangle - \mu_{\text{NL-LMS}} \lambda_{\max}\right| < 1 \tag{3-55}$$

式中，$\lambda_{\max}$ 为 R_{xx} 的最大特征值。又因为

$$\lambda_{\max} \leqslant \text{Tr}\left[R_{xx}\right] \tag{3-56}$$

所以

$$0 < \mu_{\text{NL-LMS}} < \frac{1+\gamma_\triangle}{\text{Tr}[R_{xx}]} \tag{3-57}$$

因此，得到保证 NL-LMS 自适应滤波方法收敛的步长范围为

$$0 < \mu_\triangle < 1+\gamma_\triangle \tag{3-58}$$

FRFT 域 NL-LMS 自适应滤波方法流程如表 3-4 所示。

表 3-4　FRFT 域 NL-LMS 自适应滤波方法流程

参量	N 滤波器阶数　　　p_{opt} 最佳变换阶数 $\gamma_{\triangle}$ 泄漏因子　　　$\mu_{\triangle}$ 自适应步长 $(0 < \mu_{\triangle} < 1 + \gamma_{\triangle})$
初始条件	$W(0) = 0$ 或由先验知识确定
运算	对 $n=1,2,\cdots$ (1) 信号经过延时，重构后取得 $x(n)$ 和 $d(n)$； (2) 分级迭代计算最佳变换阶数 p，计算 DFRFT 得到 $X_p(n)$ 和 $D_p(n)$； (3) 滤波 $Y_p(n) = X(n)W(n)$； (4) 误差估计 $E_p(n) = D_p(n) - Y_p(n)$； (5) 更新加权向量 $W(n+1) = \gamma_{\triangle} W(n) + \mu_{\text{NL-LMS}} X^H(n) E_p(n)$

3.3.3　实测数据验证与分析

采用加拿大 McMaster 大学 X 波段的 IPIX 雷达海杂波数据验证所提方法，本小节仅讨论目标与海杂波在 FRFT 域不可分的情况。雷达工作波长 $\lambda = 3\text{cm}$，一匀加速运动目标，起伏模型设为 Swerling I，即相邻扫描间的回波信号是不相关的，但脉间相关，幅值服从瑞利分布。回波的中心频率 $f_0 = 100\text{Hz}$，目标初速度 $v_0 = 1.5\text{m/s}$，调频率 $\mu = 300\text{Hz/s}$，加速度 $a_s = 4.5\text{m/s}^2$，信号接收时长 $T = 1\text{s}$，采样频率 $f_s = 1000\text{Hz}$。延时为 τ，SCR $= -6\text{dB}$。仿真满足采样定理，量纲进行归一化处理[28]。图 3-22 给出了目标回波的 FRFT 幅值图。FRFT 对 LFM 信号有很好的能量聚集性，使得海杂波背景下动目标的回波在 FRFT 域形成峰值，在合适的 SCR 下，通过设置的门限判定是否存在目标。然而图 3-22 表明，海杂波在 FRFT 域也存在部分能量聚集，其 FRFT 幅值严重干扰 LFM 信号的检测，提高了虚警概率，使目标检测困难。因此，抑制海杂波、改善 SCR 是非常必要的。

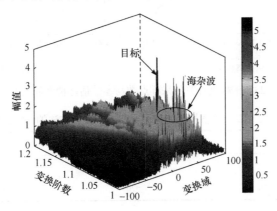

图 3-22　目标回波的 FRFT 幅值图

变换阶数 p 的精度要求为 0.0001，对于海杂波背景下微弱动目标的检测问题，采用基于谱峰度检测方法分级迭代计算，得到 $p_{opt}=1.0477$。FRFT 具有聚集信号而分离噪声的性能，采用 FRFT 域自适应动目标检测方法的检测统计量为

$$T_{\text{NL-LMS}} = \left| Y_p(n) \right| \underset{H_0}{\overset{H_1}{\gtrless}} \eta_{\text{NL-LMS}} \tag{3-59}$$

式中，$\eta_{\text{NL-LMS}}$ 为图 3-20 中的门限。

检测器的输出信噪比为式(2-70)。图 3-23 给出了在不同信噪比条件下，采样点数和谱峰度搜索估计参数精度之间的关系曲线。作为一种高阶统计量，谱峰度计算通常需要一定数量的采样点数估计参数，以保证更小的绝对误差。由图 3-23 可知，绝对误差随着采样点数的增加而减小，且在 $N=1000$ 左右趋于稳定。表 3-5 比较了两种搜索方法的运算量，初始搜索步长 $l_1=0.01$，初始搜索区间 $[a_1, b_1]=[1, 1.3]$，参数估计精度为 $\varepsilon=0.0001$。根据式(3-47)和式(3-48)计算得出传统二维峰值搜索方法需要 3000 次 DFRFT 运算，而采用分级迭代搜索方法后，仅需 70 次 DFRFT 运算便可满足给定参数估计精度的要求。因此，分级迭代搜索方法能大大降低运算量，提高运算效率。

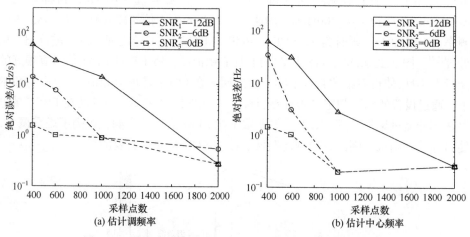

图 3-23　谱峰度计算的采样点数与参数估计精度的关系曲线

表 3-5　二维峰值搜索方法和分级迭代搜索方法的性能比较

方法	DFRFT 运算次数	运算量
二维峰值搜索方法	$N_1=3000$	$O(N_1 \times N\log_2 N)$
分级迭代搜索方法	$N_2=70$	$O(N_2 \times N\log_2 N)$

1. NL-LMS 自适应滤波方法性能分析

在窄带信号加上宽带信号的情况下，采用自适应谱线增强方法不需要独立参考信号就能将信号分离出来，从而提高了对弱信号的检测能力。由于窄带信号的自相关函数比宽带噪声的时间相关半径要小，所以当延时选为小于宽带噪声的时间相关半径而大于窄带信号的时间相关半径时，将使宽带信号与延迟后的信号变得不相关。窄带信号仍然相关，因而自适应滤波器的输出将是窄带信号的最佳估计。FRFT 域信号的相关性可由自相关函数(auto correlation function，ACF)表征，定义为

$$\mathrm{ACF}_n = \frac{\sum_{i=1}^{N-1} X_p(i) X_p^*(i+n)}{\sum_{i=1}^{N-1} X_p(i) X_p^*(i)} \tag{3-60}$$

式中，ACF_n 为间距 n 个采样点的自相关函数值。

图 3-24 给出了 FRFT 域动目标和海杂波的自相关函数，可以看出在 FRFT 域，IPIX 雷达海杂波的相关时间较长，大约为 20 个采样点，根据采样频率 f_s=1000Hz 得到 τ=20ms；而动目标能够在 FRFT 域形成峰值，导致相关性下降，仅为 5 个采样点，τ=5ms。因此，NL-LMS 自适应谱线增强器的延时取值应为 5ms<τ<20ms。

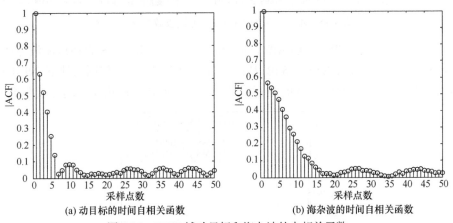

(a) 动目标的时间自相关函数　　　　　(b) 海杂波的时间自相关函数

图 3-24　FRFT 域动目标和海杂波的自相关函数

将输入信号延时 τ 作为期望信号，经过信号重构后，在最佳旋转角度进行 FRFT，通过 NL-LMS 自适应谱线增强器，提高 SCR。滤波器阶数 N 设为 1000。图 3-25 比较了不同参数对 NL-LMS 自适应滤波方法收敛性能的影响，分别做 20 次独立的仿真，然后通过统计平均求出均方误差，得到学习曲线，其中均方误差做了归一化处理。不同自适应步长 μ_Δ 在 SCR=5dB 情况下的学习性能曲线如

图 3-25(a)所示，$\beta \approx 0$，$\gamma = 0.98$，根据式(3-58)得到自适应步长的取值范围为 $0 < \mu_\triangle <$ 1.98，分别取 $\mu_{\triangle 1} = 1$、$\mu_{\triangle 2} = 1.5$ 和 $\mu_{\triangle 3} = 1.9$，可以看出大自适应步长的 MSE 较小，并且收敛速度随自适应步长的减小而逐渐减慢。图 3-25(b)研究了变换阶数 p 对 NL-LMS 自适应滤波方法的影响，取泄漏因子 $\gamma_\triangle = 0.98$，自适应步长 $\mu_\triangle = 1.9$。可知，只有在最佳变换阶数时，自适应过程的 MSE 才能收敛到最小值附近，而当选择的角度与信号不匹配时，变换的结果依然为 LFM 信号，导致能量得不到很好的聚集，收敛速度下降。

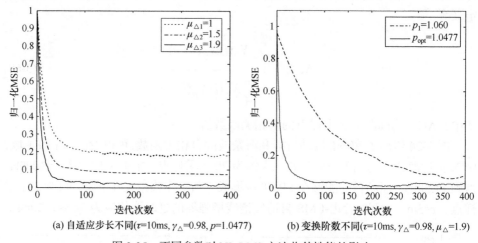

(a) 自适应步长不同(τ=10ms, $\gamma_\triangle$=0.98, p=1.0477)　(b) 变换阶数不同(τ=10ms, $\gamma_\triangle$=0.98, $\mu_\triangle$=1.9)

图 3-25　不同参数对 NL-LMS 方法收敛性能的影响

不同调频率下，FRFT 域 LMS 自适应滤波方法和 NL-LMS 自适应滤波方法性能比较如图 3-26 所示，SNR = 5dB。从图 3-26 中可以看出，在相同条件下，NL-LMS 自适应滤波方法明显优于 LMS 自适应滤波方法，收敛速度更快，均方误差更低。

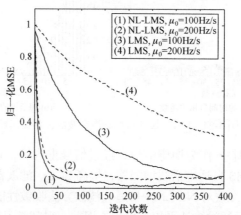

图 3-26　不同调频率下 LMS 自适应滤波方法和 NL-LMS 自适应滤波方法比较($\gamma_\triangle = 0.98$，
$p = 1.0477$, $\mu_\triangle = 1.9$)

当 LFM 信号的调频率增大时，即信号变化加快，由于滤波器存在记忆效应，输入数据的频率变化比自适应滤波方法的学习速率快，滤波方法不能实时跟踪均方误差性能曲面的底部，导致性能下降，均方误差加大。然而在 NL-LMS 自适应滤波方法中，泄漏因子的存在，可以更好地跟踪频率变化，降低了记忆效应的影响，而 LMS 自适应滤波方法性能下降明显。

传统的 FRFT 域检测动目标的方法为幅值检测器(amplitude detector，AD)：

$$T_{\mathrm{AD}} = \left| \boldsymbol{X}_p(n) \right| \underset{\mathrm{H_0}}{\overset{\mathrm{H_1}}{\gtrless}} \eta_{\mathrm{AD}} \tag{3-61}$$

式中，η_{AD} 为门限。

图 3-27 给出了不同参数对输出 SCR 的影响，并比较了传统 FRFT 域幅值检测和 NL-LMS 自适应谱线增强器检测的性能。输入信号的 SCR 为 6dB，输出 SCR 定义为

$$\mathrm{SCR_{out}} = 10\lg \frac{\left[\max \left| \boldsymbol{Y}_p(u) \right| \right]^2}{\mathrm{var}\left[\boldsymbol{Y}_p'(u) \right]} \tag{3-62}$$

式中，$\boldsymbol{Y}_p'(u)$ 为输出向量 $\boldsymbol{Y}_p(u)$ 去除最大峰值后的信号向量；$\mathrm{var}[\cdot]$ 为方差运算。

图 3-27(a)表明，较小的泄漏因子可以适当地提高输出 SCR，这是由于滤波器存在记忆效应，当输入数据的频率变化比自适应滤波方法的学习速率快时，滤波方法不能实时跟踪均方误差性能曲面的底部，从而导致性能下降，而 NL-LMS 自适应滤波方法引入了泄漏因子，可以降低变化的频率对新加权矢量的影响，从而降低了记忆效应，提高了输出 SCR。但考虑到系统稳定性以及信号能量衰减等因素，取 $\gamma_{\triangle} = 0.96$ 即可，当输入信号频率变化加快时，$\gamma_{\triangle}$ 的取值可相应降低。由图 3-27 可以看出，相比传统的 FRFT 域幅值检测，采用 NL-LMS 自适应谱线增强器检测

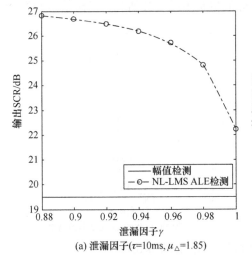

(a) 泄漏因子(τ=10ms，$\mu_{\triangle}$=1.85)

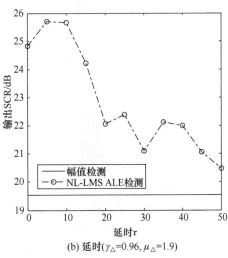

(b) 延时($\gamma_{\triangle}$=0.96，$\mu_{\triangle}$=1.9)

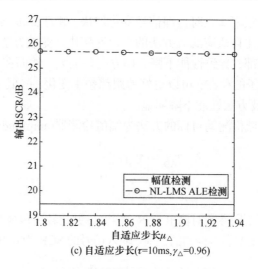

(c) 自适应步长(τ=10ms,$\gamma_\triangle$=0.96)

图 3-27 不同参数对输出 SCR 的影响

可以使系统的输出 SCR 提高约 6dB。因此，当 $\tau = 10$ms、$\gamma_\triangle = 0.96$、$\mu_\triangle = 1.9$ 时，可以使系统的输出 SCR 最大，达到最佳检测性能。

2. 动目标检测结果

图 3-28 为 SCR = –6dB 时，IPIX 雷达数据，分别采用 FRFT 域幅值检测动目标和 NL-LMS 自适应谱线增强器检测动目标的结果，$\tau = 10$ms、$\gamma_\triangle = 0.96$、$\mu_\triangle = 1.9$。对比图 3-28(a)和图 3-28(b)可以看出，在最佳变换域，目标信号能量得到了较好的聚集，但采用传统 FRFT 域幅值检测方法，海杂波的幅值对目标干扰比较严重，检测概率降低，对检测性能影响较大；而采用 NL-LMS 自适应谱线增强器检测方法，海杂波得到了明显的抑制，而且目标能量基本没有被削弱，目标信号与海杂

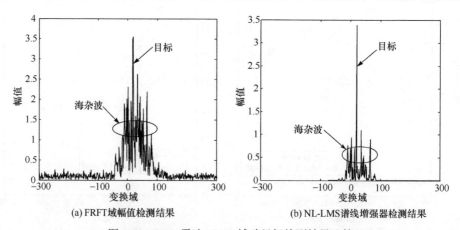

(a) FRFT 域幅值检测结果　　　　　　　(b) NL-LMS 谱线增强器检测结果

图 3-28 IPIX 雷达 FRFT 域动目标检测结果比较

波的 FRFT 幅值差由图 3-28(a)的 0.918 增加至图 3-28(b)的 2.288，目标信号更加突出，更易于检测目标，进而提高检测概率。根据式(2-68)估计出目标回波的中心频率 f_0= 100.1528Hz，调频率 μ = 300.2701Hz/s，因此目标初速度为 1.5023m/s，加速度为 4.5041m/s^2。

文献[29]把海杂波回波看作由一阶海杂波、二阶海杂波和大气噪声组成。高频电磁波与海浪一次作用引起反射回波的过程称为高频电磁波和海浪的一阶作用；而对于二阶海杂波和大气噪声，其分布近似为高斯分布。在海况比较低时，二阶谱的电平比一阶谱低几十分贝，但是当海况比较高时，二阶谱的幅值将变高，会影响动目标检测。由图 3-28 可以看出，采用 NL-LMS 自适应谱线增强器的检测方法不仅能够抑制一阶海杂波，还能较好地抑制二阶海杂波，适用范围更广。

采用基于 FRFT 的自适应动目标检测方法对 S 波段雷达 201008181835 批数据进行分析，回波数据的时频域波形如图 3-29 所示。可以看出，在频域中目标峰值与杂波峰值功率水平接近，目标检测困难，容易造成虚警，根据多普勒滤波器组输出最大值，估计出目标的运动速度为 v_0=24.3612kn。将回波信号转换至 FRFT 域，通过搜索最佳旋转角度，得到目标在最佳 FRFT 域的幅值图，如图 3-30(a)所示。虽然相比频域处理结果，目标能量得到进一步积累，但由于杂波中混有频谱均匀分布的高斯噪声，并且目标加速度较小，旋转角度也较小，所以最佳 FRFT 域的处理结果中，虚警仍然很高。采用 NL-LMS 自适应谱线增强器的处理结果如图 3-30(b)所示，可以看出，由于结合了自适应滤波方法和 FRFT 域处理 LFM 信号的优点，在最佳变换域，通过迭代更新，滤波器输出误差达到最小，杂波得到明显抑制，并且目标最大峰值位置保持不变，目标与杂波峰值差由频域中的 0.148 提升至 0.692，大大提高了系统的检测性能。

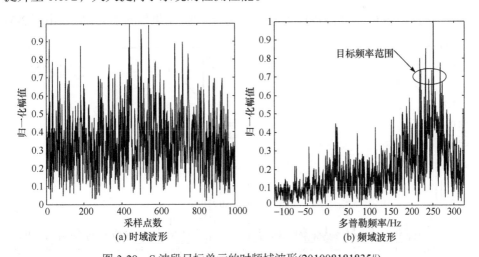

图 3-29　S 波段目标单元的时频域波形(201008181835#)

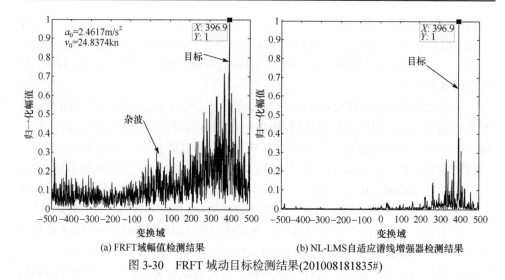

(a) FRFT域幅值检测结果　　　　　　　　(b) NL-LMS自适应谱线增强器检测结果

图 3-30　　FRFT 域动目标检测结果(201008181835#)

由表 3-6 可知,采用基于 NL-LMS 自适应谱线增强器的自适应动目标检测方法能够显著改善 SCR 约 12dB,经过 NL-LMS 自适应谱线增强器抑制杂波后,通过在FRFT 域搜索最大峰值点,估计出目标的运动状态为 $a_0=2.4617\text{m/s}^2$、$v_0=24.8374\text{kn}$。

表 3-6　　不同变换方法对 S 波段雷达数据检测结果(201008181835#)

变换方法	目标峰值	海杂波峰值	峰值差	SCR/dB	$a_0/(\text{m/s}^2)$	v_0/kn
频域	1	0.852	0.148	1.7089	—	24.4065
最佳 FRFT 域	1	0.659	0.341	4.2579	2.4617	24.8374
NL-LMS 域	1	0.308	0.692	13.9624	2.4617	24.8374

对 S 波段雷达 201008191240 批数据进行处理,结果如图 3-31 所示。由图 3-31

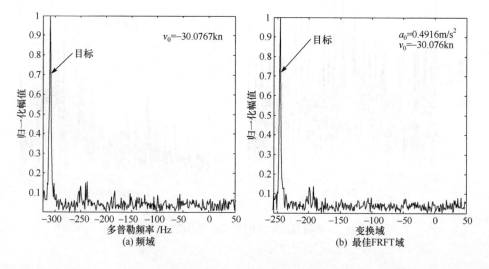

(a) 频域　　　　　　　　　　　　　(b) 最佳FRFT域

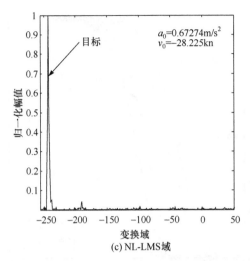

图 3-31　S 波段雷达动目标检测结果(201008191240#)

可知，在频域和最佳 FRFT 域，目标幅值较为明显，由于目标运动的加速度较小，在最佳 FRFT 域的处理结果与频域处理结果相似，目标与海杂波峰值差较频域提升 0.0171。经过 NL-LMS 自适应谱线增强器处理后，几乎没有剩余海杂波，较频域目标与海杂波峰值差提升 0.1124，可见该检测器具有良好的抑制杂波能力和动目标检测能力。

3. 检测性能分析

采用 Monte-Carlo 仿真方法对 FRFT 域峰值检测方法和 NL-LMS 自适应谱线增强器检测方法的检测性能进行分析。图 3-32 给出了检测概率与 SCR 的关系曲线，仿真中采用实测 IPIX 海杂波数据，虚警概率设为 0.01，每个 SCR 条件下仿真 10^4 次，滤波器阶数 N 设为 600。可以看到，传统的 FRFT 域峰值检测方法在 SCR 低于−5dB 时，检测概率急剧下降，此时目标与海杂波已无法区分；而采用 NL-LMS 自适应谱线增强器检测方法能够明显改善检测器的检测性能，在 SCR = −5dB 左右，检测概率可达到 90%，表现出良好的微弱动目标检测能力。同时由图 3-32 也可以看出，目标幅值起伏导致 SCR 损失，检测性能有所下降，需要提高 2dB 左右的 SCR 才能达到给定的检测概率。将经典的单元平均 CFAR(cell average CFAR，CA-CFAR)检测器与所提方法进行比较，检测性能曲线如图 3-32 所示，可以看出在 SCR 较低的情况下(SCR = −5～0dB)，虽然受强海杂波的干扰，但 FRFT 域的自适应动目标检测器能够最大限度地积累目标能量，抑制海杂波，较传统基于统计的 CFAR 检测器，检测性能有较大提高，能够正确发现动目标。

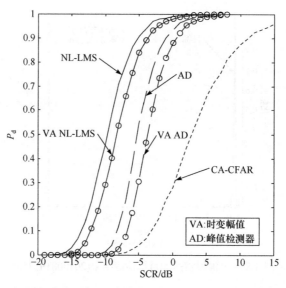

图 3-32　不同检测器的检测性能曲线(τ=10ms, p_{opt}=1.0477, $\gamma_{\triangle}$ = 0.96, $\mu_{\triangle}$ = 1.9)

在高海况时，目标的回波存在高次项，会对方法有一定的影响，主要因为高阶多项式相位信号与 FRFT 核函数不再匹配，会影响信号能量的集聚性。然而高次项所占的分量相对于由目标加速度所引起的二次项是比较小的，同时积累时间比较短，因此高次项的影响在一般海况时可以忽略。

3.4　小　　结

本章主要介绍基于 FRFT 域杂波抑制的动目标检测技术，主要解决强海杂波对动目标检测的干扰问题。介绍了三种动目标检测方法：第一种方法为基于 WPT 的 FRFT 域动目标检测方法，将小波包理论和 FRFT 域处理 LFM 信号的方法相结合，利用 WPT，通过自适应阈值处理抑制海杂波分量，改善了 SCR，FRFT 域的信号幅值作为检测统计量检测信号。第二种方法主要针对多个动目标回波信号的 FRFT 谱存在相互遮蔽问题，采用分级迭代的计算方法进行峰值搜索确定最佳变换阶数，大大减少了运算量，借鉴"CLEAN"思想剔除强目标分量，降低遮蔽影响。第三种方法为基于 FRFT 的自适应动目标检测方法，该方法将自适应谱线增强方法和 FRFT 的时频分析方法相结合，不仅能够快速精确地确定信号在 FRFT 域的最佳变换阶数，使 LFM 信号得到积累，而且通过构造的 NL-LMS 自适应谱线增强器能够很好地跟踪信号，降低滤波器对频率的记忆效应，在最大限度地保留目标信号能量的同时尽量抑制海杂波。实测对海雷达数据验证了算法对海杂波有很好的抑制作用，同时积累动目标能量，改善信杂比。

参 考 文 献

[1] Fan Y F, Tao M L, Su J, et al. Weak target detection based on joint fractal characteristics of autoregressive spectrum in sea clutter background[J]. IEEE Geoscience and Remote Sensing Letters, 2019,16(12): 1824-1828.

[2] Liu T, Yang Z Y, Marino A,et al. Robust CFAR detector based on truncated statistics for polarimetric synthetic aperture radar[J]. IEEE Transactions on Geoscience and Remote Sensing, 2020, 58(9): 6731-6747.

[3] 孙艳丽, 张海, 陈小龙. 基于实测数据的雷达动目标多变换域积累仿真[J]. 太赫兹科学与电子信息学报, 2020, 18(5): 813-819.

[4] 陈小龙, 关键, 郭海燕, 等. 基于WPT-FRFT的微弱动目标检测及性能分析[J]. 雷达科学与技术, 2010, 8(2): 139-145.

[5] 陈小龙, 关键, 于仕财, 等. 海杂波背景下基于 FRFT 的多运动目标检测快速算法[J]. 信号处理, 2010, 26(8): 1174-1180.

[6] Guan J, Chen X L, Huang Y, et al. Adaptive fractional Fourier transform-based detection algorithm for moving target in heavy sea clutter[J]. IET Radar Sonar & Navigation, 2012, 6(5): 389-401.

[7] 陈小龙, 关键, 刘宁波, 等. 基于 FRFT 的 LFM 信号自适应滤波算法及分析[J]. 现代雷达, 2010, 32(12): 48-53, 59.

[8] Tsao J, Steinberg B D. Reduction of sidelobe and speckle artifacts in microwave imaging: the CLEAN technique[J]. IEEE Transactions on Antennas and Propagation, 1988, 36(4): 543-556.

[9] Donoho D L. De-noising by soft-thresholding[J]. IEEE Transactions on Information Theory, 1995, 41(3): 613-627.

[10] 张静, 柳晓鸣, 索继东. 用于雷达信号杂波抑制的小波算法选择[J]. 中国航海, 2002, 25(3): 18-21.

[11] 向前, 林春生, 龚沈光. 基于小波包变换的非高斯噪声信号结构分析[J]. 电子与信息学报, 2004, 26(1): 60-64.

[12] 简涛, 何友, 苏峰, 等. 一种基于小波变换的信号恒虚警率检测方法[J]. 信号处理, 2006, 22(3): 430-433.

[13] 张明友. 信号检测与估计[M]. 3 版. 北京: 电子工业出版社, 2011.

[14] 陶然, 邓兵, 王越. 分数阶傅里叶变换及其应用[M]. 北京: 清华大学出版社, 2009.

[15] 邓兵, 陶然, 曲长文. 分数阶 Fourier 域中多分量 chirp 信号的遮蔽分析[J]. 电子学报, 2007, 35(6): 1094-1098.

[16] Durak L, Aldirmaz S. Adaptive fractional Fourier domain filtering[J]. Signal Processing, 2010, 90(4): 1188-1196.

[17] Qi L, Zhang Y H, Tao R, et al. Adaptive filtering in fractional Fourier domain[C]. 2005 IEEE International Symposium on Microwave, Antenna, Propagation and EMC Technologies for Wireless Communications, Beijing, 2005:1033-1036.

[18] Pei S C, Ding J J. Fractional Fourier transform, Wigner distribution, and filter design for

stationary and nonstationary random processes[J]. IEEE Transactions on Signal Processing, 2010, 58(8): 4079-4092.

[19] Ting L K, Cowan C F N, Woods R F. LMS coefficient filtering for time-varying chirped signals[J]. IEEE Transactions on Signal Processing, 2004, 52(11): 3160-3169.

[20] 齐林, 陶然, 周思永, 等. 基于分数阶傅里叶变换的线性调频信号的自适应时频滤波[J]. 兵工学报, 2003, 24(4): 499-503.

[21] 翟东奇, 江朝抒, 邓晓波, 等. 基于非线性自适应滤波器的海杂波抑制技术[J]. 航空科学技术, 2018, 29(6): 73-78.

[22] 赵志欣, 周新华, 朱斯航, 等. 基于波形特征的外辐射源雷达杂波抑制算法[J]. 系统工程与电子技术, 2018, 40(9): 1966-1972.

[23] 齐林, 周丽晓. 变换域自适应滤波算法的研究[J]. 郑州大学学报(理学版), 2007, 39(1): 61-66.

[24] 魏知寒, 芮义斌, 陈奇. 基于 FRFT 域自适应滤波的脉冲压缩技术[J]. 信息技术, 2017, 41(6): 124-128.

[25] Ting L K, Cowan C F N, Woods R F, et al. Tracking performance of leakage LMS for chirped signals[C]. IEEE Workshop on Signal Processing Systems, Antwerp, 2001: 101-108.

[26] Gitlin R D, Meadors H C, Weinstein S B. The tap-leakage algorithm: An algorithm for the stable operation of a digitally implemented, fractionally spaced adaptive equalizer[J]. The Bell System Technical Journal, 1982, 61(8): 1817-1839.

[27] Widrow B, Glover J R, McCool J M, et al. Adaptive noise cancelling: Principles and applications[J]. Proceedings of the IEEE, 1976, 63(12): 1692-1716.

[28] 赵兴浩, 邓兵, 陶然. 分数阶傅里叶变换数值计算中的量纲归一化[J]. 北京理工大学学报, 2005, 25(4): 360-364.

[29] 马明权, 盛文, 张伟, 等. 天波超视距雷达海杂波多普勒特性分析[J]. 火力与指挥控制, 2010, 35(4): 82-84.

第4章 分数阶傅里叶变换谱对消动目标检测方法

4.1 基于延时 FRFT 模函数对消的动目标检测方法

4.1.1 LFM 及其延时信号在 FRFT 域的时移特性

对于 2.5.1 节所介绍的海杂波模型,其背景下的目标检测即可转化为在接收回波信号中抑制单频信号而检测出 LFM 信号[1]。下面介绍 LFM 信号 FRFT 模函数及其时移特性[2]。设单分量 LFM 信号为

$$s(t) = A\mathrm{e}^{jm_1 t - jm_2 \frac{t^2}{2}}, \quad |t| \leqslant T \tag{4-1}$$

式中,A、m_1 和 m_2 分别为 LFM 信号的幅值、中心频率和调频率。则经过 τ LFM 信号的 FRFT 为

$$
\begin{aligned}
F_\alpha[s(t-\tau)] &= \sqrt{\frac{1-\mathrm{j}\cot\alpha}{2\pi}}\,\mathrm{e}^{\frac{ju^2\cot\alpha}{2}} \int_{-T}^{T} s(t-\tau)\mathrm{e}^{\mathrm{j}\left(\frac{1}{2}t^2\cot\alpha - ut\csc\alpha\right)}\mathrm{d}t \\
&= A\sqrt{\frac{1-\mathrm{j}\cot\alpha}{2\pi}}\,\mathrm{e}^{\frac{ju^2\cot\alpha}{2}}\,\mathrm{e}^{-\mathrm{j}\left(m_1\tau + \frac{1}{2}m_2\tau^2\right)} \int_{-T}^{T} \mathrm{e}^{\mathrm{j}\frac{\cot\alpha - m_2}{2}t^2 + \mathrm{j}(m_1 + m_2\tau - u\csc\alpha)t}\mathrm{d}t
\end{aligned}
\tag{4-2}
$$

当 $\alpha = \arctan(1/m_2)$ 时,有

$$
\begin{aligned}
\left|F_\alpha[s(t-\tau)]\right| &= \left| 2AT\sqrt{\frac{1-\mathrm{j}\cot\alpha}{2\pi}}\,\mathrm{e}^{-\mathrm{j}\left(m_1\tau - \frac{1}{2}m_2\tau^2\right)}\mathrm{e}^{\frac{ju^2\cot\alpha}{2}}\mathrm{sinc}[(m_1 + m_2\tau - u\csc\alpha)T] \right| \\
&= 2AT\sqrt{\frac{\csc\alpha}{2\pi}}\left|\mathrm{sinc}[(m_1 + m_2\tau - u\csc\alpha)T]\right|
\end{aligned}
\tag{4-3}
$$

由式(4-3)可见,当 $m_1 + m_2\tau = u\csc\alpha$ 时,$|F_\alpha[s(t-\tau)]|$ 达到最大值,且 $|F_\alpha[s(t-\tau)]|$ 的峰值大小与延时 τ 无关,但峰值的位置和延时有关。所以,对于 τ_1 和 τ_2 两个延时,$s(t-\tau)$ 的 FRFT 模函数 $|F_\alpha[s(t-\tau)]|$ 出现最大值处分别用 u_1 和 u_2 表示,则

$$u_1 - u_2 = m_2(\tau_1 - \tau_2)\sin\alpha = (\tau_1 - \tau_2)\cos\alpha \tag{4-4}$$

由此可见，延时后的 LFM 信号和原 LFM 信号的 FRFT 模函数最大值在同一个旋转角度 α 实现，即与延时无关，两者的最大值相等，且峰值点位置之差与延时之差 $\tau_1 - \tau_2$ 以及旋转角度的余弦值成正比。$\alpha = \arctan(1/m_2)$，因此峰值点位置之差随着调频率 m_2 的增大而增大。对于单频信号，即 $m_2=0$，其 FRFT 模函数为

$$\begin{aligned}
|F_\alpha[s(t-\tau)]| &= \left| \sqrt{\frac{1-\mathrm{j}\cot\alpha}{2\pi}} \mathrm{e}^{\frac{\mathrm{j}u^2\cot\alpha}{2}} \int_{-T}^{T} s(t-\tau)\mathrm{e}^{\mathrm{j}\left(\frac{1}{2}t^2\cot\alpha - ut\csc\alpha\right)} \mathrm{d}t \right| \\
&= \left| A\sqrt{\frac{1-\mathrm{j}\cot\alpha}{2\pi}} \mathrm{e}^{\frac{\mathrm{j}u^2\cot\alpha}{2}} \mathrm{e}^{-\mathrm{j}m_1\tau} \int_{-T}^{T} \mathrm{e}^{\frac{\mathrm{j}\cot\alpha}{2}t^2 + \mathrm{j}(m_1 - u\csc\alpha)t} \mathrm{d}t \right| \\
&= A\sqrt{\frac{\csc\alpha}{2\pi}} \left| \int_{-T}^{T} \mathrm{e}^{\frac{\mathrm{j}\cot\alpha}{2}t^2 + \mathrm{j}(m_1 - u\csc\alpha)t} \mathrm{d}t \right|
\end{aligned} \tag{4-5}$$

由此可见，单频信号的 FRFT 模函数与延时无关，即延时单频信号与原单频信号的 FRFT 模函数相同。

由以上分析可知，LFM 信号与单频信号的 FRFT 模函数具有不同的时移特性，LFM 信号及其延时信号的 FRFT 模函数的峰值在相同阶数的变换域中，但峰值位置不相同；单频信号与其延时信号的 FRFT 模函数在整个 FRFT 域均相同，与延时和变换阶数均无关。这一特点可以用于后续海杂波背景下的动目标检测。

4.1.2 动目标检测方法

海杂波背景下的匀加速动目标的回波类似于 LFM 信号，其频谱与海杂波谱相混叠，在时域和频域基本上检测不出目标。选择合适的旋转角度对 LFM 信号进行 FRFT，LFM 信号将在这一特定的 FRFT 域上呈现能量的聚集，幅值出现明显的峰值。在低信杂比时，由于海杂波存在多普勒展宽，其 FRFT 幅值将会淹没 LFM 信号的 FRFT 幅值，检测困难。本小节介绍一种 FRFT 域杂波抑制的动目标检测方法。

目标所对应的 LFM 信号与其延时信号的 FRFT 模函数的峰值点不同，而海杂波中的单频信号与其延时信号的 FRFT 模函数相同，因此在做两者之差运算时，LFM 信号的能量得到了很好的保留，而海杂波中单频信号的能量被完全对消。因此，在低信杂比下能较好地检测出动目标。其系统框图如图 4-1 所示。假设观测信号为 $w(t)$，检测统计量为

$$Y = \max\{|F_{\alpha_0}[w(t_1)]| - |F_{\alpha_0}[w(t_2)]|\} \tag{4-6}$$

式中，α_0 为最佳旋转角度；$|t_1| \leqslant T$；$-T+\tau \leqslant t_2 \leqslant T+\tau$。

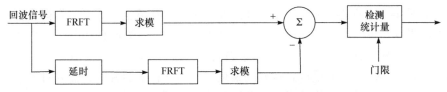

图 4-1　基于延时 FRFT 模函数对消的动目标检测方法系统框图

设门限为 η_0，则判决准则为

$$Y \underset{\substack{< \\ H_0}}{\overset{\substack{H_1 \\ >}}{}} \eta_0 \tag{4-7}$$

在整个 FRFT 域，以旋转角度为变量，以一定的步长搜索 FRFT 模函数之差的最大值为检测统计量 Y。若 Y 大于门限，则认为有目标，相反，则认为无目标。当检测到目标时，可通过 FRFT 的变换阶数估计调频率，通过峰值点位置参数估计中心频率。

4.1.3　实测数据验证与分析

在实际应用中，不同运动状态的目标与海杂波在 FRFT 域存在不同的特点。本小节分两种情况进行分析，分别为目标与海杂波在 FRFT 域可分和目标与海杂波在 FRFT 域不可分。

第一种情况，目标与海杂波在 FRFT 域可分。目标信号 $s_t=\exp(\mathrm{j}100t^2)$，信号接收时长为 1.101s，采样频率为 1000Hz。海杂波采用加拿大 McMaster 大学 IPIX 雷达海杂波数据，信杂比为 –11.6dB。图 4-2 为 1~1001 采样点的 FRFT 模函数，则 101~1101 采样点为经过 0.1s 延时的信号，其 FRFT 模函数图如图 4-3 所示，变换阶数为[0.5, 1.5]。

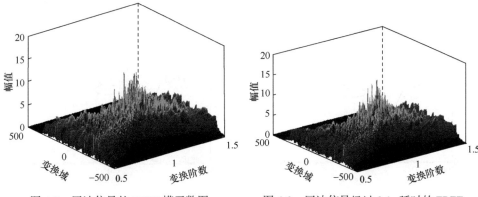

图 4-2　回波信号的 FRFT 模函数图　　　图 4-3　回波信号经过 0.1s 延时的 FRFT

模函数图

　　由图 4-2 和图 4-3 可看出，未经杂波抑制时，在低信杂比下，目标受到海杂波干扰严重，使得检测概率较小，而虚警概率较大。如图 4-4 所示，经过对消后，目标峰值比较突出，而海杂波得到了较好的抑制。这表明，在适当变换阶数的 FRFT 域，LFM 信号能量得到较好的聚集。然而在检测目标时，需要对整个变换区间的 FRFT 域进行峰值搜索，海杂波干扰很严重，使得搜索最佳旋转角度变得困难，因此单纯使用 FRFT 检测动目标容易出现较大的虚警。同时从图 4-5 和图 4-6可见，两图的目标信号峰值位置不相同，两图的海杂波 FRFT 谱具有较大的相似性。由图 4-7 可以看出，两者相减后，海杂波得到较好的抑制，而目标能量基本未被削弱，可以设定门限，检测出目标。

　　第二种情况，目标与海杂波在 FRFT 域不可分。目标信号 $s_t = \exp\left[\mathrm{j}\left(-400t+100t^2\right)\right]$，其他条件与第一种情况相同。

　　由图 4-8～图 4-10 可见，当目标和海杂波在 FRFT 域不可分时，本节所提方

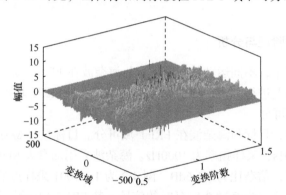

图 4-4　图 4-2 和图 4-3 对消后的 FRFT 模函数图

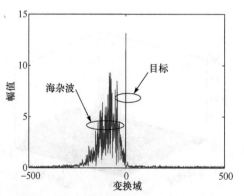

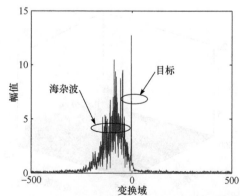

图 4-5　回波信号最佳旋转角 FRFT 模函数图　　图 4-6　回波信号经过 0.1s 延时的最佳旋转角
　　　　　　　　　　　　　　　　　　　　　　　　　　FRFT 模函数图

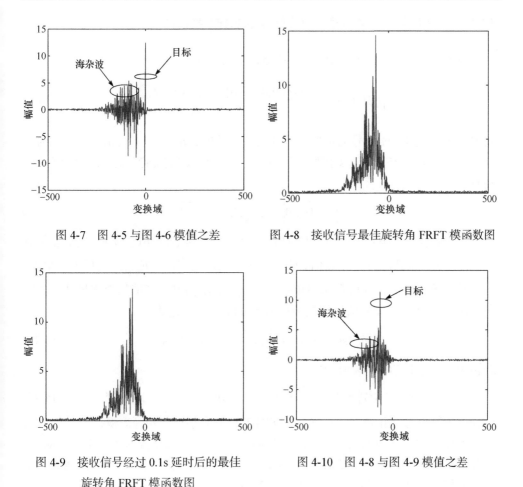

图 4-7　图 4-5 与图 4-6 模值之差　　　　图 4-8　接收信号最佳旋转角 FRFT 模函数图

图 4-9　接收信号经过 0.1s 延时后的最佳　　　　图 4-10　图 4-8 与图 4-9 模值之差
　　　　旋转角 FRFT 模函数图

法依然能有效地抑制海杂波，目标信号更加突出，这有利于检测时提高检测概率而降低虚警概率，因此有利于在低 SCR 下检测动目标。总之，本节所提方法在两种情况下均有效地抑制了海杂波，因此在低 SCR 下能有效地检测动目标。

4.2　基于对称旋转角 FRFT 模函数对消的动目标检测方法

　　本节介绍一种基于对称旋转角 FRFT 模函数对消的动目标检测方法，其基本思路是对接收信号进行对称旋转角的 FRFT，求其模函数，并对负旋转角的 FRFT 模函数进行翻转操作，用两者之差抑制海杂波而检测动目标。首先分析 LFM 信号和单频信号的对称旋转角 FRFT 模函数的关系。

4.2.1 LFM 信号和单频信号的对称旋转角 FRFT 模函数

LFM 信号为式(4-1)所示模型。其旋转角为 α_1 的 FRFT 模值为[3]

$$\left|F_{\alpha_1}[s(t)]\right| \approx \begin{cases} A / \sqrt{\sin|\alpha_0 - \alpha_1|}, & u_{\min} \leqslant u \leqslant u_{\max} \\ 0, & \text{其他} \end{cases} \tag{4-8}$$

式中，α_0 为使 LFM 信号能量聚集最佳的旋转角度，$\alpha_0 \neq \pi / 2$；$[u_{\min}, u_{\max}]$ 为在旋转角为 α_1 的 FRFT 域谱支撑区。若后续分析中只考虑谱支撑区范围之内的情况，则有

$$\left|F_{-\alpha_1}[s(t)]\right| \approx A / \sqrt{\sin|\alpha_0 + \alpha_1|} \tag{4-9}$$

对比式(4-8)和式(4-9)可见，LFM 信号在正负对称旋转角的 FRFT 域上能量分布差异很大。尤其是当 $\alpha_1 = \alpha_0$ 时，$\left|F_{\alpha_1}[s(t)]\right|$ 达到最大值，与 $\left|F_{-\alpha_1}[s(t)]\right|$ 的差异最大。

对于单频信号，其可看作调频率为 0 的 LFM 信号。其能量聚集最佳的旋转角度 $\alpha_0 = \pi / 2$，则单频信号的旋转角为 α_1 的 FRFT 模值为

$$\left|F_{\alpha_1}[s(t)]\right| \approx A / \sqrt{\sin|\alpha_0 - \alpha_1|} = A / \sqrt{\cos\alpha_1} \tag{4-10}$$

旋转角为 $-\alpha_1$ 的 FRFT 模值为

$$\left|F_{-\alpha_1}[s(t)]\right| \approx A / \sqrt{\sin|\alpha_0 + \alpha_1|} = A / \sqrt{\cos(-\alpha_1)} \approx \left|F_{\alpha_1}[s(t)]\right| \tag{4-11}$$

可知，单频信号在正负对称旋转角的 FRFT 模值大小近似相等。根据文献[3]中对于谱支撑区的定义，单频信号的正负对称旋转角 FRFT 谱支撑区关于中心点对称。因此，单频信号正负对称旋转角的 FRFT 谱能量大小近似相同，谱支撑区关于中心点对称。下面根据 FRFT 的定义推导本结论。

设单频信号为

$$s(t) = A e^{jm_1 t}, \quad |t| \leqslant T \tag{4-12}$$

则其旋转角为 α 的 FRFT 为

$$F_{\alpha}[s(t)] = A\sqrt{\frac{1 - j\cot\alpha}{2\pi}} e^{\frac{ju^2\cot\alpha}{2}} \int_{-T}^{T} e^{j\frac{\cot\alpha}{2}t^2 + j(m_1 - u\csc\alpha)t} \, dt \tag{4-13}$$

利用欧拉公式 $e^{jz} = \cos z + j\sin z$ 并求模值，可得

$$\left|F_p[s(t)]\right| = \left| A\sqrt{\frac{\csc\alpha}{2\pi}} \int_{-T}^{T} e^{j\frac{\cot\alpha}{2}t^2} \cos(m_1 - u\csc\alpha)t + je^{j\frac{\cot\alpha}{2}t^2} \sin(m_1 - u\csc\alpha)t \, dt \right|$$

$$= \left| A\sqrt{\frac{\csc\alpha}{2\pi}} \int_{-T}^{T} e^{j\frac{\cot\alpha}{2}t^2} \cos(m_1 - u\csc\alpha)t \, dt \right| \tag{4-14}$$

同理，可得旋转角为 $-\alpha$ 的 FRFT 模值为

$$\left|F_{-\alpha}[s(t)]\right| = \left|A\sqrt{\frac{\csc\alpha}{2\pi}}\int_{-T}^{T} e^{-j\frac{\cot\alpha}{2}t^2}\cos(m_1 + u'\csc\alpha)t\mathrm{d}t\right| \tag{4-15}$$

可见，当 $u = -u'$ 时，有

$$\left|F_{\alpha}[s(t)]\right| = \left|F_{-\alpha}[s(t)]\right| \tag{4-16}$$

可知，单频信号的对称旋转角的 FRFT 模函数关于原点对称。图 4-11 为单频信号和 LFM 信号正负对称旋转角 FRFT 域的能量分布示意图。一个有限长的 LFM 信号在时频平面上呈现为斜直线的背鳍形分布，而单频信号在时频平面上为一垂直于时间轴的线段。可知，LFM 信号的正负对称旋转角 FRFT 域的能量分布相差很大，而单频信号的正负对称旋转角 FRFT 模值大小相同，但其谱支撑区关于中心点对称。

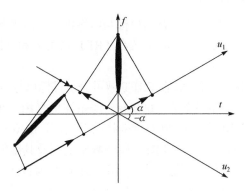

图 4-11　LFM 信号和单频信号正负对称旋转角 FRFT 域的能量分布示意图

由此可见，利用正旋转角的 FRFT 模值与翻转的负旋转角的 FRFT 模值之差可以对消单频信号，而 LFM 信号的能量可以得到较好的保留。

4.2.2　动目标检测方法

杂波中单频信号的正负对称旋转角的 FRFT 谱能量关于原点对称，而目标所对应的 LFM 信号在正负对称旋转角的模函数差异很大。因此，两者之差可以完全抑制杂波中的单频分量，而较大地保留目标所对应的 LFM 信号的能量。因此，在低 SCR 下能较好地检测出动目标。采用接收信号正负对称旋转角 FRFT 模值之差的最大值作为检测统计量的检测方法系统框图如图 4-12 所示。

假设观测信号为 $w(t)$，则检测统计量为

$$Y = \max\{|F_{\alpha_0}[w(t)](u)| - |F_{-\alpha_0}[w(t)](-u)|\} \tag{4-17}$$

图 4-12 基于对称旋转角 FRFT 模函数对消的动目标检测方法系统框图

设门限为 η_0，则判决准则为

$$Y \underset{<}{\overset{H_1}{\underset{H_0}{>}}} \eta_0 \tag{4-18}$$

在整个 FRFT 域，以旋转角为变量，以一定的步长做 FRFT，并计算检测统计量 Y。若 Y 大于门限，则认为有目标，相反，则认为无目标。可通过变换阶数估计调频率，并通过峰值点位置参数估计中心频率。

4.2.3 实测数据验证与分析

在实际应用中，不同运动状态的目标与海杂波在 FRFT 域存在不同的特点。分两种情况分析，分别为目标与海杂波在 FRFT 域可分和目标与海杂波在 FRFT 域不可分。

第一种情况，目标与海杂波在 FRFT 域可分。目标信号 $s_t = \exp(j100t^2)$，信号接收时长为 1.001s，采样频率为 1000Hz，海杂波仍采用 IPIX 数据。信杂比为 -11.6dB，变换阶数为[0.5, 1.5]，则对称变换阶数为[-1.5, -0.5]。图 4-13 和图 4-14 分别为对称旋转角的接收信号的 FRFT 模函数幅值图及其镜像幅值图，图 4-15 为两者对消后的 FRFT 模函数幅值图，图 4-16～图 4-18 为目标信号能量聚集最佳的 FRFT 域对消结果。可见，对消后有效地抑制了海杂波，目标信号更突出，有利于提高检测概率。图 4-16 和 4-17 表明，目标信号的正负对称旋转角 FRFT 模函数的能量分布差异很大，而海杂波谱比较相似，因此对消后的目标能量损失较小。

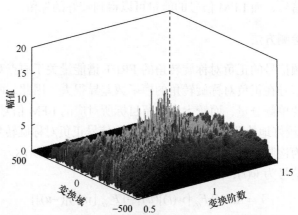

图 4-13 对称旋转角的接收信号的 FRFT 模函数幅值图

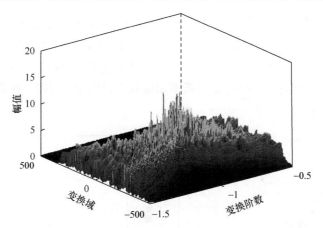

图 4-14　对称旋转角的接收信号的 FRFT 模函数镜像幅值图

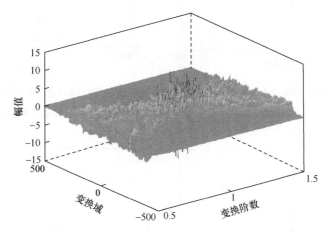

图 4-15　图 4-13 与图 4-14 对消后的 FRFT 模函数幅值图

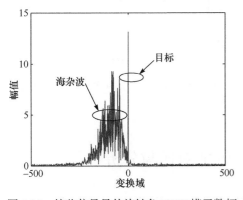

图 4-16　接收信号最佳旋转角 FRFT 模函数幅
　　　　值图(第一种情况)

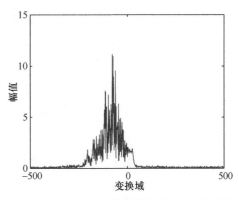

图 4-17　接收信号负最佳旋转角 FRFT 模函数
　　　　镜像幅值图(第一种情况)

　　第二种情况，目标与海杂波在 FRFT 域不可分。目标信号 $x_t = \exp[\mathrm{j}(-400t + 100t^2)]$，其他条件和第一种情况相同，结果如图 4-19～图 4-21 所示。可见，在目标和海杂波 FRFT 域不可分时，本节方法依然能有效地抑制海杂波，而较好地保留目标能量，这有利于提高检测概率而降低虚警概率。因此，在低 SCR 下仍然能有效地检测目标。

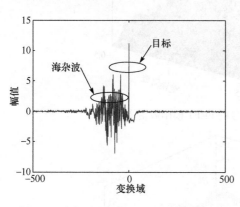

图 4-18　图 4-16 与图 4-17 两者模值之差

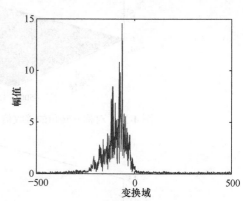

图 4-19　接收信号最佳旋转角 FRFT 模函数幅值图(第二种情况)

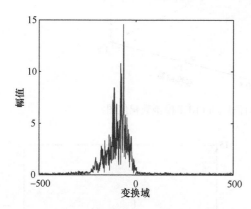

图 4-20　接收信号负最佳旋转角 FRFT 模函数镜像幅值图(第二种情况)

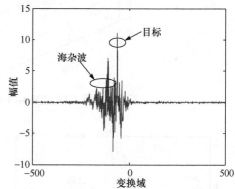

图 4-21　图 4-19 与图 4-20 两者模值之差

4.3　两种对消方法性能对比与分析

　　4.1 节与 4.2 节介绍了两种用 FRFT 模函数对消来抑制海杂波的方法，本节将对比与分析两种方法的对消效果。

4.3.1　对比分析与注意的问题

基于 FRFT 的仿真一般需要注意两个问题：第一，满足采样定理，即采样频率大于 Nyquist 采样率；第二，量纲归一化处理[4]。在利用 FRFT 快速离散方法进行离散计算时，都认为输入信号已经做了量纲归一化处理，即引入了尺度因子 $S = \sqrt{T_{\mathrm{d}}/f_{\mathrm{s}}}$ 来定义新的坐标，即

$$\begin{cases} x = t/S \\ y = fS \end{cases} \tag{4-19}$$

式中，T_{d} 为采样时长；f_{s} 为采样频率。新的坐标实现了无量纲化，因此调频率 $m_2 = -\dfrac{\cot\alpha_0}{S^2}$，多普勒频移 $m_1 = \dfrac{u_0\csc\alpha_0}{S}$。

表 4-1 给出了目标与海杂波在 FRFT 域可分情况下两种方法的对消性能比较。其中，方法一是基于延时 FRFT 模函数对消的动目标检测方法；方法二是基于对称旋转角 FRFT 模函数对消的动目标检测方法。由表 4-1 可见；方法一优于方法二，其原因为：方法一中目标能量对消的是目标信号在最佳旋转角度 FRFT 模峰值点周围的能量扩展，由于是最佳旋转角，所以这种能量扩展非常小，其能量对消得很少。而对于方法二，目标信号能量对消的是负最佳旋转角 $-\alpha_0$ 的 FRFT 谱能量，$-\alpha_0$ 不是最佳旋转角，由式(4-15)可计算其幅值，约为 $1/\sqrt{\sin|2\alpha_0|} \geqslant 1$。因此，当使目标信号能量聚集最佳时的旋转角 $\alpha_0 = \pi/4$ 时，方法二的性能达到最佳，此时，目标信号的 FRFT 谱能量对消得最少，但实际中可能还有非单频信号背景杂波的影响。

两种方法的对消结果并没有完全抑制海杂波，这可以从杂波建模上进行解释。目前，海杂波模型是一种近似模型[5]，没有考虑到海杂波多普勒频率的时变性，即各分量均有一定的加速度，然而持续时间比较短，也可认为是短时 LFM 信号，因此其能量也有聚集，但是聚集峰值比目标对应的 LFM 信号的聚集峰值低。同时，此模型将回波看作独立散射体的组合，但实际上它们是存在相关性的。对于文献[6]中提到的模型，本节所介绍的两种方法只能抑制一阶海杂波，而对于二阶海杂波和大气噪声，其分布近似为高斯白噪声，本节方法对其抑制作用很小。因此，两种方法并不能理想地完全对消海杂波，但从表 4-1 可看出，经对消后，虽然目标的能量有所削弱，但是对海杂波的抑制作用总是大于对目标能量的削弱作用。海杂波得到了较好的抑制，目标信号更加突出，从而更加易于检测，这有助于提高检测概率而降低虚警概率。

表 4-1　目标与海杂波在 FRFT 域可分情况下两种方法的对消性能比较

方法	对消前目标信号|FRFT|峰值	对消后目标信号|FRFT|峰值	对消前目标信号与海杂波|FRFT|峰值差	对消前的信杂比/dB	对消后目标信号与海杂波|FRFT|峰值差	对消后的信杂比/dB
方法一	13.1396	12.4340	3.8517	19.512	7.0603	27.296
方法二	13.1396	11.2127	3.8517	19.512	5.1584	24.72

4.3.2　目标运动属性对检测性能的影响

上述分析中，目标和海杂波在 FRFT 域是可分的，仿真表明两种方法均能得到较好的效果，而当目标和海杂波在 FRFT 域不可分时，两种方法的效果如何？下面将给出各种运动属性目标的 SCR 增益图(图 4-22～图 4-25)。由图 4-22 和图 4-23

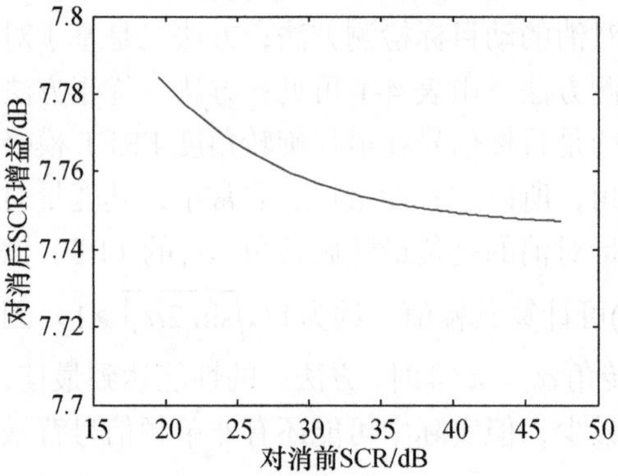

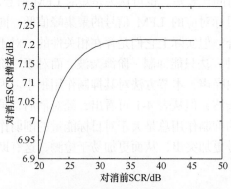

图 4-22　目标与海杂波在 FRFT 域可分时方法一的 SCR 增益图

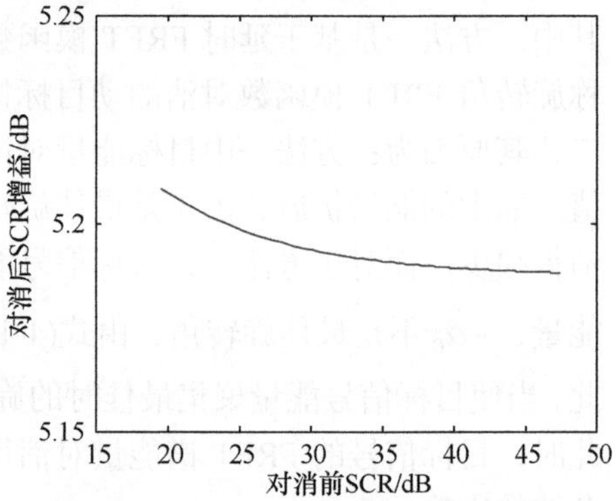

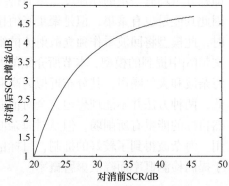

图 4-23　目标与海杂波在 FRFT 域可分时方法二的 SCR 增益图

图 4-24　目标与海杂波在 FRFT 域不可分时方法一的 SCR 增益图

图 4-25　目标与海杂波在 FRFT 域不可分时方法二的 SCR 增益图

可见，目标与海杂波在 FRFT 域可分时，两种方法的 SCR 增益随着对消前 SCR 的增大有微弱的减小，比较稳定，最终都趋于一个固定值。由图 4-24 和图 4-25 可见，目标与海杂波在 FRFT 域不可分时，两种方法的 SCR 增益随着对消前 SCR 的增大而增大，相对而言方法二增大得更加明显，但两者最终都趋于一个固定值。

表 4-2 给出了两种方法在两种情况下的 SCR 增益极限值。结合表 4-2 与图 4-22～图 4-25 可见，无论目标与海杂波在 FRFT 域是否可分，方法一的对消效果优于方法二。相比而言，目标与海杂波在 FRFT 域可分时，两种方法效果更好。原因在于，海杂波回波模型并不是严格的单频信号，当目标与海杂波在 FRFT 域不可分时，可能产生目标与杂波能量之间的对消，从而使 SCR 增益降低。

表 4-2　两种方法在两种情况下的 SCR 增益极限值

方法	目标与海杂波在 FRFT 域可分时	目标与海杂波在 FRFT 域不可分时
方法一的 SCR 增益/dB	7.745	7.2
方法二的 SCR 增益/dB	5.187	4.85

4.3.3　高次项对检测性能的影响

在高海况时，目标回波中存在高次项，然而高次项所占的分量相对于由目标加速度所引起的二次项比较小。高次项对于本节方法会有一定的影响，主要因为高阶多项式相位信号与 FRFT 核函数不再匹配，会影响目标信号能量的集聚性。高次项的影响程度与其所占的分量有关[7]，同时采用的积累时间比较短，因此高次项的影响是比较小的。以目标和海杂波在 FRFT 域可分为例，图 4-26 和图 4-27 中的目标信号三次项与二次项的强度比为 1%，图 4-28 与图 4-29 中的目标信号三次项与二次项的强度比为 10%。可知，信号中的高次项对海杂波的对消并无影响，

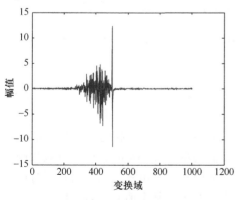

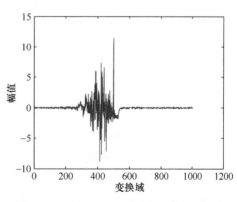

图 4-26　三次项与二次项的强度比为 1%时方　　图 4-27　三次项与二次项的强度比为 1%时方
　　　　法一的对消结果　　　　　　　　　　　　　　　　法二的对消结果

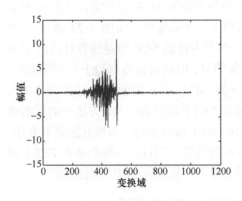 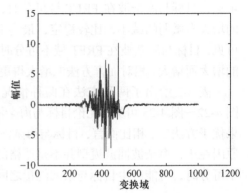

图 4-28　三次项与二次项的强度比为 10%时　　图 4-29　三次项与二次项的强度比为 10%时
　　　　　方法一的对消结果　　　　　　　　　　　　　　方法二的对消结果

高次项主要影响目标信号的能量聚集性，高次项的强度越强，信号能量的聚集性
能越差，甚至使基于 FRFT 的 LFM 信号检测方法失效。对加入四次项等情况也做
了仿真，结果表明，在高次项所占分量不大时，本节所提方法均具有较好的效果。

4.3.4　延时的选取准则

对于基于延时 FRFT 模函数对消的动目标检测方法，其延时的选取需要进行
探讨分析。从直观上分析，延时的选取一定有条件限制，本小节将分析延时的选
取范围。

从方法的本质上来讲，保留动目标的 FRFT 模峰值是首先要注意的问题。由
分解型离散 FRFT 的原理可知，若信号 $s(t)$ 的最高频率为 F，则 $F_p[s(t)]$ 可表示为

$$F_\alpha[s(t)] = \frac{A_\alpha}{2F} \sum_{n=-N}^{N} \exp(j\pi u^2 \cot\alpha) \exp\left[\frac{j\pi n^2 \cot\alpha}{(2F)^2} - \frac{j2\pi u \csc\alpha}{2F}\right] s\left(\frac{n}{2F}\right) \quad (4\text{-}20)$$

式中，$A_\alpha = \sqrt{1-j\cot\alpha}$，$2N+1$ 为采样点数。对于 LFM 信号，其 FRFT 模函数必
然存在一个峰值 D，为

$$D = \left|\frac{AA_{\alpha_0}}{2F}\right|(2N+1) \quad (4\text{-}21)$$

式中，α_0 为能量集聚最佳的旋转角。从式(4-21)可见，峰值和进行 FRFT 的点数
成正比。因此，在获取数据有限的情况下，需要尽量减小延时，使得有效数据长
度尽量长，从而增大目标信号聚集峰值。然而由式(4-4)可知，信号与其延时信号
的 FRFT 模峰值位置之差和延时成正比，当延时小于某个值时，目标信号峰值在
对消过程中将被严重削弱。在此，给出一个最理想的延时。当 LFM 信号能量聚

集最佳时，其模值为 sinc 函数，其主谱宽度 B 为

$$B = \frac{2\pi}{T \csc \alpha_0} \tag{4-22}$$

当峰值位置之差大于 1/2 主谱宽度时，对消效果最佳，则有

$$u_1 - u_2 = m_2(\tau_1 - \tau_2)\sin \alpha_0 \geqslant B/2 \tag{4-23}$$

$$\tau \geqslant \frac{\pi}{m_2 T} \tag{4-24}$$

然而实际情况是 FRFT 的主谱峰值周围的能量扩散很少，因此完全可以使得

$\tau \leqslant \dfrac{\pi}{m_2 T}$。在信噪比较大时，$\tau$ 可以取小一些；而在信噪比较小时，τ 可以取大一些。

4.4　小　　结

本章根据建立的杂波模型，介绍了两种基于 FRFT 模函数值之差的微弱动目标检测方法：一种方法是基于接收信号及其延时信号的 FRFT 模函数值之差；另一种方法是基于接收信号正负对称旋转角的 FRFT 模函数值之差。这两种方法都能较好地抑制海杂波，达到低 SCR 下较好的检测性能。仿真分析表明，无论目标与海杂波在 FRFT 域是否可分，这两种方法均能有效地抑制海杂波，提高 SCR，适用于单频信号模型杂波下的 LFM 信号检测。

参 考 文 献

[1] 关键, 李宝, 刘加能, 等. 两种海杂波背景下的微弱匀加速运动目标检测方法[J]. 电子与信息学报, 2009, 31(8): 1898-1902.

[2] 李家强, 金荣洪, 范瑜, 等. LFM 信号参数联合估计新方法: 域频率相差法[J]. 现代雷达, 2006, 28(1): 45-48.

[3] 邓兵, 陶然, 曲长文. 分数阶 Fourier 域中多分量 chirp 信号的遮蔽分析[J]. 电子学报, 2007, 35(6): 1094-1098.

[4] 赵兴浩, 邓兵, 陶然. 分数阶傅里叶变换数值计算中的量纲归一化[J]. 北京理工大学学报, 2005, 25(4): 360-364.

[5] Gini F, Greco M. Texture modeling and validation using recorded high resolution sea clutter data. RADAR-2001[C]. Proceedings of the 2001 IEEE Radar Conference, Atlanta, 2001: 387-392.

[6] 赵志信, 国磊, 李永新. 强海杂波背景条件下海上目标检测方法[J]. 应用科技, 2006, 33(8): 30-33.

[7] 王盛利. 雷达信号处理的新方法: 匹配傅里叶变换研究[D]. 西安: 西安电子科技大学, 2003.

第5章 分数阶傅里叶变换域自相似特性 差异动目标检测方法

对于复杂背景中的目标检测问题，基于统计理论的目标检测方法已经取得了很多研究成果，但随着国防安全和民用探测需求的日益提高，传统检测技术的局限性越来越明显。在此背景下迅速发展起来的基于分形理论的目标检测方法，是对复杂背景中人造目标进行自动检测较为适宜和有效的方法之一，并拉开了分形理论在雷达目标检测中应用的序幕。其常用的基础理论包括迭代函数系统理论、分形布朗随机场、单一分形(自相似)、扩展分形、多重分形、多重分形关联、多分辨分析等。在分形理论应用中，人造目标一般表现为相对规则的几何单元，而自然背景由极不规则的复杂环境构成，研究中通常利用人造目标与自然背景在几何结构上的差别，通过提取分形几何变化特征进行目标检测。例如，对于雷达海面目标检测，海洋表面是一个复杂的动态粗糙面，是在近似周期性的大尺度波浪上叠加小尺度的波纹，变化极不规则，但又不是完全随机的，传统的方法不能很有效地描述海面，而分形理论为海面建模提供了新的途径。分形散射的研究表明，散射表面的分形特性将被携带到散射信号中[1]，且与电磁波入射角有一定关系，因此海面散射信号的分形特性能反映物理海面的分形结构。研究发现，海面重力波长在 0.1～100m 是似分形结构的，在此范围采用分形方法进行建模无疑具有一定的优势，并且分形函数构造简单，对其加入时间因子可进一步反映出海面高度起伏的动态变化。

目标检测的关键因素之一是 SCR，而相参积累可以有效提升 SCR，当 SCR 较低时，时域杂波和目标的分形特性差异很小，很难有效检测出目标，并且分形方法无法检测动目标，更不能获得动目标的运动信息，从而限制了分形理论在动目标检测中的应用。动目标信号经过 FRFT 后，在最佳变换域能够形成明显的峰值，目标信号的能量得到最大限度的积累，提高了 SCR，而杂波在 FRFT 域的能量分布较为分散，幅值起伏剧烈，因此可以研究杂波和目标信号在 FRFT 域的分形特性，进而利用分形特性差异作为区分目标和杂波的判别标准。文献[2]和[3]采用 FRFT 或 FRFT 与小波理论相结合的方法估计时域 Hurst 指数，但未讨论和分析海杂波的 FRFT 域自相似性。

本章将时域分形方法引入 FRFT 域，并结合雷达动目标信号自身特点，研究雷达回波 FRFT 域分形特性，将分形方法引入雷达回波 FRFT 谱相似结构的分析中[4-6]。5.1 节以 FRFT 的尺度特性为切入点，说明自相似过程的 FRFT 谱特有的分形特性；5.2 节～5.4 节分别将单一分形、扩展分形以及多重分形方法引入实测海杂波 FRFT 谱的分析中，设计对海杂波和目标有区分能力的 FRFT 域分形特性设计目标检测方法，并进行性能分析；5.5 节对本章进行小结。

5.1　分数布朗运动在 FRFT 域的自相似性

本节研究 FRFT 尺度变换的近似单一分形特性。首先，考虑一个分形(自相似)过程，如分数布朗运动(fractional Brownian motion, FBM)$B_H(t)$[7,8]，其自相似性通常由单一 Hurst 指数 H 来刻画。在自然界和各种人造系统中，这种单一自相似性通常是在统计意义下成立的，即

$$B_H(t) \overset{\text{s.t.a}}{=} \kappa^{-H} B_H(\kappa t) \tag{5-1}$$

式中，$\overset{\text{s.t.a}}{=}$ 表示在统计意义下相等[8]；κ 为尺度因子。令 $t'=\kappa t$，则 $F_{B_H}^{(p_\alpha)}(u)$ 为 $B_H(t)$ 的 p_α 阶 FRFT：

$$F_{B_H}^{(p_\alpha)}(u) = \sqrt{\frac{1-\text{jcot}\,\alpha}{2\pi}} \int_{-\infty}^{+\infty} B_H(t) \exp\left(\text{j}\frac{t^2+u^2}{2}\cot\alpha - \text{j}ut\csc\alpha \right) \text{d}t$$

$$\overset{\text{s.t.a}}{=} \sqrt{\frac{1-\text{jcot}\,\alpha}{2\pi}} \int_{-\infty}^{+\infty} \frac{B_H(t')}{\kappa^H} \exp\left(\text{j}\frac{\dfrac{t'^2}{\kappa^2}+u^2}{2}\cot\alpha - \text{j}u\frac{t'}{\kappa}\csc\alpha \right) \text{d}\left(\frac{t'}{\kappa}\right) \tag{5-2}$$

$$= \frac{1}{\kappa^{H+1}}\cdot\sqrt{\frac{1-\text{jcot}\,\alpha}{2\pi}} \int_{-\infty}^{+\infty} B_H(t') \exp\left(\text{j}\frac{t'^2+\kappa^2 u^2}{2}\cdot\frac{\cot\alpha}{\kappa^2} - \text{j}u\frac{t'}{\kappa}\csc\alpha \right) \text{d}t'$$

令 $\cot\beta=\cot\alpha/\kappa^2$，即 $\tan\beta=\kappa^2\tan\alpha$，则式(5-2)变为

$$F_{B_H}^{(p_\alpha)}(u) \overset{\text{s.t.a}}{=} \frac{1}{\kappa^{H+1}}\cdot\sqrt{\frac{1-\text{jcot}\,\alpha}{2\pi}} \int_{-\infty}^{+\infty} B_H(t') \exp\left[\text{j}\frac{t'^2+\left(u\dfrac{\csc\alpha}{\kappa\csc\beta}\right)^2}{2}\cdot\cot\beta \right.$$

$$\left. -\text{j}\left(u\cdot\frac{\csc\alpha}{\kappa\csc\beta}\right)t'\csc\beta - \text{j}\frac{\left(u\dfrac{\csc\alpha}{\kappa\csc\beta}\right)^2}{2}\cdot\cot\beta + \text{j}\frac{\kappa^2 u^2}{2}\cdot\cot\beta \right] \text{d}t' \tag{5-3}$$

$$= \frac{1}{\kappa^{H+1}} \cdot \sqrt{\frac{1-\mathrm{j}\cot\alpha}{2\pi}} \exp\left[\mathrm{j}\frac{\kappa^2 u^2}{2}\left(1-\frac{\csc^2\alpha}{\kappa^4\csc^2\beta}\right)\cot\beta\right] \int_{-\infty}^{+\infty} B_H(t')$$

$$\cdot \exp\left[\mathrm{j}\frac{t'^2+\left(u\dfrac{\csc\alpha}{\kappa\csc\beta}\right)^2}{2}\cdot\cot\beta - \mathrm{j}u\frac{\csc\alpha}{\kappa\csc\beta}t'\csc\beta\right]\mathrm{d}t'$$

$$= \frac{1}{\kappa^{H+1}} \cdot \sqrt{\frac{1-\mathrm{j}\cot\alpha}{2\pi}} \exp\left[\mathrm{j}\frac{\kappa^2 u^2}{2}\cot\beta\left(1-\frac{\sin^2\beta}{\kappa^4\sin^2\alpha}\right)\right]$$

$$\cdot \frac{1}{\sqrt{\dfrac{1-\mathrm{j}\cot\beta}{2\pi}}} F_{B_H}^{(p_\beta)}\left(\frac{\sin\beta}{\kappa\sin\alpha}u\right)$$

$$= \frac{1}{\kappa^{H}} \cdot \sqrt{\frac{1-\mathrm{j}\cot\alpha}{\kappa^2-\mathrm{j}\cot\alpha}} \cdot \exp\left[\mathrm{j}\frac{u^2}{2}\cot\alpha\left(1-\frac{\cos^2\beta}{\cos^2\alpha}\right)\right] \cdot F_{B_H}^{(p_\beta)}\left(\frac{u}{\kappa}\frac{\sin\beta}{\sin\alpha}\right)$$

可知，$B_H(t')$ 的 FRFT 不能表示成 $B_H(t)$ 的相同变换阶数 FRFT 尺度变换后的形式，而是 $F_{B_H}^{(p_\beta)}(u)$ 的尺度变换及 chirp 调制后的结果。在式(5-3)两边同时取模值可得

$$\left|F_{B_H}^{(p_\alpha)}(u)\right| \overset{\text{s.t.a}}{=} \left|\frac{1}{\kappa^{H}}\cdot\sqrt{\frac{1-\mathrm{j}\cot\alpha}{\kappa^2-\mathrm{j}\cot\alpha}}\cdot\exp\left[\mathrm{j}\frac{u^2}{2}\cot\alpha\left(1-\frac{\cos^2\beta}{\cos^2\alpha}\right)\right]\cdot F_{B_H}^{(p_\beta)}\left(\frac{u}{\kappa}\frac{\sin\beta}{\sin\alpha}\right)\right|$$

$$= \frac{1}{|\kappa|^{H}}\cdot\sqrt[4]{\frac{1+\cot^2\alpha}{\kappa^4+\cot^2\alpha}}\cdot\left|F_{B_H}^{(p_\beta)}\left(\frac{u}{\kappa}\frac{\sin\beta}{\sin\alpha}\right)\right|$$

(5-4)

可以得到，在某一变换阶数下，$B_H(t)$ 的 FRFT 谱的模值(幅值)在严格意义上并不是尺度不变的，且随着尺度 κ 的变化，变换阶数 p_β 也发生变化。换言之，在变换阶数 p 不变的条件下，自相似过程的 FRFT 谱并不具有严格的单一分形特性，FRFT 谱在不同尺度下表现出的"粗糙"程度不相同。因此，对于某一特定变换阶数下的海杂波 FRFT 谱采用单一分形模型可能引入较大的误差，相对而言，扩展分形模型与多重分形模型更适于建模此种条件下的海杂波 FRFT 谱。

虽然在同一变换阶数下 FRFT 谱不具有单一分形特性，但是在某些特定变换阶数下 FRFT 谱之间存在近似单一分形特性，其中，变换阶数应保持在某一范围内以保证这种近似在误差允许范围内成立。为估计近似单一分形特性成立的变换阶数区间，首先设定最大允许误差为 5%。由式(5-4)可以观察到，如果尺度 $\kappa\in[16,+\infty)$，则旋转角 α 需满足 $|\cot\alpha|\leqslant 1/2$，即 $-2.0344\leqslant\alpha\leqslant-1.1071$ 或 $1.1071\leqslant\alpha\leqslant 2.0344$，对应的变换阶数为 $-1.3\leqslant p\leqslant-0.7$ 或 $0.7\leqslant p\leqslant 1.3$。由式(5-1)～式(5-4)所示的推导过程可知，尺度变换前后序列的 FRFT 谱对应的变换阶数存在如下关系，即 $\tan\beta=\kappa^2\tan\alpha$

或 $\tan(p_\beta\pi/2)=\kappa^2\tan(p_\alpha\pi/2)$。这表明，若 p_α 保持不变，则 p_β 随着尺度 κ 的变化而变化，换言之，这种近似单一分形特性存在于同一序列的一系列特定变换阶数下的 FRFT 谱之间。表 5-1 给出了 p_α 值分别为 0.9 和 1.15 时对应于不同尺度 κ 的 p_β 值及 $\sin\beta/\sin\alpha$ 值。由表 5-1 可以发现，p_β 值均位于 $-1.3 \leqslant p \leqslant -0.7$ 或 $0.7 \leqslant p \leqslant 1.3$ 内，且可以认为 $\sin\beta/\sin\alpha$ 值近似为 1(误差不超过 3%)。此时，式(5-4)可进一步简化为

$$\left| F_{B_H}^{(p_\alpha)}(u) \right| \overset{\text{s.t.a}}{=} \frac{1}{|\kappa|^{H+1}} \cdot \left| F_{B_H}^{(p_\beta)}\left(\frac{u}{\kappa} \right) \right| \tag{5-5}$$

式(5-5)表明，在统计意义下，当允许误差在 5%以内以及变换阶数在 $-1.3 \leqslant p \leqslant -0.7$ 或 $0.7 \leqslant p \leqslant 1.3$ 范围内时，若变换阶数 p_α 与 p_β 满足关系 $\tan(p_\beta\pi/2)=\kappa^2\tan(p_\alpha\pi/2)$，则与 p_α、p_β 相对应的一系列 FRFT 谱之间存在近似单一分形特性(或称为近似单一自相似性)。

表 5-1　对应于不同尺度 κ 的 p_β 值及 $\sin\beta/\sin\alpha$ 值

$\log_2\kappa$	$p_\alpha=0.9$		$p_\alpha=1.15$	
	p_β	$\sin\beta/\sin\alpha$	p_β	$\sin\beta/\sin\alpha$
1.0	0.974805494997407	1.01167236016807	−0.961836061609877	−1.02656782084693
1.5	0.987397813064950	1.01226675967459	−0.980900871503962	−1.02795241559614
2.0	0.993698289184446	1.01241552332700	−0.990448286495991	−1.02829944055453
2.5	0.996849067406706	1.01245272448925	−0.995223874454923	−1.02838625172288
3.0	0.998424524054632	1.01246202542059	−0.997611903624073	−1.02840795795054
3.5	0.999212260821209	1.01246435069348	−0.998805947611480	−1.02841338472222
4.0	0.999606130259841	1.01246493201421	−0.999402973280666	−1.02841474142857
4.5	0.999803065111075	1.01246507734454	−0.999701486574699	−1.02841508060599
5.0	0.999901532553182	1.01246511367714	−0.999850743279145	−1.02841516540040
5.5	0.999950766276296	1.01246512276029	−0.999925371638547	−1.02841518659901
6.0	0.999975383138111	1.01246512503107	−0.999962685819145	−1.02841519189866
6.5	0.999987691569051	1.01246512559877	−0.999981342909557	−1.02841519322357
7.0	0.999993845784525	1.01246512574070	−0.999990671454776	−1.02841519355480
7.5	0.999996922892263	1.01246512577618	−0.999995335727388	−1.02841519363761
8.0	0.999998461446131	1.01246512578505	−0.999997667863694	−1.02841519365831
8.5	0.999999230723066	1.01246512578726	−0.999998833931847	−1.02841519366348
9.0	0.999999615361533	1.01246512578782	−0.999999416965923	−1.02841519366478
9.5	0.999999807680766	1.01246512578796	−0.999999708482962	−1.02841519366510
10.0	0.999999903840383	1.01246512578799	−0.999999854241481	−1.02841519366518

为验证上述海杂波 FRFT 谱具有近似单一分形特性这一结论，下面通过 Weierstrass 函数产生分形曲线[9-11]，如图 5-1 所示，其中分形曲线的分形维数分别为 1.2 和 1.8。在此基础上，计算两个分形曲线的 FRFT 谱，如图 5-2 所示。下面

根据式(5-5)建模分形序列的 FRFT 谱幅值序列，采用的分形建模方法为逆随机中点位移(inverse random midpoint displacement，IRMD)方法[12,13]。

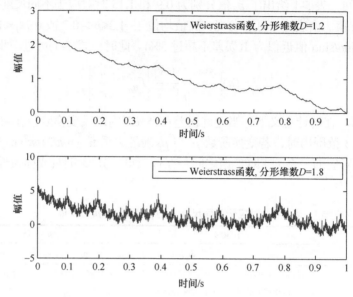

图 5-1　由 Weierstrass 函数产生的分形曲线

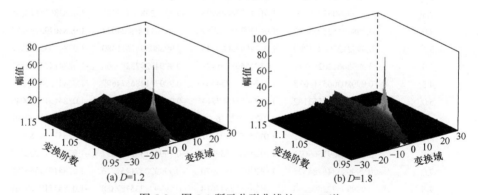

(a) D=1.2　　　　　　　　　　　(b) D=1.8

图 5-2　图 5-1 所示分形曲线的 FRFT 谱

给定一个定义于区间(0, L)的离散分形序列 x={x_i, i=0, 1, 2,···, 2^M+1}。为计算其单一分形维数(fractal dimension，FD)，先定义一个分段线性插值函数 $L_r(x)$ 和一个插值误差函数 Δ_r，其中，r=0, 1, 2,···, M。由图 5-3 可见，$L_0(x)$ 代表序列首末两个点连接形成的线段，$L_1(x)$ 代表序列首末两个点以及序列中间点分别连接形成的两条线段，以此类推；而插值误差函数 Δ_r 则可表示为

$$\Delta_r = \sum_{i=0}^{2^r+1} \left| L_{r+1}(x_i) - L_r(x_i) \right| \tag{5-6}$$

考虑到相邻两个插值函数 $L_r(x)$ 与 $L_{r+1}(x)$ 在奇数点上的取值均相同，仅有偶数点会产生误差，因此式(5-6)可变为

$$\Delta_r = \sum_{i=\text{偶数}}^{2^r+1} \left| L_{r+1}(x_i) - L_r(x_i) \right| \tag{5-7}$$

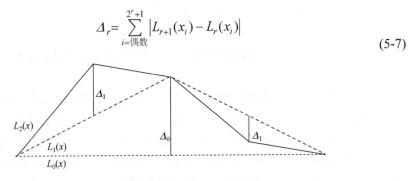

图 5-3　IRMD 方法计算过程示意图

在序列是分形的条件下，研究发现插值误差函数 Δ_r 与 $(L/2^r)^{1-D}$ 成正比[12]，即

$$\Delta_r = c \cdot \left(\frac{L}{2^r} \right)^{1-D} \tag{5-8}$$

式(5-8)等号两边同时取对数，可得

$$\log_2 \Delta_r = (D-1) \cdot \log_2 (2^r / L) + \log_2 c \tag{5-9}$$

由式(5-9)可知，由其斜率 l 可直接得到分形维数 D，即 $D=l+1$。观察插值误差函数 Δ_r 的构造过程可发现，其与产生分数布朗运动序列经常采用的 RMD[13]是一个相反的过程，因此上述方法称为 IRMD 方法。

图 5-4 给出了插值误差函数 Δ_κ 和 FRFT 域尺度 κ 在双对数坐标下的曲线。由

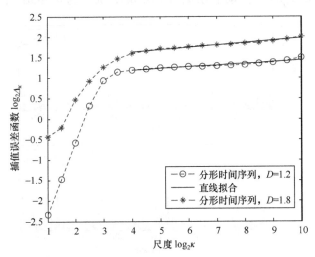

图 5-4　分形曲线的插值误差函数和直线拟合效果

图 5-4 可知，当尺度 $\log_2\kappa > 4$ 时，插值误差函数的直线拟合效果很好，这意味着存在这样一个尺度区间使得分形序列 FRFT 谱幅值序列具有尺度不变性，即在某些特定变换阶数下 FRFT 谱幅值序列具有近似单一分形特性。

5.2　FRFT 域杂波的单一分形特性与目标检测

由 5.1 节可知，自相似过程的 FRFT 谱在某一变换阶数下不具有严格的单一自相似特性，然而满足一定条件的不同变换阶数下的 FRFT 谱之间具有近似单一分形特性(需允许 5%的误差)。本节主要研究海杂波 FRFT 谱在一系列特定变换阶数下得到的众多 FRFT 谱之间的近似单一自相似(分形)特性，并研究目标对海杂波 FRFT 谱近似单一分形特性的影响，以便于后续设计目标检测方法。

5.2.1　实测海杂波数据

本小节采用 X 波段与 C 波段相参雷达实测海杂波数据验证并分析式(5-5)所示的 FRFT 谱近似单一分形特性,其中,X 波段海杂波数据(X-31#)为加拿大 McMaster 大学 IPIX 雷达对海探测数据(附录)，采集数据时雷达天线工作在驻留模式，对某一方位海面长时间照射，观察目标为一漂浮于海面上包裹着金属网的塑料球体，数据包含 HH 极化与 VV 极化两种情况，SCR 为 0~6dB，每组数据包含 14 个距离单元，每个距离单元含有 2^{17} 个采样点，对应的序列持续时间为 131.072s，更详细的数据信息见文献[14]。另外一组海杂波数据(C-56#)是通过某 C 波段雷达对海照射采集得到的，数据采集时天线工作在驻留模式，极化方式为圆极化，雷达 PRF 为 300Hz，观察目标为一运动十分缓慢的小渔船，SCR 为 0~3dB。图 5-5 给出了 X

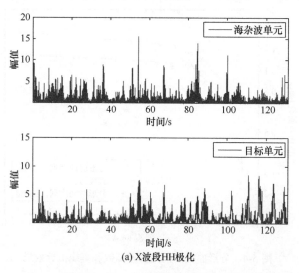

(a) X波段HH极化

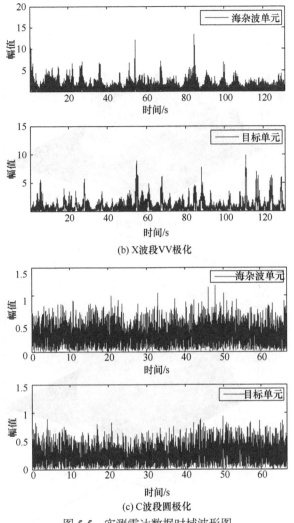

(b) X波段VV极化

(c) C波段圆极化

图 5-5　实测雷达数据时域波形图

波段与 C 波段实测数据海杂波单元与目标单元的时域波形图。

图 5-6 与图 5-7 给出了三组实测数据中纯海杂波单元与目标单元 FRFT 谱的三维图形。由图 5-6 直观观察可知，FRFT 对海杂波的能量积聚性不强，没有产生类似于单频信号在频域的强尖峰；而短时间内海杂波中的动目标回波可以近似用 LFM 信号来建模，且 FRFT 对 LFM 信号具有良好的积聚性，因此图 5-7 中所示的三组数据目标单元的 FRFT 谱中存在较强的尖峰。这里需要说明的是，由于目标本身回波能量较弱，而且短时间内动目标回波也并不是严格的 LFM 信号，所以图 5-7 中所示的 FRFT 谱难以形成如同单频信号在频域的完美尖峰。另外，5.1 节中在 5%允许误差基础上所得到的变换阶数为$-1.3{\leqslant}p{\leqslant}-0.7$ 或 $0.7{\leqslant}p{\leqslant}1.3$，而由图 5-6

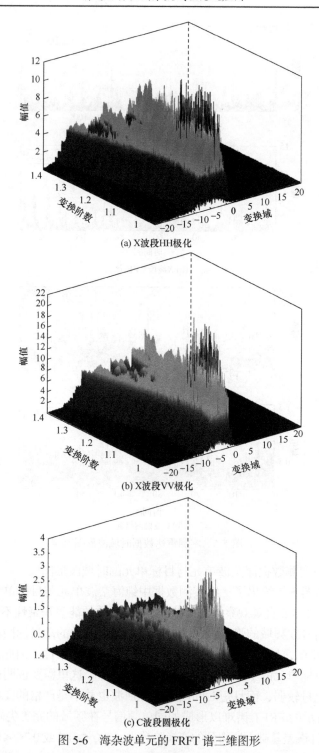

(a) X波段HH极化

(b) X波段VV极化

(c) C波段圆极化

图 5-6　海杂波单元的 FRFT 谱三维图形

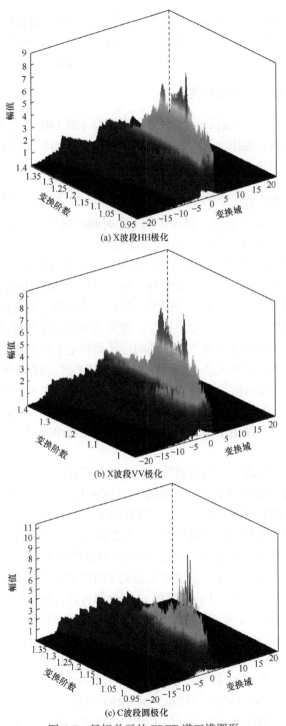

(a) X波段HH极化

(b) X波段VV极化

(c) C波段圆极化

图 5-7　目标单元的 FRFT 谱三维图形

和图 5-7 可知，无论是海杂波单元还是目标单元，FRFT 谱幅值较高(回波能量得到较好积累)区域所对应的变换阶数 p 为 $0.9{\leqslant}p{\leqslant}1.3$，满足近似分形特性成立的一个前提条件，这为将分形方法引入海杂波 FRFT 谱分析中提供了实验依据。

5.2.2　FRFT 谱的单一分形特性

采用分形模型——"随机游走"模型[15]建模海杂波 FRFT 谱，验证海杂波 FRFT 谱的近似分形特性。"随机游走"模型采用配分函数 $F(\kappa)$ 与尺度 κ 在双对数坐标下的线性关系是否成立来判断序列 x 是否是分形的[15]，即

$$\log_2 F(\kappa) = \log_2 \left[E\left(\left|x_{n+\kappa} - x_n\right|^2\right) \right]^{1/2} = H \cdot \log_2 \kappa + \text{const} \tag{5-10}$$

式中，H 为单一 Hurst 指数，且为区别于由时间序列直接得到的时域单一 Hurst 指数 H_t，由 FRFT 谱得到的单一 Hurst 指数记为 H_u。

若式(5-10)所示的线性关系成立，则说明序列 x 是分形的，且线性关系成立的区间称为尺度不变区间。由 5.1 节分析可知，对自相似过程而言，在某一变换阶数下其 FRFT 谱自身并不是单一分形的，但在一系列特定的变换阶数下得到的多个 FRFT 谱之间具有近似单一分形特性，而海杂波时间序列可以用单一自相似过程来刻画[15-18]，因此由海杂波序列得到的一系列特定 FRFT 谱之间应具有近似单一分形特性。此时，若采用式(5-10)分析海杂波 FRFT 谱，则在不同尺度下，式(5-10)中 x 代表的是不同变换阶数下的 FRFT 谱幅值序列。图 5-8 给出了图 5-5 所示三组实测数据在双对数坐标下配分函数 $F(\kappa)$ 与尺度 κ 的关系曲线，这里需要说明的是，计算配分函数并没有使用全部的实测数据，每个距离单元仅截取了长度为 2^{12} 采样点的一段时间序列。

由图 5-8 可以发现，三组实测数据海杂波单元在两个尺度区间内呈近似线性(各个图中三条垂直的虚线标明了这两个尺度区间)，但在不同尺度区间内海杂波与目标回波的 FRFT 谱所呈现出的近似线性却不相同，在尺度为 $2^4 \sim 2^7$ 时，目标回波 FRFT 谱配分函数的拟合斜率要大于海杂波 FRFT 谱配分函数的拟合斜率，而在尺度为 $2^7 \sim 2^{10}$ 时，观察结果则完全相反。为量化图 5-8 所示的定性分析结果，图 5-9 和图 5-10 分别给出了三组实测数据的 FRFT 谱在图 5-8 所示两个尺度区间内的直线拟合斜率，即单一 Hurst 指数 H_u，由图可以看到，在尺度为 $2^4 \sim 2^7$ 时，目标单元的 H_u 值要大于海杂波单元的 H_u 值，即海面存在目标时会引起海杂波的 H_u 值变大；在尺度为 $2^7 \sim 2^{10}$ 时，目标单元的 H_u 值要小于海杂波单元的 H_u 值，即海面存在目标时会引起海杂波的 H_u 值变小，且由图 5-9、图 5-10 进一步可知，目标存在引起的海杂波 H_u 值绝对变化量均在 $0.1 \sim 0.3$。换言之，在尺度为 $2^4 \sim 2^7$ 时，海杂波单元的 FRFT 谱比目标单元的 FRFT 谱粗糙；而在尺度为 $2^7 \sim 2^{10}$ 时，目标单元的 FRFT 谱比海杂波单元的 FRFT 谱粗糙。分析这种现象的原因，可能

是由 FRFT 谱独特的自相似结构引起的，当尺度较小时，海杂波单元的 FRFT 谱随变换阶数(与尺度一一对应，如表 5-1 所示)起伏程度大于目标单元，从而海杂波单元在一系列特定变换阶数下得到的 FRFT 谱更粗糙；而当尺度较大时，目标单

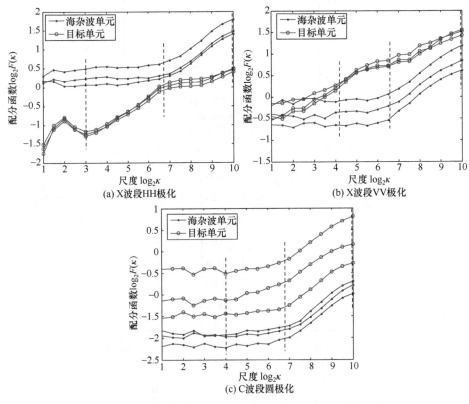

(a) X波段HH极化　　(b) X波段VV极化

(c) C波段圆极化

图 5-8　双对数坐标系下配分函数 $F(\kappa)$ 与尺度 κ 的关系曲线

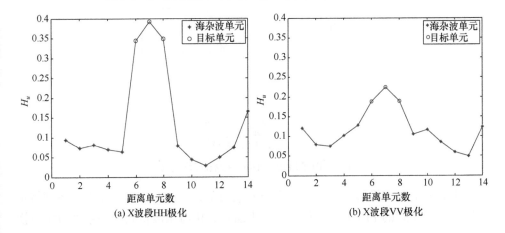

(a) X波段HH极化　　(b) X波段VV极化

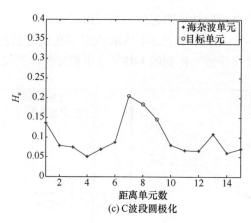

图 5-9　FRFT 域单一 Hurst 指数(尺度为 $2^4 \sim 2^7$)

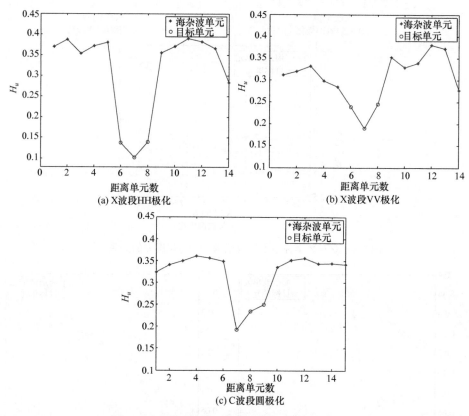

(a) X波段HH极化　　　　　　　　　　(b) X波段VV极化

(c) C波段圆极化

图 5-10　FRFT 域单一 Hurst 指数(尺度为 $2^7 \sim 2^{10}$)

元的 FRFT 谱随变换阶数起伏程度大于海杂波单元，此时目标单元在一系列特定变换阶数下得到的 FRFT 谱更粗糙。综上所述，由海杂波得到的一系列特定变换阶数下的 FRFT 谱在一定尺度区间内确实呈现近似自相似特性，这验证了 5.1 节中得到的海杂波 FRFT 谱具有近似单一分形特性的结论。另外，目标的存在会引起海杂波 FRFT 谱近似单一分形特性发生变化，但这种变化在不同的尺度区间内呈现不同的趋势，以较小尺度观察时目标使海杂波 FRFT 谱的粗糙程度下降，以较大尺度观察时目标使海杂波 FRFT 谱的粗糙程度上升。

为说明信号经过 FRFT 处理后带来的 SCR 改善以及区分能力的提升，图 5-11 给出了采用时域回波幅值序列直接进行单一分形特性分析(仍采用"随机游走"模型)的结果，其中，H_t 表示直接由时域幅值序列计算得到的单一 Hurst 指数，这里需要说明的是，在计算时域分形参数 H_t 时选取的数据段与图 5-9、图 5-10 均相同。对比图 5-11 与图 5-9、图 5-10 可以发现，时域单一 Hurst 指数 H_t 对海杂波与目标的区分程度明显弱于图 5-9 和图 5-10 所示的 FRFT 域单一 Hurst 指数 H_u。这充分说明，经过 FRFT 后，目标回波的能量得到了有效积累，而海杂波的能量由于相位的随机性不能得到有效积累，因此 SCR 得到改善，从而使得 FRFT 域单一 Hurst 指数 H_u 对海杂波与目标回波具有良好的区分能力。

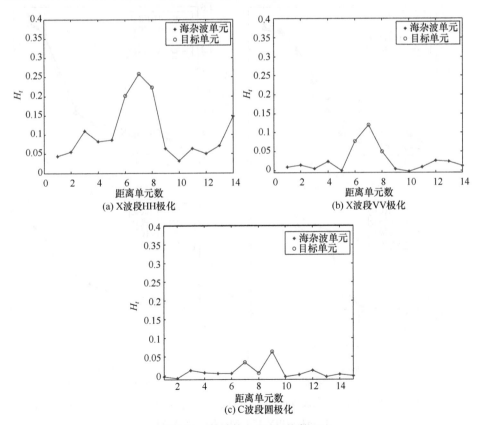

图 5-11　时域单一 Hurst 指数 H_t

图 5-12 给出了四种极化方式下 IPIX-17#和 IPIX-31#两组数据的 FRFT 域分形曲线。从图 5-12 中可以看出，分形曲线在 30ms～1s(2^5～2^{10})的尺度区间内近似呈线性，这一尺度区间称为无标度区间。因此，FRFT 与海杂波在这一个时间段内的数据是有条件的标度不变，也就是说这一无标度区间内具有自相似特性。通

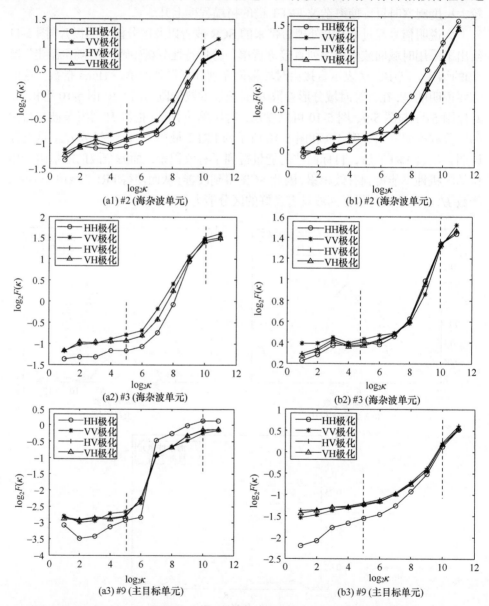

图 5-12　FRFT 域 IPIX 海杂波 $\log_2\kappa$-$\log_2 F(\kappa)$分形曲线(海杂波建模为随机游走过程，a1～a3：IPIX-17#, b1～b3：IPIX-31#)

过对曲线进行最小二乘拟合即可得到 FRFT 域海杂波的 Hurst 指数 Hu，分形维数 $D = 2-H$。根据式(5-10)的判定方法以及统计增量的特性，可认为本组海杂波数据在 FRFT 域是分形的。采用同样的方法对其他海杂波数据进行分析判定，可以得到相同的结论。从图 5-12 可以看出，海杂波和目标回波在 FRFT 域的分形特性显著不同，两者具有一定的可分性。当目标与海杂波相互作用时，目标随海浪起伏，具有微弱的加速度，又由于目标外形相对规则，目标回波反映在最佳 FRFT 域为一个明显的峰值，信号能量得到积累，此时的变换域信号变化较为平缓，起伏变化不明显。因此，含有动目标的数据在 FRFT 域的不规则度要小，影响了海杂波在 FRFT 域的粗糙程度，对应的分形维数较小，分形曲线斜率较大，有助于区分目标和海杂波。

5.2.3 FRFT 域分形维数的影响因素

1. FRFT 域分形维数与时间和距离的关系

由上述分析可知，某个距离单元和一段观测时长内，FRFT 域海杂波具有分形特性，而本小节将研究 FRFT 域分形维数与时间和距离的关系，以说明该特性具有普遍性。假设海面结构和雷达系统配置在观测时长和观测范围内固定不变：①用于 FRFT 计算的海杂波时间序列时长近似为秒级，可认为在较短的时间范围内，天气条件不会发生改变；②雷达系统参数固定不变；③雷达照射区域很小以保证再次观测范围内海面是空间均匀的。定义平均时间标准差(mean time standard deviation，MTSD)σ_t 和平均距离标准差(mean range standard deviation，MRSD)σ_r 分别为

$$\sigma_t^{HH} = \left\{ \frac{1}{M_t} \sum_{m=1}^{M_t} \left[D^{HH}(n,m) - \mu_t^{HH} \right]^2 \right\}^{\frac{1}{2}}, \quad \sigma_r^{HH} = \left\{ \frac{1}{N_r} \sum_{n=1}^{N_r} \left[D^{HH}(n,m) - \mu_r^{HH} \right]^2 \right\}^{\frac{1}{2}} \quad (5-11)$$

式中，$D^{HH}(n,m)$ 为第 n 个距离单元和第 m 个区间的分形维数；μ_t^{HH} 和 μ_r^{HH} 分别为时间分形维数平均值(mean time fractal dimension，MTFD)μ_t 和距离分形维数平均值(mean range fractal dimension，MRFD)μ_r：

$$\mu_t^{HH} = \frac{1}{N_r} \sum_{n=1}^{N_r} D^{HH}(n,m), \quad \mu_r^{HH} = \frac{1}{M_t} \sum_{m=1}^{M_t} D^{HH}(n,m) \quad (5-12)$$

上述变量对于 VV 极化方式有相似的定义。图 5-13 给出了 HH 极化和 VV 极化方式下海杂波 FRFT 域分形维数的时间和距离特征。由图 5-13(a1)和(b1)可知，同一距离单元的 FRFT 域海杂波分形维数在不同的时间区间内可认为是常数，上下浮动 10%的允许误差，即 IPIX-17#中 D=1.8～1.9，IPIX-31#中 D=1.5～1.65。而图 5-13(a2)和(b2)同一时间的 MRFD 有与 MTFD 相同的特征，均在很小的范围内波动。值得注意的是，①对于同一种极化方式，低海况(IPIX-31#)的 FRFT 域海杂

波的 MTFD 和 MRFD 明显低于高海况(IPIX-17#)的数值，这与高分形维数表征更粗糙的物体表面是一致的；②对于同一组数据，HH 极化方式的 FRFT 域海杂波的 MTFD 和 MRFD 低于 VV 极化方式的数值，表明 VV 极化方式下的海杂波 FRFT 谱更粗糙；③由于 IPIX-17#中第 6 和 7 距离单元以及 IPIX-17#中第 5 和 6 距离单元邻近主目标单元，受目标峰值的影响，其 MTFD 和 MRFD 较其他海杂波单元较低。

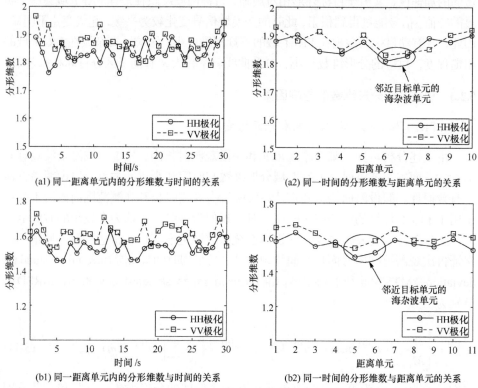

图 5-13　海杂波 FRFT 域分形维数的时间和距离单元特征(a1 和 a2：IPIX-17#, b1 和 b2：IPIX-31#)

表 5-2 进一步给出了海杂波 FRFT 域分形维数的时间和距离单元统计特征，根据式(5-12)得到的 MTSD 和 MRSD 均小于 0.05，表明分形维数估计均方误差较小。因此，由上述分析可得出 FRFT 域海杂波的分形特性统计独立于时间和距离单元，也就是说该结论同样适用于其他海杂波数据。

表 5-2　海杂波 FRFT 域分形维数的时间和距离单元统计特征

数据	MTFD		MRFD		MTSD		MRSD	
	μ_t^{HH}	μ_t^{VV}	μ_r^{HH}	μ_r^{VV}	σ_t^{HH}	σ_t^{VV}	σ_r^{HH}	σ_r^{VV}
IPIX-17#	1.8355	1.8673	1.8619	1.8794	0.0356	0.0440	0.0328	0.0372
IPIX-31#	1.5332	1.6070	1.5574	1.6067	0.0484	0.0547	0.0397	0.0433

综上，海杂波在 FRFT 域是否具备分形特性的判据：①是否存在式(5-10)的线性测度关系和标度不变区间，即是否满足自相似性；②在此区间上计算出的分形维数是否大于其拓扑维数，且其值是否具有一定的稳定性。

2. FRFT 域分形维数与变换阶数的关系

回波信号的 DFRFT 运算 $F_\alpha[s(t)]$ 可通过 Ozaktas 等提出的分解型 DFRFT 方法实现[19]：

$$F_\alpha[s(t)] = \frac{A_\alpha}{2F} \sum_{n=-N}^{N} \exp(\mathrm{j}\pi u^2 \cot\alpha) \exp\left[\frac{\mathrm{j}\pi n^2 \cot\alpha}{(2F)^2} - \frac{\mathrm{j}2\pi uc\csc\alpha}{2F} \right] s\left(\frac{n}{2F} \right) \tag{5-13}$$

式中，F 为 $s(t)$ 的最高频率，$2N+1$ 为采样点数。则其 FRFT 模函数峰值 P_{α_0} 为

$$P_{\alpha_0} = \left| \frac{\sqrt{2\pi} AA_{\alpha_0}}{2F} \right| (2N+1) = \frac{\sqrt{2\pi} |A| A_{\alpha_0}}{2F} Tf_s \tag{5-14}$$

因此，当最佳旋转角与目标运动状态相匹配时，目标回波信号达到最佳能量积累，峰值最大，此时目标回波与海杂波在 FRFT 域的分形特性差异最大。图 5-14 给出了变换阶数对 FRFT 域分形参数的影响。将变换阶数范围 1～1.2 划分成等间隔区间，得到不同 FRFT 域海杂波的分形曲线，如图 5-14(a1)所示，可知在无标度区间内($m\in[25,210]$)，分形曲线呈现较好的线性特征，旋转角度不同对 FRFT 域海杂波数据的分形曲线影响较小。这是因为海杂波与多分量单频信号和高斯噪声的相似程度较高，在 FRFT 域中能量得不到很好的积累，其粗糙和不规则程度独立于变换阶数。而目标分形曲线受变换阶数影响较大，如图 5-14(b1)所示，在最佳变换域目标 FRFT 峰值对海杂波幅值的遮蔽作用最强，从而影响了分形维数。分别对海杂波和目标在不同变换阶数下的 FRFT 域数据进行分形特性分析，并求得 Hurst 指数，得到图 5-14(a2)和(b2)所示的分形维数值。由图 5-14 可以看出，海杂波的分形维数为 1.7～1.9，而目标的分形维数则为 1.35～1.8，目标的分形维数在某个 FRFT 域会有明显下降，而它与海杂波分形维数之差在某个 FRFT 域将会出现最大值，此时的变换域为最佳变换域，分形维数相差近 0.4。由图 5-14(b2)得到目标的最佳变换阶数为 $p_{\mathrm{opt}} = 1.056$，在此变换阶数下比较 HH 极化和 VV 极化方式的海杂波和目标单元的最佳 FRFT 域分形曲线，如图 5-14(a3)和(b3)所示。可知，在无标度区间内，两者的分形特性差异明显，若将目标和海杂波在最佳变换域的分形特性差异作为检测统计量，则能够得到较高的检测概率。

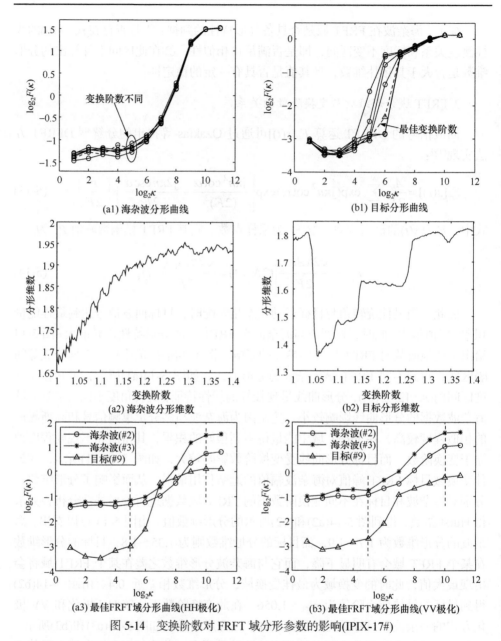

图 5-14　变换阶数对 FRFT 域分形参数的影响(IPIX-17#)

5.2.4　利用 FRFT 域分形 Hurst 指数的目标检测与性能分析

　　本小节将 FRFT 域单一 Hurst 指数 H_u 应用于海杂波中目标的 CFAR 检测。为便于区分，将由尺度为 $2^4 \sim 2^7$ 得到的 FRFT 域单一 Hurst 指数表示为 H_{u1}，由尺度为 $2^7 \sim 2^{10}$ 得到的 FRFT 域单一 Hurst 指数表示为 H_{u2}，图 5-15 给出了海杂波中目标 CFAR 检测方法的流程框图。由图 5-15 所示处理流程可知，首先对得到的相参雷达回波按距离单元分别做 FRFT 处理得到 FRFT 谱，然后分析不同变换阶数间 FRFT 谱的自相似性(近似单一分形特性)，海杂波 FRFT 谱的配分函数在两个尺度区间表现出近似线性，且当存在目标时 FRFT 域单一 Hurst 指数变化的绝对量比较相近，另外，在不同尺度区间目标所引起的 FRFT 域单一 Hurst 指数变化的趋势也不同(在较小尺度区间目标会引起 FRFT 域单一 Hurst 指数变大，在较大尺度区间目标会引起 FRFT 域单一 Hurst 指数变小)，因此图 5-15 将基于这两个尺度区间 FRFT 域单一 Hurst 指数的检测方法区分开来，根据选择的尺度区间来决定执行子流程-1 或子流程-2。这里，假设海面是空间均匀的且各个分辨单元海面间是相互独立的，同时考虑到采用"随机游走"模型建模海杂波 FRFT 谱幅值类似于在各个尺度下进行非相参积累，因此认为由各个距离单元回波估计得到的 FRFT 域单一 Hurst 指数 H_u 是相互独立的，并且近似服从高斯分布。图 5-15 所示检测方法的恒虚警性能是通过双参数 CFAR 方法实现的，该 CFAR 方法通过大量独立同分布样本非相参积累构造服从高斯分布的检测统计量，其恒虚警特性与初始样本具体分布类型无关，检测性能只与虚警概率 P_{fa}、非相参积累数、初始样本的均值和标准差之比有关[20,21]。判决门限是通过采用双参数 CFAR 方法处理由参考单元生成的 FRFT 域单一 Hurst 指数得到的，然后将其与由检测单元得到的 FRFT 域单一 Hurst 指数进行比较，对于子流程-1，当检测单元的 FRFT 域单一 Hurst 指数大于门限 η_1 时，判定为目标，否则，判定为海杂波；对于子流程-2，当检测单元的 FRFT 域单一 Hurst 指数小于门限 η_2 时，判定为目标，否则，判定为海杂波。这里需说明的是，在图 5-15 所示检测流程的确定尺度区间步骤中，一旦确定了尺度区间(较小尺度区间或较大尺度区间)，则相应地只执行子流程-1 与子流程-2 中的一个。一般而言，尺度区间的选择需要有先验信息，可通过对实验数据分析获得。

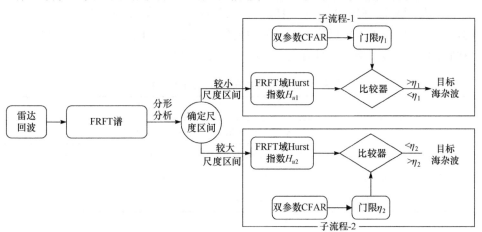

图 5-15　FRFT 域单一 Hurst 指数的目标检测方法流程框图

下面采用图 5-5 所示的三组实测数据来分析图 5-15 所示检测方法的检测性能。在实际运用中，每个距离单元的长时间序列被分成互不重叠的 128 段，每段数据包含 1024 个采样点，对每段数据分别采取图 5-15 所示流程计算 FRFT 域单一 Hurst 指数，进行目标检测并统计检测概率。这里需要说明的是，由于每组数据仅包含一个目标，在验证与分析过程中每组数据仅取其中一个目标距离单元，X 波段雷达 HH 极化与 VV 极化数据均采用第 7 距离单元(图 5-9(a)和(b))，C 波段圆极化数据采用第 8 距离单元(图 5-9(c))，实际上采用其他目标单元进行分析可以得到类似的结果。表 5-3 给出了分别利用 FRFT 域单一 Hurst 指数 H_{u1}(子流程-1)、FRFT 域单一 Hurst 指数 H_{u2}(子流程-2)进行 CFAR 检测的检测概率。为与传统的分形检测方法进行比较，表 5-3 还给出了直接利用时域单一 Hurst 指数 H_t 与双参数 CFAR 相结合的检测方法的检测性能，其中每种 CFAR 检测方法的虚警概率 P_{fa} 均设为 10^{-4}。由表 5-3 可以看到，利用 FRFT 域单一 Hurst 指数 H_{u2} 的检测方法检测性能最好，在三组数据中均可以达到较高的检测概率，由于 C 波段数据 SCR 较低，所以相对而言其检测概率也略低于其他两组 X 波段数据；而利用 FRFT 域单一 Hurst 指数 H_{u1} 的检测方法性能次于利用 FRFT 域单一 Hurst 指数 H_{u2} 的检测方法，虽然两者在图 5-9、图 5-10 所示的曲线上目标与海杂波的区分程度比较接近，但通过更多实测数据的分析可以发现，FRFT 域单一 Hurst 指数 H_{u1} 在有目标时引起的差异稳定性较差，随着目标本身的起伏 H_{u1} 变化也比较剧烈，容易与海杂波重叠难以区分。但无论哪种利用 FRFT 域单一 Hurst 指数的检测方法，其性能均明显优于直接利用时域单一 Hurst 指数 H_t 的检测方法，这得益于 FRFT 可以有效地提高 SCR。纵向比较可发现，在 C 波段圆极化数据下利用 FRFT 域单一 Hurst 指数 H_{u2} 检测方法的性能优势最明显，这是因为该数据在时域本身 SCR 较低，同时其观察目标为一动目标，目标回波经 FRFT 后能量有效积累，SCR 提升比较明显。另外，FRFT 域单一 Hurst 指数的检测方法在 X 波段 HH 极化方式下的检测概率稍高于 VV 极化方式下的检测概率，这表明 HH 极化方式下 FRFT 谱更贴近单一分形模型，即具有更明显的单一分形特性。

表 5-3　目标检测方法性能分析($P_{fa} = 10^{-4}$)

CFAR 检测	实测数据		
	X 波段 HH 极化	X 波段 VV 极化	C 波段圆极化
FRFT 域单一 Hurst 指数 H_{u1}	88.28%	78.13%	55.47%
FRFT 域单一 Hurst 指数 H_{u2}	93.75%	88.28%	85.94%
时域单一 Hurst 指数 H_t	64.84%	52.34%	12.50%

利用 FRFT 域单一 Hurst 指数的 CFAR 目标检测方法相对于直接利用时域单

一 Hurst 指数的检测方法具有性能上的优势,并且通过大约 10^3 个采样点即可获得比较稳定的差异分形特性,与直接利用时域单一 Hurst 指数的参数估计所需采样点数(2000 点以上)相比,降低了数据量的要求。

5.2.5　利用 FRFT 域其他单一分形特性的目标检测与性能分析

除了 5.2.4 节利用 FRFT 与分形 Hurst 指数差异进行目标检测,还可以利用其他 FRFT 域单一分形特性开展目标检测。图 5-16 给出了基于 FRFT 域分形特性差异的动目标检测框图,其中 FRFT 域分形特性均通过分形曲线得到,包括分形维数(FD)、斜距(intercept)、分形拟合误差(fractal fitting error,FFE)和分形维数方差(fractal dimension variance,FDV)。

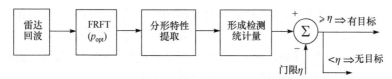

图 5-16　基于 FRFT 域分形特性差异的动目标检测框图

在最佳变换域,无标度区间$[2^5, 2^{10}]$的海杂波起伏函数 $\log_2 F_c(\kappa)$ 可表示为

$$\log_2 F_c(\kappa) = (2 - D_c)\log_2 \kappa + I_c \tag{5-15}$$

式中,D_c 为海杂波的分形维数;I_c 为分形曲线的直线拟合斜距。

海面动目标的存在,使得 FRFT 域海杂波的分形特性发生改变,可以结合邻近距离单元或邻近时刻的雷达回波信号在 FRFT 域的分形维数和斜距差异做目标检测。首先确定最佳变换域,然后根据 FRFT 域分形曲线,在一定的无标度区间内计算 FRFT 域分形特性。若检测单元的 FRFT 域分形维数或斜距小于设定的门限,则认为有目标。其检测方法为

$$T_1 = |D_i| \mathop{\gtrless}\limits_{H_1}^{H_0} \eta_1 \tag{5-16}$$

$$T_2 = |I_i| \mathop{\gtrless}\limits_{H_1}^{H_0} \eta_2 \tag{5-17}$$

式中,η_1 和 η_2 分别为相应的门限。

1. 分形拟合误差和分形维数方差特征差异方法

信号对分形模型的匹配度,可以用类似式(5-10)的分形拟合误差来表示。分形拟合误差越小,其分形特性就越明显,即模型的匹配度越好,反之,模型的匹配度越差。由图 5-8 可知,FRFT 域海杂波相比动目标更适合采用分形模型来描述,

因此海杂波较动目标有更小的分形拟合误差。设点集 $\{x_i, y_i, 1 \leqslant i \leqslant N\}$ ，若拟合直线为 $y=ax+b$ ，则分形拟合误差定义为各点到直线的距离平均，即

$$E = \sqrt{\frac{\sum_{i=1}^{N}(ax_i + b - y_i)^2}{N}}$$

(5-18)

在最佳变换域，如果检测单元的 FRFT 域分形拟合误差 E 大于设定的门限，则认为有目标。其检测方法为

$$T_3 = |E_i| \underset{H_0}{\overset{H_1}{\gtrless}} \eta_3$$

(5-19)

动目标在 FRFT 域形成一峰值，对分散的海杂波幅值有一定遮蔽作用，当尺度与峰值的宽度接近时，信号幅值起伏变化最大，体现在分形维数在此尺度下有突变，不规则性增大。因此，可以研究分形维数随尺度的变化规律，进行目标检测。设 FRFT 域分形曲线的横、纵坐标分别表示为

$$\begin{cases} y_i = \log_2 F(\kappa_i) \\ x_i = \log_2 \kappa_i \end{cases}, i=1,2,\cdots,11$$

(5-20)

则在相邻尺度范围 Δi 内的分形维数计算方法如下：

$$D_{\Delta i} = \frac{\log_2 F(\kappa_i) - \log_2 F(\kappa_{i-1})}{\log_2 \kappa_i - \log_2 \kappa_{i-1}} = \frac{y_i - y_{i-1}}{x_i - x_{i-1}}$$

(5-21)

由图 5-8 可知，在不同的时间尺度上海杂波单元的分形维数变化不大，而在主目标单元分形维数变化剧烈，因此可以通过计算分形维数方差 $V=\text{var}(D)$ 来检测目标，当检测单元的 FRFT 域分形维数方差 V 大于设定的门限时，认为有目标。其检测方法为

$$T_4 = |V_i| \underset{H_0}{\overset{H_1}{\gtrless}} \eta_4$$

(5-22)

2. 动目标检测结果

图 5-17(a)～(d)给出了 14 个距离单元的 FRFT 域分形参数，可以看出这四种检测统计量均能很好地区分海杂波单元和目标单元。目标单元的分形维数和斜距远低于海杂波单元，而对于分形拟合误差和分形维数方差则截然相反，这与四者的检测方法一致。以 FRFT 域的分形维数为例，可以得到以下结论：①在同一极化方式下，海杂波单元的分形维数明显高于目标单元，并且 HH 极化方式的效果要优于 VV 极化方式的效果；②FRFT 域海杂波的分形维数大于其拓扑维数 1，目

标单元的分形维数稳定在 1.3～1.4, 符合分形判定准则; ③主目标单元与海杂波单元的分形特性差异最大, 可以通过设定相应的门限检测目标。将传统的相参积累检测方法(图 5-17(e))、时域单一 Hurst 指数的检测方法(图 5-17(f))和本节的四种检测方法进行对比分析, 可以看出海杂波和目标的特性差异不明显, 本节所提方法利用了目标的运动信息, 并对回波进行相参积累, 抑制海杂波, 所以能够更好地区分海杂波和动目标, 提高检测性能。

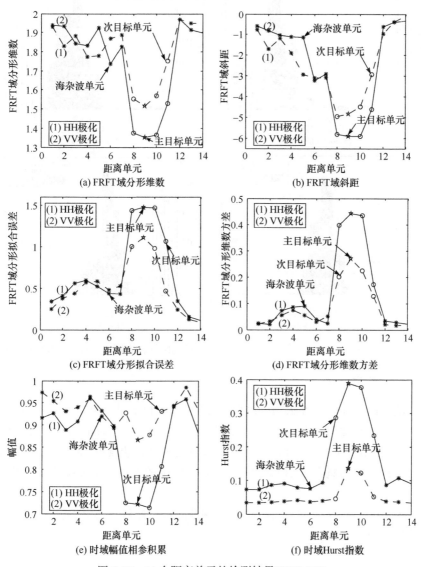

图 5-17　14 个距离单元的检测结果(IPIX-17#)

　　图 5-18 给出了海杂波和目标单元 FRFT 域分形特性的统计直方图，反映了 FRFT 域分形特性值出现的频次。经过对 1000 次检测结果的统计分析可知，海杂波与目标取值于不同的区域，利用回波信号 FRFT 域分形特性差异能够将动目标和海杂波区分开。

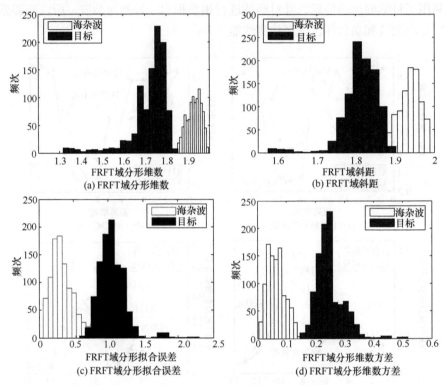

图 5-18　海杂波和目标单元 FRFT 域分形特性的统计直方图(HH 极化，IPIX-17#)

3. 检测性能分析

　　定量分析四种检测方法的检测性能。纯海杂波和主目标单元分别取 1000 段数据，每段数据长度为 2000，相邻数据段之间重叠 1%，然后根据无标度区间分别计算每段数据的 FRFT 域分形特性，门限值通过对海杂波单元的 Monte-Carlo 仿真计算得到。检测概率(P_d)和虚警概率(P_{fa})与门限的关系分别如图 5-19 和图 5-20 所示。

　　表 5-4 对图 5-17 中的六种方法的检测性能进行比较，其中 $P_{fa} = 10^{-3}$。定义检测统计量的归一化差值：

$$\delta_{\text{Amplitude}} = \frac{\left| A_s - \min(A_{c_i}) \right|}{\left| A_s - \max(A_{c_i}) \right|}, \ \delta_{\text{Hurst}} = \frac{\left| h_s - \max(h_{c_i}) \right|}{\left| h_s - \min(h_{c_i}) \right|}, \delta_D = \frac{\left| D_s - \min(D_{c_i}) \right|}{\left| D_s - \max(D_{c_i}) \right|}$$

$$\delta_I = \frac{\left| I_s - \min(I_{c_i}) \right|}{\left| I_s - \max(I_{c_i}) \right|}, \delta_E = \frac{\left| E_s - \max(E_{c_i}) \right|}{\left| E_s - \min(E_{c_i}) \right|}, \ \delta_V = \frac{\left| V_s - \max(V_{c_i}) \right|}{\left| V_s - \min(V_{c_i}) \right|}$$

(5-23)

式中，s 和 c_i 分别表示主目标单元和第 i 个海杂波单元。

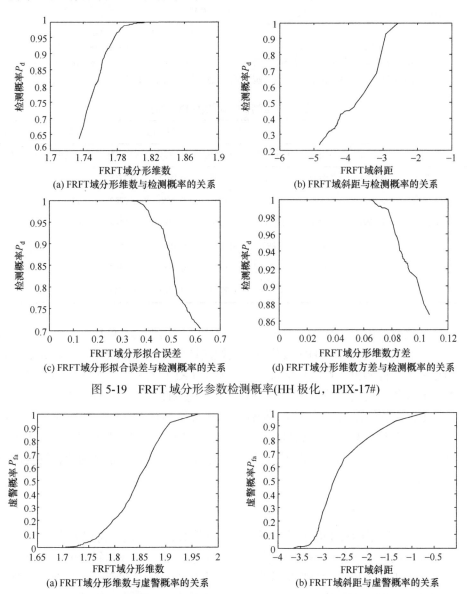

图 5-19　FRFT 域分形参数检测概率(HH 极化，IPIX-17#)

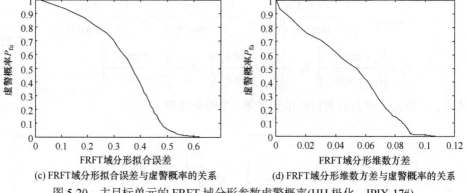

(c) FRFT域分形拟合误差与虚警概率的关系　　(d) FRFT域分形维数方差与虚警概率的关系

图 5-20　主目标单元的 FRFT 域分形参数虚警概率(HH 极化，IPIX-17#)

表 5-4　检测性能比较(IPIX-17#)

参数	海杂波单元		目标单元		归一化幅值差		检测概率($P_{fa} = 10^{-3}$)/%	
	HH 极化	VV 极化	HH 极化	VV 极化	HH 极化	VV 极化	HH 极化	VV 极化
幅值	0.8821	0.8937	0.7215	0.8655	0.4802	0.2358	69.2	49.1
Hurst 指数	0.1073	0.0407	0.3886	0.1356	0.5076	0.2767	72.7	57.6
分形维数	1.7369	1.7730	1.3517	1.5150	0.6253	0.5695	90.7	83.2
斜距	−3.2092	−3.1010	−5.8976	−4.8360	0.4828	0.3559	74.1	71.7
分形拟合误差	0.5980	0.5880	1.4751	1.1670	0.6644	0.5504	86.4	80.6
分形维数方差	0.0895	0.0741	0.4422	0.2704	0.8342	0.7747	93.6	87.5

　　归一化后的检测统计量能够统一比较标准，使结果具有可比性。由表 5-4 可以看出：①六种检测器在 HH 极化方式的检测性能优于 VV 极化方式。②基于时域的相参积累检测方法检测性能最差，而基于 FRFT 域分形维数方差的检测方法检测性能最佳，证明本节选取的检测统计量的优越性。③虽然时域 Hurst 指数在 HH 极化方式下的检测结果较好，但性能受海况影响较大，在 VV 极化方式下检测性能下降明显，且不能得到目标的运动信息。因此，本节所提方法均适用于低 SCR 条件。④分形维数和分形拟合误差的检测性能相似，这是因为两者均利用分形曲线的拟合结果。

　　4. 方法运算量分析

　　表 5-5 给出了四种 FRFT 域分形特性的计算数值及时间，可以看出，1024 个采样点即可同时满足估计精度和运算效率的要求，分形维数和斜距的计算时间较短，这是由于两者仅需对分形曲线做线性拟合运算。同时注意到，受噪声、变换阶数估计误差以及直线拟合误差等的影响，四种方法均具有一定的误差。

表 5-5　计算复杂度分析(IPIX-17#，海杂波单元，HH 极化)

参数	分形维数	斜距	分形拟合误差	分形维数方差
数值($N = 512$)	1.9660	−0.4087	0.6004	0.1454
数值($N = 1024$)	1.8417	−1.0446	0.5629	0.1272
数值($N = 2048$)	1.8335	−0.9964	0.5557	0.1221
计算时间($N = 1024$)/s	0.0994	0.0994	0.1026	0.1057

针对海杂波中目标时域分形检测方法在高海况条件下检测性能下降明显的问题，利用动目标的相位信息，研究 FRFT 相参积累后海杂波和目标的分形特性。建立了 FRFT 域分形模型，提出了多种基于单一分形特性差异的动目标检测方法：FRFT 域 Hurst 指数、分形维数、斜距、分形拟合误差和分形维数方差。对不同极化方式下的实测海杂波数据进行仿真分析，结果表明：海杂波在 FRFT 域的一定标度区间满足自相似性，其分形维数大于拓扑维数；在最佳变换域，目标与海杂波在 FRFT 域的分形特性差异最大；利用 FRFT 域峰值起伏的差异性进行检测，能够很好地区分海杂波和动目标，并能得到目标的运动状态参数；检测性能优于传统的幅值检测器和时域单一 Hurst 指数检测方法。受 IPIX 雷达实验条件的限制，数据中合作目标的动特征并不明显，若海杂波中确有动目标回波，则本节所提方法将会得到更好的检测性能。

5.3　FRFT 域杂波的扩展分形特性与目标检测

由 5.1 节可知，在某一变换阶数下，$B_H(t)$ 的 FRFT 谱的模值(幅值)在严格意义上不是单一自相似的，即在某一变换阶数 p 下得到的海杂波 FRFT 谱在不同尺度下表现出的粗糙程度并不相同。因此，对于此条件下的海杂波 FRFT 谱，应采用可以对局部自相似性进行精细刻画的分形参数来描述，如扩展分形参数、多重分形参数等。若采用单一分形参数来描述，则可能会引入较大的误差，本节主要介绍采用扩展自相似过程描述海杂波 FRFT 谱在各尺度下的局部自相似性。

考虑到 FRFT 可以对海面动目标的速度和加速度信息同时进行补偿，从而对目标回波产生很好的能量积累[22]，有效提升 SCR，同时考虑到难以保证海杂波 FRFT 谱序列在各尺度下的粗糙程度相同，本节将扩展自相似过程引入海杂波 FRFT 谱分析中，即采用扩展分形方法直接分析 FRFT 谱序列的局部粗糙程度，并研究各个尺度下海杂波单元与目标单元 FRFT 域多尺度 Hurst 指数的特性，利用海杂波与目标回波 FRFT 域多尺度 Hurst 指数的差异设计目标 CFAR 检测器并进行性能分析。

5.3.1　FRFT 谱的扩展分形特性

采用 S 波段与 C 波段雷达实测数据的 FRFT 谱进行扩展自相似特性分析，其中，一组 S 波段雷达数据(S-46#)来自某 S 波段雷达对海探测实验，数据采集时雷达天线工作于驻留模式，极化方式为 VV 极化，雷达 PRF 为 650Hz，观察目标为一远离雷达缓慢运动的小船，其平均 SCR 为 0~3dB，径向采样率为 20MHz；另一组海杂波数据(C-15#)是某 C 波段雷达对海照射采集得到的，数据采集时天线工作在驻留模式，极化方式为圆极化，雷达 PRF 为 300Hz，观察目标为一海面上随浪浮动的渔船，此组数据平均 SCR 为 1~6dB，径向采样率为 20MHz。图 5-21 给出了两组雷达数据的归一化时域波形图，可见两组海杂波数据的起伏方式明显不同，这与雷达波段、发射功率、分辨率、极化方式、海况以及海面散射能力有关，另外可发现，两组数据的海杂波单元与目标单元在幅值上难以直接区分开，这主要与两组海杂波数据的 SCR 均较低有关。图 5-22 与图 5-23 分别给出了两组海杂波数据在不同变换阶数和最佳变换阶数 p_{opt} 下的 FRFT 谱。由图可见，随着变换阶数 p 的变化，海杂波 FRFT 谱的形态也随之变化，直至达到最佳变换阶数 p_{opt} 时，海杂波 FRFT 谱在变换域 u 上收敛到较小的范围，并且峰值达到最大值，由图 5-22 和图 5-23 可看到，S-46#海杂波在 $p_{opt}=1.0330$、$u = -1.912$ 时，峰值达到最大值；C-15#海杂波在 $p_{opt} = 1.0050$、$u = -2.819$ 时，峰值达到最大值。由 FRFT 的性质可知，p、u 与所描述对象的速度、加速度紧密相连[23]，从而可推得在采集这两组数据时所观察海面的海浪(Bragg 浪)均远离雷达运动，并且均具有微小的加速度，但两者之间的速度与加速度均不相同，这从侧面反映了海面的运动状态会随着地域、天气以及观察条件等因素的变化而变化。

对图 5-22 和图 5-23 所示的 S 波段和 C 波段雷达海杂波 FRFT 谱进行扩展自相似特性分析。图 5-24 给出了海杂波单元与目标单元 FRFT 谱的多尺度 Hurst 指

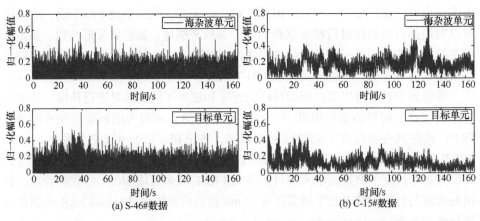

(a) S-46#数据　　　　　　　　　　　　　(b) C-15#数据

图 5-21　雷达实测数据归一化幅值时域波形图

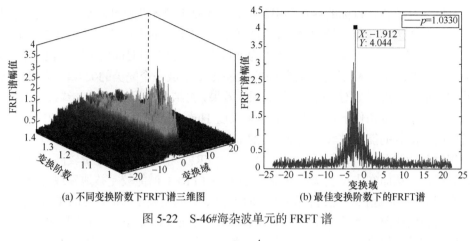

(a) 不同变换阶数下FRFT谱三维图 　　　(b) 最佳变换阶数下的FRFT谱

图 5-22　S-46#海杂波单元的 FRFT 谱

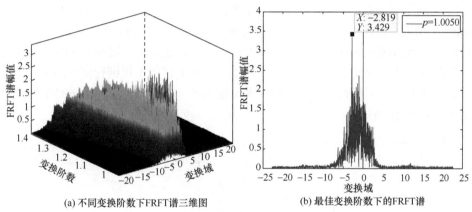

(a) 不同变换阶数下FRFT谱三维图 　　　(b) 最佳变换阶数下的FRFT谱

图 5-23　C-15#海杂波单元的 FRFT 谱

数，这里需说明的是，每个距离单元的 FRFT 谱均是在最佳变换阶数下得到的，所采用的时间序列长度以及 FRFT 的长度均为 2048 点。由图 5-24 可以观察到，无论是 S 波段还是 C 波段雷达数据，海杂波单元 FRFT 谱的多尺度 Hurst 指数均随着尺度的变化而有较大起伏，且在 C 波段下这一现象更明显，这说明在同一变换阶数下得到的 FRFT 谱在各尺度下具有不同的粗糙程度。另外，比较每组雷达数据海杂波单元与目标单元 FRFT 谱的多尺度 Hurst 指数曲线可以发现，在尺度 $2^1 \sim 2^4$，目标单元 FRFT 谱的多尺度 Hurst 指数大于海杂波单元 FRFT 谱的多尺度 Hurst 指数，两者有较明显的区别且差异较稳定；在尺度 2^8 左右，当 SCR 较高时 (如 C-15#)，目标单元 FRFT 谱的多尺度 Hurst 指数小于海杂波单元 FRFT 谱的多尺度 Hurst 指数，但这一差异并不稳定，当 SCR 较低时(如 S-46#)，这一差异明显减弱，甚至消失；在其他尺度区间内两者基本混叠在一起难以区分，分析其他多组实测数据可以得到类似的结果。这说明，在 FRFT 域尺度 $2^1 \sim 2^4$ 海杂波 FRFT

谱对目标较敏感，目标的存在会引起海杂波 FRFT 谱不规则性降低，粗糙程度减弱；而在 2^8 左右 FRFT 域尺度下，目标单元 FRFT 谱的不规则程度要高于海杂波单元的 FRFT 谱。出现这种现象是因为动目标的回波在短时间内可以建模为 LFM 信号，FRFT 对 LFM 信号具有很好的积累效果(形成一个完美的尖峰)，而对海杂波的积累效果远不如对 LFM 信号的积累效果，再结合多尺度 Hurst 指数计算过程可知，在小尺度条件下计算 FRFT 谱多尺度 Hurst 指数时，目标单元 FRFT 谱中目标回波部分的能量被较大地削弱，海面回波部分的能量虽削弱较少，但其总能量相对海杂波单元而言很低，而海杂波单元 FRFT 谱中海杂波能量较高且得到较多的保留，从而在小尺度条件下海杂波单元的 FRFT 谱能较完整地呈现海杂波在 FRFT 域的能量起伏状况，目标单元 FRFT 谱则只能反映出微弱的 FRFT 域海杂波能量的起伏状况。因此，小尺度条件下海杂波单元 FRFT 谱的不规则程度更高，从而对应的多尺度 Hurst 指数较小。反之，在大尺度条件下计算 FRFT 域多尺度 Hurst 指数时，目标单元 FRFT 谱中目标回波部分的能量得到较大程度的保留，相对而言，海面回波部分的能量削弱程度较高，同样地，海杂波单元 FRFT 谱中海杂波能量的削弱程度也较高，使得目标单元 FRFT 谱的不规则程度要高于海杂波单元 FRFT 谱的不规则程度，从而在大尺度条件下目标单元对应的 FRFT 域多尺度 Hurst 指数较小。

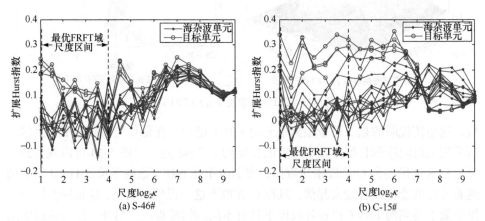

图 5-24　各尺度下 FRFT 域多尺度 Hurst 指数

　　这里将海杂波单元和目标单元有明显区别的 FRFT 域尺度称为最优 FRFT 域尺度，由上述分析可知，以上两组数据的最优 FRFT 域尺度在 $2^1 \sim 2^4$，由于海况、噪声以及采集量化误差等的影响，最优 FRFT 域尺度通常不固定在某一个尺度上，而是在一个较小的尺度区间内变化。图 5-25 给出了最优 FRFT 域尺度下各个距离单元 FRFT 谱的多尺度 Hurst 指数，可见在最优 FRFT 域尺度下，海杂波单元与目标单元差异比较明显。作为对比，图 5-25 还给出了采用同样的数据计算得到的时域单一 Hurst 指数和时域多尺度 Hurst 指数的计算结果，可以明显看到，FRFT 域多尺度 Hurst 指数对海杂波与目标的区分效果明显优于时域单一 Hurst 指数和时域多尺度 Hurst 指数，其中，时域单一 Hurst 指数区分效果最差。FRFT 域多尺度 Hurst 指数的良好区分效果得益于时域信号经过 FRFT 后 SCR 得到了很大改善，同时选取在最优 FRFT 域尺度下区分海杂波与目标，进一步提升了区分效果。

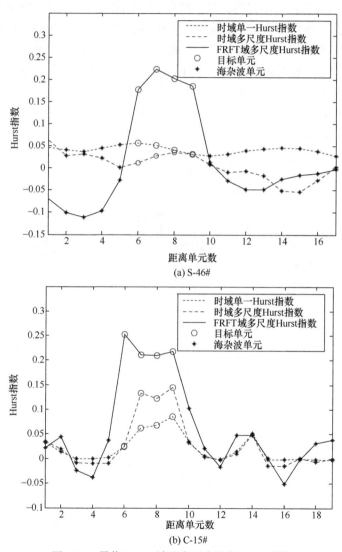

(a) S-46#

(b) C-15#

图 5-25　最优 FRFT 域尺度下多尺度 Hurst 指数

5.3.2　FRFT 谱扩展分形参数的影响因素

扩展自相似性分析是针对雷达回波的 FRFT 谱进行的，而变换阶数 p 和用于计算 FRFT 谱的时间序列长度 L_t 必然会对 FRFT 谱产生影响,从而影响 FRFT 域的多尺度 Hurst 指数。因此,下面将详细分析变换阶数 p 和时间序列长度 L_t 对 FRFT 域的多尺度 Hurst 指数的影响。

图 5-26 和图 5-27 给出了两组海杂波数据在最佳变换阶数下 FRFT 谱的多尺度 Hurst 指数随时间序列长度 L_t 的变化情况。可知,最优 FRFT 域尺度随时间序列长度 L_t 的增加有扩大的趋势,且在最优 FRFT 域尺度下海杂波单元与目标单元的可分性增强。在每一个 FRFT 域尺度下由各个海杂波单元 FRFT 谱得到的多尺度 Hurst 指数随 L_t 的增加"凝聚"到一起,即计算得到的多尺度 Hurst 指数随 L_t 的增加趋于稳定。这是因为随着用于计算 FRFT 谱的时间序列长度 L_t 增加,SCR 也不断得到提升,从而使得海杂波单元与目标单元的可分性增强,同时由于得到的 FRFT 谱时间序列长度也增加,即有更多采样点参与 FRFT 域多尺度 Hurst 指数的计算,所以估计得到的 FRFT 域多尺度 Hurst 指数误差降低,趋于稳定。

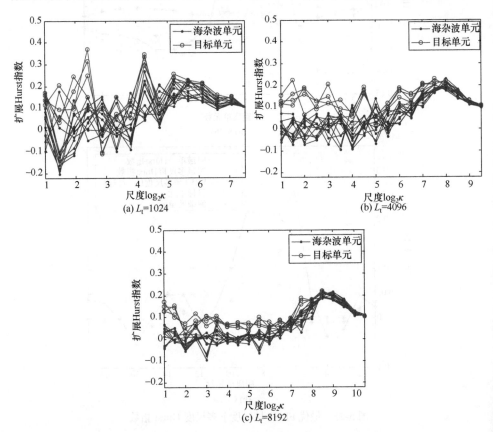

图 5-26 最佳变换阶数下不同 L_t 对应的多尺度 Hurst 指数(S-46#)

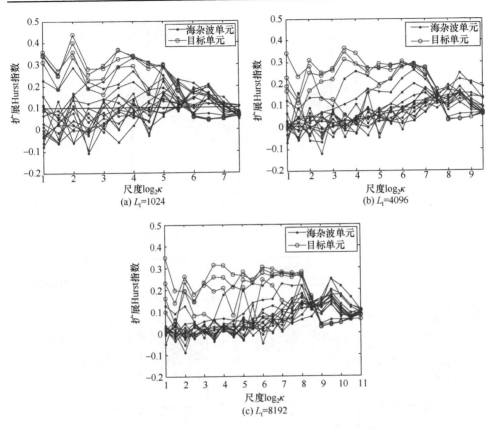

图 5-27　最佳变换阶数下不同 L_t 对应的多尺度 Hurst 指数(C-15#)

图 5-28 和图 5-29 分别给出了 S 波段和 C 波段两组数据在不同变换阶数下海杂波 FRFT 谱的多尺度 Hurst 指数,可以观察到,最优 FRFT 域尺度,即目标和杂波有较为明显区分的尺度,其范围随变换阶数的变化基本保持不变,仍主要集

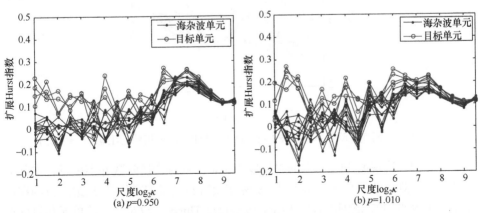

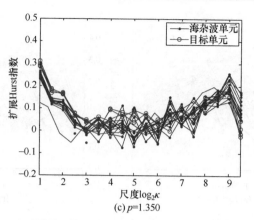

图 5-28　不同变换阶数下海杂波 FRFT 谱的多尺度 Hurst 指数(S-46#，$L_t = 3072$)

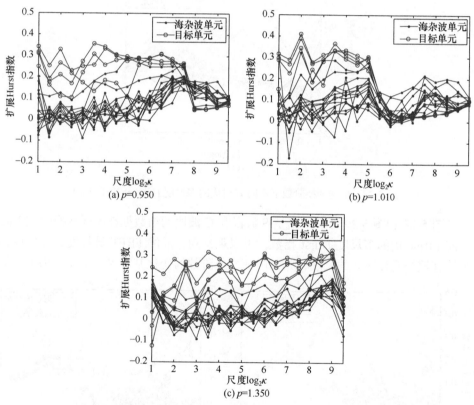

图 5-29　不同变换阶数下海杂波 FRFT 谱的多尺度 Hurst 指数(C-15#，$L_t = 3072$)

中于 $2^1 \sim 2^4$，这说明 FRFT 谱的多尺度 Hurst 指数对变换阶数并不敏感，实际上通过多组实测海杂波数据分析可知，实际变换阶数稍微偏离最佳变换阶数(约在最佳变换阶数的±30%范围内)时，FRFT 域多尺度 Hurst 指数对海杂波单元和目标单元的区分效果基本保持不变。这一结论为简化 FRFT 域多尺度 Hurst 指数计算提供了很好的实验支撑：若每个距离单元的多尺度 Hurst 指数均针对最佳变换阶数下的 FRFT 谱求取，则在处理每个距离单元的数据时都要搜索 FRFT 谱的最大峰值，从而得到最佳变换阶数，运算量巨大，十分耗时；而若根据上述结论，首先分析雷达实验数据求得各个距离单元的最佳变换阶数，然后将实际变换阶数设置成相同的值(保持在所有最佳变换阶数±30%的范围内)，即统一变换阶数，则可避免重复搜索最大峰值，简化运算，降低运算量。

综上所述，用于计算 FRFT 谱的时间序列长度 L_t 主要影响最优 FRFT 域多尺度 Hurst 指数，当目标没有运动出当前距离单元时，L_t 越大，海杂波与目标回波 FRFT 谱的多尺度 Hurst 指数差异越稳定，同时，最优 FRFT 域尺度范围也有扩大的趋势，兼顾运算量和区分效果，L_t 取值一般在 1500～3000 点。另外，在最优 FRFT 域尺度下，FRFT 域多尺度 Hurst 指数对变换阶数 p 不敏感，因此实际计算中可采用统一变换阶数替代一系列最佳变换阶数，以降低运算量。

5.3.3　目标检测与性能分析

以 FRFT 域多尺度 Hurst 指数为特征设计海杂波中目标的 CFAR 检测方法并分析其检测性能。图 5-30 给出了利用 FRFT 域多尺度 Hurst 指数的目标检测方法流程图，该检测方法工作流程如下：对于接收到的雷达回波时间序列(本小节设定其长度 L_t 为 2048 点)，根据选取的统一变换阶数进行 FRFT，然后，在最优 FRFT 域尺度下计算 FRFT 域多尺度 Hurst 指数，并与给定虚警概率 P_{fa} 下得到的门限 η 进行比较，若 FRFT 域多尺度 Hurst 指数高于门限 η，则判决为目标单元；反之，则判决为海杂波单元。其中，检测门限 η 采用 CFAR 方法产生，在最优 FRFT 域尺度下海杂波单元与目标单元 FRFT 谱的多尺度 Hurst 指数的分布类型难以准确判定，因此这里仍采用双参数 CFAR 方法；统一变换阶数是通过雷达实验数据获取的，搜索实验数据中每个距离单元的最佳变换阶数，根据所有距离单元的最佳变换阶数确定统一变换阶数的范围，然后在此范围内选取并确定统一变换阶数；最优 FRFT 域尺度范围是通过大量实验数据分析得来的，当 L_t 为 2048 点时，尺度 2^1～2^4 是一个可用的最优 FRFT 域尺度区间。这里需要说明的是，最优 FRFT 域尺度还难以实现自动选取，其与海况和雷达工作状态密切相关，在实现实时海况判定基础上结合雷达工作参数可能实现最优 FRFT 域尺度自动选取。目前，可通过分析大量各种条件下的实验数据建立数据库，以辅助选取统一变换阶数和最优 FRFT 域尺度区间。

利用图 5-30 给出的基于 FRFT 域多尺度 Hurst 指数的海杂波目标检测方法，并结合 5.3.2 节中分析得到的结论进行合理的参数设定，对 S-46#和 C-15#进行处理并计算其检测概率 P_d，其中虚警概率 P_{fa} 预先设定为 10^{-3}。图 5-31 和图 5-32 分

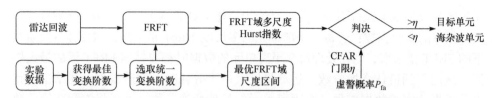

图 5-30　利用 FRFT 域多尺度 Hurst 指数的目标检测方法流程图

别给出了对 S 波段和 C 波段雷达数据采用本节所提检测方法的检测结果,为便于对比观察,图 5-31 和图 5-32 中同时给出了两组实测数据的时间-距离-幅值三维图。由图 5-31 和图 5-32 可明显观察到,本节所提检测方法可以在较低 SCR 条件下有效地检测海杂波中的目标,S-46# 的 SCR 低于 C-15#,因此本节所提检测方法在

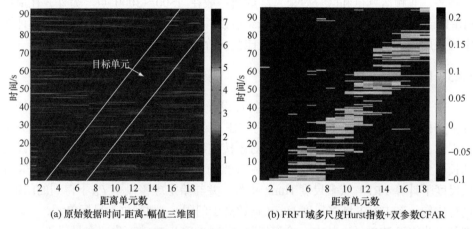

(a) 原始数据时间-距离-幅值三维图　　　　　(b) FRFT域多尺度Hurst指数+双参数CFAR

图 5-31　利用图 5-30 所示方法对 S-46# 处理前后对比(见彩图)

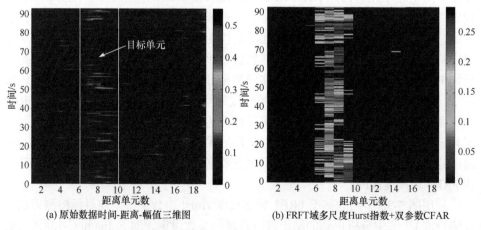

(a) 原始数据时间-距离-幅值三维图　　　　　(b) FRFT域多尺度Hurst指数+双参数CFAR

图 5-32　利用图 5-30 所示方法对 C-15# 处理前后对比(见彩图)

C-15#中的检测效果较优,在 S-46#中的检测效果较差且虚警较多。为进行定量比较,表 5-6 给出了本节所提检测方法在 S-46#和 C-15#中的检测概率,同时给出了采用时域单一 Hurst 指数和时域多尺度 Hurst 指数与双参数 CFAR 检测器相结合的目标检测方法的检测概率。由表 5-6 可明显得到,本节所提检测方法的检测性能优于其他两种分形 CFAR 检测方法,这得益于原始回波信号经过 FRFT 后 SCR 得到有效提升,从而使得在 FRFT 域多尺度 Hurst 指数区分海杂波单元和目标单元的能力增强。

表 5-6 三种海杂波中目标的分形检测方法的检测概率($P_{fa} = 10^{-3}$)

目标检测方法	S-46#	C-15#
FRFT 域多尺度 Hurst 指数+双参数 CFAR	77.72%	83.51%
时域多尺度 Hurst 指数+双参数 CFAR	59.59%	67.74%
时域单一 Hurst 指数+双参数 CFAR	38.34%	45.16%

5.4 FRFT 域杂波的多重分形特性与目标检测

由 5.1 节可知,在变换阶数 p 不变的条件下,海杂波 FRFT 谱并不具有严格的单一分形特性,其在不同的局部区域可能存在不同的自相似性。因此,若对某一特定变换阶数下的海杂波 FRFT 谱采用单一分形模型进行建模,则可能引入较大的误差,本节采用多重分形模型对此种条件下的海杂波 FRFT 谱进行建模。与 5.3 节中的扩展自相似过程按照尺度层次依次研究自相似性不同,多重分形模型对不同测度依据出现概率划分成一系列的测度子集,然后分别赋以不同的幂次以反映不同测度子集的自相似性。将多重分形方法引入某一变换阶数下海杂波 FRFT 谱分析中,提取 FRFT 域多重分形特性,可以充分利用 FRFT 对匀加速类机动目标回波能产生较好的能量聚集性,从而有效提升 SCR 的优点,以期提升海杂波与目标的区分能力。

5.4.1 FRFT 谱的多重分形特性与参数估计

采用 S 波段与 C 波段雷达实测海杂波数据 FRFT 谱进行多重分形特性验证和分析,其中,S 波段雷达数据为 S-46#,C 波段雷达数据为 C-15#,这两组数据的详细情况在 5.3.1 节中已有详细介绍,此处不再赘述。后续分析中涉及海杂波的 FRFT 谱图形,因此为便于后续的分析说明,本小节重新给出两组海杂波数据的 FRFT 谱图形,如图 5-33 和图 5-34 所示。

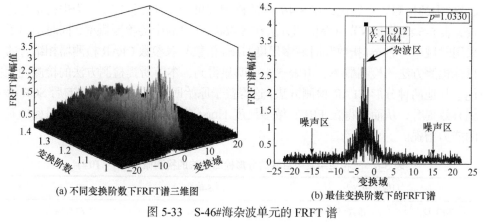

(a) 不同变换阶数下FRFT谱三维图　　　　(b) 最佳变换阶数下的FRFT谱

图 5-33　S-46#海杂波单元的 FRFT 谱

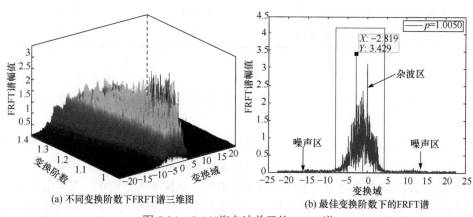

(a) 不同变换阶数下FRFT谱三维图　　　　(b) 最佳变换阶数下的FRFT谱

图 5-34　C-15#海杂波单元的 FRFT 谱

对海杂波 FRFT 谱序列进行简单的统计特性分析。图 5-35(a)～(d)分别给出了 S-46#和 C-15#两组雷达数据海杂波单元 FRFT 谱幅值和幅值增量的统计直方图与 分布拟合结果。由图 5-35 直观观察可发现,无论是海杂波 FRFT 谱幅值还是 FRFT

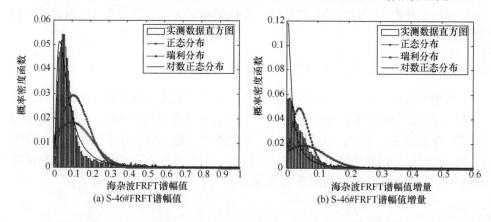

(a) S-46#FRFT谱幅值　　　　　　　　(b) S-46#FRFT谱幅值增量

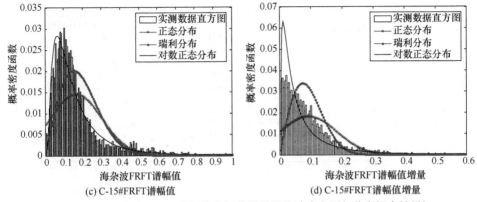

(c) C-15#FRFT谱幅值　　　　　　(d) C-15#FRFT谱幅值增量

图 5-35　海杂波 FRFT 谱幅值和幅值增量的统计直方图与分布拟合结果

谱幅值增量，其统计直方图均具有较长拖尾，分布类型明显偏离正态分布。比较每个图中给出的三种统计分布拟合结果可发现，对数正态分布的整体拟合结果较好，但其对实测数据统计直方图拖尾部分的贴合度依然不能令人满意。

图 5-36(a)～(d)分别给出了 S-46#和 C-15#两组海杂波数据 FRFT 谱幅值和幅值增量的均值与自相关函数随 FRFT 谱序列段数的变化情况。在计算过程中，海杂波 FRFT 谱序列被分成互不交叠的 20 段，每段 2000 个采样点，分别计算每段FRFT 谱序列的幅值和幅值增量的均值与自相关函数，其中，图 5-36(b)和(d)所示的自相关函数结果是从每段序列的自相关函数计算结果中取第 1900 个值得到的(实际上，取其他值时可以得到类似的结果)。由图 5-36 可知，两组海杂波数据 FRFT谱幅值的均值都随序列段数起伏不定，而 FRFT 谱幅值增量的均值则十分接近 0，且不随序列段数发生变化；对于自相关函数，有同样的结论，即在给定条件下海杂波 FRFT 谱归一化幅值的自相关函数随序列段数发生变化，而海杂波 FRFT 谱幅值增量的自相关函数随序列段数变化较小，这说明海杂波 FRFT 谱幅值间有一定的相关性，而 FRFT 谱幅值增量间基本不相关。因此，可以得到如下结论：海杂波 FRFT

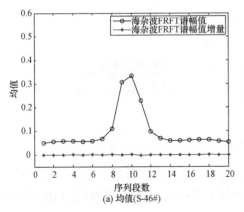

(a) 均值(S-46#)

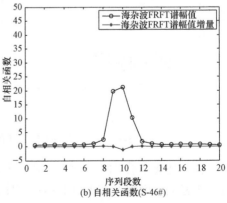

(b) 自相关函数(S-46#)

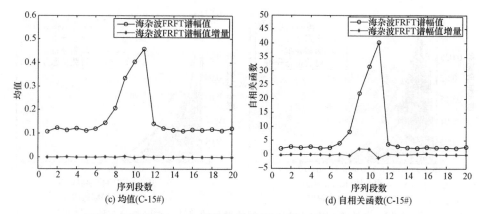

图 5-36　海杂波 FRFT 谱幅值和幅值增量的均值与自相关函数

谱幅值序列是非平稳的，而其增量序列可近似认为是平稳的。另外，由图 5-36(b)和(d)所示海杂波 FRFT 谱幅值的自相关函数可知，与图 5-33、图 5-34 中海杂波区域相对应序列段的自相关性较强，而与噪声区域相对应序列段的自相关性较弱。

多重分形特性分析涉及序列的长程相关性,因此采用对数方差-尺度法[24]对海杂波 FRFT 谱幅值序列和幅值增量序列是否具有长程相关性进行检验。根据对数方差-尺度法，当序列对数方差-尺度曲线的斜率大于–1 时，认为被检验序列具有长程相关性。图 5-37 给出了 S-46#和 C-15#两组海杂波数据 FRFT 谱幅值和幅值增量的对数方差-尺度图，由图 5-37 可知，无论是海杂波 FRFT 谱幅值还是 FRFT 谱幅值增量，其对数方差-尺度曲线的拟合直线斜率均明显大于–1，因此海杂波 FRFT 谱幅值和幅值增量均具有长程相关性。

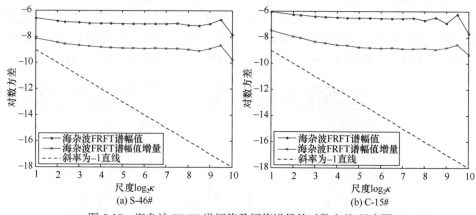

图 5-37　海杂波 FRFT 谱幅值及幅值增量的对数方差-尺度图

由上述海杂波 FRFT 谱统计特性分析可知，海杂波 FRFT 谱幅值增量序列是近似平稳的，而海杂波 FRFT 谱幅值序列是非平稳的，且非平稳性在 FRFT 谱中的海杂波区域表现较为强烈。基于配分函数的标准多重分形方法[25,26]对于处理平稳序列可以得到较为准确的结果,而对于处理非平稳序列,则可能出现错误,其无法可靠地区分序列所固有的长程相关性和序列所蕴含的慢变趋势[27],从而使得估计得到的多重分形参数可能存在较大的误差。多重分形去趋势起伏分析(multifractal detrended fluctuation analysis MF-DFA)方法[27,28]是针对非平稳序列提出的分析方法,其首先去除序列所蕴含的慢变趋势,然后采用 q 阶起伏函数分析因序列长程相关性而导致的多重分形特性,避免了慢变趋势引起的非平稳性对原序列多重分形特性的影响,且 MF-DFA 方法在具有紧支撑的归一化平稳序列条件下与基于配分函数的标准多重分形方法是等价的。因此,采用 MF-DFA 方法对海杂波 FRFT 谱幅值和幅值增量序列进行多重分形特性分析并估计相应的多重分形参数——广义 Hurst 指数[27]。

图 5-38 给出了 S-46#和 C-15#两组海杂波数据 FRFT 谱幅值和幅值增量的 q 阶起伏函数随尺度变化情况,观察可知,双对数坐标下海杂波 FRFT 谱幅值增量序列的起伏函数直线拟合效果较好,而海杂波 FRFT 谱幅值序列的起伏函数直线拟合效果较差。这里需注明的是,在采用 MF-DFA 方法处理海杂波 FRFT 谱幅值序列时去趋势阶数 m 为 1,而处理海杂波 FRFT 谱幅值增量序列时不采用去趋势步骤(考虑增量序列的平稳性,等价于直接采用基于配分函数的标准多重分形方法进行处理)。为进一步说明直线拟合效果,此处采用 r 检验法[29]进行一元线性回归显著性检验,在显著性水平 0.01 条件下,海杂波 FRFT 谱幅值增量序列起伏函数的一元线性回归效果显著,而海杂波 FRFT 谱幅值序列起伏函数的一元线性回归效果不显著。究其原因可知,这与 MF-DFA 方法中的去趋势阶数 m 有关,FRFT 谱的多重分形特性重点反映在 FRFT 谱幅值序列中的海杂波区域,MF-DFA 方法中的去趋势步骤消去了大部分海杂波能量,相对而言噪声能量所占比例上升,这使得 FRFT 谱幅值序列的起伏函数受噪声等随机因素影响较大,从而导致一元线性回归效果不显著。而海杂波 FRFT 谱幅值增量序列是由 FRFT 谱幅值序列求增量得来的,在计算增量过程中噪声能量很大部分被消除,相对而言杂波能量所占比例上升,从而 FRFT 谱幅值增量序列能较好地保持海杂波的多重分形特性,因此其一元线性回归效果十分显著。

图 5-39 给出了两组雷达数据 FRFT 谱幅值和幅值增量的广义 Hurst 指数 $h(q)$。由图 5-39 可知,无论是海杂波单元的 FRFT 谱幅值序列还是幅值增量序列,其广义 Hurst 指数 $h(q)$ 均随着指数 q 的变化而呈现明显变化,这说明海杂波单元 FRFT 谱幅值序列和幅值增量序列都是多重分形的,但两者广义 Hurst 指数变化趋势明显不同。以图 5-39(a)为例,海杂波单元 FRFT 谱幅值序列和幅值增量序列的广义 Hurst 指数最大值与最小值之差分别约为 0.45 和 0.25,后者小于前者,且 FRFT 谱幅值增量序列的广义 Hurst 指数随指数 q 变化较平缓。由 MF-DFA 方法可知,

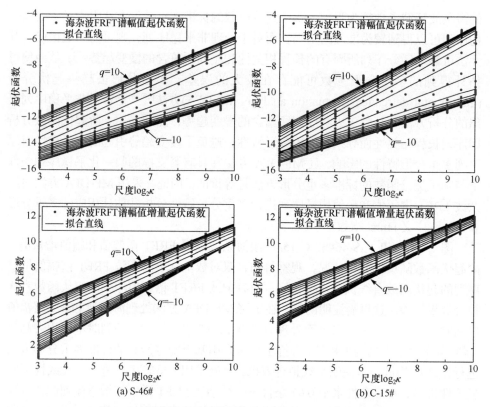

图 5-38　海杂波 FRFT 谱幅值及幅值增量的 q 阶起伏函数

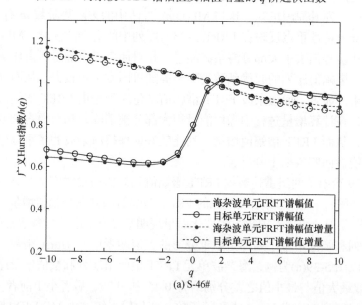

(a) S-46#

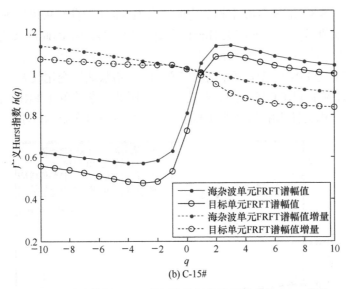

(b) C-15#

图 5-39　雷达数据 FRFT 谱幅值及幅值增量的广义 Hurst 指数

当 $q<0$ 时,广义 Hurst 指数主要反映小起伏特征的自相似性;当 $q>0$ 时,广义 Hurst 指数主要反映大起伏特征的自相似性,且一般对于测度相对差异不大的多重分形序列,大起伏特征比小起伏特征通常对应更小的 $h(q)$ 值,也即 $q<0$ 时的 $h(q)$ 值通常大于 $q>0$ 时的 $h(q)$ 值。根据这一结论可知,图 5-39(a)中海杂波单元 FRFT 谱幅值增量序列大、小起伏特征的自相似性差异较小(两者具有较接近的自相似结构),且变化趋势与上述结论相符;而海杂波单元 FRFT 谱幅值序列的变化趋势与上述结论不相符,即 $q<0$ 时的 $h(q)$ 值小于 $q>0$ 时的 $h(q)$ 值,这主要是由海杂波单元 FRFT 谱的海杂波区域(对应大起伏特征)和噪声区域(对应小起伏特征)内部相关性的差异引起的,并与 MF-DFA 方法中采用 1 次多项式去趋势有关。由于受到长程相关性以及去趋势等因素综合影响,且考虑到广义 Hurst 指数计算涉及多个中间步骤,难以直接得到长程相关性与不同指数 q 下 $h(q)$ 的对应关系,所以下面采用同样的 1 阶 MF-DFA 方法分析乱序后 FRFT 谱幅值序列和幅值增量序列的多重分形特性并计算其广义 Hurst 指数,然后与图 5-39 所示结果进行对比以说明长程相关性的影响。

多重分形序列可分为两种:一种是源于概率分布的多重分形序列;另一种是源于大、小起伏不同相关性的多重分形序列[27]。对于前一种多重分形序列,对其进行乱序处理,统计分布类型不会改变,因此其广义 Hurst 指数也不会改变,即 $h^{shuf}(q)=h(q)$;而对于后一种多重分形序列,乱序后原序列的相关性被破坏,表现出一种简单的随机行为,其 $h^{shuf}(q)=0.5$。对于实际序列,多重分形特性一般同时受概率分布和相关性影响,乱序处理后序列的多重分形特性会减弱,并主要受概率分布影响。图 5-40 给出了乱序后雷达数据 FRFT 谱幅值及幅值增量的广义 Hurst

指数，对比图 5-39 和图 5-40 中相对应的广义 Hurst 指数曲线可以发现，海杂波单元 FRFT 谱幅值增量序列的广义 Hurst 指数曲线变化较小，因此海杂波单元 FRFT 谱幅值增量序列是主要受概率分布影响的多重分形序列，其受长程相关性影响较小；海杂波单元 FRFT 谱幅值序列的广义 Hurst 指数曲线变化较大，且主要体现在 $q>0$ 时(对应于 FRFT 谱中的海杂波区域)，因此海杂波单元 FRFT 谱幅值序列是主要受长程相关性影响的多重分形序列，其受概率分布影响较小。

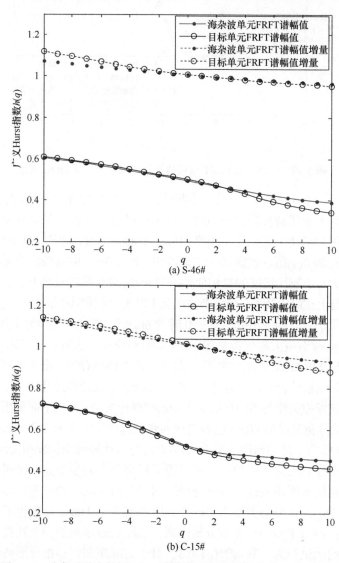

图 5-40　乱序后雷达数据 FRFT 谱幅值及幅值增量的广义 Hurst 指数

图 5-39 和图 5-40 中还给出了目标单元 FRFT 谱幅值序列和幅值增量序列的广义 Hurst 指数，对其进行分析可以得到与上述对海杂波单元类似的结论，这里主要关注目标的存在对海杂波 FRFT 谱广义 Hurst 指数的影响。由图 5-39 可以看到，目标存在会使 $q>0$ 时的广义 Hurst 指数有所降低，比较而言，图 5-39(b)中的差异要大于图 5-39(a)中的差异，这主要是因为 C-15#的 SCR 要高于 S-46#的 SCR。此外，比较图 5-39(b)中 FRFT 谱幅值序列和幅值增量序列的广义 Hurst 指数在目标存在时引起的差异程度可以发现，FRFT 谱幅值增量序列的广义 Hurst 指数对目标存在较敏感，这可能是因为在计算增量过程中消除了部分噪声能量，目标对海杂波的影响程度可得到一定程度的提升，而对于 FRFT 谱幅值序列，去趋势过程可能使得目标存在时目标与海杂波的能量一起被消除，从而目标对海杂波的影响程度不易突显。实际上观察图 5-39(a)可以得到类似的结果，但由于 S-46#的 SCR 较低，所以目标引起的差异程度不如图 5-39(b)明显。

5.4.2　FRFT 谱广义 Hurst 指数的影响因素

多重分形分析是针对雷达回波的 FRFT 谱进行的，而变换阶数 p 和用于计算 FRFT 谱的时间序列长度 L_t 必然会对 FRFT 谱产生影响，从而影响 FRFT 域广义 Hurst 指数，因此下面将详细分析变换阶数 p 和时间序列长度 L_t 对 FRFT 域广义 Hurst 指数的影响。

图 5-41 和图 5-42 分别给出了两组雷达数据 FRFT 谱幅值序列和幅值增量序列在不同变换阶数 p 下的广义 Hurst 指数(时间序列长度 $L_t = 4096$)。由图 5-41 可以观察到，在 $q>0$ 时，随着变换阶数 p 与最佳变换阶数 p_{opt} 之差($|p-p_{opt}|$)逐步增大，广义 Hurst 指数有减小的趋势；而在 $q<0$ 时，随着$|p-p_{opt}|$逐步增大，广义 Hurst 指数有增大的趋势，换言之，随着$|p-p_{opt}|$逐步增大，FRFT 谱幅值序列的广义 Hurst 指数在 $q>0$ 时和 $q<0$ 时的差异逐步减小，即多重分形特性有减弱的趋势。这里需说明的是，图 5-41 中所示的变换阶数均是在图 5-22、图 5-23 所示最佳变换阶数 p_{opt} 的较小邻域内选取的，若所选变换阶数 p 明显偏离最佳变换阶数，则海杂波在此 FRFT 域内能量不能较好地聚集，海杂波 FRFT 谱与噪声 FRFT 谱大范围地混叠在一起，对此种情况下的 FRFT 谱本小节不做研究，前述结论也不包含此种情况。由图 5-42 可以观察到，FRFT 谱幅值增量序列的广义 Hurst 指数比图 5-41 所示的 FRFT 谱幅值序列的广义 Hurst 指数受变换阶数 p 的影响程度要小，即 FRFT 谱幅值增量序列的广义 Hurst 指数对 FRFT 的变换阶数不敏感。进一步观察图 5-42 可知，在 $q>0$ 时，广义 Hurst 指数随$|p-p_{opt}|$增大而有轻微增大的趋势，在 $q<0$ 时没有明显的变化趋势。综合图 5-41 和图 5-42 所示结果可知，相对于 FRFT 谱幅值序列的广义 Hurst 指数，FRFT 谱幅值增量序列的广义 Hurst 指数随变换阶数 p 在 p_{opt} 的某一小邻域内变化而具有一定的稳定性，这有利于后续设计目标检测方

法中避免反复搜索最佳变换阶数，从而降低运算量。

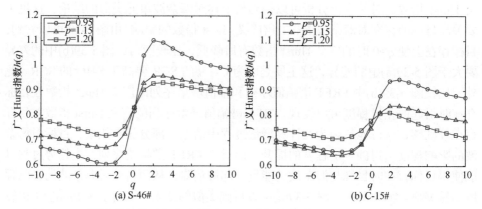

图 5-41　不同变换阶数下海杂波单元 FRFT 谱幅值序列的广义 Hurst 指数(L_t = 4096)

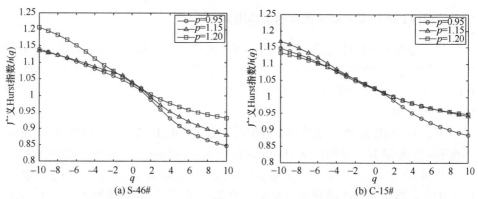

图 5-42　不同变换阶数下海杂波单元 FRFT 谱幅值增量序列的广义 Hurst 指数(L_t = 4096)

　　图 5-43 和图 5-44 分别给出了两组雷达数据 FRFT 谱幅值序列和幅值增量序列在不同时间序列长度 L_t 下的广义 Hurst 指数(变换阶数 p=1.05，保持不变)。由图 5-43 可以看到，时间序列长度 L_t 对 FRFT 谱幅值序列广义 Hurst 指数的影响主要体现在 $q<0$ 条件下，随 L_t 变化，FRFT 域广义 Hurst 指数值变化较大，而在 $q>0$ 条件下则变化较小。这是因为，当 $q<0$ 时，广义 Hurst 指数主要反映小起伏特征 (FRFT 谱噪声区域的起伏)的自相似结构；当 L_t 较小时，FRFT 谱海杂波区域与噪声区域的幅值差异较小，而当 L_t 较大时，FRFT 谱海杂波区域与噪声区域的幅值差异较大，且这一较大差异主要是由 FRFT 谱海杂波区域的幅值增加引起的。所以，根据起伏函数计算方法，在 $q<0$ 时，较大 L_t 下海杂波 FRFT 谱对起伏函数的影响要小于较小 L_t 下海杂波 FRFT 谱对起伏函数的影响，即较大 L_t 下得到的广义 Hurst 指数在 $q<0$ 时更能反映 FRFT 谱噪声区域的真实自相似结构；反之，在 $q>0$ 时，各 L_t 下 FRFT 谱海杂波区域内部的起伏程度变化不大，同时 FRFT 谱噪声区

域在各 L_t 下的起伏结构差异也不大,从而 $q>0$ 时的广义 Hurst 指数值变化较小。观察图 5-44 可以发现,时间序列长度 L_t 对 FRFT 谱幅值增量序列广义 Hurst 指数的影响主要体现在 $q>0$ 条件下,随 L_t 变化,FRFT 域广义 Hurst 指数值变化较大,而在 $q<0$ 条件下则变化较小。究其原因,与图 5-43 相似,依然是由大、小起伏特征幅值差异的相对变化引起的,但是幅值增量序列是对 FRFT 谱幅值序列求增量得来的,这一过程消去了部分噪声能量,海杂波能量也在较大程度上被抵消,此时,大起伏特征(海杂波区域的起伏)与小起伏特征(噪声区域的起伏)幅值差异变小,因此小起伏特征对 $q>0$ 时 FRFT 域广义 Hurst 指数的影响相比于大起伏特征对 $q<0$ 时 FRFT 域广义 Hurst 指数的影响更明显,而随着时间序列长度 L_t 的增大,大起伏特征与小起伏特征的幅值差异变大,此时小起伏特征对 $q>0$ 时 FRFT 域广义 Hurst 指数的影响减弱,从而随着 L_t 增大,$q>0$ 时的 FRFT 域广义 Hurst 指数也逐步增大。综合比较图 5-43 和图 5-44 可知,相对于 FRFT 谱幅值序列的广义 Hurst 指数,FRFT 谱幅值增量序列的广义 Hurst 指数对 L_t 敏感性较弱,在 L_t 较小时,也能获得较稳定的广义 Hurst 指数。

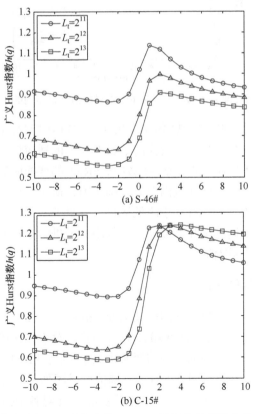

(a) S-46#

(b) C-15#

图 5-43　不同时间序列长度 L_t 下海杂波单元 FRFT 谱幅值序列的广义 Hurst 指数($p = 1.05$)

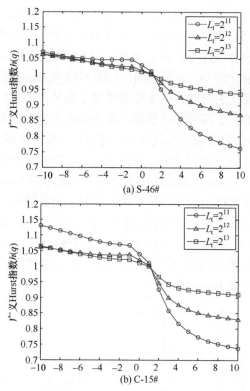

图 5-44　不同时间序列长度 L_t 下海杂波单元 FRFT 谱幅值增量序列的广义 Hurst 指数($p = 1.05$)

　　综上所述，相对于 FRFT 谱幅值序列的广义 Hurst 指数，FRFT 谱幅值增量序列的广义 Hurst 指数对 FRFT 的变换阶数具有较强的适应性，即针对不同的海杂波数据，在计算 FRFT 域广义 Hurst 指数时，FRFT 的变换阶数可在各组海杂波数据各自最佳变换阶数的共同邻域内取某一确定值，避免针对不同数据需反复搜索最佳变换阶数的问题，从而有利于降低运算量。另外，为降低参数估计对样本数据量的需求，并兼顾运算量和参数稳定性等因素，进行 FRFT 时所采用时间序列长度 L_t 可在[2^{10}, 2^{12}]内取值。

5.4.3　目标检测与性能分析

　　采用 FRFT 谱幅值增量序列的广义 Hurst 指数设计海杂波中目标的 CFAR 检测方法，图 5-45 给出了所提目标检测方法流程图。对于雷达接收到的每个距离单元的回波时间序列，首先根据统一的变换阶数 p 进行 FRFT，并对得到的 FRFT 谱幅值求取增量，得到雷达回波 FRFT 谱幅值增量序列，然后采用 MF-DFA 方法计算 FRFT 谱幅值增量序列的广义 Hurst 指数 $h(q)$，并对各个指数 q 下的广义 Hurst 指数 $h(q)$ 求积分形成检测统计量，与检测门限 η 进行比较，若检测统计量低于门限，则认为海杂波中有目标，反之，则认为海杂波中无目标。这里需说明的是，①根据 5.4.2 节所得结论可知，在进行 FRFT 计算时，不必对每个距离单元的回波数据分别搜索最佳变换阶数，而可根据前期获得的各种条件下的雷达实验数据确定一个合理的统一变换阶数 p，这样可以避免重复搜索最佳变换阶数带来的巨大运算量；②检测统计量是通过对 $h(q)$ 求积分得到的，这是因为目标单元与海杂波单元的差异并非仅体现在某个指数 q 下，而是在各个指数 q 下均有差异(图 5-39)，通过求积分可以将所有的差异积累起来，以便于提升海杂波与目标单元的可分性；③门限 η 采用预先给定虚警概率 P_{fa} 的双参数 CFAR 方法产生，采用双参数 CFAR 方法是因为 FRFT 域广义 Hurst 指数的分布类型难以确定，而常见的均值类、有序统计量类等 CFAR 检测器对背景分布均有着严格的要求[30]，分布类型不匹配可能导致检测性能急剧下降，而双参数 CFAR 检测器的 CFAR 特性与初始样本具体分布类型无关[20,21,30]，可在一定程度上避免分布类型不匹配带来的性能下降。

图 5-45　利用 FRFT 域广义 Hurst 指数的海杂波中目标 CFAR 检测方法流程图

图 5-46 和图 5-47 分别给出了采用图 5-45 所示 CFAR 检测方法对 S-46#和 C-15#两组实测雷达数据的处理结果，为便于对比观察，图 5-46 和图 5-47 中同时给出了两组实测数据的时间-距离-幅值三维图。处理过程中，虚警概率 P_{fa} 设定为 10^{-3}，进行 FRFT 所采用的时间序列长度为 4096 点，统一的 FRFT 变换阶数 p 为 1.05。由图 5-46 和图 5-47 可明显观察到，所提检测方法可以在较低 SCR 条件下有效地检测海杂波中的目标，S-46#的 SCR 低于 C-15#，因此所提检测方法在 C-15#

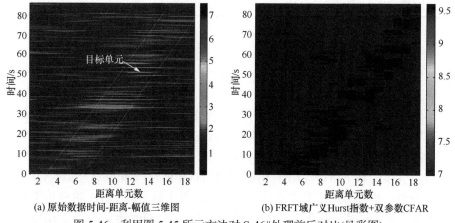

(a) 原始数据时间-距离-幅值三维图　　　(b) FRFT域广义Hurst指数+双参数CFAR

图 5-46　利用图 5-45 所示方法对 S-46#处理前后对比(见彩图)

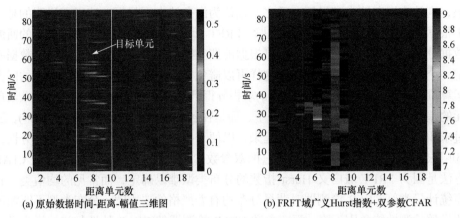

图 5-47　利用图 5-45 所示方法对 C-15#处理前后对比(见彩图)

中的检测效果较优，在 S-46#中的检测效果较差且虚警较多，并有一定的漏检现象。为进行定量比较，表 5-7 给出了所提检测方法在 S-46#和 C-15#中的检测概率，同时给出了采用时域单一 Hurst 指数和时域多尺度 Hurst 指数与双参数 CFAR 检测器相结合的目标检测方法的检测概率。由表 5-7 可明显得到，所提检测方法的检测性能优于其他两种分形 CFAR 检测方法，这得益于原始回波信号经过 FRFT 后 SCR 得到有效提升，从而使得在 FRFT 域多尺度 Hurst 指数区分海杂波和目标单元的能力增强。

表 5-7　三种海杂波中目标的分形检测方法的检测概率($P_{fa} = 10^{-3}$)

目标检测方法	S-46#	C-15#
FRFT 域广义 Hurst 指数+双参数 CFAR	79.69%	89.06%
时域多尺度 Hurst 指数+双参数 CFAR	59.59%	67.74%
时域单一 Hurst 指数+双参数 CFAR	38.34%	45.16%

5.5　小　　结

本章主要介绍了海杂波经 FRFT 后(海杂波 FRFT 谱)的自相似特性以及相应的 FRFT 域分形特性在目标检测中的应用。首先，基于分数布朗运动说明了单一自相似过程在一系列特定变换阶数下所得 FRFT 谱之间的近似单一自相似性以及在某一确定变换阶数下所得 FRFT 谱的非均匀自相似性(非单一自相似性)，为后续将单一分形、扩展分形以及多重分形分析方法引入海杂波 FRFT 谱分析中奠定了理论基础；然后，对于海杂波 FRFT 谱的近似单一自相似性，5.2 节采用单一分形模型进行建模，提取 FRFT 域单一分形参数并分析其影响因素，指导设计海杂波中目标检测方法；对于海杂波 FRFT 谱的非均匀自相似性，5.3 节和 5.4 节分别采用可以描述局部精细自相似性的扩展自相似过程和多重分形模型进行建模，找寻对海杂波和目标有区分能力的 FRFT 域分形特性，分析其影响因素，指导后续目标检测中合理设置参数。对于所设计的三种 FRFT 域目标检测方法，本章均利用实测数据进行了验证与性能分析。得益于 FRFT 可以很好地积累匀加速类动目标的能量，从而有效提升 SCR 的优势，所提出的三种 FRFT 域目标检测方法比时域中经典的分形目标检测方法具有更好的性能。

参 考 文 献

[1] Savaidis S, Frangos P, Jaggard D L, et al. Scattering from fractally corrugated surfaces: An exact approach[J]. Optics Letters, 1995, 20(23): 2357-2359.

[2] Chen Y Q, Sun R T, Zhou A H. An improved Hurst parameter estimator based on fractional Fourier transform[C]. Proceedings of ASME 2007 International Design Engineering Technical Conferences and Computers and Information in Engineering Conference, Las Vegas, 2007: 1223-1233.

[3] Feng S T, Han D R, Ding H P. Experimental determination of Hurst exponent of the self-affine fractal patterns with optical fractional Fourier transform[J]. Science in China Series G: Physics, Mechanics and Astronomy, 2004, 47(4): 485-491.

[4] 刘宁波, 关键, 王国庆, 等. 基于海杂波 FRFT 谱多尺度 Hurst 指数的目标检测方法[J]. 电子学报, 2013, 41(9): 1847-1853.

[5] 刘宁波, 王国庆, 包中华, 等. 海杂波 FRFT 谱的多重分形特性与目标检测[J]. 信号处理, 2013, 29(1): 1-9.

[6] Chen X L, Guan J, He Y, et al. Detection of low observable moving target in sea clutter via fractal characteristics in fractional Fourier transform domain[J]. IET Radar, Sonar & Navigation, 2013, 7(6): 635-651.

[7] Mandelbrot B B. The fractal geometry of nature [M]. American Journal of Physics, 1983, 51(3): 286.

[8] Falconer K. 分形几何: 数学基础及其应用[M]. 曾文曲译. 北京: 人民邮电出版社, 2007.

[9] Dong Y, Merrett D. Analysis of L-band multi-channel sea clutter[J]. IET Radar, Sonar & Navigation, 2010, 4(2): 223-238.

[10] Liaw S S, Chiu F Y. Fractal dimensions of time sequences [J]. Physica A: Statistical Mechanics and Its Applications, 2009, 388(15-16): 3100-3106.

[11] Berry M V, Lewis Z V. On the Weierstrass-Mandelbrot fractal function [J]. Proceedings of the Royal Society of London a Mathematical and Physical Sciences, 1980, 370(1743): 459-484.

[12] 关键, 刘宁波, 黄勇, 等. 雷达目标检测的分形理论及应用[M]. 北京: 电子工业出版社, 2011.

[13] 李水根. 分形[M]. 北京: 高等教育出版社, 2004.

[14] Drosopoulos A. Description of the OHGR database [R]. Ottawa: Defence Research

Establishment, 1994.

[15] Hu J, Tung W W, Gao J B. Detection of low observable targets within sea clutter by structure function based multifractal analysis [J]. IEEE Transactions on Antennas and Propagation, 2006, 54(1): 136-143.

[16] Lo T, Leung H, Litval J, et al. Fractal characterisation of sea-scattered signals and detection of sea-surface targets [J]. IEE Proceedings F Radar and Signal Processing, 1993, 140(4): 243-250.

[17] Du G, Zhang S H. Detection of sea-surface radar targets based on multifractal analysis [J]. Electronics Letters, 2000, 36(13): 1144-1145.

[18] Franceschetti G, Iodice A, Migliaccio M, et al. Scattering from natural rough surfaces modeled by fractional Brownian motion two-dimensional processes [J]. IEEE Transactions on Antennas and Propagation, 1999, 47(9): 1405-1415.

[19] Ozaktas H M, Arikan O, Kutay M A, et al. Digital computation of the fractional Fourier transform[J]. IEEE Transactions on Signal Processing, 1996, 44(9): 2141-2150.

[20] 孟华东, 王希勤, 王秀坛, 等. 与初始噪声分布无关的恒虚警处理器[J]. 清华大学学报(自然科学版), 2001, 41(7): 51-53, 68.

[21] 陈建军, 黄孟俊, 邱伟, 等. 海杂波下的双门限恒虚警目标检测新方法[J]. 电子学报, 2011, 39(9): 2135-2141.

[22] Melino R, Tran H T. Application of the fractional Fourier transform in the detection of accelerating targets in clutter [R]. Edinburgh: DSTO Defense Science and Technology Organization, 2011.

[23] 陶然, 齐林, 王越. 分数阶 Fourier 变换的原理与应用[M]. 北京: 清华大学出版社, 2004.

[24] Leland W E, Taqqu M S, Willinger W, et al. On the self-similar nature of Ethernet traffic (extended version) [J]. IEEE/ACM Transactions on Networking, 1994, 2(1): 1-15.

[25] Falconer K. 分形几何中的技巧[M]. 曾文曲, 王向阳, 陆夷译. 沈阳: 东北大学出版社, 2002.

[26] 张济忠. 分形[M]. 2 版. 北京: 清华大学出版社, 2011.

[27] Kantelhardt J W, Zschiegner S A, Koscielny-Bunde E, et al. Multifractal detrended fluctuation analysis of nonstationary time series [J]. Physica A: Statistical Mechanics and Its Applications, 2002, 316(1-4): 87-114.

[28] Kantelhardt J W, Koscielny-Bunde E, Rego H H A, et al. Detecting long-range correlations with detrended fluctuation analysis [J]. Physica A: Statistical Mechanics and Its Applications, 2001, 295(3-4): 441-454.

[29] 马逢时, 何良材, 余明书, 等. 应用概率统计[M]. 北京: 高等教育出版社, 1990.

[30] 何友, 关键, 孟祥伟. 雷达目标检测与恒虚警处理[M]. 2 版. 北京: 清华大学出版社, 2011.

第6章 分数阶傅里叶变换域杂波图动目标检测方法

在对海微弱动目标的检测中，运动的小型舰船的 RCS 很小，其回波常常淹没在海杂波和噪声中。此时，采用基于空域处理的 CFAR 方法，如 CA-CFAR[1,2]、有序统计量恒虚警(order statistics CFAR，OS-CFAR)[3,4]等，利用邻近检测单元的某些参考单元的采样值对检测单元内的杂波强度进行估计。但当海杂波在高海况情况下，目标回波受海杂波干扰严重时，基于空域处理的检测方法几乎无能为力。

杂波图(clutter map，CM)是存储器中雷达威力范围内的杂波强度分布图[5-8]，属于基于时域处理的 CFAR 方法。该方法利用杂波图存储每个距离-方位单元的背景功率水平，在每个扫描周期用当前的和以前的若干次扫描周期回波的采样值更新杂波单元的数据，适合于空域或距离向变化十分剧烈，随时域却变化比较平稳的情况，如地杂波和海杂波的情形。对于固定杂波，杂波图存储单元的杂波平均值和固定回波基本相同，对消后基本没有剩余；而动目标幅值被平均后对杂波图的建立贡献很小。因此，对消后动目标回波有很大剩余，从而可将固定杂波对消而检测出动目标。然而，对于慢速动目标，其不同扫描周期存储的幅值基本相同，杂波图在消除固定地杂波和海杂波的同时，也大大削弱了目标的能量；在强海杂波背景下，目标回波极其微弱，海杂波的大量尖峰造成严重虚警，导致时域杂波图 CFAR 的检测性能下降。

文献[9]研究了 FRFT 的时移特性，指出单频信号的 FRFT 模函数与延时无关，而 LFM 信号的峰值位置与延时有关。本章利用 FRFT 域动目标回波信号和海杂波信号的时移特性，将基于 FRFT 的动目标检测技术与杂波图 CFAR 检测技术相结合，介绍一种基于 FRFT 域杂波图对消的动目标 CFAR 检测方法[10]，能够克服时域杂波图 CFAR 检测方法的缺点，构造 FRFT 域均值杂波图(mean clutter map，ME-CM)和单极点反馈杂波图(single pole feedback clutter map，SPFB-CM)[11]完成非相参积累。考虑对 FRFT 域信号幅值进行非相参积累，当其积累数足够大时，积累信号近似服从高斯分布。因此，采用与杂波分布无关的双参数 CFAR 方法[12]，对 FRFT 域杂波图对消后的信号幅值进行检测判决，门限由虚警概率确定，实现 CFAR 处理。

6.1　时域杂波图对消技术

　　杂波图对消技术首先将整个检测空域划分成若干个杂波图单元，对于每个杂波图单元，利用其自身有限次的回波输入进行反复迭代以得出该单元处的检测阈值，最后对于某空域的目标回波，可用其所在杂波图单元的预定检测阈值进行检测。时域杂波图检测示意图如图 6-1 所示。图 6-1 中取单元数为 $M×N$ 的一个空间区域，M、N 分别代表方位和距离上的杂波图单元数，阴影部分表示检测单元，其余空间单元用来估计检测单元的杂波功率水平，称为参考或杂波背景单元。图 6-1 中每个杂波单元距离尺寸和方位尺寸分别用 ΔR 和 $\Delta\alpha$ 表示，如果目标距离、方位分辨单元的尺寸分别为 r 和 θ，且 $\Delta R=Mr$ 和 $\Delta\alpha=N\theta$，则一个检测单元的估计值为 $M×N$ 个采样输入的二维平均：

$$\hat{c}_{i,j}=\frac{1}{MN}\sum_{n=1}^{N}\sum_{m=1}^{M}x_{i+m,j+n} \tag{6-1}$$

式中，i、j 分别为杂波单元距离和方位上的编号；$\hat{c}_{i,j}$ 为检测单元功率水平的估计。将此值按 i、j 对应的地址写入杂波图存储器某单元中，天线扫描一周，就形成了一幅完整的杂波图。但一般需经过数个至数十个天线周期才能建立起比较稳定的杂波图。

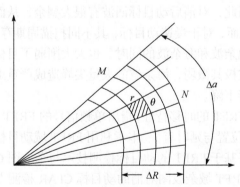

图 6-1　时域杂波图检测示意图

　　杂波图的类型可按建立与更新杂波图的方式分为静态杂波图和动态杂波图。静态杂波图的背景杂波信息已经固化而不能动态改变，一般在雷达建站时，根据周围环境而建立，适应于杂波背景起伏变化不明显的应用场合。动态杂波图是一种能够不断进行自动修正更新的杂波图，利用不同距离方位单元内的天线多圈扫描所得回波信号幅值的积累而进行杂波图的更新。由于移动目标每帧的回波信号不可能在同一方位距离单元，而固定的回波信号始终在相同的方位距离单元内。因此，杂波图存储单元存储的是固定杂波的平均值。常见的动态杂波图方法有 ME-CM 和 SPFB-CM，如果 l 表示天线扫描周期的序号，则 ME-CM 更新方法是

$$\overline{c}_{i,j}(L) = \frac{1}{L}\sum_{l=1}^{L}\overline{c}_{i,j}(l) \tag{6-2}$$

式中，$\overline{c}_{i,j}(L)$ 为 L 个天线周期杂波功率水平的平均值。

　　显然 ME-CM 需要大容量的存储器，为提高运算效率，检测单元的功率水平的估值通常采用 SPFB-CM 的方法对杂波数据进行指数平滑，对第 l 个天线扫描周期的第 (i,j) 个杂波单元用前一次扫描该单元的杂波估计值 $\hat{y}_{i,j}(k-1)$ 和本次扫描的回波 $\overline{c}_{i,j}(k)$ 来估计当前杂波背景 $\hat{y}_{i,j}(k)$：

$$\hat{y}_{i,j}(k) = (1-w)\hat{y}_{i,j}(k-1) + w\overline{c}_{i,j}(k) \tag{6-3}$$

式中，w 为遗忘因子，取值范围为 $[0,1]$，w 的选择应根据恒虚警损失、实际的杂波环境，以及检测概率和虚警概率的指标来确定[8]，这里取 $w=0.125$。采用这种更新方法能够解决杂波图 CFAR 的大容量存储问题。

　　杂波图对消是利用杂波图存储单元减去对应的回波信号实现的。对于固定杂波，杂波图存储单元的杂波平均值和固定回波的值是基本相同的，对消后基本没有剩余；而对于一个动目标，在两次天线扫描时通常不在同一方位距离单元内，杂波图存储单元的移动目标值被平均后对杂波图的建立贡献很小。因此，对消后动目标回波有很大剩余，从而可将固定杂波对消而检测出动目标。检测门限 η 根据

$$x_{i,j} \underset{H_0}{\overset{H_1}{\gtrless}} \eta = a\hat{y}_{i,j} \tag{6-4}$$

计算，其中，a 为比例因子，用于控制检测概率和虚警概率。检测器的输入为视频回波信号，如果大于门限，则判为有目标，否则，判为无目标。文献[8]给出了杂波图 CFAR 的虚警概率和检测概率的解析表达式：

$$P_{\mathrm{fa}} = \frac{1}{\displaystyle\prod_{k=0}^{K}[1 + aw(1-w)^k]} \tag{6-5}$$

$$P_{\mathrm{d}} = \frac{1}{\displaystyle\prod_{k=0}^{K}\left[1 + \dfrac{a}{1+\mathrm{SNR}}w(1-w)^k\right]} \tag{6-6}$$

式中，SNR 为目标信号的信噪比。式(6-5)表明 P_{fa} 与杂波强度无关，获得了恒虚警的效果。

以海杂波为例，海杂波的相关性主要表现为 10ms 以内的强相关性和延伸至 2s 左右的弱相关性[13]。抗强相关性可以采用脉间非相参积累的方法，即利用目标回波与海杂波在脉间统计特性的不同来实现对目标的时域分辨。由于海杂波的强相关时间小于波束驻留时间，再经过频率捷变的去相关作用之后，短时间强相关的海杂波在脉间就变得基本不相关，通过脉间非相参积累(视频积累)可以得到相当的积累增益。而海杂波长时间的弱相关性主要是由尖头海浪引起的，一般持续 2s 左右，在波束驻留时间内是不变的，不能通过脉间积累有效清除。考虑到目标的相关时间比较长，而天线的扫描周期一般大于海杂波相关时间而远小于目标的相关时间，所以通过扫描间积累，即杂波图抗海杂波的方法能有效去除由尖头海浪引起的海杂波干扰。在目标的相关时间内，积累时间越长，积累效果越好。杂波图采用系数加权反馈积累，克服了动目标进入杂波估值单元而影响杂波单元估值的问题，并且参加估值的单元数增多了，CFAR 的损失随之减少，性能有所改善。因此，采用杂波图 CFAR 检测技术较适合对海杂波中动目标进行检测。

采用实测数据验证时域杂波图 CFAR 检测方法，所用实测数据为某民用导航雷达对海上目标的原始视频回波数据，该雷达架设于距离海岸线 300m，海拔 80m 的实验平台上，可对某港口内进出船只及海上目标进行全天候不间断观测，并可随时采集海上目标的实验数据。

海杂波的相关时间与多普勒频谱成反比。根据幅值时间取样法，通常归一化的自相关函数 $P(t) \leqslant 0.2$ 的时间为杂波的去相关时间。

$$t_r = \frac{\lambda}{2\sqrt{2\pi\sigma_x}} \tag{6-7}$$

式中，σ_x(m/s)为多普勒谱标准差。对于 X 波段雷达，按式(6-7)计算，杂波的相关时间为 1～10ms。天线的转速为每分钟 25 圈，因此扫描时间远大于杂波的相关时间而远小于目标的相关时间，可以采用剩余杂波图方式，即扫描间积累检测，有效消除由尖头海浪引起的杂波干扰，从而消除固定地杂波和抑制海杂波。

实验数据采集说明如表 6-1 所示，图 6-2(a)以平面位置指示器(plan position indicator，PPI)的形式给出了该批原始视频回波数据的显示结果，在该结果中未经过任何检测方法处理。图 6-2 中横纵坐标表示雷达距离上的采样点数，坐标原点代表雷达的中心位置，图右侧的竖直颜色条的刻度值表示采样点回波强度的变化，图中标识出了海岸和某港口防波堤等地杂波的信息。由表 6-1 和图 6-2(a)可以看出，实验当天天气情况比较恶劣，风速较快，海况较差，导致海面有强烈的海杂波出现。由于该实验雷达为民用导航雷达，发射功率较低，仅在近程处呈现强烈的地杂波和海杂波。图 6-2 中共标识出 4 组 3 类目标信息，编号 1 为静止抛锚的货轮，目标回波受海杂波影响较大，造成很高的虚警；编号 2 为两批动目标，虽然距离较远(3～4n mile[①])，但目标 RCS 较大，目标回波比较清晰，受海杂波影响不大；编号 3 为微弱的动目标，其幅值起伏较大，回波时隐时现。由图 6-2 也可以看出，固定的地杂波和强海杂波在一定程度上影响了目标检测，如果直接根据固定门限进行检测，则虚警概率很高。因此，有必要在检测之前采用一定的方法抑制地杂波和海杂波，这里采用时域杂波图 CFAR 检测技术。

表 6-1　某导航雷达数据说明

参数	数值	参数	数值
气温	15～23℃	风向/风速	北风 5～6 级，阵风 8 级
水温	13.4℃	波高	0.8m(大浪大涌转中浪中涌)
高潮浪高	1.07m	低潮浪高	−0.73m
采样点数	1012	量程	4.0982n mile

采用不同的杂波图 CFAR 检测的结果如图 6-2 所示。将不同周期的数据点进行帧间积累平均($M=1$、$N=1$、$L=10$)，形成 ME-CM，其对消后的结果如图 6-2(b)所示，可知，由于地杂波均为固定杂波，只要扫描周期之间的数据能够严格对齐，就能够将固定地杂波完全对消。由于海杂波的随机起伏性，在平均积累对消后，能够得到较好的抑制。但同时，由于扫描周期很短(天线每分钟旋转 25 圈)，目标在此极短时间内可以近似为固定目标，当做帧间平均积累时，固定(编号 1)及慢速动目标(编号 2)回波也相应地得到积累，杂波图对消后，也削弱了慢速动目标的能量。因此，杂波图必须进行一定数量的扫描周期积累，才能建立起比较稳定的杂波图，并且针对动目标有效。由图 6-2(b)中也可以看出，由于雷达本身的转速不均匀，对应目标位置会出现偏差，视频图像出现虚影和漂移，直接导致固定杂波对消后有剩余。

采用 SPFB-CM 技术进行地杂波对消，其中 $w=0.125$，标称因子 a 取杂波图数值和原始视频数据的比值，如图 6-2(c)所示。SPFB-CM 技术相当于对各个单元进行多次扫描(天线扫描)做指数加权积累，以获得杂波平均值的估值。由图 6-2(c)可知，由于遗忘因子的调节作用，将新接收到的杂波值乘以$(1-w)$，然后和该单元乘以 w 后的原存储值相加后作为新的存储值，能够保留更新前的相应信息，所以对消后能较为明显地检测出动目标(编号 2 和编号 3)。这说明，SPFB-CM 技术可用于导航雷达中对海上动目标的 CFAR 检测，有较好的抗海杂波能力，总体性能要优于 ME-CM 检测方法。

---

① 1n mile=1852m。

作为对 ME-CM 检测方法的改进，采用距离方位单元均值杂波图对回波数据进行处理，如图 6-2(d)所示。参与平均的距离方位单元数应根据雷达本身的距离、方位分辨力和目标的尺寸确定，这里计算得到 $M=4$、$N=5$。由图 6-2(d)中可以看出，该检测方法对地物固定杂波和海杂波的抑制能力非常好，海杂波剩余明显减少、减弱，这是由于该方法在不同的分辨单元内对杂波能量进行平均，能更好地估计杂波功率水平。但是对比图 6-2(b)可以看出，目标能量也极大地被削弱，这是因为距离和方位上的平均，目标能量起伏不明显，很容易被对消掉，仅能检测出编号 2 中的部分动目标。

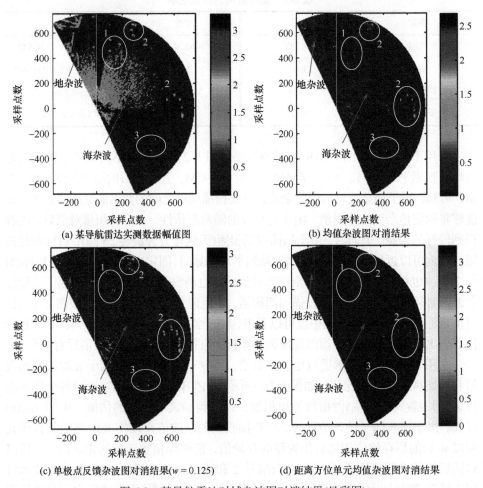

(a) 某导航雷达实测数据幅值图　　　　　(b) 均值杂波图对消结果

(c) 单极点反馈杂波图对消结果($w = 0.125$)　　　　　(d) 距离方位单元均值杂波图对消结果

图 6-2　某导航雷达时域杂波图对消结果(见彩图)

由图 6-2 可以看出，采用时域杂波图 CFAR 检测技术能够较好地抑制固定地杂波，降低海杂波相关性对目标检测的影响，对提高海面动目标的检测能力具有一定的实际应用价值。然而，当实际雷达对海观测目标时，运动的小型舰船回波常常淹没在海杂波和噪声中，SCR 较低，如编号 3 中的目标，并且当目标的运动速度较慢时(编号 1)，采用时域杂波图 CFAR 检测技术不能正确区分海杂波和微弱动目标，造成检测性能的下降。因此，需要对时域 CFAR 检测技术进行改进。

6.2　FRFT 域杂波图对消技术

6.2.1　动目标信号 FRFT 域时移特性

LFM 信号及单频信号在 FRFT 域的时移特性如图 6-3 所示。由图 6-3 可以看出，在频域范围内，LFM 信号的能量分布很宽，而当旋转角度与 LFM 信号的调频率相匹配时，即在最佳变换域中是一个冲激函数；单频信号仅在频域得到最大峰值。两者的 FRFT 模函数具有不同的时移特性[9]，当延迟一定的时间 τ 时，LFM 信号及其延迟信号的 FRFT 模函数的峰值出现在相同阶数的变换域中，但峰值位置不相同；而单频信号及其延迟信号的 FRFT 模函数在整个 FRFT 域均相同，与延时和变换阶数均无关。下面通过理论推导进行说明。

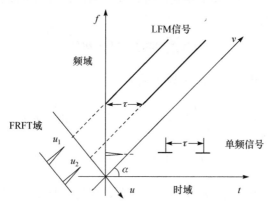

图 6-3　LFM 信号及单频信号在 FRFT 域的时移特性

经过延时 τ 的动目标回波信号的 FRFT 模函数为

$$
\begin{aligned}
F_\alpha[s(t-\tau)] &= A_\alpha \mathrm{e}^{\frac{ju^2\cot\alpha}{2}} \int_{-T}^{T} s(t-\tau)\mathrm{e}^{j\left(\frac{1}{2}t^2\cot\alpha - ut\csc\alpha\right)}\mathrm{d}t \\
&= A(t-\tau)A_\alpha \mathrm{e}^{\frac{ju^2\cot\alpha}{2}} \mathrm{e}^{-j(2\pi f_0\tau - \pi\mu_0\tau^2)} \int_{-T}^{T} \mathrm{e}^{j\frac{\cot\alpha+2\pi\mu_0}{2}t^2 + j(2\pi f_0 - 2\pi\mu_0\tau - u\csc\alpha)t}\mathrm{d}t
\end{aligned}
\tag{6-8}
$$

当 $\alpha = \arctan\left(-\dfrac{1}{2\pi\mu_0}\right)$ 时，其 FRFT 模函数为

$$\left|F_\alpha[s(t-\tau)]\right| = \left|2A(t-\tau)A_\alpha T\,\mathrm{e}^{-\mathrm{j}(2\pi f_0\tau - \pi\mu_0\tau^2)}\,\mathrm{e}^{\frac{\mathrm{j}u^2\cot\alpha}{2}}\,\mathrm{sinc}[(2\pi f_0 - 2\pi\mu_0\tau - u\csc\alpha)T]\right|$$

$$= 2A(t-\tau)A_\alpha T\left|\mathrm{sinc}[(2\pi f_0 - 2\pi\mu_0\tau - u\csc\alpha)T]\right| \tag{6-9}$$

可见，当最佳旋转角与目标运动状态相匹配，且 $f_0 - \mu_0\tau = \dfrac{u\csc\alpha}{2\pi}$ 时，动目标回波的延迟信号达到最佳能量聚集，峰值最大，其 FRFT 模函数 $|F_\alpha[s(t-\tau)]|$ 为 sinc 函数。目标幅值起伏具有随机性，因此其峰值的大小与延时 τ 近似无关，但峰值的位置和延时相关。所以，对于 τ_1 和 τ_2 两个延时，$s(t-\tau)$ 的 FRFT 模函数的最大值分别出现在 u_1 和 u_2 处。

$$u_1 - u_2 = -2\pi\mu_0(\tau_1 - \tau_2)\sin\alpha = (\tau_1 - \tau_2)\cos\alpha \tag{6-10}$$

由此可见，延时后的动目标回波信号和原回波信号的 FRFT 模函数最大值出现在同一个最佳变换域，即与延时无关，且峰值点位置之差与延时之差及旋转角的余弦值成正比，峰值点位置之差随着调频率 μ_0 的增大而增大。而对于海杂波回波信号，由于能量大部分集中在变换阶数 $p=1$ 附近，所以可以看作多个单频信号的叠加（$\mu_0 \approx 0$），即

$$c(t) \approx \sum_i \exp(\mathrm{j}2\pi f_i t) + n(t) \tag{6-11}$$

式中，$n(t)$ 为高斯噪声。其 FRFT 模函数为

$$\left|F_\alpha[c(t-\tau)]\right| = A_\alpha\left|\int_{-T}^{T}\sum_i \mathrm{e}^{\mathrm{j}\frac{\cot\alpha}{2}t^2 + \mathrm{j}(2\pi f_i - u\csc\alpha)t}\,\mathrm{d}t\right| + F_\alpha[n(t-\tau)]$$

$$= 2A_\alpha T\sum_i\left|\mathrm{sinc}[(2\pi f_i - u\csc\alpha)T]\right| + F_\alpha[n(t-\tau)] \tag{6-12}$$

高斯噪声的 FRFT 模函数能量均匀分布，也与延时无关。因此，海杂波回波信号延时前后的 FRFT 模函数近似相同。

通过以上分析，结合时域杂波图 CFAR 检测的思想，将雷达回波信号及其多个延时信号转换至 FRFT 域，由于动目标回波信号的 FRFT 模函数位置与延时有关，而海杂波回波信号的 FRFT 模函数与延时近似无关，所以可通过对延时数据的迭代平滑，形成 FRFT 域杂波图，与未延时的回波信号在 FRFT 域对消后，可以最大限度地抑制海杂波而检测出动目标。

6.2.2　FRFT 域均值杂波图和 FRFT 域单极点反馈杂波图

根据动目标和海杂波回波信号时移特性的不同，分别构造 FRFT 域均值杂波

图(ME-CM)和 FRFT 域单极点反馈杂波图(SPFB-CM)，如图 6-4 和图 6-5 所示，输入为回波信号，输出为 FRFT 域杂波图幅值。

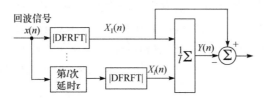

图 6-4　FRFT 域均值杂波图(ME-CM)

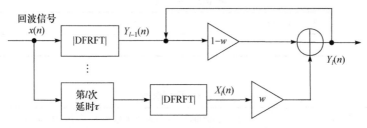

图 6-5　FRFT 域单极点反馈杂波图(SPFB-CM)

FRFT 域 ME-CM 的计算流程：根据目标运动状态，估计出可能的调频范围，缩小 FRFT 变换阶数 p 的取值区间。根据 FRFT 变换阶数 p 与信号调频率的关系，在一定变换阶数范围内，雷达回波信号经过 DFRFT 运算，变换至 FRFT 域，得到 $\boldsymbol{X}_1(n)=[X_{1p}(n), X_{2p}(n),\cdots, X_{Np}(n)]$，通过将回波信号分别进行 l 次延时，每次延时 τ(实际为采样点个数)，得到第 k 次延时后的 FRFT 域信号 $\boldsymbol{X}_l(n)$。最后对多次延时后的信号进行平均，得到海杂波在某一 FRFT 域的功率水平估计：

$$\boldsymbol{Y}(n) = \frac{1}{l}\sum_{i=1}^{l}\boldsymbol{X}_i(n) \tag{6-13}$$

依次进行，直至得到一定变换阶数范围的 FRFT 域杂波图。

FRFT 域 SPFB-CM 的计算流程：分别延时回波数据，对海杂波 FRFT 域数据进行指数平滑，用第 $l-1$ 次延时后的 FRFT 域海杂波功率水平的估计值 $\boldsymbol{Y}_{l-1}(n)$ 和第 l 次延时后的 FRFT 域信号 $\boldsymbol{X}_l(n)$ 来估计当前某一 FRFT 域海杂波背景 $\boldsymbol{Y}_l(n)$：

$$\boldsymbol{Y}_l(n) = (1-w)\boldsymbol{Y}_{l-1}(n) + w\boldsymbol{X}_l(n) \tag{6-14}$$

选择其他变换阶数，重复式(6-14)，直至得到一定变换阶数范围的 FRFT 域杂波图。

由于在 FRFT 域，海杂波回波信号与延时无关，而动目标回波信号的峰值位置与延时密切相关，峰值位置随延时的改变而改变。因此，通过多次延时，进行 FRFT 域杂波图迭代运算，动目标幅值被平均后对杂波图建立贡献很小，而 FRFT 杂波图存储单元的杂波平均值和海杂波回波值是基本相同的，做 FRFT 域杂波图对消后，抑制了大部分海杂波能量，从而可将海杂波对消而检测出动目标。由于动目标回波在最佳 FRFT 域，其能量得到最大限度的积累。因此，相比时域杂波图 CFAR，FRFT 域杂波图对消能够进一步改善 SCR，提高检测概率。

采用 IPIX 雷达海杂波数据验证 FRFT 域杂波图对消方法，一匀加速目标，起伏模型设为 Swerling Ⅰ。设系统参数和目标参数分别如表 6-2 和表 6-3 所示。参与 FRFT 运算采样点数为 1000，延时为 τ，SCR = −5dB。仿真满足采样定理，量纲做归一化处理。

表 6-2　系统参数

参数	雷达波长 λ/cm	观测时长 T/s	采样频率 f_s/Hz
数值	0.03	2	1000

表 6-3　目标参数

参数	回波中心频率 f_0/Hz	初速度 v_0/(m/s)	调频率 k_0/(Hz/s)	加速度 a/(m/s²)	SCR/dB
数值	100	1.5	100	1.5	−5

分别采用 FRFT 域 ME-CM 对消方法和 FRFT 域 SPFB-CM 对消方法，对海杂波背景下的动目标进行检测，结果如图 6-6 所示，迭代次数 $l=10$，遗忘因子 w 取 0.125，延时 τ 分别为 10 和 40，回波信号幅值进行归一化处理。对比 FRFT 域杂波图对消前后的结果可以看出，在强海杂波背景下，动目标幅值被海杂波幅值所淹没，干扰比较严重，检测概率降低，对检测性能影响较大；而采用 FRFT 域杂波图对消方法，海杂波得到了明显的抑制，而动目标能量基本没有被削弱，目标信号更加突出，更易于检测目标，进而提高了检测概率。

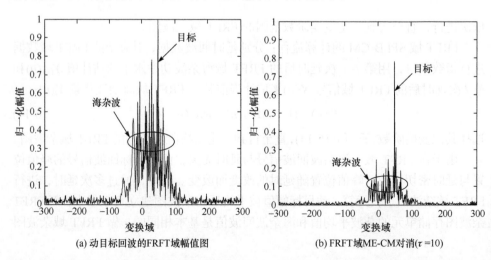

(a) 动目标回波的FRFT域幅值图　　　　　　　　(b) FRFT域ME-CM对消(τ =10)

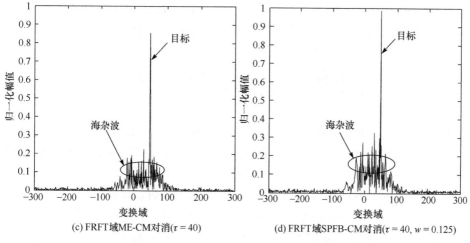

图 6-6　FRFT 域杂波图对消结果(IPIX 数据)

　　FRFT 域杂波图对消性能比较如表 6-4 所示，可以看出 FRFT 域杂波图对消方法明显优于时域杂波图对消方法，虽然目标能量有所削弱，但对于海杂波的抑制作用总是大于对目标的削弱作用，目标信号与海杂波的 FRFT 峰值差由图 6-6(a)的 0.2183 增大至图 6-6(d)的 0.6583，输出 SCR 定义为

$$\text{SCR}_{\text{out}} = 20\lg \frac{\max|Y_l(n)|}{\text{std}\left(Y_l(n) - \max|Y_l(n)|\right)} \tag{6-15}$$

改善 7dB 左右。FRFT 域 SPFB-CM 对消性能优于 FRFT 域 ME-CM 对消，其原因为 FRFT 域 ME-CM 仅计算了不同延时下海杂波功率的平均值，对其功率水平变化不敏感，由于海杂波也具备一定的运动速度，其不同延时的 FRFT 幅值会发生改变，而 FRFT 域 SPFB-CM 采用单极点反馈的方法对 FRFT 域海杂波数据进行迭代更新，通过控制遗忘因子 w，能够实时跟踪海杂波功率水平的变化，构造出的 FRFT 域杂波图更为精确，能更好地估计功率水平，同时能大大降低运算量，减小存储器空间，利于工程上的应用。

表 6-4　FRFT 域杂波图对消性能比较(IPIX 数据)

	动目标|FRFT|峰值	海杂波最大|FRFT|峰值	峰值差	SCR_{out}/dB
FRFT 域动目标回波	1.0000	0.7817	0.2183	6.9673
FRFT 域 ME-CM 对消(τ=10)	0.7808	0.3123	0.4685	10.2273
FRFT 域 ME-CM 对消(τ=40)	0.8550	0.2250	0.6300	13.4443
FRFT 域 SPFB-CM 对消(τ=40)	0.9849	0.3266	0.6583	13.9119

　　由表 6-4 也可以看出，采用不同延时对 FRFT 域杂波图对消的性能有一定影响，延时的选取需要进行探讨分析。由分解型 DFRFT 的原理可知，若信号 $s(t)$ 的最高频率为 f，则 FRFT 模函数必然存在一个峰值 P 为

$$P = \left| \frac{\sqrt{2\pi}A(t)A_{\alpha_0}}{2f} \right| (2N+1) = \frac{\sqrt{2\pi}A_{\alpha_0}|A(t)|}{2f} Tf_s \tag{6-16}$$

式中，α_0 为能量集聚最佳的旋转角度。由式(6-16)可见，FRFT 模函数的峰值与进行变换的点数成正比。在数据长度有限的情况下，需要尽量减小延时，使得有效数据长度尽量大，从而提高目标信号的峰值。由式(6-9)可知，当动目标回波信号能量聚集最佳时，其模函数为 sinc 函数，当延时 $\tau=0$ 时，其模函数尖峰的宽度 D 为式(2-73)。由于动目标回波信号及其延时信号的 FRFT 模函数峰值位置之差和延时成正比，当延时小于某个值时，即峰值位置之差小于尖峰宽度的 1/2 时，采用 FRFT 域杂波图对消后，动目标峰值将被严重削弱。因此，延时应保证每次延时前后的 FRFT 模函数峰值位置差大于尖峰宽度的 1/2，即

$$|u_1 - u_2| = 2\pi\mu_0\tau\sin\alpha_0 \geqslant D/2 \tag{6-17}$$

$$\tau \geqslant 1/(2\mu_0 T) \tag{6-18}$$

由采用 IPIX 数据的仿真参数，计算得到延时 $\tau \geqslant 50$，动目标 FRFT 主谱峰能量衰减较快，考虑到数据量有限，因此实际中延时取 40 比较合理。

　　采用 FRFT 域杂波图对消的动目标恒虚警检测方法对 S 波段雷达的 201008181835 批数据进行分析，回波数据的频域波形如图 6-7(a)所示，由图可知，通过最大峰值点估计出目标的速度为 $v_0=24.4065$kn，但在频域中，目标受杂波干扰严重，容易造成虚警。图 6-7(b)给出了目标回波在最佳 FRFT 域的幅值图，目标峰值与杂波峰值差由频域的 0.348 提高至最佳 FRFT 域的 0.372，目标能量聚集性

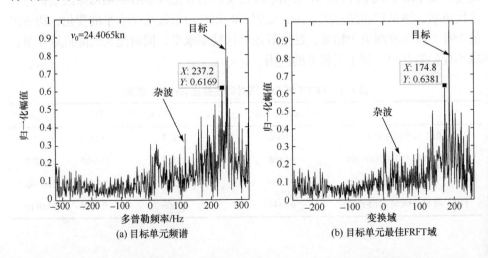

(a) 目标单元频谱　　　　　　　　　　(b) 目标单元最佳FRFT域

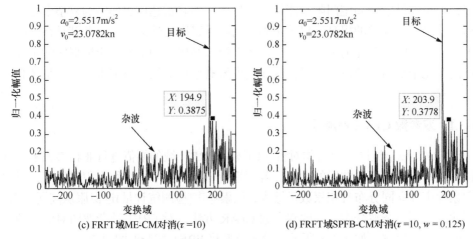

(c) FRFT域ME-CM对消(τ=10)　　　　(d) FRFT域SPFB-CM对消(τ=10, w=0.125)

图 6-7　FRFT 域杂波图对消结果(S 波段雷达数据，201008181835#)

虽有所改善，但改善并不明显。为进一步提升对海面弱目标的检测性能，分别采用 FRFT 域均值杂波图 CFAR 检测和单极点反馈杂波图 CFAR 检测方法，其中延时 τ=10，遗忘因子 w=0.125，对消结果如图 6-7(d)所示。由图可以看出，由于 FRFT 域杂波图对消保留了目标峰值，经过多次延时对消，能够抑制大部分杂波，目标与杂波峰值差更加明显，大大提高了检测概率。

　　FRFT 域杂波图对消性能比较如表 6-5 所示。由表 6-5 可知，FRFT 域 SPFB-CM 对消 SCR 改善与 FRFT 域 ME-CM 对消性能接近，这是因为杂波数据中不仅包括海杂波，还有能量较高的高斯噪声，其 FRFT 域谱均匀分布，多次迭代积累后形成的杂波图变化不明显，进而输出 SCR 均在 7.5dB 附近。SCR 定义采用式(3-26)，算法能够改善 SCR 约 4dB，估计出目标的运动状态为 a_0=2.5517m/s^2、v_0=23.0782kn。

表 6-5　FRFT 域杂波图对消性能比较(S 波段雷达数据，201008181835#)

处理方法	动目标峰值	海杂波峰值	峰值差	SCR/dB
频域	0.965	0.617	0.348	3.7346
最佳 FRFT 域	1	0.638	0.372	4.5803
FRFT 域 ME-CM	1	0.388	0.612	7.4665
FRFT 域 SPFB-CM	1	0.378	0.622	7.5803

6.3　FRFT 域杂波图 CFAR 检测方法

采用 FRFT 域杂波图对消的方法对海杂波和动目标具有一定的区分能力，可以根据预先设定的固定门限检测目标。然而，随着雷达应用环境的复杂多变及对信号检测性能要求的提高，仅采用固定门限难以满足性能要求，尤其是在强海杂波背景下，剧烈变化的杂波会引起检测系统虚警概率的上升，应根据实际杂波强度的变化来自适应地设置门限，从而使虚警概率近似处于恒定水平，满足 CFAR 的要求。

6.3.1　双参数 CFAR 检测器

FRFT 域杂波图可以看作对雷达回波在 FRFT 域的幅值进行非相参积累，其检测统计量为包络检波后的幅值，若积累量中不含信号，则称为积累噪声，只要积累噪声独立同分布且积累数足够大，积累噪声(检测统计量)近似服从高斯分布。因此，采用与杂波分布无关的双参数 CFAR 方法，对 FRFT 域杂波图对消后的信号幅值进行检测，如图 6-8 所示。检测模型将 FRFT 域杂波图对消后的信号(非相参积累)$Y(n)$ 作为参考单元，估计 FRFT 域海杂波的均值 $\hat{m}_l$ 和方差 $\hat{\sigma}_l^2$，然后将标准差估计乘以阈值系数 γ_0 并与均值估计相加形成检测门限，检测单元与检测门限进行比较，如果大于检测门限，则认为有目标，相反，则认为无目标，其中检测门限是由所需的虚警概率确定的。文献[12]指出，双参数 CFAR 检测的恒虚警特性与杂波的具体分布无关，其检测性能只与虚警概率、非相参积累数和初始杂波的均值标准差之比有关。

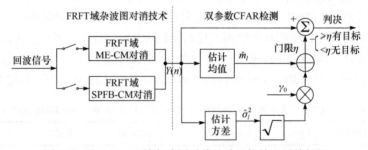

图 6-8　基于 FRFT 域杂波图对消的动目标检测系统框图

假设经过 FRFT 域杂波图对消后的信号 $Y(n)$ 在数量足够多时是独立同分布的，由中心极限定理可知，当杂波图迭代次数 l 足够大时，积累后的序列近似服从高斯分布，即 $Y(n) \sim N(m_l, \sigma_l^2)$，其中 $m_l = lm_0$，$\sigma_l^2 = l\sigma_0^2$，m_0 和 σ_0^2 分别表示 FRFT 域杂波图对消前杂波包络的均值和方差。m_l 和 σ_l^2 的无偏估计量分别为

$$\hat{m}_l = \frac{1}{N}\sum_{n=1}^{N}Y(n) \tag{6-19}$$

$$\hat{\sigma}_l^2 = \frac{1}{N-1} \sum_{n=1}^{N} \left[Y(n) - \hat{m}_l \right]^2 \tag{6-20}$$

6.3.2　检测性能分析

分析 FRFT 域杂波图对消的动目标检测器的检测性能，根据式(6-19)和式(6-20)得到统计量：

$$T = \frac{Y_p(n) - \hat{m}_l}{\sqrt{(N-1)\hat{\sigma}_l^2 / N}} \tag{6-21}$$

式中，$Y_p(n)$ 为检测单元。检测门限为

$$\eta = \gamma_0 \hat{\sigma}_l + \hat{m}_l \tag{6-22}$$

式中，γ_0 为阈值系数。将 FRFT 域杂波图对消后的信号与门限比较，判决准则为

$$Y(n) \underset{\mathrm{H}_0}{\overset{\mathrm{H}_1}{\gtrless}} \eta = \gamma_0 \hat{\sigma}_l + \hat{m}_l \tag{6-23}$$

T 服从自由度为 N 的 t 分布，在均匀背景噪声无目标的假设 H_0 下，概率密度函数为[14]

$$p(y \mid \mathrm{H}_0) = h_0(y) = \frac{1}{\sqrt{(N-1)\pi}} \frac{\Gamma(N/2)}{\Gamma[(N-1)/2]} \left(1 + \frac{y^2}{N-1} \right)^{-N/2}, \quad -\infty < y < \infty \tag{6-24}$$

得到采用双参数 CFAR 检测的虚警概率为

$$P_{\mathrm{fa}} = \int_{\gamma_0}^{\infty} h_0(y) \mathrm{d}y \tag{6-25}$$

若杂波背景中出现动目标，则概率密度函数为

$$p(y \mid \mathrm{H}_1) = h_1(y) \approx h_0\left(y - \sqrt{E/N} \right) \tag{6-26}$$

式中，E/N 为 FRFT 域杂波图对消后的 SCR，因此检测概率为

$$P_{\mathrm{d}} = \int_{\gamma_0}^{\infty} h_0\left(y - \sqrt{E/N} \right) \mathrm{d}y \tag{6-27}$$

可知，采用双参量 CFAR 检测器对 FRFT 域杂波图对消后信号进行检测，其检测性能仅与阈值系数 γ_0 有关。由 Γ 函数的性质可得

$$\lim_{n \to \infty} h(t) = \mathrm{e}^{-t^2/2} / (2\pi) \tag{6-28}$$

因此，当采样点数足够大时，t 分布近似于零均值单位方差的高斯分布，得到理想情况下，阈值系数 γ_0 仅由虚警概率确定。

$$P_{fa} = \mathrm{erfc}\,(\gamma_0) \tag{6-29}$$

　　图 6-9～图 6-11 分别给出了双参数 CFAR 检测器对 IPIX 数据、FRFT 域 ME-CM 和 SPFB-CM 对消后信号检测结果，虚警概率分别为 10^{-2} 和 10^{-4}。对比图 6-6 可以看出，采用双参数 CFAR 检测器能够估计 FRFT 域杂波背景功率水平，由于在检测过程中剔除了杂波的均值，而信号能量并没有损失，所以得到了非常好的 SCR 改善，并通过杂波均值估计值和方差估计值构造检测门限，其中阈值系数由虚警概率确定，达到了 CFAR 处理，可以在保证虚警概率恒定的情况下，较好地检测出动目标信号，虚警概率越低，动目标越明显。延时对检测性能有较大影响，这与 FRFT 域的峰值宽度有关，验证了 6.2.2 节中给出的 $\tau=40$ 时可以达到较好的检测结果。对比图 6-10 和图 6-11 可以看出，FRFT 域 SPFB-CM 对消方法要优于 FRFT 域 ME-CM 对消方法，这是由于通过对输入数据进行迭代平滑，形成的杂波图能够更好地反映 FRFT 域海杂波功率水平的变化，从而对消性能较好。

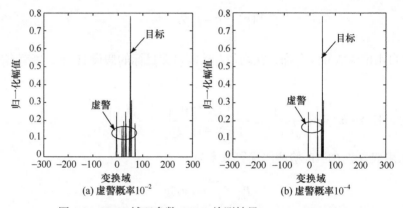

图 6-9　FRFT 域双参数 CFAR 检测结果($\tau=10$，ME-CM)

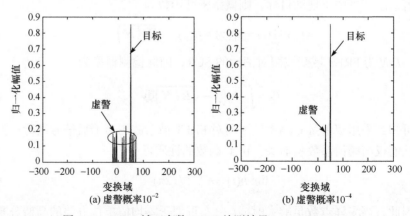

图 6-10　FRFT 域双参数 CFAR 检测结果($\tau=40$，ME-CM)

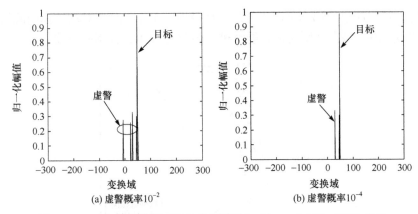

图 6-11 FRFT 域双参数 CFAR 检测结果(τ=40，w=0.125，SPFB-CM)

采用双参数 CFAR 检测方法对 FRFT 域杂波图处理 S 波段雷达数据的结果 (图 6-7)进行检测，P_{fa}=10^{-6}，如图 6-12 所示，由图可知，在虚警概率恒定的情况下，FRFT 域杂波图 CFAR 检测方法能够剔除杂波峰值，保留信号能量，从图中可以容易地检测出目标位置，从而验证了方法的正确性。

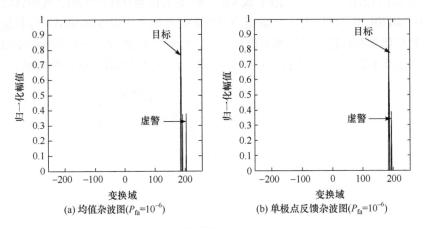

图 6-12 FRFT 域双参数 CFAR 检测结果(201008181835#，τ=10，w=0.125)

采用 Monte-Carlo 仿真方法对基于 FRFT 域杂波图对消的动目标检测性能进行分析。图 6-13 给出了该检测模型的检测概率与 SCR 的关系曲线，仿真采用实测 IPIX 海杂波数据，虚警概率设为 0.01，每个 SCR 条件下仿真 10^{4} 次，可以看到，传统的 FRFT 域幅值检测方法在 SCR 低于−5dB 时，检测概率急剧下降，此时目标与海杂波已无法区分；而采用 FRFT 域杂波图对消的检测方法能够明显改善检测器的检测性能，在 SCR＝−5dB 时，检测概率可达到 90%，表现出良好的微弱动目标检测能力。采用相同的海杂波数据，将时域 CA-CFAR 的检测性能做了对比，可以明显看出本节所提方法的优越性。由于 FRFT 对动目标回波信号的积累以及 FRFT 域杂波图对消，能够进一步改善 SCR，抑制海杂波。

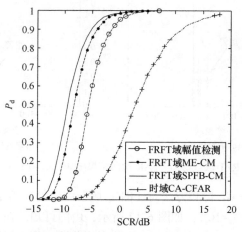

图 6-13　不同检测器的检测性能比较(P_{fa}=0.01，τ=40，w=0.125，l=10)

图 6-14 给出了延时对 FRFT 域 ME-CM 对消检测性能的影响，其中延时分别取 10、40 和 70。可以看出，采用合适的延时既能最大限度地利用有限数据，也可得到最优检测性能。根据本节仿真参数，得到当 τ=40 时，延时前后的 FRFT 域信号幅值互不影响，不会削弱动目标信号能量，可以达到较高的检测概率。

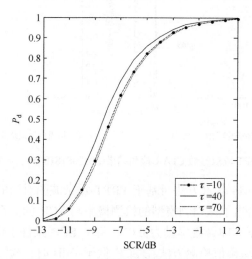

图 6-14　延时对 FRFT 域 ME-CM 对消检测性能的影响(P_{fa}=0.01，w=0.125，l=10)

图 6-15 和图 6-16 分别研究了遗忘因子 w 和迭代次数 l 对 FRFT 域 SPFB-CM 对消检测性能的影响，其中 P_{fa}=0.01、τ=40。由图 6-15 可以看出，不同的遗忘因

子对对消检测性能有很大的影响，这是因为 FRFT 域 SPFB-CM 通过将遗忘因子乘以前一次延时的 FRFT 域海杂波功率水平的估计值，起到平滑调节功率水平的作用。当 w 取值过大时，构建的杂波图降低了当前 FRFT 域海杂波信号的功率水平贡献，杂波图更新速度减慢，因此对消后的检测性能降低；而当 w 取值过小时，则相反，由图 6-15 可以直观地看出最优遗忘因子应取 0.125。图 6-16 表明，当迭代次数 $l=10$ 时，FRFT 域杂波图对消检测性能最优。当 l 取值较大时，增加了运算量，同时，迭代次数增加意味着雷达回波信号经过延时次数增加，导致杂波图的迭代过程中前后海杂波功率水平相差较大，对消效果不明显；相反，当 l 取值较小时，虽然降低了一定的运算效率，但此时动目标信号在 FRFT 域的峰值位置变化较为明显，迭代平滑后其多个峰值对杂波图贡献较大，对消后有剩余，会影

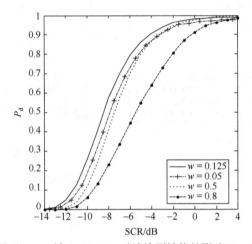

图 6-15　遗忘因子对 FRFT 域 SPFB-CM 对消检测性能的影响(P_{fa}=0.01，τ=40，l=10)

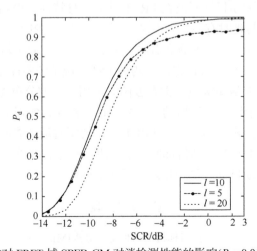

图 6-16　迭代次数对 FRFT 域 SPFB-CM 对消检测性能的影响(P_{fa}=0.01，τ=40，w=0.125)

响检测原始动目标回波信号的峰值位置，进而降低检测性能。

图 6-17(a)研究了不同的虚警概率对两种 FRFT 域 CM 对消检测性能的影响，其中 P_{fa} 分别为 0.1 和 0.01。由图 6-17(a)可以看出，在降低虚警概率的同时检测概率也相应下降，需要提高 1dB 左右的 SCR 才能达到相同的检测概率。图 6-17(b)给出了采用 Swerling I 型时变目标模型对两种 FRFT 域 CM 对消检测性能的影响，可以看出，目标幅值起伏导致 SCR 损失，检测性能有所下降，但差别不大，这也说明采用 FRFT 域杂波图对消的方法可以实时适应杂波环境，具有一定的稳健性。

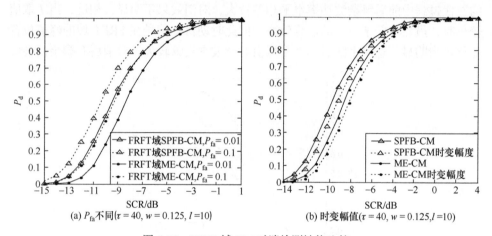

图 6-17　FRFT 域 CM 对消检测性能比较

6.4　小　　结

本章利用杂波和动目标回波在 FRFT 域的时移特性，得到动目标回波信号的 FRFT 模函数位置与延时有关，而海杂波回波信号的 FRFT 模函数与延时近似无关，结合时域杂波图 CFAR 检测的思想，提出了基于 FRFT 域杂波图对消的动目标 CFAR 检测方法。该方法首先构造两种 FRFT 域杂波图抑制海杂波：FRFT 域均值杂波图和 FRFT 域单极点反馈杂波图。采用与杂波分布无关的双参数 CFAR 方法，对 FRFT 域杂波图对消后的信号幅值进行检测，实现 CFAR 处理。采用实测海杂波数据仿真分析不同参数对 FRFT 域杂波图对消性能的影响，并给出了检测性能曲线。采用 FRFT 对动目标回波能量进行积累，改善了 SCR，克服时域杂波图容易削弱慢速动目标能量的缺点，适用范围广。

参 考 文 献

[1] 何友, 关键, 孟祥伟, 等. 雷达目标检测与恒虚警处理[M]. 2 版. 北京: 清华大学出版社, 2011.

[2] Zhou W, Xie J H, Li G P, et al. Robust CFAR detector with weighted amplitude iteration in nonhomogeneous sea clutter[J]. IEEE Transactions on Aerospace and Electronic Systems, 2017, 53(3): 1520-1535.

[3] Villar S A, de Paula M, Solari F J, et al. A framework for acoustic segmentation using order statistic-constant false alarm rate in two dimensions from sidescan sonar data[J]. IEEE Journal of Oceanic Engineering, 2018, 43(3): 735-748.

[4] Kong L J, Wang B, Cui G L, et al. Performance prediction of OS-CFAR for generalized swerling-Chi fluctuating targets[J]. IEEE Transactions on Aerospace and Electronic Systems, 2016, 52(1): 492-500.

[5] Lee H, Starek M J, Blundell S B, et al. Estimation of 2-D clutter maps in complex under-canopy environments from airborne discrete-return lidar[J]. IEEE Journal of Selected Topics in Applied Earth Observations and Remote Sensing, 2016, 9(12): 5819-5829.

[6] Meng X W. Performance analysis of Nitzberg's clutter map for Weibull distribution[J]. Digital Signal Processing, 2010, 20(3): 916-922.

[7] 王辉辉,袁子乔.一种自适应双参数杂波图检测方法[J].火控雷达技术,2020,49(2):54-59, 65.

[8] 何友, 刘永, 孟祥伟. 杂波图 CFAR 平面技术在均匀背景中的性能[J]. 电子学报, 1999, 27(3): 119-120, 123.

[9] 关键, 李宝, 刘加能, 等. 两种海杂波背景下的微弱匀加速运动目标检测方法[J]. 电子与信息学报, 2009, 31(8): 1898-1902.

[10] Chen X L, Huang Y, Guan J, et al. Sea clutter suppression and moving target detection method based on clutter map cancellation in FRFT domain[C]. Proceedings of 2011 IEEE CIE International Conference on Radar, Chengdu, 2011: 438-441.

[11] Nitzberg R. Clutter map CFAR analysis[J]. IEEE Transactions on Aerospace and Electronic Systems, 1986, 22(4): 419-421.

[12] Guida M, Longo M, Lops M. Biparametric CFAR procedures for lognormal clutter[J]. IEEE Transactions on Aerospace and Electronic Systems, 1993, 29(3): 798-809.

[13] 雷旺敏, 张飚. 岸基雷达的抗海杂波措施[J]. 现代雷达, 2006, 28(5): 5-7, 19.

[14] 孟华东, 王希勤, 王秀坛, 等. 与初始噪声分布无关的恒虚警处理器[J]. 清华大学学报(自然科学版), 2001, 41(7): 51-53, 68.

第二部分

分数阶表示域微动特征提取及检测

第 7 章　微多普勒理论及分析方法概述

杂波背景中具有低可观测性的微弱目标，尤其是低(低掠射角)、慢(静止或慢速运动)、小(尺寸小)目标的检测技术始终是雷达信号处理领域的难题[1-6]，在船舶的安全航行、浮冰规避、海洋环境的监测、反潜、对抗超低空突防的飞机和巡航导弹、检测隐身舰船时都会遇到海上弱目标检测问题。海洋环境的复杂性以及目标的多样化使得回波呈现非高斯[7,8]、非线性[9,10]和非平稳[2,11]特性，严重影响了雷达对目标进行稳健、可靠和快速的检测。海洋环境中具有低可观测特性的目标种类很多，其尺寸、形状以及运动特性的不同导致目标具有不同的雷达散射特性和多普勒特征，归纳起来可分为如下四类：①目标本身尺寸比较小，从而使其回波很微弱，如小木船、潜艇通气管和潜望镜等；②隐身目标，这类目标的尺寸可能不小，但由于其采用了隐身技术和措施，回波同样微弱，如隐身快艇、飞机和巡航导弹等，并且这类目标往往采取高速和超低空突防战术，威胁很大；③大目标，但由于雷达分辨低、距离远、背景杂波强等因素，目标单元中信杂比很低，例如，超视距雷达对航母等大型舰只，以及远程轰炸机、弹道导弹等大型飞行器进行战略预警的情况；④静止或慢速运动微弱目标，这类目标的回波藏匿于强背景中，如浮漂、锚泊的小船之类。上述目标的共同点是在时域和频域(多普勒域)，目标分辨单元中的 SNR/SCR 都很低。

与地杂波不同，海面的粗糙程度要远远高于地面[12]，并且海面不断地运动起伏，幅值分布复杂，例如，在低掠射角以及高海况条件下，海杂波会淹没微弱动目标信号，大量的杂波尖峰还会造成严重虚警[13,14]，对雷达的对海和对低空探测性能都会产生较大的干扰，降低了回波信号的 SCR。研究表明，强海杂波背景下，杂波幅值 PDF 表现出较长的"拖尾"现象，并且此时的多普勒谱包括由慢变信号引起的 Bragg 散射，以及快变信号产生的非 Bragg 散射[15,16]，非 Bragg 散射导致 Bragg 谱展宽，体现出明显的时变和非平稳特性，它的统计特性和多普勒频率随时间变化。因此，海杂波的频谱是时间和频率两个变量的函数，应从时间和频率两方面对海杂波数据进行分析及处理。同时，海上目标随海面颠簸导致姿态变化，从而引起雷达回波功率调制效应，不仅存在平动，舰船还绕参考点做三轴转动(滚动、俯仰和偏航)，导致散射点的多普勒频率随时间非线性变化[17-19]。传统的基于统计理论的目标检测方法将海杂波视为随机过程[7,8,20,21]，目标模型和杂波模型均呈多样化发展趋势，在复杂环境中经典目标检测方法由于模型失配不能取得预期的检测结果。文献[9]、[22]和[23]从混沌和分形等角度出发，采用关联维数和盒维数等特征量区分海杂波和微弱目标，但当 SNR/SCR 持续降低时，检测结果却不尽如人意，而且很难实现对动目标的检测。因此，新的检测方法应能较好地处理时变、非平稳和非线性信号，同时反映信号的精细特征。

在此情况下，人们开始从其他方向寻找解决该问题的有效途径。近年来，微多普勒(micro-Doppler, M-D)[24,25]理论的研究已成为信号处理领域的技术热点。目标的微动雷达特征反映了目标的精细运动和几何结构对电磁散射的综合调制特征，微多普勒反映了多普勒变化特性，为雷达目标特征提取和检测提供了新的途径[26]。目标距离的周期性将引起目标多普勒频率的周期性，导致多普勒谱展宽，而目标姿态变化将对回波产生调制特征，反映出目标的瞬时速度变化特性。而海面目标，如舰船目标，其回波多普勒谱实质是平动和转动共同作用的结果，因此微多普勒非常适于分析海杂波的非 Bragg 散射以及海面目标回波信号[27]。目前，微多普勒理论的研究主要涉及运动建模、时频分析、特征提取、目标检测和识别等理论，仍有很多问题亟待解决。

7.1 微多普勒研究概述

若目标相对于雷达存在径向运动,则雷达回波的频率将偏离发射信号的频率，这就是常见的多普勒现象，产生的频移量就是多普勒频率，根据回波延时可测得雷达的视线(radar line of sight，RLOS)距离，同时动目标的径向速度可基于接收信号的多普勒偏移测出。若目标相对于雷达存在径向运动的同时，目标或目标上的结构还伴随微动(振动、自转、旋转、翻滚)，则会在雷达回波中规则的多普勒频移上引起额外的频率调制，即在多普勒频率附近产生边带，这种微动对雷达回波的调制称为微多普勒现象。微动是由目标的特殊结构在特定的受力作用下引起的，因此目标微动状态常常是独一无二的，反映了目标的精细特征和姿态，可用于目标检测、目标成像和目标识别等，已成为信号处理领域的一个新的技术热点。近年来，人们将微多普勒的概念推广为目标或目标组成部分在径向相对雷达径向距离的小幅非匀速运动或运动分量，其回波频谱存在旁瓣或展宽的。微多普勒是频率瞬时特性的反映，表征了目标的瞬时微动速度，具有非平稳和时变特性，对微动特征分析和处理最本质的问题是时变信号处理。

微动最早出现在相干激光雷达中[28]，美国海军研究实验室(Naval Research Laboratory，NRL)的 Chen 等最早将微动和微多普勒的概念正式引入雷达观测中，将目标或目标部件除质心平动以外的振动、转动和加速运动等微小运动统称为微动，而由目标微动所引起的多普勒频移称为微多普勒[24,25]。文献[29]在此定义的基础上，将微动概念推广为目标或目标组成部分在径向相对雷达的小幅非匀速运动或运动分量(相对于目标与雷达的径向距离)。从多普勒效应来看，若点目标径向存在非匀速运动，则其多普勒频移就是时变的，表现在其频谱上是存在频谱旁瓣或展宽的；对于非刚体动目标，目标各散射点的相对运动也会使其回波频谱存在旁瓣或展宽，称为微多普勒效应。微多普勒描述了微动引起的瞬时多普勒变化特性，反映了频率的瞬时特性，其实质表征目标瞬时微动速度。因此，微多普勒具有时变性，即频率随时间变化。微动在自然界普遍存在[30-32]，如人体的体动(心跳和呼吸时胸腔的运动)，行人手和腿的摆动，桥梁和机翼的振动，电动机、履带车履带、直升机旋翼以及军舰和装甲车上天线的转动，舰船的颠簸和摆动以及弹道导弹弹头的颤动(振动、自旋和进动)。微动目标的雷达回波特征反映了精细的目标特性，如电磁散射特性、结构特性和运动特性等，对于空间、空中、地面目标，海面舰船的探测、成像和识别具有重要的意义[33-35]。

Chen 等最早研究雷达观测中的微动和微多普勒现象，在他们的著作 *Time-Frequency Transform for Radar Imaging and Signal Analysis* 中将时频分析用于微多普勒现象分析和机动目标逆合成孔径雷达(inverse synthetic aperture radar，ISAR)成像[36]。2011 年，Chen 又出版了 *The Micro-Doppler Effect in Radar* 一书[37]，详细阐述了微多普勒的基本原理、人体运动的微多普勒效应以及微多普勒特征分离和提取方法等，并对微多普勒技术的发展方向进行展望。在国际雷达年会上，Chen 多次受邀作了关于微多普勒原理和应用的主题报告，微多普勒已成为国内外的一大热点研究内容。

目前，国外以美国 NRL、美国 Texas 大学、加拿大防御技术研究中心[30,38]、新加坡南洋理工大学[39,40]为主的研究单位在雷达目标微动特征方面的研究较为系统，形成了从理论建模、特征提取、实验测量、方法验证与评估的研究体系。在工程应用上，微多普勒测量雷达系统由单一的多普勒测量功能发展到同时具有高多普勒分辨率和高距离分辨率的测量能力，美国在此方面的研究水平一直处于国际领先地位。2000 年，文献[41]研制了双脉冲连续波激光雷达，成功探测地面和空中目标的微多普勒信号，将其用于地面与空中目标的特征提取和识别及战场态势评估[41]。2001 年，美国 Georgia 技术研究院采用连续波雷达观测车辆目标的微动特征并进行特征提取，已应用于汽车安全预警系统的研发中[42]；2002 年，美国研制的战区高空区域防御(terminal high altitude area defense，THAAD)系统中的 X 波段陆基雷达能够对弹道导弹弹头的微动特征进行测量和识别[43]；2006 年，在美国国防科技预算报告中提到微动；2007 年，美国 Texas 大学研制了 X 波段三个发射频率的多频连续波体制的微动测量雷达系统，能够在测量多普勒的同时测距、采集并分析行人、车辆和动物在不同机动情况下多角度的微多普勒特征，结果可用于目标自动检测和识别[44]。鉴于有限的微波波段资源和昂贵的实验设备，2011 年，英国伦敦大学的 Balleri 等采用频率捷变超声雷达采集微多普勒特征，降低了实验成本，但受声信号在大气中极易衰减的限制，仅能用于近程探测，如室内和机场旅客的监视等[45]。

在国内，国防科技大学[29,46-51]、空军工程大学[52-55]、中国航天科工集团二院二十三所[56-59]和西安电子科技大学[60-63]等单位均在微多普勒方面开展了一定的研究，在该方面有了一定的研究基础，但有关微多普勒理论和技术的研究尚未成熟，研究内容主要集中在微多普勒效应的应用研究，包括微多普勒特征建模、微动特征提取、微动目标雷达 SAR 和 ISAR 成像等方面；研究对象包括高速目标，如地面车辆(如坦克、装甲车、导弹发射架等振动目标[47])、海面角反射器[33]、以直升飞机为代表的旋翼目标[53]、以弹道导弹为代表的进动和章动目标[56]以及行人等非刚体微动目标等。

7.2　海杂波建模及多普勒特征研究现状

海杂波对来自海面或接近海面的目标(包括低空掠海飞行的飞机、小型军舰、航海浮标以及漂浮在海上的冰块)回波的可检测性形成严重制约，因此对海杂波的研究不仅具有理论上的重要性，而且具有实践上的重要性。海杂波谱是海面单个距离门内连续相干时间序列信号自相关函数的傅里叶变换，通常称为功率谱。由于海面是运动的，海杂波谱将产生多普勒频移，所以也称为多普勒谱。海杂波谱是雷达相参处理、多普勒域杂波抑制和动目标检测的基础。下面分别从动态海面散射杂波建模、海杂波多普勒谱特征分析等方面进行回顾和总结。

7.2.1　动态海面散射杂波建模

海杂波谱与海面的运动和海面的扰动状态密切相关，海面复杂的运动引起散射的电磁波产生多普勒频移、展宽、强度变化等特性，因此海杂波多普勒谱研究与海面的散射机理密不可分。近年来，人们对动态粗糙海面散射模型以及多普勒理论进行了广泛而深入的研究，在如雷达目标成像[1]、海洋环境监测[64]、电波传播[65]、遥感[66]、海面目标检测与跟踪[67]等领域中都有极其重要的意义。目前，随机粗糙面散射理论大致可分为两大类：一类是数值方法，该方法虽然计算精度高，但是计算复杂、耗时；另一类是近似的可数值求解的方法，经典的近似方法有适用于大尺度随机起伏的 Kirchhoff 近似法[15]、小尺度起伏的微扰法[68]以及独立叠加这两种起伏的双尺度方法[65]。第二类方法可以定量地解释粗糙面产生散射的物理现象，但是其近似适用范围、理论基础以及实际应用中的一些问题，如低掠射和高海况等情况，仍然有待于进一步研究。另外，文献[69]和[70]将分形几何用于自然粗糙面的模拟,利用随时间变化的带限分形模型来模拟海面,研究了具有自仿射分形特性的一、二维随机粗糙面的散射,但分形模型未考虑实际粗糙面的谱分布,需要选择合适的尺度描述海面起伏的剧烈程度,也不能反映海杂波多普勒的变化情况。

对于通常海面,海浪的波高一般能达到数英尺,并且在大的波浪上还覆盖着小的风浪和毛细波,即由大尺度重力波和小尺度张力波组成,可将海面简化为仅含有两种尺度粗糙程度的表面,即大尺度粗糙面和小尺度粗糙面,根据这一特性,本节提出了粗糙面电磁散射的双尺度模型[65]。然而,双尺度模型依赖粗糙面的划分方式,且该模型基于海面散射回波信号是非时变的,即频率不随时间发生变化。近年来,更多的研究表明,在高分辨率雷达对海观测中,当以低掠射角(通常入射角大于85°)照射粗糙海面或高海况(4级以上)时,海面回波强度会明显增强,相应的杂波幅值 PDF 表现出较长的“拖尾”现象,海面出现白浪等破碎波[15],雷达回波表现为海尖峰[13];文献[16]指出此时的多普勒谱包括由慢变信号引起的 Bragg 散射,以及由快变信号产生的非 Bragg 散射,非 Bragg 散射导致 Bragg 谱展宽。

海尖峰是海杂波非平稳特性的一个重要体现,表现为随机分布在不同距离、不同角度上的零星的运动或者静止目标,但与一般目标不同,它具有较为强烈的回波起伏特性[71]。海尖峰出现时间较短,海杂波由稳态向非稳态、非时变向时变转换,影响海杂波的多普勒谱,雷达有可能将海尖峰判断为一个具有一定速度的移动目标,进而导致虚警概率的增大。因此,对海尖峰进行深入研究,从多角度分析其对海杂波的影响是非常必要的。文献[72]对某一时间内单个距离单元上的海尖峰发生次数进行了研究,并给出了一个平均海尖峰数与海面风速之间的经验关系式。文献[11]指出雷达海尖峰主要受低擦地角、风向、雷达视角以及极化方式等因素的影响,并进行了空时二维频谱分析。文献[13]对海尖峰的统计特性进行了分析,认为幅值门限、最小间隔时间和最小海尖峰宽度是描述海尖峰的三个重要因素,并给出了海尖峰的判定方法。现有文献多为对海尖峰的定性描述和研究,基于实测海杂波数据的系统分析还很欠缺,尤其是专门针对海尖峰特性的研究尚不多见[14,73]。

7.2.2　海杂波多普勒谱特征分析

海面回波的多普勒谱特征反映了海面本身的动态特性[74],一方面依赖雷达工作参数;另一方面和引起散射现象的海洋环境参数密切相关,主要包括极化、频率、雷达相对风向的观测角度、擦地角、海况、波浪速度及波浪类型等。众多学者从雷达实测数据分析[2,75]和随机粗糙面散射理论[15,76]两方面对海杂波多普勒谱特征进行了大量研究。然而,前者仅通过大量的数据统计得出经验模型,未从理论上对多普勒谱频移及展宽机理进行分析；后者针对的是特定背景或环境，粗略的假设与实际海面不符，不能很好地反映真实海面的时变性和非平稳特性，而且所提出的越来越复杂的建模方法带来的是实时性的急剧降低或者缺乏可实现性。对于由慢变信号引起的 Bragg 散射，通过传统的 FT 得到海面散射回波的时频分析，能够给出特定时间和特定频率范围的能量分布；对于由快变信号产生的非 Bragg 散射，回波信号频率随时间发生变化，若仍采用 FT，则不能很好地反映和提取频率的变化信息。

　　时频分析方法是研究时变、非平稳信号的有力工具，作为时间和频率的二维函数，时频分布给出了特定时间和特定频率范围的能量分布，也描述了非平稳信号的频率随时间变化的过程，适于分析海杂波的多普勒特征并应用到弱目标检测中[4,77-79]。其主要方法包括基于 FT 谱相减法、基于 STFT 和 WVD 的峰值估计法[77]、平滑伪 WVD(smoothed pseudo WVD，SPWVD)法[4]、WT[78]和自适应 Chirplet 分解法[79]等，各种方法的基本原理和性能比较如表 7-1 所示。然而，由于海杂波信号往往表现为非高斯、非平稳、时变和多分量信号，所以经典的时频变换方法和滤波方法有很大的局限性。尤其是在高海况时，海面起伏变化剧烈、粗糙，海杂波的幅值和多普勒均随时间变化，快变信号产生的非 Bragg 散射使得多普勒的中心频率偏移或展宽，降低了雷达的检测性能。

表 7-1　基于经典时频表示的海杂波多普勒分析方法比较

方法	基本原理	不足
基于 FT 谱相减法	在频域从回波幅值谱减去杂波幅值谱作为目标信号的幅值谱，运算量小，易于实现	仅适用于非时变 Bragg 谱，不适于幅值和多普勒均随时间变化的海杂波谱分析
基于 STFT 峰值估计法	FT 的一种自然推广，即将时间信号加上时间窗后得到窗内信号的频率，将时间窗滑动做 FT，从而得到信号的时变频谱，即信号的时频分布	受不确定原理的制约，其时间分辨率和频率分辨率不能同时得到优化，限制了 STFT 对时变信号的时频描述
基于 WVD 峰值估计法	直接利用信号的时频二维分布描述非平稳信号幅频特性随时间的变化情况，表现出理想的时频聚集性	非线性变换，在多分量信号存在时，交叉项将严重影响多普勒的估计
SPWVD 法	通过对 WVD 施加时间窗函数和平滑函数有效抑制交叉项	牺牲了方法的运算效率，交叉项可以得到很大的抑制，但是联合时频分辨力也会同时下降
WT	具有多分辨分析的特点，能够在时频域很好地表征信号局部特征	进行 WT 时所需的小波基函数和分解层数没有相应的确定准则，并且在信杂比较低时，分解的细节系数中包含部分目标信号，因此容易造成 SCR 损失
自适应 Chirplet 分解法	对信号进行自适应投影分解，将其分解为一系列最佳基函数的线性组合，无交叉项干扰	分解未知参数多，运算量大

近年来，人们设计并提出了多种变换方法，开始逐步用于分析海杂波特性和目标检测。FRFT 作为一种统一的时频变换，将信号分解在一组正交的 chirp 基上，更适于分析或处理时变的非平稳信号，尤其是 LFM 信号，能够反映多普勒的变化规律[80,81]，如图 7-1 所示。与常用二次型时频分布不同的是 FRFT 采用单一变量表示时频信息，降低了运算量，并且是一种线性变换，没有交叉项干扰。因此，采用 FRFT 分析海杂波的非平稳和时变特性，不需要估计海杂波的模型参数，更具有优势。文献[82]~[84]采用 FRFT 积累动目标回波信号能量，用于解决海杂波背景下的目标检测问题。结果表明，在 FRFT 域能够很好地反映海杂波的时变特性。图 7-2 给出了加拿大 McMaster 大学的自适应系统实验室的 X 波段 IPIX 雷达 [85-87]19931107_135603 纯海杂波数据(IPIX-17#)的 FRFT 谱分布，可见，海杂波在 FRFT 域幅值起伏变化剧烈，频率较高，在变换阶数 $p=1$(频域)周围能量分布相对集中，但海杂波也具有微弱变化的加速度，能够很好地体现和描述较高海况

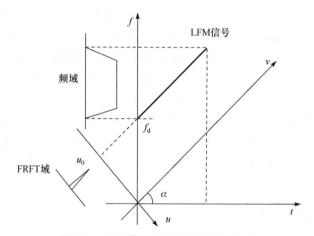

图 7-1 LFM 信号在时频平面的谱分布

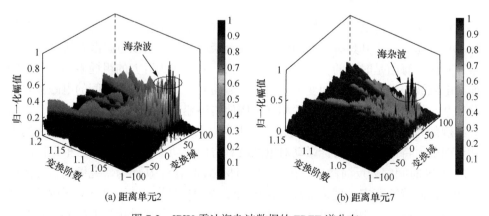

(a) 距离单元2

(b) 距离单元7

图 7-2 IPIX 雷达海杂波数据的 FRFT 谱分布

下海杂波中的非 Bragg 散射回波特性。FRFT 从不同程度对非平稳信号的时变性给予了恰当的描述，弥补了傅里叶分解的不足，但仍属于全局分析的范畴，究其原因在于基函数决定了对信号的分析能力以及缺少时间函数。

7.3　微动目标回波信号建模及检测研究现状

海面动目标特性分析与建模是目标检测的一项重要内容，但是与海杂波特性分析相比，基于雷达实测回波数据的目标特性分析的研究较少，原因在于，实际雷达观测条件下难以获得只有目标信号的回波数据。目前，应用较多的目标模型是起伏模型[88,89]，包括 Swerling 起伏模型[90](也称为 Rayleigh 起伏)、Rice 起伏模型[91]、χ^2 起伏模型[92]、对数正态起伏模型以及 Nakagami 起伏模型[93]等。然而，起伏模型仅从统计角度对目标的幅值起伏特征进行建模，不能反映目标随海面颠簸导致的姿态变化，以及由姿态变化引起的雷达回波功率的调制效应。因此，众多国内外学者从实际出发，从两方面对动目标及其运动特性进行建模：一方面是海面动目标的雷达回波幅值建模，包括动目标电磁散射特性、回波的幅值调制、本身形状、大小等静态几何参量的确定；另一方面是对海面目标运动特征的建模，即描述目标在海面上的运动方程，这部分主要涉及对目标的平动和转动的定量描述。实际上，雷达观测通常得到的是目标与海杂波的混合信号，而不是单纯的目标回波信号，因此在海上目标检测方面，除了研究目标本身的特性，研究有无目标条件下雷达回波的特性差异同样具有重要的意义和更直接的优势。下面以舰船目标为典型的海面微动目标进行说明。

7.3.1　海面微动目标回波信号建模

1. 海面目标电磁散射特性建模

对海面目标电磁散射特性建模是一项非常复杂的工作[18,94]。首先，从舰船目标本身考虑，由于其具有很大的电尺寸及复杂的结构，所以电磁散射机理十分复杂；其次，海面是时变的，由于其波浪起伏，海面成为巨大的粗糙表面，时变海面对电磁波的反射也随时间变化；最后，海面舰船目标同海面之间的电磁耦合十分复杂，加之海面与舰船之间的相互作用使得舰船在海面的姿态不断变化，因而海面舰船目标的电磁散射计算问题变得更为复杂。文献[31]研究了微动目标的雷达后向散射特性，指出目标微动对电磁波具有回波功率调制特征，可根据微动目标的 RCS 时间序列反演微动规律，提取目标微动信息，从而为研究微动目标的回波功率调制特征奠定了理论基础。2010 年，文献[95]首次基于 ISAR 图像和微动特征分析刚体和非刚体动目标的雷达后向散射特性，并通过仿真的舰船、直升机和人体验证方法，能够提取目标的微多普勒信息。

2. 海面目标运动建模

在海面目标运动建模方面，学者从多角度进行了研究，运动模型也经历了由简单到复杂，由单散射目标到多散射目标[96]、由刚体到非刚体[25]、由平动到转动[61]、由周期运动到非周期运动[97]、由时域到频域再到变换域[98]等几个主要研究阶段。传统的对海面动目标的建模仅认为目标在三维空间中平动，即舰船在运动过程中，坐标系的各坐标轴永远相互平行，表现为匀速运动、匀加速运动[99]和变加速运动[100]等。根据 Weierstrass 近似原理，其回波信号可由足够阶次的多项式相位信号近似表示，而运动状态比较复杂的目标在一段短的时间范围内，常用LFM 信号作为其一阶近似。基于此模型，文献[101]研究了两种海杂波背景下的微弱匀加速目标的检测方法，在最大限度保留目标信号能量的同时尽量抑制海杂波，但方法的通用性不强。

舰船随海面波动而产生颠簸，一方面，在高海况条件下，海杂波的存在降低了回波信号的 SCR；另一方面，舰船姿态变化复杂，不仅存在平动，舰船还绕参考点做三轴转动以及天线的转动，导致散射点的多普勒频率随时间非线性变化。引起的姿态变化包括舰船以其前进方向为轴滚动，以在水平面内与前进方向垂直的方向为轴做俯仰运动，在由船身确定的平面内以塔台的方向为轴做偏航运动等三种运动形式，如图 7-3 所示。根据微多普勒的定义，海面舰船目标的微动表现为平动中的非匀速运动、三轴转动以及天线等非刚体目标的转动。由此可见，传统的海面目标平动模型在复杂的海洋环境和日益提高的目标检测要求下，越来越难以适应新的需要，主要体现为目标模型难以描述转动运动形式，以及对目标运动状态的时变性、周期性考虑不足等。

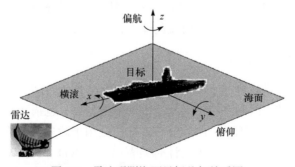

图 7-3　雷达观测海面目标几何关系图

目前，对舰船目标的三轴转动的研究主要集中于 ISAR 舰船成像方面。ISAR对舰船成像依靠舰船与雷达视线之间的相对转动，它由舰船航行和海浪作用下的舰船自身摇摆产生的转动组成[17]。文献[102]对外场舰船目标进行了 ISAR 成像实验，分析表明海水波动，使舰船做三维运动，散射点子回波为调幅-调频(amplitude modulation-frequency modulation, AM-FM)信号，其在一定程度上可近似为调幅-线性调频(amplitude modulation-linear frequency modulation, AM-LFM)信号，或者近似分段的 AM-LFM 信号，则对舰船目标的瞬时成像问题转化为噪声和杂波背景下的多分量 AM-LFM 信号瞬时参数估计问题。针对多分量的 AM-FM 信号给信号的参数估计带来的极大困难，人们相继提出了基于自适应 Chirplet 分解(线性调频小波基函数分解法)[103]、匹配傅里叶变换(matching FT, MFT)[104]、扩展 MFT[105]、高阶匹配相位变换[106]和 chirp 傅里叶变换(chirp FT, CFT)[107]的舰船目标 ISAR 成像方法。然而，已有的文献较少考虑复杂运动情况下的微动特征，难以对时变的多普勒分量进行分析和提取。

7.3.2　微动目标特征分析与检测方法

微动本质上是一种非匀速运动或周期运动，微动目标雷达回波受到调制，其多普勒随时间非线性变化，成为一类频率调制的时变信号。微多普勒信号具有非线性和非平稳特性，同时微动目标回波一般为多分量信号，因此微动目标雷达特征分析和提取以非平稳信号、时变信号、多分量信号处理技术为主要工具。

1. 基于 FT 的频谱分析方法

基于 FT 的频谱分析方法是最早用于微多普勒信号分析的工具，人们相继提出了利用多普勒谱宽与多普勒谱峰值比的振幅和相位估计方法[108]、包络检测法[34]、多谐波微多普勒信号分析方法[109]及循环平稳特性调制相位信号参数估计方法[110]等，并应用于医学成像、高速公路上车辆检测、进动弹头回波分析[109]及噪声抑制等方面。FT 有计算速度快的优点，然而频谱分析方法为一种全域变换，缺乏时间局域性，不能有效处理时变的非平稳微多普勒信号。

2. 经典时频分析方法

时频分析方法是研究非平稳信号的有力工具，作为时间和频率的二维函数，时频分布给出了特定时间和特定频率范围的能量分布，也描述了非平稳信号的频率随时间变化的过程。因此，时频分析方法广泛用于微多普勒的特性分析以及微动特征提取与参数估计。一类为线性时频表示，如 STFT[36]、WT[30]和 Gabor 变换[111]等，线性时频分布无交叉项，但受不确定原理的制约，时频分辨率较低；另一类为非线性时频表示，主要包括 Cohen 类时频分布，其中，典型的是 WVD[31]、伪 WVD(pseudo WVD, PWVD)以及 SPWVD[112]等。目前，Cohen 类方法分析微多普勒信号存在以下不足：①由于时频分布的双线性特征，非线性频率调制信号或多元信号的时频分布中存在交叉项影响,谱图重排能够降低交叉项的影响,但以降低分辨率为代价,典型的如重排平滑伪 WVD(reassigned SPWVD, RSPWVD)[113];②针对相位是无限可导的正弦调频(sinusoidal FM, SFM)信号微动目标回波模型,采用 WVD 处理 SFM 信号不能得到理想的时频聚集性,多项式 WVD(polynomial WVD, PWVD)[114,115]将瞬时频率建模成一个高阶多项式,虽在一定程度上可消除 WVD 分析高阶多项式相位信号时非线性相位产生的交叉项影响,但在不同信号分量的能量强弱差距较大时,难以提取弱分量的微多普勒特征,且阶数不能取太高;③通常微动信号是微弱的调频信号,而 Cohen 类方法对 SNR 要求较高,如果该信号的频率偏移非常小,则 Cohen 类方法的时频分辨力下降,从而影响参数估计的准确性[116]。

微多普勒信号的特点要求信号分析方法应具有低交叉项、高时频分辨率和大动态范围的特点,以便更好地揭示目标微多普勒特征。从本质上说,微多普勒是由目标运动引起的多普勒频移,因此微多普勒信号处理也是对调频信号的处理。在这种情况下,国内外学者开始从其他方向寻找解决该问题的有效途径。

3. 信号分解分析方法

文献[117]指出独立成分分析(independent component analysis, ICA)技术更适合分析具有空间局域性的微多普勒谱图特征,提出了时空联合 ICA,可将微多普勒谱分解为对应信号不同微动特征的基函数的线性组合,每个基函数对应一种微动特征,组合系数则表征了时空微多普勒特征。文献[118]提出了基于经验的模式分解方法,不同于 FT 和 WT 将信号投影到预先设定的基上,该方法能够自适应非平稳信号本身,将其分解为固有模态函数,并将目标微动特征信号频率调制模式分解成不同的调制模式的叠加,能获得具有物理意义的瞬时频率[60]。此外,每个 IMF 的时频特征采用 Hilbert 变换描述,得到 Hilbert-Huang 变换(Hilbert-Huang transform, HHT)[118,119],这种时频方法避免了 Cohen 类方法的交叉项问题,能够得到更清楚和更准确的时频域中的微多普勒特征,并能通过 Hilbert 谱估计微动参数[40,120]。

4. 相位匹配分析方法

若已知微多普勒信号的形式,可根据先验信息设计对应的指数基函数将微多普勒信号进行分解,是一种相位匹配处理方法,也称为基函数展开法。根据不同的基函数形式可设计出不同的基函数分解方法,如 MFT[121]、自适应 Chirplet 分解法[103,122]和 SFM 基函数分解法[123,124]等。由于微动信号在一定程度上可近似为 AM-LFM 信号,或者近似为分段的 AM-LFM 信号,而 FRFT 对 LFM 信号有良好的能量聚集性和检测性能,同时根据分段信号长度自适应地选择 FRFT 的长度,可近似得到阶段的微动信号，达到分析和提取微多普勒信号的目的。目前，FRFT也逐渐成为微多普勒信号分析的工具[98,125]，但受限于 FRFT 缺少时间定位的功能，难以反映时频特征。为此，文献[126]在 FRFT 中加入滑动的短时窗函数，得到短时 FRFT(short-time FRFT，STFRFT)，通过窗函数的滑动完成整个时间上的信号局部性能分析，可得到在任意时刻该段信号的频率变化，极大地扩展了 FRFT 的应用范围。另外，将 FRFT 与模糊函数结合得到分数阶模糊函数(fractional ambiguity function，FRAF)[100]，能够处理含三次相位的雷达回波信号。随着国内外学者对 FRFT 理论研究的不断深入，这类时频分析工具必定成为分析微多普勒信号的理想手段。

5. 参数模型分析方法

信号时频处理的微动信号分析方法主要是估计信号的多普勒调制参数，作为微多普勒特征分析工具具有不可比拟的优势，但估计性能受时频分辨率的限制。对目标微动特征进行参数估计，在建立目标微动参数估计模型的基础上，仅需求解最优模型参数，便能较好地分析和提取微动特征。目前，基于参数模型的微多普勒信号分析代表方法是时变参数模型法[127-129]。时变参数模型法是近年来应用于非平稳随机信号分析与处理的一种新方法，通常采用具有时变参数的自回归(auto-regression，AR)模型和自回归滑动平均(AR moving average，ARMA)模型来表征非平稳随机信号，将时变参数用一组基时间函数的线性加权组合表示[128]。其优点在于，将非平稳时变问题转化为平稳线性时不变问题，进一步提高了参数估计的精度。时变自回归(time-varying AR，TVAR)模型是基于参数模型的时频分析方法，不需要长时间的观测数据，具有分辨率高、无交叉项干扰和计算速度快的优点，能够反映信号频率的时变性。研究表明，单分量 AM-FM 信号可由一阶 TVAR 模型表示，多分量 AM-FM 信号可由高阶 TVAR 模型建模[129]，因此 TVAR 模型适用于对微动目标回波进行参数建模和估计。采用时变参数模型分析微多普勒信号，其自适应阶数的选取、系数估计方法、与非参数时频变换方法的关系以及在低 SNR 情况下的参数估计等问题仍有待于进一步的研究。

除了上述微多普勒分析方法，也有学者从图像处理的角度对微多普勒信号进行检测和提取。在谱图域，正弦调制的微多普勒信号表现为曲线或直线，采用图像处理方法中的 Hough 变换(Hough transform，HT)和 Radon 变换(Radon transform，RT)提取时频平面上的曲线参数，可获得目标的微动参数[52]。通过引入熵测量的方法对回波信号的时频面的微多普勒区域进行分割，然后选择合适的时频分析方法提取多普勒特征，有助于降低运算量，抑制干扰[130]。鉴于微多普勒能够精细描述信号特征，增加了信息量，并且可以很好地刻画信号本身的频率变化，因此其具备提高微弱目标检测性能的可能性[27,131]。

7.4　难点与挑战

微动目标的 RCS 调制从功率上描述了微动目标雷达特征,表征了目标姿态的变化。海面目标的非匀速平动和三轴转动导致散射点的多普勒频率随时间非线性变化,因此海面目标的微动特征能够反映目标的雷达回波调制特征、几何结构和运动特征,同时展示了时间、空间、频率三维特征空间的变化特性。这些均为微多普勒理论在对海雷达回波信号分析中的应用提供了很好的基础与借鉴。从现有研究状况分析,需要进一步解决的问题包括以下几个方面。

7.4.1　海杂波建模及特性分析方面

随着高分辨力雷达的发展,对海面微弱目标的检测与识别成为可能。但在低掠射角及高海况的条件下,快变信号(海尖峰)导致海面起伏变化剧烈、粗糙,其产生的非 Bragg 谱导致多普勒的中心频率频移或展宽,海杂波表现出时变特性。此时,海面回波散射已不能采用传统的双尺度模型进行建模。经典时频变换方法和滤波方法有很大的局限性,很少考虑各个因素之间的相互作用(包括雷达的工作状态(入射角、发射频率、极化、分辨率等)以及背景状况(如海况、风速、风向等)),也没有揭示出海杂波产生的物理机制。同时,海杂波的"三非"特性(非线性、非平稳、非高斯)与微动信号特征存在相似性,但也有不同之处。采用微动信号分析方法对海杂波建模,能够更好地揭示海杂波的起伏特性及频率特性,充分掌握海杂波的特征信息。一方面,从海面运动特性的角度出发,研究白浪、破碎波的姿态变化对雷达回波信号的调制作用(RCS 调制和相位调制);另一方面,对海尖峰进行特性分析,并研究多普勒谱的偏移和展宽特性,从而为海杂波抑制和微弱目标检测提供必要的先验信息。

7.4.2　微动目标回波建模及特性分析方面

首先,舰船等微动目标在海面上将产生由转动引起的姿态变化,包括偏航、滚动和俯仰三种周期运动,这三种周期运动以及非匀速平动之间还存在耦合。其次,由于受非线性策动力和非线性阻尼力的作用,舰船姿态变化更为复杂,微动目标回波信号呈现出随机性、周期性和高阶次相位的特点,会对海面微动目标的建模造成困难。此时,需要针对目标的运动状态、海面环境以及雷达观测形式等多种因素建立海面微动目标回波模型,由简单到复杂,由一维到多维。最后,由于舰船目标的转动速度比较慢,要观测到精细的微多普勒信息需要较长的积累时间，而较长的积累时间会产生较大的高阶相位项，并且随着积累时间的延长，目标与雷达相对运动，即使是速度较低的目标，在相参积累时间内也常会出现跨距离单元(across range unit，ARU)[132]的问题，导致目标信号能量无法有效积累。因此，应分别从理论模型和实测数据两方面分析海杂波与微动目标的微多普勒特征，寻找回波信号的微多普勒区域，从时域、极化域、变换域和稀疏域多个角度进行分析，扩展数据的利用维度，判定信号是否具有微动特征。其目的在于充分掌握海杂波及海面目标的微动特征信息，为后续的微动目标检测、特征提取与参数估计奠定基础。

7.4.3 微多普勒信号特征提取和检测方面

通过建立完善的雷达目标微动特征体系，将会为雷达目标的检测和识别提供新的途径。微多普勒是估计微动目标参数的前提，关键在于瞬时频率的高精度估计和提取。目前，微动目标特征的提取主要集中于微动目标参数估计，并未考虑微动目标姿态变化对回波产生的影响，通过联合微动目标参数估计和散射强度变化引起的周期性调制效应等，可揭示更加丰富的微动目标特征信息。现有的国内外对微多普勒信号的分析方法主要应用了非平稳信号处理方法，如时频分析等，而在时频分辨率、多分量信号分析、对 SNR 的要求以及鲁棒性等方面，经典的时频分析方法有待改进。FRFT 及其改进方法和基于参数模型的微多普勒信号分析方法为微动目标的精细描述提供了新的途径，但其理论体系仍不够完善，在参数估计精度及方法运算量方面还存在不足[98,125]。另外，由于目标运动的复杂性以及长相参积累时间，目标回波会同时出现距离弯曲、跨距离单元和多普勒单元的问题，需要对距离和多普勒频率徙动(Doppler frequency migration，DFM)[133-135]进行补偿，以提高积累增益。此外，目标雷达回波可视为少数强散射中心回波的叠加，时域回波具有稀疏特性，并且微动信号在某些变换域具有明显的稀疏大值特性，因此采用稀疏表示的方法分析微动信号，并进行参数估计是非常适合的，但在稀疏表示、杂波抑制、特征提取以及快速计算等方面仍有很多问题需要解决，离实际应用需求还有较大差距。

7.5 小　结

微动特性是目标物理特性之一，微动目标的雷达特征包含了对目标形状、结构和运动的精细刻画，同时微多普勒反映了信号的非平稳特性，因此，在高海况条件下采用微多普勒理论分析海杂波及检测海面目标具有很大的优越性。本章首先从微多普勒机理和特点出发，对动态海面散射杂波建模和海杂波多普勒特性分析方法等相关研究进行归纳与分析；然后，从海面微动目标回波建模和微动特征分析与检测方法等方面重点介绍了微多普勒理论在海面目标检测领域的应用和主要技术途径；最后，指出了微多普勒理论在对海雷达回波信号分析中的难点与挑战。

参 考 文 献

[1] Panagopoulos S, Soraghan J J. Small-target detection in sea clutter[J]. IEEE Transactions on Geoscience and Remote Sensing, 2004, 42(7): 1355-1361.

[2] Walker D. Experimentally motivated model for low grazing angle radar Doppler spectra of the sea surface[J]. IEE Proceedings-Radar, Sonar and Navigation, 2000, 147(3): 114-120.

[3] Thayaparan T, Kennedy S. Detection of a manoeuvring air target in sea-clutter using joint time-frequency analysis techniques[J]. IEE Proceedings-Radar, Sonar and Navigation, 2004, 151(1): 19-30.

[4] Yasotharan A, Thayaparan T. Time-frequency method for detecting an accelerating target in sea clutter[J]. IEEE Transactions on Aerospace and Electronic Systems, 2006, 42(4): 1289-1310.

[5] Carretero-Moya J, Gismero-Menoyo J, Asensio-Lopez A, et al. Application of the Radon transform to detect small-targets in sea clutter[J]. IET Radar, Sonar & Navigation, 2009, 3(2): 155-166.

[6] Zuo L , Li M ,Zhang X W, et al. An efficient method for detecting slow-moving weak targets in sea clutter based on time-frequency iteration decomposition[J]. IEEE Transactions on Geoscience and Remote Sensing, 2013, 51(6): 3659-3672.

[7] Ward K D, Watts S. Use of sea clutter models in radar design and development[J]. IET Radar, Sonar & Navigation, 2010, 4(2): 146-157.

[8] Farina A, Gini F, Greco M V, et al. High resolution sea clutter data: statistical analysis of recorded live data[J]. IEE Proceedings-Radar, Sonar and Navigation, 1997, 144(3): 121-130.

[9] Luo F, Zhang D T, Zhang B. The fractal properties of sea clutter and their applications in maritime target detection[J]. IEEE Geoscience and Remote Sensing Letters, 2013, 10(6): 1295-1299.

[10] 关键, 刘宁波, 黄勇, 等. 雷达目标自动检测的分形理论及应用[M]. 北京: 电子工业出版社, 2011.

[11] Posner F L. Spiky sea clutter at high range resolutions and very low grazing angles[J]. IEEE Transactions on Aerospace and Electronic Systems, 2002, 38(1): 58-73.

[12] 郭立新, 王蕊, 王运华, 等. 二维粗糙海面散射回波多普勒谱频移及展宽特征[J]. 物理学报, 2008, 57(6): 3464-3472.

[13] Greco M, Stinco P, Gini F. Identification and analysis of sea radar clutter spikes[J]. IET Radar, Sonar & Navigation, 2010, 4(2): 239-250.

[14] 黄勇, 陈小龙, 关键. 实测海尖峰特性分析及抑制方法[J]. 雷达学报, 2015, 4(3): 334-342.

[15] Toporkov J V, Brown G S. Numerical study of the extended Kirchhoff approach and the lowest order small slope approximation for scattering from ocean-like surfaces: Doppler analysis[J]. IEEE Transactions on Antennas and Propagation, 2002, 50(4): 417-425.

[16] Zavorotny V U, Voronovich A G. Two-scale model and ocean radar Doppler spectra at moderate- and low-grazing angles[J]. IEEE Transactions on Antennas and Propagation, 1998, 46(1): 84-92.

[17] Li Y, Bao Z, Xing M, et al. Inverse synthetic aperture radar imaging of ship target with complex motion[J]. IET Radar, Sonar & Navigation, 2008, 2(6): 395-403.

[18] 许小剑, 姜丹, 李晓飞. 时变海面舰船目标动态雷达特征信号模型[J]. 系统工程与电子技术, 2011, 33(1): 42-47.

[19] Bai X, Tao R, Wang Z J, et al. ISAR imaging of a ship target based on parameter estimation of multicomponent quadratic frequency-modulated signals[J]. IEEE Transactions on Geoscience and Remote Sensing, 2014, 52(2): 1418-1429.

[20] Weinberg G V. Coherent multilook detection for targets in Pareto distributed clutter[J]. Electronics Letters, 2011, 47(14): 822-824.

[21] Shui P L, Shi Y L. Subband ANMF detection of moving targets in sea clutter[J]. IEEE Transactions on Aerospace and Electronic Systems, 2012, 48(4): 3578-3593.

[22] Lo T, Leung H, Litva J, et al. Fractal characterisation of sea-scattered signals and detection of sea-surface targets[J]. IEE Proceedings F Radar and Signal Processing, 1993, 140(4): 243-250.

[23] Haykin S, Li X B. Detection of signals in chaos[J]. Proceedings of the IEEE, 1995, 83(1): 95-122.

[24] Chen V C, Li F, Ho S S, et al. Analysis of micro-Doppler signatures[J]. IEE Proceedings-Radar, Sonar and Navigation, 2003, 150(4): 271-276.

[25] Chen V C, Li F, Ho S S, et al. Micro-Doppler effect in radar: Phenomenon, model, and simulation study[J]. IEEE Transactions on Aerospace and Electronic Systems, 2006, 42(1): 2-21.

[26] 陈小龙, 关键, 何友. 微多普勒理论在海面目标检测中的应用及展望[J]. 雷达学报, 2013, 2(1): 123-134.

[27] Nie L, Yang J, Li K L, et al. The inversion of sea state based on the micro-Doppler analysis of sea-clutter[C]. IEEE 10th International Conference on Signal Processing, Beijing, 2010: 2206-2209.

[28] Renhorn I G, Karlsson C, Letalick D, et al. Coherent laser radar for vibrometry: robust design and adaptive signal processing[C]. Applied Laser Radar Technology Ⅱ, Orlando, 1995: 23-30.

[29] 陈行勇. 微动目标雷达特征提取技术研究[D]. 长沙: 国防科学技术大学, 2006.

[30] Thayaparan T, Abrol S, Riseborough E, et al. Analysis of radar micro-Doppler signatures from experimental helicopter and human data[J]. IET Radar, Sonar & Navigation, 2007, 1(4): 289-299.

[31] Chen V C. Doppler signatures of radar backscattering from objects with micro-motions[J]. IET Signal Processing, 2008, 2(3): 291-300.

[32] Balleri A, Chetty K, Woodbridge K. Classification of personnel targets by acoustic micro-Doppler signatures[J]. IET Radar, Sonar & Navigation, 2011, 5(9): 943-951.

[33] Clemente C, Balleri A, Woodbridge K, et al. Developments in target micro-Doppler signatures analysis: radar imaging, ultrasound and through-the-wall radar[J]. EURASIP Journal on Advances in Signal Processing, 2013, 2013(1): 1-18.

[34] Greneker E F, Sylvester V B. Use of the envelope detection method to detect micro-Doppler[C]. Passive Millimeter-Wave Imaging Technology Ⅵ and Radar Sensor Technology Ⅶ, Orlando, 2003: 167-174.

[35] Smith G E, Woodbridge K, Baker C. Template based micro-Doppler signature classification[C]. IET Seminar on High Resolution Imaging and Target Classification, London , 2006: 127-144.

[36] Chen V C, Ling H. Time-Frequency Transforms for Radar Imaging and Signal Analysis[M]. London: Artech House, 2002.

[37] Chen V C. The micro-Doppler Effect in Radar[M]. London: Artech House, 2011.

[38] Thayaparan T, Stankovic L, Djurovic I. Micro-Doppler-based target detection and feature extraction in indoor and outdoor environments[J]. Journal of the Franklin Institute, 2008, 345(6): 700-722.

[39] Kim Y, Ling H. Human activity classification based on micro-Doppler signatures using a support vector machine[J]. IEEE Transactions on Geoscience and Remote Sensing, 2009, 47(5): 1328-1337.

[40] Cai C J, Liu W X, Fu J S,et al. Radar micro-Doppler signature analysis with HHT[J]. IEEE Transactions on Aerospace and Electronic Systems, 2010, 46(2): 929-938.

[41] Gatt P, Henderson S W, Thomson J A, et al. Noise mechanisms impacting micro-Doppler lidar signals: Theory and experiment[R].DTIC Document, 2000.

[42] Geisheimer J L, Asbell D. Extraction of micro-Doppler data from vehicle targets at X-band frequencies[C]. SPIE International Conference on Aerospace/Defense Sensing, Simulation, and Controls , Orlando, 2001: 1-9.

[43] Lemnios W Z, Grometstein A A. Overview of the Lincoln laboratory ballistic missile defense program[J]. Lincoln Laboratory Journal, 2002, 13(1): 9-32.

[44] Anderson M G, Rogers R L. Micro-Doppler analysis of multiple frequency continuous wave radar signatures[C]. Radar Sensor Technology XI, Orlando, 2007: 65470A.

[45] Balleri A, Woodbridge K, Chetty K. Frequency-agile non-coherent ultrasound radar for collection of micro-Doppler signatures[C]. 2011 IEEE Radar Conference, Kansas City, 2011: 45-48.

[46] 黄健, 李欣, 黄晓涛, 等. 基于微多普勒特征的坦克目标参数估计与身份识别[J]. 电子与信息学报, 2010, 32(5): 1050-1055.

[47] 庄钊文, 刘永祥, 黎湘. 目标微动特性研究进展[J]. 电子学报, 2007, 35(3): 520-525.

[48] 李金梁, 王雪松, 刘阳, 等. 雷达目标旋转部件的微 Doppler 效应[J]. 电子与信息学报, 2009, 31(3): 583-587.

[49] Liu Y X, Li X, Zhuang Z W. Estimation of micro-motion parameters based on micro-Doppler[J]. IET Signal Processing, 2010, 4(3): 213-217.

[50] 寇鹏, 刘永祥, 李康乐, 等. 基于通用复时频分布的进动目标微多普勒提取[J]. 系统工程与电子技术, 2011, 33(7): 1462-1467.

[51] 牛杰, 刘永祥, 秦玉亮, 等. 一种基于经验模态分解的锥体目标雷达微动特征提取新方法[J]. 电子学报, 2011, 39(7): 1712-1715.

[52] Zhang Q, Yeo T S, Tan H S, et al. Imaging of a moving target with rotating parts based on the

Hough transform[J]. IEEE Transactions on Geoscience and Remote Sensing, 2008, 46(1): 291-299.

[53] Li K M, Liang X J, Zhang Q, et al. Micro-Doppler signature extraction and ISAR imaging for target with micromotion dynamics[J]. IEEE Geoscience and Remote Sensing Letters, 2011, 8(3): 411-415.

[54] 罗迎, 张群, 朱仁飞, 等. 多载频 MIMO 雷达中目标旋转部件三维微动特征提取方法[J]. 电子学报, 2011, 39(9): 1975-1981.

[55] 罗迎, 张群, 封同安, 等. OFD-LFM MIMO 雷达中旋转目标微多普勒效应分析及三维微动特征提取[J]. 电子与信息学报, 2011,33(1): 8-13.

[56] 高红卫, 谢良贵, 文树梁, 等. 加速度对微多普勒的影响及其补偿研究[J]. 宇航学报, 2009, 30(2): 705-711.

[57] 孙照强, 李宝柱, 鲁耀兵. 弹道目标章动特性及其微多普勒研究[J]. 现代雷达, 2009, 31(4): 24-27.

[58] 高红卫, 谢良贵, 文树梁, 等. 基于微多普勒分析的弹道导弹目标进动特性研究[J]. 系统工程与电子技术, 2008, 30(1): 50-52.

[59] 高红卫, 谢良贵, 文树梁, 等. 微多普勒的一些工程问题研究[J]. 系统工程与电子技术, 2008, 30(11): 2035-2039.

[60] Bai X R,Xing M D,Zhou F, et al. Imaging of micromotion targets with rotating parts based on empirical-mode decomposition[J]. IEEE Transactions on Geoscience and Remote Sensing, 2008, 46(11): 3514-3523.

[61] Bai X R, Zhou F, Xing M D, et al. High resolution ISAR imaging of targets with rotating parts[J]. IEEE Transactions on Aerospace and Electronic Systems, 2011, 47(4): 2530-2543.

[62] 李彦兵, 杜兰, 刘宏伟, 等. 基于微多普勒效应和多级小波分解的轮式履带式车辆分类研究[J]. 电子与信息学报, 2013, 35(4): 894-900.

[63] 李飞, 纠博, 邵长宇, 等. 目标微动参数估计的曲线跟踪算法[J]. 电波科学学报, 2013, 28(2): 278-284.

[64] Pinel N, Dechamps N, Bourlier C. Modeling of the bistatic electromagnetic scattering from sea surfaces covered in oil for microwave applications[J]. IEEE Transactions on Geoscience and Remote Sensing, 2008, 46(2): 385-392.

[65] Zhang M,Chen H,Yin H C. Facet-based investigation on EM scattering from electrically large sea surface with two-scale profiles: Theoretical model[J]. IEEE Transactions on Geoscience and Remote Sensing, 2011, 49(6): 1967-1975.

[66] 吴艳琴, 吴雄斌, 程丰, 等. 基于 X 波段雷达的海洋动力学参数提取算法初步研究[J]. 遥感学报, 2007, 11(6): 817-825.

[67] Ferro A, Pascal A, Bruzzone L. A novel technique for the automatic detection of surface clutter returns in radar sounder data[J]. IEEE Transactions on Geoscience and Remote Sensing, 2013, 51 (5): 3037-3055.

[68] 田炜, 任新成, 黄保瑞. 具有 A.K.Fung 海谱的粗糙海面电磁散射的微扰法研究[J]. 海洋通报, 2011, 30(2): 226-233.

[69] Berizzi F, Dalle-Mese E. Scattering from a 2D sea fractal surface: Fractal analysis of the

scattered signal[J]. IEEE Transactions on Antennas and Propagation, 2002, 50(7): 912-925.

[70] Martorella M, Berizzi F, Mese E D. On the fractal dimension of sea surface backscattered signal at low grazing angle[J]. IEEE Transactions on Antennas and Propagation, 2004, 52(5): 1193-1204.

[71] Rosenberg L. Sea-spike detection in high grazing angle X-band sea-clutter[J]. IEEE Transactions on Geoscience and Remote Sensing, 2013, 51(8): 4556-4562.

[72] Gutnik V G, Kulemin G P, Sharapov L I. Spike statistics features of the radar sea clutter in the millimeter wave band at extremely small grazing angles[C]. The Fourth International Kharkov Symposium on Physics and Engineering of Millimeter and Sub-Millimeter Waves , Kharkov, 2001: 426-428.

[73] 陈泽铭. 基于海尖峰 Posner 判别准则的新方法[J]. 雷达科学与技术, 2018, 16(5): 554-558.

[74] 王小青, 余颖, 陈永强, 等. 海面散射仿真中不同波浪谱和松弛率模型选取的对比研究[J]. 电子与信息学报, 2010, 32(2): 476-480.

[75] Walker D. Doppler modelling of radar sea clutter[J]. IEE Proceedings-Radar, Sonar and Navigation, 2001, 148(2): 73-80.

[76] Li X F,Xu X J. Scattering and Doppler spectral analysis for two-dimensional linear and nonlinear sea surfaces[J]. IEEE Transactions on Geoscience and Remote Sensing, 2011, 49(2): 603-611.

[77] Allan N, Trizna D B, McLaughlin D J. Numerical comparison of techniques for estimating Doppler velocity time series from coherent sea surface scattering measurements[J]. IEE Proceedings-Radar, Sonar and Navigation, 1998, 145(6): 367-373.

[78] Hao Y L, Tang Y H,Zhu Y. A combined denoising algorithm approach to sea clutter in wave monitoring system by marine radar[C].2008 Second International Symposium on Intelligent Information Technology Application,Shanghai, 2008: 99-103.

[79] Zhang Y, Qian S, Thayaparan T. Detection of a manoeuvring air target in strong sea clutter via joint time-frequency representation[J]. IET Signal Processing, 2008, 2(3): 216-222.

[80] Almeida L B. The fractional Fourier transform and time-frequency representations[J]. IEEE Transactions on Signal Processing, 1994, 42(11): 3084-3091.

[81] 陶然, 邓兵, 王越. 分数阶傅里叶变换及其应用[M]. 北京: 清华大学出版社, 2009.

[82] Barbu M, Kaminsky E, Trahan J R E. Time-frequency transform techniques for seabed and buried target classification[C]. SPIE Defense and Security Symposium, Orlando, 2007: 65670K.

[83] 陈小龙, 于仕财, 关键, 等. 海杂波背景下基于 FRFT 的自适应动目标检测方法[J]. 信号处理, 2010, 26(11): 1613-1620.

[84] 陈小龙, 关键, 于仕财, 等. 海杂波背景下基于 FRFT 的多运动目标检测快速算法[J]. 信号处理, 2010, 26(8): 1174-1180.

[85] Drosopoulos A. Description of the OHGR database[R]. Ottawa: DREO Technical Note, 1994.

[86] Haykin S, Krasnor C, Nohara T J, et al. A coherent dual-polarized radar for studying the ocean environment[J]. IEEE Transactions on Geoscience and Remote Sensing, 1991, 29(1): 189-191.

[87] de Wind H J, Cilliers J E, Herselman P L. DataWare: Sea clutter and small boat radar reflectivity databases [best of the web][J]. IEEE Signal Processing Magazine, 2010, 27(2): 145-148.

[88] 关键, 黄勇. Gauss 色噪声中 MIMO 分布孔径雷达检测性能分析[J]. 中国科学 F 辑,

2009,39(3): 363-369.

[89] 何友, 关键, 孟祥伟, 等. 雷达自动检测和 CFAR 处理方法综述[J]. 系统工程与电子技术, 2001, 23(1): 9-14,85.

[90] Derakhtian M, Khaliliazad Z, Masnadi Shirazi M A, et al. Generalised likelihood ratio test-based multiple-target detection for fluctuating targets with unknown parameters[J]. IET Radar, Sonar & Navigation, 2011, 5(6): 613-625.

[91] 刘月平, 姜秋喜, 毕大平, 等. 网络雷达中快起伏 Rician 目标检测性能分析[J]. 电子与信息学报, 2011, 33(7): 1671-1677.

[92] 杨英科, 李宏, 李文臣, 等. 目标起伏特性对雷达检飞试验的影响及应用[J]. 现代雷达, 2013, 35(2): 22-25.

[93] Karagiannidis G K, Sagias N C, Mathiopoulos P T. A novel stochastic model for cascaded fading channels[J]. IEEE Transactions on Communications, 2007, 55(8): 1453-1458.

[94] 王勇, 许小剑. 海上舰船目标的宽带雷达散射特征信号仿真[J]. 航空学报, 2009, 30(2): 337-342.

[95] Garcia-Fernandez A F, Yeste-Ojeda O A, Grajal J. Facet model of moving targets for ISAR imaging and radar back-scattering simulation[J]. IEEE Transactions on Aerospace and Electronic Systems, 2010, 46(3): 1455-1467.

[96] Guan J, Zhang X L. Subspace detection for range and Doppler distributed targets with Rao and Wald tests[J]. Signal Processing, 2011, 91(1): 51-60.

[97] Lei P, Sun J P, Wang J, et al. Micromotion parameter estimation of free rigid targets based on radar micro-Doppler[J]. IEEE Transactions on Geoscience and Remote Sensing, 2012, 50(10): 3776-3786.

[98] Wang Q, Pepin M, Beach R J, et al. SAR-based vibration estimation using the discrete fractional Fourier transform[J]. IEEE Transactions on Geoscience and Remote Sensing, 2012, 50(10): 4145-4156.

[99] 陈小龙, 王国庆, 关键, 等. 基于 FRFT 的动目标检测模型与参数估计精度分析[J]. 现代雷达, 2011, 33(5): 39-45.

[100] 郭海燕, 董云龙, 关键. 基于分数阶模糊函数的海面运动弱目标检测[J]. 系统工程与电子技术, 2011, 33(6): 1212-1216.

[101] 关键, 李宝, 刘加能, 等. 两种海杂波背景下的微弱匀加速运动目标检测方法[J]. 电子与信息学报, 2009, 31(8): 1898-1902.

[102] 邢孟道, 保铮. 外场实测数据的舰船目标 ISAR 成像[J]. 电子与信息学报, 2001, 23(12): 1271-1277.

[103] 王勇, 姜义成. 基于自适应 Chirplet 分解的舰船目标 ISAR 成像[J]. 电子与信息学报, 2006, 28(6): 982-984.

[104] 黄雅静, 曹敏, 付耀文, 等. 基于匹配傅里叶变换的匀加速旋转目标成像[J]. 信号处理, 2009, 25(6): 864-867.

[105] Wang C, Wang Y, Li S B. Inverse synthetic aperture radar imaging of ship targets with complex motion based on match Fourier transform for cubic chirps model[J]. IET Radar, Sonar & Navigation, 2013, 7(9): 994-1003.

[106] Wang Y, Jiang Y C. ISAR imaging of ship target with complex motion based on new approach of parameters estimation for polynomial phase signal[J]. EURASIP Journal on Advances in Signal Processing, 2011,(1): 425203.

[107] Wu L, Wei X Z, Yang D G, et al. ISAR imaging of targets with complex motion based on discrete chirp Fourier transform for cubic chirps[J]. IEEE Transactions on Geoscience and Remote Sensing, 2012, 50(10): 4201-4212.

[108] Huang S R, Lerner R M, Parker K J. On estimating the amplitude of harmonic vibration from the Doppler spectrum of reflected signals[J]. The Journal of the Acoustical Society of America, 1990, 88(6): 2702-2712.

[109] 苏婷婷, 孔令讲, 杨建宇. 基于多谐波微多普勒信号分析的目标摄动参数提取方法[J]. 电子与信息学报, 2008, 30(11): 2646-2649.

[110] 霍凯, 李康乐, 姜卫东, 等. 基于循环平稳特征的正弦调制相位信号参数估计[J]. 电子与信息学报, 2010, 32(2): 355-359.

[111] 李开明, 李长栋, 李松, 等. 基于 Gabor 变换的微动目标微多普勒分析与仿真[J]. 空军工程大学学报(自然科学版), 2010, 11(1): 40-43, 94.

[112] Wu X Y, Liu T Y. Spectral decomposition of seismic data with reassigned smoothed pseudo Wigner-Ville distribution[J]. Journal of Applied Geophysics, 2009, 68(3): 386-393.

[113] Lei Y K, Zhong Z F, Wu Y H. A parameter estimation algorithm for high-speed frequency-hopping signals based on RSPWVD[C]. 2007 International Symposium on Intelligent Signal Processing and Communication Systems, Xiamen, 2007: 392-395.

[114] Chandra Sekhar S, Sreenivas T V. Effect of interpolation on PWVD computation and instantaneous frequency estimation[J]. Signal Processing, 2004, 84(1): 107-116.

[115] Wang Y, Jiang Y C. New time-frequency distribution based on the polynomial Wigner-Ville distribution and L class of Wigner-Ville distribution[J]. IET Signal Processing, 2010, 4(2): 130-136.

[116] 许世军, 罗迎, 陈天平. 低信噪比条件下雷达目标微多普勒信息提取[J]. 弹箭与制导学报, 2010, 30(3): 148-150.

[117] Chen V C. Spatial and temporal independent component analysis of micro-Doppler features[C]. 2005 IEEE International Radar Conference , Arlington, 2005: 348-353.

[118] Huang N E, Shen Z, Long S R, et al. The empirical mode decomposition and the Hilbert spectrum for nonlinear and non-stationary time series analysis[J]. Proceedings of the Royal Society of London Series A: Mathematical, Physical & Engineering Sciences, 1998, 454(1971): 903-995.

[119] 张建, 关键, 黄勇, 等. 基于 Hilbert 谱脊线盒维数的微弱目标检测算法[J]. 电子学报, 2012, 40(12): 2404-2409.

[120] Niu J, Liu Y, Jiang W, et al. Weighted average frequency algorithm for Hilbert-Huang spectrum and its application to micro-Doppler estimation[J]. IET Radar, Sonar & Navigation, 2012, 6(7): 595-602.

[121] 张云, 姜义成. 基于匹配傅里叶变换的舰船目标成像算法[J]. 大连海事大学学报, 2009, 35(1): 47-52.

[122] Li J, Ling H. Application of adaptive chirplet representation for ISAR feature extraction from targets with rotating parts[J]. IEE Proceedings - Radar, Sonar & Navigation, 2003, 150(4): 284-291.

[123] Setlur P, Amin M, Ahmad F. Analysis of micro-Doppler signals using linear FM basis decomposition[C]. SPIE Defense and Security Symposium, Orlando, 2006: 62100M.

[124] Setlur P, Amin M, Thayaparan T. Micro-Doppler signal estimation for vibrating and rotating targets[C]. Proceedings of the Eighth International Symposium on Signal Processing and Its Applications, Sydney, 2005: 639-642.

[125] Zhang W, Tong C M, Zhang Q, et al. Extraction of vibrating features with dual-channel fixed-receiver bistatic SAR[J]. IEEE Geoscience and Remote Sensing Letters, 2012, 9(3): 507-511.

[126] Tao R,Li Y L, Wang Y. Short-time fractional Fourier transform and its applications[J]. IEEE Transactions on Signal Processing, 2010, 58(5): 2568-2580.

[127] Rajan J J, Rayner P J W. Generalized feature extraction for time-varying autoregressive models[J]. IEEE Transactions on Signal Processing, 1996, 44(10): 2498-2507.

[128] Eom K B. Time-varying autoregressive modeling of HRR radar signatures[J]. IEEE Transactions on Aerospace and Electronic Systems, 1999, 35(3): 974-988.

[129] Pachori R B, Sircar P. Modeling of time varying AR process using nonlinear energy operator[C]. Proceedings of the Eighth International Symposium on Signal Processing and Its Applications , Sydney, 2005: 643-646.

[130] Lei P,Wang J, Guo P, et al. Automatic classification of radar targets with micro-motions using entropy segmentation and time-frequency features[J]. AEU - International Journal of Electronics and Communications, 2011, 65(10): 806-813.

[131] 黄孟俊, 陈建军, 赵宏钟, 等. 海面角反射器干扰微多普勒建模与仿真[J]. 系统工程与电子技术, 2012, 34(9): 1781-1787.

[132] Yu J, Xu J, Peng Y N, et al. Radon-Fourier transform for radar target detection (III): optimality and fast implementations[J]. IEEE Transactions on Aerospace and Electronic Systems, 2012, 48(2): 991-1004.

[133] Tao R, Zhang N, Wang Y. Analysing and compensating the effects of range and Doppler frequency migrations in linear frequency modulation pulse compression radar[J]. IET Radar, Sonar & Navigation, 2011, 5(1): 12-22.

[134] Suo P C, Tao S, Tao R, et al. Detection of high-speed and accelerated target based on the linear frequency modulation radar[J]. IET Radar, Sonar & Navigation, 2014, 8(1): 37-47.

[135] Moo P W, Ding Z. Tracking performance of MIMO radar for accelerating targets[J]. IEEE Transactions on Signal Processing, 2013, 61(21): 5205-5216.

第8章 海杂波及动目标微多普勒特性认知

海面由大尺度重力波和小尺度张力波组成，因此可将其简化为仅含有两种尺度粗糙程度的表面，即粗糙面电磁散射的双尺度模型[1,2]。然而，双尺度法依赖粗糙面的划分方式，且在低掠射角情况下不准确；同时，该模型基于海面散射回波信号是平稳、时不变的。在高分辨率雷达对海观测中，当以低掠射角照射粗糙海面或高海况时，海面回波强度会明显增强，出现白浪等破碎波；快变信号(如海尖峰等)产生的非 Bragg 散射导致 Bragg 谱展宽，海面散射回波信号体现出明显的时变特性[3]。因此，传统双尺度海面散射模型的缺点及其粗略的假设与实际海面不符，需对模型进行改进。

本章以对海观测雷达为平台，建立海杂波和海面目标的微动模型，并对微动特征进行分析，从而为后续的微动特征增强、提取和检测奠定基础。一方面，讨论非平稳条件下海杂波谱时变特性认知技术，针对传统双尺度海面散射模型不能有效分析高海况和低掠射角条件下的非 Bragg 散射问题，提出一种更符合工程实际的一维时变海面散射模型[4]。通过计算改进模型的海面平均散射功率，得到时变海面的角度散射特性，并讨论了改进一维时变海面散射模型的分数阶功率谱(fractional power spectrum，FPS)特性。另一方面，从海上目标运动机理角度出发，介绍海杂波中目标微多普勒特征认知方法。根据海面目标的运动形式、雷达与目标的相对位置以及观测时长分别建立非匀速平动回波模型、三轴转动(滚动、俯仰和偏航)回波模型以及长时间微动目标观测模型[5]。

8.1 动态海面散射杂波特性认知

FT 不能很好地反映和提取频率的变化信息，不利于分析快变信号产生的非 Bragg 散射。近年来，作为 FT 的广义形式，FRFT 引起了人们越来越多的关注[6]，非常适于分析或处理时变的非平稳信号。对于随机信号的 FRFT 域分析，不再是分数阶傅里叶频谱，而是功率谱。文献[7]定义了随机信号的分数阶相关函数和FPS，推导出 FPS 可以定义为分数阶相关函数的 FRFT。因此，FPS 是传统理论在FRFT 域的广义形式，能够从本质上反映海面散射回波信号的功率谱密度在 FRFT域的变化和能量分布。

本章对基于线性流体力学的双尺度海面散射模型进行改进并验证。首先，在模型中引入调频率描述多普勒频率的变化，介绍一种更符合工程实际的一维时变海面散射模型。其次，通过计算改进一维时变海面散射模型的海面平均散射功率，得到时变海面的角度散射特性。再次，研究改进一维时变海面散射模型的 FPS 特性，能够很好地分析并提取出海面回波的频率变化及多普勒频移。最后，采用实测海面回波数据对改进一维时变海面散射模型进行验证，讨论入射波长和旋转角对 FPS 的影响，并在多域(时域、极化域和变换域(频域和 FRFT 域))对海杂波(包括海尖峰)的特性进行分析。本章的目的在于充分掌握海杂波的微动特征信息，为海杂波抑制和微动目标检测过程中的信号处理提供必需的先验信息。

8.1.1　改进一维时变海面散射模型及散射特性

1. 一维时变海面散射模型

设一维时变海面散射模型是线性随机模型，海面高度 z 可用海面轮廓表示，仅为位置 x 和时间 t 的函数，即

$$z = \xi(x,t) \tag{8-1}$$

式中，ξ 为海面轮廓，如图 8-1 所示。

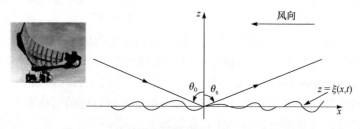

图 8-1　一维时变海面散射模型的平面几何结构

模型假设构成海面各谐波分量为多个单频正弦信号的叠加，信号的幅值相互独立，正比于 Pierson-Moskowitz(PM)海谱[8]。在 t 时刻，假设风向和 x 轴重合(即使不在同一平面，只需考虑雷达径向速度分量即可)，当考虑到海面水面的漂移速度及大尺度重力波轨道运动的影响时，海面轮廓可由式(8-2)进行模拟：

$$\xi_1(x_0,t) = \sum_{n=0}^{N-1} A_n \sin\left[K_{nx}(x + f_{g_n}t + f_{d_n}t) - \omega_n t + \phi_n \right] \tag{8-2}$$

式中，$K_{nx} = K_n \cos\beta_n$；$\omega_n = \sqrt{gK_n\left[1 + (K_n / K_m)^2\right]}$，$K_n$ 为波数，β_n 为波浪运动方向与风向 β_0 的夹角，$K_m = 363\text{rad/m}$；ϕ_n 为服从均匀分布$[-\pi, \pi]$的随机相位；$(f_{g_n} + f_{d_n})$ 为中心频率，由海面重力波引起的 Stokes 轨道运动速度 v_{g_n}[2]和风驱表层水面的漂流速度 v_{d_n} 构成，分别表示为 $f_{g_n} = 2v_{g_n}/\lambda$，$f_{d_n} = 2v_{d_n}/\lambda$，$\lambda$ 为入射波

长，$v_{d_n} = 0.03U_{19.5}$。

$$v_{g_n} = \omega_p K_p \left(\frac{H_p}{2}\right)^2 \frac{\cosh(2K_p h)}{2\sinh^2(K_p h)} - \omega_p \left(\frac{H_p}{2}\right)^2 \frac{\cosh(K_p h)}{2d} \tag{8-3}$$

式中，ω_p 和 K_p 分别为角频率和基波的空间波数；H_p 为基波的浪高。其表示为 $K_p \approx$ $0.877^2 g / U_{19.5}^2$，$\omega_p \approx 0.877g/U_{19.5}$，$H_p = 0.0212U_{19.5}^2$，$g$ 为重力加速度，$U_{19.5}$ 为海面 19.5m 高度处的风速。

由式(8-2)可知，海面轮廓受风速的影响，海面上方风速越大，海面的起伏越大。海面轮廓 ξ 和海面散射振幅因子 S 之间的关系为[1]

$$S(\theta_0, \theta_s, t) = F \int \exp[-j\kappa_x x + j\kappa_z \xi(x,t)] dx \tag{8-4}$$

$$\begin{cases} F = \pm \sec\theta_0 \left[\dfrac{1+\cos(\theta_0+\theta_s)}{\cos\theta_0+\cos\theta_s}\right] \\ \kappa_x = \dfrac{2\pi}{\lambda}(\sin\theta_0 - \sin\theta_s) \\ \kappa_z = \dfrac{2\pi}{\lambda}(\cos\theta_0 + \cos\theta_s) \end{cases} \tag{8-5}$$

式中，θ_0 和 θ_s 分别为入射角和散射角；± 分别表示垂直极化和水平极化方式。

虽然基于线性流体力学的双尺度海面散射模型能够在一定程度上反映不同尺度的海面散射特性，但是在实际的高分辨率对海雷达观测海面时，观测距离较远，雷达架高有限，往往导致雷达照射海面的掠射角很低(入射补角，通常 $\theta_i > 85°$)[3]，若此时海况高于 3 级，则海面会出现大量的白帽泡沫等破碎波，其雷达回波称为海尖峰，时域表现为快变信号，频域出现非 Bragg 谱。一方面，非 Bragg 谱可使 Bragg 谱的多普勒中心频率随时间变化，导致多普勒谱峰的展宽；另一方面，可使多普勒峰值的中心发生偏移。显然双尺度海面散射模型已不能很好地分析低掠射角条件和高海况下的海面回波散射特性。基于上述考虑，改进一维时变海面散射模型在短时间内将海面轮廓建模为多个 chirp 信号的叠加，即

$$\xi_2(x,t) = \sum_{n=0}^{N-1} A_n \sin\left[K_{nx}\left(x + \mu_n t^2 + f_{g_n} t + f_{d_n} t\right) - \omega_n t + \phi_n\right] \tag{8-6}$$

式中，$\mu_n = 2a_n/\lambda$ 为小尺度谐振波造成的多普勒频率的变化，用加速度表示，能够体现非 Bragg 谱的时变特性。在低海况或中等入射角的情况下，μ_n 趋近于零，主要体现为大尺度波产生的 Bragg 谱。显然，式(8-2)是式(8-6)的特殊形式。

2. 改进一维时变海面散射模型的角度散射特性分析

本小节在改进一维时变海面散射模型的基础上，通过计算海面平均散射功率，研究时变海面角度的散射特性。在 t_0 时刻，海面高度是海面位置的函数，表示为 $z=\xi(x, t_0)$，其中，

$$\xi(x,t_0) = \sum_{n=0}^{N-1} A_n \sin\left[K_{nx}\left(x + \mu_n t_0^2 + f_{g_n} t_0 + f_{d_n} t_0 \right) - \omega_n t_0 + \phi_n \right] \tag{8-7}$$

令 $\Phi_n = K_{nx}\left(\mu_n t_0^2 + f_{g_n} t_0 + f_{d_n} t_0 \right) - \omega_n t_0 + \phi_n + \dfrac{\pi}{2}$，则式(8-7)转换为

$$\xi(x,t_0) = \sum_{n=0}^{N-1} A_n(x)\cos\left(K_{nx}x + \Phi_n \right) \tag{8-8}$$

假设某一时刻的海面轮廓函数是空间随机过程，并且是平稳的，即空间相关函数取值仅与空间位置之差有关，与空间所处位置无关，即

$$R_\xi(x_1,x_2) = \langle z_1,z_2 \rangle = R_\xi(\tau_0) \tag{8-9}$$

式中，$x_1-x_2=\tau_0$；$\langle\ \rangle$ 表示平均运算。根据式(8-4)可得海面散射振幅因子的统计平均为

$$\langle S' \rangle = \int_{-L}^{L} e^{-j\kappa_x x} \left\langle e^{j\kappa_z \xi(x,t_0)} \right\rangle dx = \int_{-L}^{L} e^{-j\kappa_x x} \left\langle e^{j\kappa_z z} \right\rangle dx \tag{8-10}$$

式中，L 为照射海面长度。随机过程 $\xi(x, t_0)$ 是各态历经的，因此其集平均等于统计平均：

$$\left\langle e^{j\kappa_z z} \right\rangle = \int e^{j\kappa_z z} p(z)dz = \Psi(j\kappa_z) \tag{8-11}$$

式中，$p(z)$ 和 $\Psi(j\kappa_z)$ 分别为随机变量 z 的 PDF 和特征函数。

根据式(8-8)及假设，在 t_0 时刻，海面轮廓 $\xi(x, t_0)$ 可看成多个零均值，方差为 σ_i^2 的窄带高斯随机过程的叠加，σ_i^2 表示海面轮廓高度的起伏方差。任意分量的 PDF 表示为

$$p(z_i) = \frac{1}{\sqrt{2\pi\sigma_i^2}} \exp\left(-\frac{z_i^2}{2\sigma_i^2} \right) \tag{8-12}$$

因此，单一分量的特征函数为标准正态分布的特征函数，可表示为

$$\Psi_i(j\kappa_z) = \int_{-\infty}^{\infty} e^{j\kappa_z z_i} p(z_i)dz_i = \frac{1}{\sqrt{2\pi\sigma_i^2}} \int_{-\infty}^{\infty} e^{j\kappa_z z_i} e^{-\frac{z_i^2}{2\sigma_i^2}} dz_i = e^{-\kappa_z \sigma_i^2/2} \tag{8-13}$$

其自相关函数为

$$R_i(\tau_0) = \sigma_i^2 e^{-\tau_0^2/l_0^2} \cos(K_{ix}\tau_0) \tag{8-14}$$

式中，l_0 为相关长度。

海面平均散射功率正比于海面散射振幅因子互相关的统计平均：

$$P_i \propto \left\langle S' \cdot S'^* \right\rangle = \int_{-L}^{L} \int_{-L}^{L} e^{-j\kappa_x(x_1-x_2)} \left\langle e^{j\kappa_z[\xi_i(x_1)-\xi_i(x_2)]} \right\rangle dx_1 dx_2 \tag{8-15}$$

式中，S' 为归一化的海面散射振幅因子。式(8-15)中的统计平均 $\left\langle e^{j\kappa_z[\xi_i(x_1)-\xi_i(x_2)]} \right\rangle$ 可看成 $\xi_i(x_1)$ 和 $\xi_i(x_2)$ 的联合特征函数，由于多分量海面轮廓之间具有相关性，根据式(8-13)得到 $\left\langle e^{j\kappa_z[\xi_i(x_1)-\xi_i(x_2)]} \right\rangle = e^{-\kappa_z^2\sigma_i^2+\kappa_z^2 R_i(x_1,x_2)}$，$R_i(x_1,x_2)$ 为 $\xi_i(x_1)$ 和 $\xi_i(x_2)$ 的互相关函数。令 $\rho=x_1+x_2$、$\tau_0=x_1-x_2$，转换到 (τ_0,ρ) 坐标系，并对 ρ 进行积分运算，则式 (8-15) 转换为

$$P_i \propto e^{-\kappa_z^2\sigma_i^2} \int_{-2L}^{2L} (2L-|\tau_0|) e^{-j\kappa_x\tau_0+\kappa_z^2 R_i(\tau_0)} d\tau_0 \tag{8-16}$$

代入式(8-14)，得到改进一维时变海面散射模型散射回波的平均散射功率表达式为

$$P_i \propto e^{-\kappa_z^2\sigma_i^2} \int_{-2L}^{2L} (2L-|\tau_0|) e^{-j\kappa_x\tau_0+\kappa_z^2\sigma_i^2 e^{-\tau_0^2/l_0^2}\cos(K_{ix}\tau_0)} d\tau_0 \tag{8-17}$$

为简化运算，分以下三种情况进行讨论。

1) $l_0=L$，$\kappa_z^2\sigma_i^2 \gg 1$

在此情况下，海面粗糙($\kappa_z^2\sigma_i^2 \gg 1$)，并且多分量海面轮廓之间相关，相关长度等于照射海面长度($l_0=L$)，不妨假设$|\tau_0|=l_0$，将式(8-17)取无穷积分，并利用Fourier-Bessel 函数展开式[9]，经过整理得到

$$P_i \propto L \int_{-\infty}^{\infty} J_m\left(\kappa_z^2\sigma_i^2 e^{-\tau_0^2/L^2}\right) e^{-j(\kappa_x-mK_{ix})\tau_0} d\tau_0 \tag{8-18}$$

式中，J_m 为 m 阶第一类 Bessel 函数。忽略高阶散射场的作用($m=0$，$m=\pm1$)，得

$$P_i \propto L \int_{-\infty}^{\infty} \left[e^{-j\kappa_x\tau_0} \pm \frac{1}{2}\kappa_z^2\sigma_i^2 e^{-\tau_0^2/L^2} e^{-j(\kappa_x\mp K_{ix})\tau_0} \right] d\tau_0 = L\delta(\kappa_x) \pm \frac{1}{2e}L\kappa_z^2\sigma_i^2\delta(\kappa_x \mp K_{ix}) \tag{8-19}$$

由式(8-19)可知，P_i 的大小取决于起伏方差，并且只有当 $\kappa_x=0$ 和 $\kappa_x \mp K_{ix} = 0$ 时，P_i 才不为零，分别对应 $m=0$、$m=\pm1$。因此，仅考虑低阶散射场，改进一

维时变海面散射模型的散射角为 $\theta_s = \theta_0$ 和 $\theta_s = \arcsin\left(\sin\theta_0 \mp \dfrac{\lambda}{2\pi}K_{ix}\right)$。

2) $l_0 = L$，$\kappa_z^2\sigma_i^2 \ll 1$

此时，相关长度仍等于照射海面长度($l_0 = L$)，相对于第 1)种情况，海面光滑($\kappa_z^2\sigma_i^2 \ll 1$)。根据指数函数的泰勒级数展开：

$$\exp\left[\kappa_z^2\sigma_i^2 e^{-\tau_0^2/L^2}\cos(K_{ix}\tau_0)\right] \approx 1 + \kappa_z^2\sigma_i^2 e^{-\tau_0^2/L^2}\cos(K_{ix}\tau_0) \tag{8-20}$$

代入式(8-17)并取无穷积分，得到

$$\begin{aligned}
P_i &\propto Le^{-\kappa_z^2\sigma_i^2}\int_{-\infty}^{\infty} e^{-j\kappa_x\tau_0}\left[1 + \kappa_z^2\sigma_i^2 e^{-\tau_0^2/L^2}\cos(K_{ix}\tau_0)\right]d\tau_0 \\
&\propto Le^{-\kappa_z^2\sigma_i^2}\int_{-\infty}^{\infty} e^{-j\kappa_x\tau_0}\left(1 + \kappa_z^2\sigma_i^2 e^{-\tau_0^2/L^2}\frac{e^{jK_{ix}\tau_0} + e^{-jK_{ix}\tau_0}}{2}\right)d\tau_0 \\
&\propto Le^{-\kappa_z^2\sigma_i^2}\left[\delta(\kappa_x) + \kappa_z^2\sigma_i^2 e^{-\tau_0^2/L^2}\delta(\kappa_x \pm K_{ix})\right]
\end{aligned} \tag{8-21}$$

进而推导出当 $\theta_s = \theta_0$ 和 $\theta_s = \arcsin\left(\sin\theta_0 \pm \dfrac{\lambda}{2\pi}K_{ix}\right)$ 时，P_i 达到峰值。由于此时海面光滑，起伏不剧烈，所以不存在高阶散射角，幅值明显降低。

3) $l_0 \gg L$

此时，相关长度远大于照射海面长度，表明各分量间的相关性较弱。采用近似公式：

$$\int_{-2L}^{2L} e^{-\tau_0^2/l_0^2}d\tau_0 \approx 1 \tag{8-22}$$

代入式(8-17)中，并由 Fourier-Bessel 函数展开式得到平均散射功率表达式为

$$\begin{aligned}
P_i &\propto e^{-\kappa_z^2\sigma_i^2}\int_{-2L}^{2L}\left(2L - |\tau_0|\right)e^{-j\kappa_x\tau_0 + \kappa_z^2\sigma_i^2\cos K_{ix}\tau_0}d\tau_0 \\
&\propto J_m\left(\kappa_z^2\sigma_i^2\right)\int_{-2L}^{2L}\left(2L - |\tau_0|\right)e^{-j(\kappa_x - mK_{ix})\tau_0}d\tau_0 \\
&\propto J_m\left(\kappa_z^2\sigma_i^2\right)\left\{8L^2\text{sinc}\left[2L(\kappa_x - mK_{ix})\right] - 4L\text{sinc}^2\left[2L(\kappa_x - mK_{ix})\right]\right\}
\end{aligned} \tag{8-23}$$

忽略高阶散射场作用，得到散射角为 $\theta_s = \theta_0$ 和 $\theta_s = \arcsin\left(\sin\theta_0 \mp \dfrac{\lambda}{2\pi}K_{ix}\right)$。与前两种情况不同的是，此时的平均散射功率幅值由不同阶次的 sinc 函数构成，幅值大小取决于起伏方差和照射海面长度。

综上，改进一维时变海面散射模型的散射特性有如下特点：

（1）通过海面散射振幅因子互相关的统计平均来表示改进一维时变海面散射模型的平均散射功率，为不同阶次散射回波信号功率的叠加，其幅值大小与海面轮廓高度的起伏方差和照射海面长度有关。

（2）对应于不同阶次散射场的作用，可得到不同阶次的散射角，并且海面越光滑，阶次越低。

8.1.2　改进一维时变海面散射模型的分数阶功率谱分析

1. 分数阶功率谱

FPS 可通过分数阶相关函数的 FRFT 运算得到，是传统理论在 FRFT 域的广义形式[7]。设在[$-T, T$]时间范围内，随机信号 $\xi(t)$ 的 FPS 定义为

$$P_\xi^\alpha(u) = \lim_{T \to \infty} \frac{E\left|F_\alpha[\xi(t)](u)\right|^2}{2T} \tag{8-24}$$

式中，F_α 为 FRFT 算子；α 为旋转角，$\alpha = p\pi/2$，p 为变换阶数。由式(8-24)可知，随机信号的 FRFT 的模平方只是 FPS 的估计。α 分数阶相关函数定义为

$$R_\xi^\alpha(\tau) = \lim_{T \to \infty} \frac{1}{2T} \int_{-T}^{T} R_\xi(t_2 + \tau, t_2) \mathrm{e}^{\mathrm{j} t_2 \tau \cot \alpha} \mathrm{d} t_2 = \left\langle R_\xi(t_2 + \tau, t_2) \mathrm{e}^{\mathrm{j} t_2 \tau \cot \alpha} \right\rangle_{t_2} \tag{8-25}$$

式中，$R_\xi()$ 为随机信号 $\xi(t)$ 的相关函数，$R_\xi(t_2 + \tau, t_2) = R_\xi(t_1, t_1 - \tau)$。区别于式(8-9)中的 τ_0，τ 为时间差。$\xi(t)$ 的 FPS 可表示为

$$P_\xi^\alpha(u) = A_{-\alpha} F_\alpha[R_\xi^\alpha(\tau)](u) \mathrm{e}^{-\mathrm{j} \frac{u^2}{2} \cot \alpha} \tag{8-26}$$

当 $\alpha = \pi/2$ 时，式(8-25)和式(8-26)分别转换成随机信号的相关函数和功率谱。

因此，FPS 非常适合分析时变随机信号，尤其是针对改进一维时变海面散射模型，采用 FPS 能够从本质上反映海面散射回波信号的功率谱密度在 FRFT 域的变化和能量分布，进而分析快变信号的非 Bragg 谱特性。

2. 改进一维时变海面散射模型的分数阶功率谱特性

根据式(8-26)，需计算出海面散射振幅因子的分数阶相关函数，并进行 FRFT 运算，才能得到改进一维时变海面散射模型的 FPS 表达式。假设不同时刻的海面轮廓函数为一平稳随机过程，即时间相关函数的取值仅与时间间隔有关。

$$R_\xi(t_1, t_2) = \langle z_1, z_2 \rangle = R_\xi(\tau) \tag{8-27}$$

将式(8-6)代入式(8-4)中，并利用如下关系式：

$$\mathrm{e}^{\mathrm{j} x \sin \theta} = \sum_{m=-\infty}^{\infty} \mathrm{J}_m(x) \mathrm{e}^{\mathrm{j} m \theta} \tag{8-28}$$

则式(8-4)中的被积函数 $\rho(\theta_0,\theta_s,t)$ 经过整理得到

$$
\begin{aligned}
\rho(\theta_0,\theta_s,t) &= \exp\left[\,j\kappa_z\xi_2(x,t)\right] \\
&= \exp\left\{\,j\kappa_z\sum_{n=0}^{N}A_n\sin\left[K_{nx}(x+\mu_nt^2+f_nt)-\omega_nt+\phi_n\right]\right\} \\
&= \sum_{m_0=-\infty}^{+\infty}\sum_{m_1=-\infty}^{+\infty}\cdots\sum_{m_{N-1}=-\infty}^{+\infty}\prod_{n=0}^{N-1}\mathrm{J}_{m_n}(\kappa_zA_n)\exp\left(\,j\sum_{n=0}^{N-1}m_nK_{nx}x\right) \\
&\quad\cdot\exp\left\{\,j\sum_{n=0}^{N-1}m_n\left[K_{nx}(\mu_nt^2+f_nt)-\omega_nt+\phi_n\right]\right\}
\end{aligned}
\tag{8-29}
$$

式中，$f_n=f_{g_n}+f_{d_n}$。进行积分运算后，式(8-4)改写为

$$
\begin{aligned}
S_2(\theta_0,\theta_s,t) &= 2\pi F\sum_{m_0=-\infty}^{+\infty}\sum_{m_1=-\infty}^{+\infty}\cdots\sum_{m_{N-1}=-\infty}^{+\infty}\prod_{n=0}^{N-1}\mathrm{J}_{m_n}(\kappa_zA_n)\delta\left(\sum_{n=0}^{N-1}m_nK_{nx}-\kappa_x\right) \\
&\quad\cdot\exp\left\{\,j\sum_{n=0}^{N-1}m_n\left[K_{nx}\left(\mu_nt^2+f_nt\right)-\omega_nt+\phi_n\right]\right\}
\end{aligned}
\tag{8-30}
$$

式(8-30)表明，改进一维时变海面散射模型由多个 chirp 散射信号叠加构成，时间自相关函数表示为

$$
\begin{aligned}
R_2(\theta_0,\theta_s,\tau) &= \left\langle S_2(\theta_0,\theta_s,t+\tau)\cdot S_2^*(\theta_0,\theta_s,t)\right\rangle \\
&= 4\pi^2F^2\sum_{m_0=-\infty}^{+\infty}\sum_{m_1=-\infty}^{+\infty}\cdots\sum_{m_{N-1}=-\infty}^{+\infty}\prod_{n=0}^{N-1}\mathrm{J}_{m_n}^2(\kappa_zA_n)\delta\left(\sum_{n=0}^{N-1}m_nK_{nx}-\kappa_x\right)^2 \\
&\quad\cdot\exp\left\{\,j\sum_{n=0}^{N-1}m_n\left[K_{nx}\left(\mu_n\tau^2+2\mu_nt\tau+f_n\tau\right)-\omega_n\tau\right]\right\}
\end{aligned}
\tag{8-31}
$$

由式(8-25)得到海面散射振幅因子的 α 分数阶相关函数为

$$
\begin{aligned}
R_2^{\alpha}(\theta_0,\theta_s,\tau) &= \lim_{T\to\infty}\frac{1}{2T}\int_{-T}^{T}R(\theta_0,\theta_s,\tau)\mathrm{e}^{jt\tau\cot\alpha}\mathrm{d}t \\
&= 8\pi^3F^2\sum_{m_0=-\infty}^{+\infty}\sum_{m_1=-\infty}^{+\infty}\cdots\sum_{m_{N-1}=-\infty}^{+\infty}\prod_{n=0}^{N-1}\mathrm{J}_{m_n}^2(\kappa_zA_n)\delta\left(\sum_{n=0}^{N-1}m_nK_{nx}-\kappa_x\right)^2 \\
&\quad\cdot\delta\left[\sum_{n=0}^{N-1}(2m_nK_{nx}\mu_n+\cot\alpha_n)\tau\right]\exp\left\{\,j\sum_{n=0}^{N-1}m_n\left[K_{nx}\left(\mu_n\tau^2+f_n\tau\right)-\omega_n\tau\right]\right\}
\end{aligned}
\tag{8-32}
$$

当 $\sum_{n=0}^{N-1}m_nK_{nx}-\kappa_x=0$ 时，式(8-32)才有意义。忽略高阶散射场的作用，并将 Bessel 函数展开，得到改进一维时变海面散射模型的 FPS 为

$$P_1^\alpha(u) = A_{-\alpha} F_\alpha [R_2^\alpha(\theta_0, \theta_s, \tau)](u) e^{-j\frac{u^2}{2}\cot\alpha}$$

$$= C_1 + C_2 \sum_{n=0}^{N-1} \delta \left[u_n \csc\alpha_n \mp (K_{nx}f_n - \omega_n), \alpha_n - \mathrm{arccot}(\mp 2K_{nx}\mu_n) \right] \tag{8-33}$$

式中，C_1 和 C_2 分别为零阶和一阶 FPS 分量的系数。

由式(8-33)可以看出，海面散射回波信号的功率谱密度在 FRFT 域呈多分量冲激信号分布，是 α_n 和 u_n 的二维函数，其在 FRFT 域的位置 (α_n, u_n) 取决于改进一维时变海面散射模型的调频率和中心频率，即

$$\begin{cases} \alpha_n = \mathrm{arccot}(\mp 2K_{nx}\mu_n) = \mathrm{arccot}(\mp 2\kappa_x \mu_n) \\ u_n = \pm(K_{nx}f_n - \omega_n)\sin\alpha_n = \pm(\kappa_x f_n - \omega_n)\sin\alpha_n \end{cases} \tag{8-34}$$

正是利用了 FRFT 能够对时频平面进行旋转的特性，FPS 能很好地体现改进一维时变海面散射模型的散射回波信号频率的变化，从而根据冲激信号的峰值位置估计慢变信号产生的 Bragg 频率分量和快变信号产生的非 Bragg 频率分量。很明显，若 $\alpha_n = \pi/2$(频域)，同时不考虑 v_{g_n} 和 v_{d_n} 的影响，则由式(8-34)可得到经典的 Bragg 频移公式为

$$u_n = \pm\sqrt{g\kappa_x\left(1 + \kappa_x^2 / K_m^2\right)} \tag{8-35}$$

在实际应用中，观测时长是有限的。因此，当 $t \in [-T, T]$ 时，在最佳变换域，得到有限观测时长的 FPS 表达式为

$$P_2^\alpha(u) = A_{-\alpha} F_\alpha [R_2^\alpha(\theta_0, \theta_s, \tau)](u) e^{-j\frac{u^2}{2}\cot\alpha}$$

$$= D_1 + D_2 T \sum_{n=0}^{N-1} \mathrm{sinc}\left[\pm(K_{nx}f_n - \omega_n)T - u_n \csc(\alpha_n T) \right] \tag{8-36}$$

式(8-36)表明，当观测时长有限时，海面散射回波信号的 FPS 由多分量 sinc 函数构成，其 sinc 函数的峰值位置同样满足式(8-34)。当 $T \to \infty$ 时，式(8-36)转换为式(8-33)。

$$\lim_{T \to \infty} T\mathrm{sinc}\left[\pm(K_{nx}f_n - \omega_n)T - u\csc(\alpha_n T) \right]$$

$$= \lim_{T \to \infty} \frac{1}{1/T} \mathrm{sinc}\left[\frac{\pm(K_{nx}f_n - \omega_n) - u_n \csc\alpha_n}{1/T} \right] \tag{8-37}$$

$$= \delta\left[\pm K_{nx}f_n - \omega_n - u_n \csc\alpha_n \right]$$

在各分量相应的最佳 FRFT 域，sinc 函数尖峰的宽度可表示为[10]

$$W_n = \frac{2\pi}{T\csc\alpha_n} = \frac{2\pi}{T}\sin\alpha_n \tag{8-38}$$

FPS 谱宽与信号的观测时长成反比。

8.1.3 改进一维时变海面散射模型的验证与分析

为了验证实测海面散射特性能否与改进一维时变海面散射模型很好地吻合，本小节采用加拿大 McMaster 大学的 X 波段 IPIX 雷达海杂波数据和某 S 波段对海雷达(S-band sea radar, SSR)数据分析粗糙海面散射信号的 FPS 特性及多种参数(波长、旋转角、风速)对 FPS 的影响。IPIX 雷达工作在驻留模式，架高为 30.5m，径向距离采样分辨率为 15m，能够得到高分辨率下的海杂波数据，数据介绍及说明详见附录和表 8-1，主要研究 HH 极化与 VV 极化的情况。仿真满足采样定理，量纲做归一化处理[11]。

表 8-1 IPIX 海杂波数据说明

编号	波高/m	海况等级	掠射角/(°)	极化方式	采样频率/Hz	观测时长/s
IPIX-54#	1.0	2	0.71	HH/VV	1000	1
IPIX-17#	2.1	4	0.71	HH/VV	1000	1

图 8-2 和图 8-3 分别给出了 19931111_163625 数据(IPIX-54#)在 HH 极化和 VV 极化方式下的海杂波 STFT 谱[12]及 FPS，其中#3 表示第 3 个距离单元数据(纯海杂

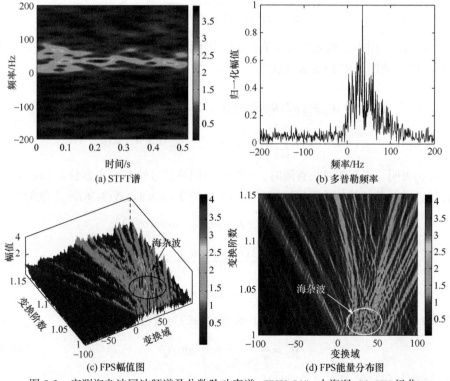

(a) STFT谱　(b) 多普勒频率　(c) FPS幅值图　(d) FPS能量分布图

图 8-2　实测海杂波回波频谱及分数阶功率谱 (IPIX-54#，中海况，#3，HH 极化)

波单元)。首先分析海杂波的时频分布特性，如图 8-2(a)和图 8-3(a)所示，可以容易观测到海杂波的多普勒频移，其能量主要集中在中心频率附近(为 30~40Hz)，体现出风驱而导致的表面水层的流动及大尺度波浪的轨道运动对多普勒频移的影响很大，海浪的基波在海面形成中起主导作用。同时发现，由于观测距离较远，IPIX 雷达照射海面的掠射角极低，并且根据波高判断海况等级为 2~3 级(中海况：中浪，中涌，波浪具有很明显的形状，形成白浪，偶有飞沫，同时较明显的长波开始出现，渔船明显颠簸)。此时，海杂波表现出时变特性，快变信号(白浪等破碎波)使得回波散射截面积起伏，其变化对多普勒谱能量大小有很大的影响，并且非 Bragg 谱导致多普勒中心频率偏移或展宽，体现为多普勒频率随时间变化。因此，海面散射信号已不能采用传统的双尺度海面散射模型建模，还必须考虑由风速引起的频率增量影响。

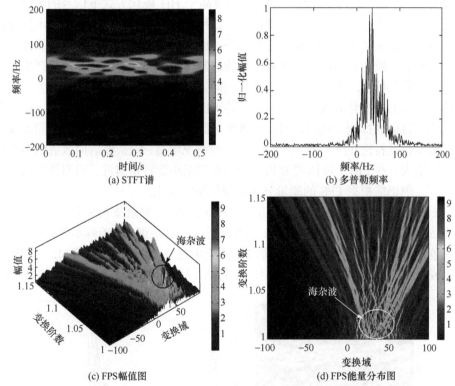

图 8-3　实测海杂波回波频谱及分数阶功率谱 (IPIX-54#，中海况，#3，VV 极化)

分析实测海杂波数据在不同 FRFT 域的能量分布特性，变换阶数 p 的取值范围为[1, 1.15]，变换步长为 0.001。HH 极化方式下的海杂波回波 FPS 幅值图以及能量分布图，如图 8-2(c)和(d)所示，其中变换阶数轴对应调频率，p 值越大表明频率变化越明显，变换域轴为对应变换阶数下的频率。一方面，海杂波在 FRFT

域幅值具有一定的起伏，在变换阶数 $p=1$(频域)周围的 FPS 能量分布相对集中，同样体现出大尺度波浪的 Bragg 谱在 FPS 能量分布中占主要部分，其在变换域轴上的中心谱位置与频谱对应。另一方面，在小旋转角，FPS 也有较大的幅值，海杂波具有微弱变化的加速度，反映出多普勒频率在一定时间范围内产生变化，在频域体现为多普勒谱峰的展宽或频移。因此，本小节提出的一维时变海面散射模型，采用 FPS 分析方法能够得到不同旋转角下的海面散射信号特性，反映快变信号的频率特性，并能在 FRFT 域根据 FPS 峰值位置估计出不同散射信号的瞬时频率。

通过对比 HH 极化和 VV 极化的 STFT 谱及 FPS(图 8-2 和图 8-3)，可以看出 VV 极化方式下回波呈现为尖峰状回波，HH 极化方式下回波则类似于随机噪声，而且随着海况等级和风速的增大，这两种回波有变成相似的趋势。在相同的掠射角条件下，VV 极化方式下信号的幅值明显高于 HH 极化方式下信号的幅值，但多普勒谱能量集中于中心频率。因此，可以推断，在 VV 极化方式下，由慢变信号产生的 Bragg 谱占频谱能量的主要部分；而在 HH 极化方式下，海杂波强度较弱，表明 HH 极化对 Bragg 散射有一定的抑制作用，但此时由快变信号产生的非 Bragg 谱更为明显，FPS 在整个 FRFT 域能量分布趋向均匀。也从另一方面说明雷达工作在 HH 极化方式下，对目标的检测能力要强于 VV 极化方式下，从而利于海面弱目标的探测。同时，对比图 8-2 和图 8-4(相同极化方式下，不同海况的海杂波变换域特性)可知，风速的增大，导致海况增高，海杂波后向散射的多普勒谱展宽增大，在 FRFT 域体现为 FPS 能量偏移至小旋转角附近，说明快变信号分量增多，但仍能根据 FPS 的能量分布体现频率的变化。

图 8-5 给出了 SSR 在 HH 极化方式下的海杂波回波频谱及 FPS 分布。雷达掠射角为 5.16°，风速约为 3m/s，属于 2 级海况(小浪，波浪很小，浪峰不破裂，因而不显白色，渔船稍有晃动)，因此该组数据属于低海况情况。由图 8-5 可知，当掠射角增大或海面较为平静时，海面的散射特性主要由大尺度粗糙程度所支配，频域中信

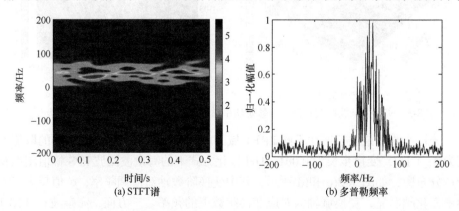

(a) STFT谱　　　　　　　　　　(b) 多普勒频率

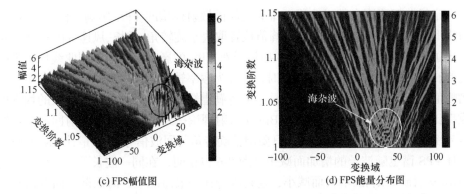

(c) FPS幅值图　　　　　　　　　　　(d) FPS能量分布图

图 8-4　实测海杂波回波频谱及分数阶功率谱 (IPIX-17#, 高海况, #1, HH 极化)

号能量集中在 Bragg 中心频率附近，相应地，在 FRFT 域回波的 FPS 分布集中于 $\alpha=\pi/2$，在其他旋转角度 FPS 分布均匀，若采样点数足够多，则其分布趋于高斯分布。因此，在低海况和高掠射角的条件下，均可采用双尺度海面散射模型建模海面散射回波。

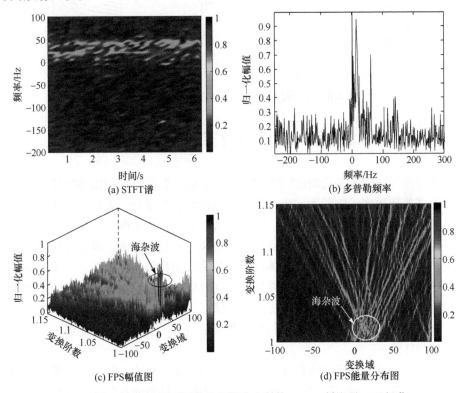

(a) STFT谱　　　　　　　　　　　(b) 多普勒频率

(c) FPS幅值图　　　　　　　　　　　(d) FPS能量分布图

图 8-5　实测海杂波回波频谱及分数阶功率谱 (SSR, 低海况, HH 极化)

定量分析不同参数对改进一维时变海面散射模型的 FPS 影响。根据式(8-34)得出海杂波的 FPS 在 FRFT 域的峰值位置取决于旋转角、波长、风速等因素。图 8-6 给出了 $U_{19.5}$=10m/s 的情况下，入射波长对 FPS 的影响，其中不同曲线代表不同的旋转角。可以看出，当 $\alpha=\pi/2$ 时，u 轴为频率轴，随入射波长的增加，多普勒谱峰值的中心频移减小，这主要是由多普勒谱峰的中心频移与入射波长的均方根成反比造成的，其结果与经典的 Bragg 散射理论一致[13]。当海面散射回波信号发生频率的变化，即 $\alpha \neq \pi/2$ 时，只要调整旋转角与回波信号正交(最佳 FRFT 域)，最佳 FPS 谱也随波长的增加而减小。图 8-6 也说明，在同一波长下，FPS 谱随旋转角($\alpha \in [\pi/2,\pi]$)的增大而减小，这是因为在一般海况下，海面散射回波信号能量主要由大尺度慢变信号构成，能量集中在旋转角较小的 FRFT 域。

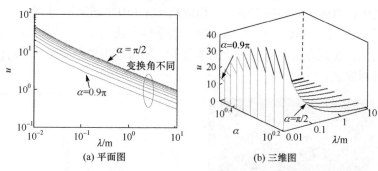

(a) 平面图　　　　　　　　　　(b) 三维图

图 8-6　旋转角、入射波长对分数阶功率谱的影响

8.2　海上动目标微多普勒特征认知

当海面环境较为平稳时(通常低于 3 级海况)，海面目标与雷达的相对平动对回波的多普勒频率影响较大。坐标系的各坐标轴相互平行，表现为匀速运动、匀加速运动和变加速运动等。然而，舰船随海面波动而产生颠簸，一方面，在高海况条件下，海杂波的存在降低了回波信号的 SCR；另一方面，风浪等环境因素的影响，且螺旋桨、舵等海洋运动体自身的各种推动和控制作用，会产生复杂的运动，导致姿态变化，引起雷达回波功率调制效应，不仅存在平动，舰船还绕参考点做三轴转动(滚动、俯仰和偏航)，导致散射点的多普勒频率随时间非线性变化[14]。因此，微多普勒为海面目标检测提供了更多的有用信息，能够进一步提高雷达检测性能。

本节主要研究海面刚体目标[15]，即在目标运动过程中，目标所有质元之间的距离、内部各部分相对位置始终保持不变。刚体上任意两点的连线在平动中是平行且相等的，并且刚体上任意质元的位置矢量不同，相差一个恒定矢量，但各质元的位移、速度和加速度相同[16,17]。因此，常用刚体的质心来研究刚体的运动。描述物体或者一个力学系统的位置所需要的独立坐标个数称为该系统的自由度数。海面目标的运动是在三维空间中的复合运动，包括沿三个坐标轴的平动和围绕三个坐标轴的旋转运动，即六自由度运动。目标和雷达间的相对运动产生平动，此时刚体上所有质点都有相同的速度，故刚体上任意一点的运动都可以代表整个刚体的运动，包括匀速运动、匀加速运动和其他非匀速高阶运动，主要受 RLOS 和径向速度的影响。而转动则包括目标的俯仰、横滚和偏航，在复杂环境尤其是在高海况时明显，并与目标类型、航向和速度有关。因此，根据微多普勒的定义，海面刚体目标的微动特征表现为平动中的非匀速运动以及三轴转动(俯仰、横滚和偏航)。

8.2.1　非匀速平动回波模型

1. 雷达和目标在同一平面

雷达和目标在同一平面的情况适合远距离观测或雷达架高较低，与目标近似处在同一平面内。假设在较短的观测时长内，目标回波不存在距离徙动现象。岸基对海雷达观测海面目标几何关系如图 8-7 所示，包括目标固定参考坐标系 $C_{ref}=(X, Y, Z)$、目标运动坐标系 $C_{mov}=(x, y, z)$ 以及 RLOS 坐标系 $C_{rlos}=(q, r, h)$。假定目标固定参考坐标系的坐标原点与雷达始终保持相同距离且位于目标船体中心。目标运动坐标系的坐标原点 o 可取在目标上的任意一点，纵轴 oy 平行于目标横滚轴并指向舰船的船首，横轴 ox 平行于俯仰轴并指向左舷，垂直轴 oz 指向目标的上部。$o\text{-}xyz$ 构成一个右手直角坐标系。一般为了分析问题方便，常把原点 o 设在舰船质心上，并认为坐标轴 ox、oy 和 oz 分别为目标的横滚轴、俯仰轴和偏航轴，(x, y, z) 坐标绝对值分别表示目标的长度、宽度和高度。RLOS 坐标系中的 r 沿视线方向在 XOY 平面内，h 轴垂直于 r 轴，并且与 q 轴满足右手法则。

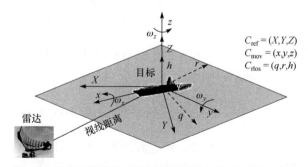

图 8-7　岸基对海雷达观测海面目标几何关系 (同一平面)

为了获得高分辨率和远探测距离，假设雷达发射 LFM 信号：

$$s_t(t) = \text{rect}\left(\frac{t}{T_p}\right)\exp\left\{j2\pi\left[f_c t + \frac{1}{2}\gamma t^2\right]\right\} \tag{8-39}$$

式中，$\text{rect}(u) = \begin{cases} 1, & |u| \leqslant 1/2 \\ 0, & |u| > 1/2 \end{cases}$；$f_c$ 为雷达载频；T_p 为时宽；$\gamma = B/T_p$ 为调频率，B 为带宽。则 t 时刻雷达接收的信号表示为

$$s_r(t) = \sigma_r \text{rect}\left(\frac{t-\tau}{T_p}\right)\exp\left\{j2\pi\left[f_c(t-\tau) + \frac{\gamma}{2}(t-\tau)^2\right]\right\} \tag{8-40}$$

式中，σ_r 为目标的散射截面积，则延时 $\tau = 2r_s(t_m)/c$，c 代表光速，$r_s(t_m)$ 为雷达与目标的视线距离，t_m 表示在相参处理间隔(coherent processing interval, CPI)内脉冲-脉冲间的慢时间。因此，雷达回波为慢时间 t_m 和脉内快时间 t 的函数。

假设海面目标朝向雷达运动，且仅考虑径向速度分量，则目标的距离徙动为时间的多项式函数，经泰勒级数展开得到

$$r_s(t_m) = r_0 - vt_m - \frac{1}{2!}v't_m^2 - \frac{1}{3!}v''t_m^3 - \cdots, \quad t_m \in [-T_n/2, T_n/2] \tag{8-41}$$

式中，v 为目标速度；T_n 为相参积累时间。仅保留式(8-41)的前三项作为 RLOS 的二次近似，改写为

$$r_s(t_m) = r_0 - v_0 t_m - a_s t_m^2/2 \tag{8-42}$$

式中，v_0 为目标运动初速度；a_s 为加速度。由于雷达的相参性，所以采用发射信号作为参考信号，回波信号经解调后输出形式为

$$s_{\text{IF}}(t, t_m) = s_r \cdot s_t^* = \sigma_r \text{rect}\left(\frac{t-\tau}{T_p}\right)\exp(-j2\pi\gamma\tau t)\exp(-j2\pi f_c \tau) \tag{8-43}$$

式中，*表示复共轭运算。经过脉冲压缩运算后，式(8-43)改写为

$$s_{\text{PC}}(t, t_m) = A_r \text{sinc}\left[B(t-\tau)\right]\exp(-j2\pi f_c \tau) \tag{8-44}$$

式中，A_r 为回波幅值。将 $\tau = 2r_s(t_m)/c$ 代入式(8-44)中，并对相位取时间导数，得到目标匀加速运动导致的瞬时频率为

$$f_t = -\frac{2}{\lambda}\frac{\mathrm{d}(r_0 - v_0 t_m - a_s t_m^2/2)}{\mathrm{d}t_m} = \frac{2}{\lambda}(v_0 + a_s t_m) \tag{8-45}$$

式中，$\lambda = c/f_c$ 为雷达波长。可知，经过解调和脉压运算后，动目标回波信号受速度和加速度调制，可近似为一阶多项式信号，即 LFM 信号。同时，由于式(8-45)中频率具有时变特性，所以其可看作微动信号的一种。

2. 雷达和目标不在同一平面

雷达和目标不在同一平面的情况适合近距离观测或雷达架设高度较高,架设高度不可忽略,与目标不在同一平面内。对海雷达观测海面目标的几何关系如图 8-8 所示,XOY 平面为雷达所在平面,假设高度为 H,雷达与目标连线,即 RLOS 的方位角和俯仰角分别为 θ_1 和 θ_2,RLOS 距离为 R_0,目标航向与 RLOS 投影的夹角为 θ_3。

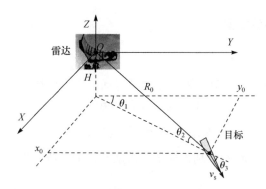

图 8-8 对海雷达观测海面目标的几何关系(不同平面)

当海面目标做加速运动时,设其运动初速度为 v_0,加速度为 a_s,则目标的径向速度分量为 $(v_0 + a_s t_m / 2)\cos\theta_3$,此时雷达和目标的径向距离为

$$R_s(t_m) = \left\{ H^2 + \left[R_0\cos\theta_2 + \left(v_0 t_m + \frac{1}{2}a_s t_m^2 \right)\cos\theta_3 \right]^2 \right\}^{\frac{1}{2}}$$

$$= \left[R_0^2 + \cos^2\theta_3 \left(v_0^2 + \frac{1}{4}a_s^2 t_m^2 + v_0 a_s t_m \right)t^2 + 2R_0\cos\theta_2\cos\theta_3 \left(v_0 t + \frac{1}{2}a_s t_m^2 \right) \right]^{\frac{1}{2}}$$

$$(8\text{-}46)$$

RLOS 为慢时间的函数,计算泰勒级数展开的多项式系数为

$$\begin{cases} R(0) = R_0 \\ R'(0) = v_0\cos\theta_3\cos\theta_2 \\ R''(0) = \left(v_0^2\cos^2\theta_3 + R_0 a_s\cos\theta_2\cos\theta_3 \right)\big/R_0 - v_0^2\cos^2\theta_3\cos^2\theta_2\big/R_0 \end{cases} \qquad (8\text{-}47)$$

式中,$\theta_2 = \arcsin(H/R)$。则瞬时 RLOS 可表示为

$$R_s(t_m) = R_0 + v_0\cos\theta_3\cos\theta_2 t_m + \left(\frac{1}{R_0}v_0^2\cos^2\theta_3\sin^2\theta_2 + a_s\cos\theta_3\cos\theta_2 \right)t_m^2 \quad (8\text{-}48)$$

由式(8-48)可知，径向距离由三部分构成，其中目标的加速度影响二次项。进一步求导得到雷达观测海面目标的瞬时相对速度 $v(t_m)$：

$$v(t_m) = v_0 \cos\theta_3 \cos\theta_2 + \left(\frac{2}{R_0} v_0^2 \cos^2\theta_3 \sin^2\theta_2 + 2a_s \cos\theta_3 \cos\theta_2\right) t_m \qquad (8\text{-}49)$$

式(8-49)表明，目标与雷达的瞬时相对速度为匀加速，当雷达俯仰角较小时，由于目标加速度的影响，$v(t_m)$同样体现为匀加速。

8.2.2　三轴转动回波模型

1. 雷达和目标在同一平面

设海面微动目标做横滚、俯仰和偏航运动，则目标绕中心做旋转运动可用旋转矩阵 $\boldsymbol{R}_{z\text{-}y\text{-}x}$ 表示，分别为三维旋转分量的乘积：

$$\boldsymbol{R}_{z\text{-}y\text{-}x} = \boldsymbol{R}(\theta_x)\boldsymbol{R}(\theta_y)\boldsymbol{R}(\theta_z) \qquad (8\text{-}50)$$

式中，$\boldsymbol{R}(\theta_x)$、$\boldsymbol{R}(\theta_y)$、$\boldsymbol{R}(\theta_z)$分别为横滚、偏航和俯仰矩阵；θ_x、θ_y 和 θ_z 为对应的旋转角度[15]。

$$\begin{cases} \boldsymbol{R}(\theta_x) = \begin{bmatrix} 1 & 0 & 0 \\ 0 & \cos\theta_x & -\sin\theta_x \\ 0 & \sin\theta_x & \cos\theta_x \end{bmatrix} \\[8pt] \boldsymbol{R}(\theta_y) = \begin{bmatrix} \cos\theta_y & 0 & \sin\theta_y \\ 0 & 1 & 0 \\ -\sin\theta_y & 0 & \cos\theta_y \end{bmatrix} \\[8pt] \boldsymbol{R}(\theta_z) = \begin{bmatrix} \cos\theta_z & -\sin\theta_z & 0 \\ \sin\theta_z & \cos\theta_z & 0 \\ 0 & 0 & 1 \end{bmatrix} \end{cases} \qquad (8\text{-}51)$$

为了得到目标 RLOS 坐标系 C_{rlos} 中的运动状态，首先需要将目标运动坐标系 C_{mov} 通过旋转矩阵 $\boldsymbol{R}_{z\text{-}y\text{-}x}$ 变换至参考坐标系 C_{ref}：

$$C_{\text{ref}} = \boldsymbol{R}_{z\text{-}y\text{-}x} C_{\text{mov}} = \begin{bmatrix} a_{11}x + a_{12}y + a_{13}z \\ a_{21}x + a_{22}y + a_{23}z \\ a_{31}x + a_{32}y + a_{33}z \end{bmatrix} \qquad (8\text{-}52)$$

然后，根据舰船和雷达的几何关系，可通过变换 C_{ref} 得到 C_{rlos}：

$$C_{\text{rlos}} \stackrel{\text{def}}{=\!=} \begin{bmatrix} q \\ r \\ h \end{bmatrix} = \boldsymbol{R}(\varphi_0)C_{\text{ref}} = \begin{bmatrix} \cos\varphi_0 & -\sin\varphi_0 & 0 \\ \sin\varphi_0 & \cos\varphi_0 & 0 \\ 0 & 0 & 1 \end{bmatrix} \begin{bmatrix} a_{11}x + a_{12}y + a_{13}z \\ a_{21}x + a_{22}y + a_{23}z \\ a_{31}x + a_{32}y + a_{33}z \end{bmatrix} \qquad (8\text{-}53)$$

式中，φ_0 为目标舰船左航方向与观测方向的夹角。

假设雷达和舰船在同一个坐标平面，即忽略高度信息，则可通过推导式(8-53)的第二行得到 RLOS 为

$$r_{\mathrm{s}}(t_m) = \sin\varphi_0(a_{11}x + a_{12}y + a_{13}z) + \cos\varphi_0(a_{21}x + a_{22}y + a_{23}z) \tag{8-54}$$

其中，a_{ii} 为

$$\begin{cases} a_{11} = \cos\theta_y\cos\theta_z \\ a_{12} = -\cos\theta_y\sin\theta_z \\ a_{13} = \sin\theta_y \\ a_{21} = \sin\theta_x\sin\theta_y\cos\theta_z + \cos\theta_x\sin\theta_z \\ a_{22} = -\sin\theta_x\sin\theta_y\sin\theta_z + \cos\theta_x\cos\theta_z \\ a_{23} = -\sin\theta_x\cos\theta_y \end{cases} \tag{8-55}$$

对式(8-54)时间求导，则由目标旋转运动产生的微多普勒可表示为

$$f_{\mathrm{r}} = \frac{2v_{\mathrm{r}}(t_m)}{\lambda} = \frac{2}{\lambda}\frac{\mathrm{d}r_{\mathrm{s}}(t_m)}{\mathrm{d}t_m} \tag{8-56}$$

为了计算方便，分别分析三种旋转运动，对应的转动角速度分别为 $\omega_x=\theta_x/t$、$\omega_y=\theta_y/t$、$\omega_z=\theta_z/t$、$\omega=\varphi_0/t$。

1) 目标做横滚运动

在此情况下，$\theta_y=\theta_z=0$，因此目标到雷达的距离可表示为

$$r(t) = \sin\varphi_0 \cdot x + \cos\varphi(\cos\theta_x \cdot y - \sin\theta_x \cdot z) \tag{8-57}$$

多普勒频率为

$$f_{\mathrm{rx}} = \frac{2}{\lambda}\left[\cos\varphi_0 \cdot \omega x - \sin\varphi_0 \cdot \omega(\cos\theta_x \cdot y - \sin\theta_x \cdot z) - \cos\varphi_0(\sin\theta_x \cdot \omega_x y + \cos\theta_x \cdot \omega_x z)\right]$$

$$\tag{8-58}$$

在较短的观测时长内，转动角度 φ_0 非常小，因此三角函数可由泰勒级数近似展开，即 $\cos\varphi_0 \gg \sin\varphi_0$，$\sin\theta_x \approx \omega_x t$，$\cos\theta_x \approx 1$。式(8-58)可简化为

$$f_{\mathrm{rx}} \approx \frac{2}{\lambda}\cos\varphi_0\left(\omega x - \omega_x z - \omega_x^2 y t_m\right) \tag{8-59}$$

表明，横滚运动产生的多普勒频移可表示为调频信号，其频率与角速度以及舰船的运动坐标(x, y, z)有关。.

2) 目标做偏航运动

类似于目标做横滚运动，此时，$\theta_x=\theta_z=0$，同样采用近似计算，则由偏航运动产生的微多普勒可表示为

$$f_{ry} \approx \frac{2}{\lambda} \cos\varphi_0 (\omega x + \omega\omega_y z t_m) \tag{8-60}$$

表明回波不是单频信号，由于调频项的存在，所以多普勒发生偏移和展宽。

3）目标做俯仰运动

当舰船发生俯仰运动时，$\theta_x = \theta_y = 0$，则由俯仰运动产生的微多普勒可表示为

$$f_{rz} \approx \frac{2}{\lambda} \cos\varphi_0 \left(\omega x + \omega_z x - \omega\omega_z y t_m - \omega_z^2 y t_m\right) \tag{8-61}$$

若同时存在横滚、偏航和俯仰运动，则微多普勒为三者的线性组合：

$$f_r \approx \frac{2}{\lambda} \cos\varphi_0 \left[3\omega x - \omega_x z + \omega_z x + \left(\omega\omega_y z - \omega\omega_z y - \omega_x^2 y - \omega_z^2 y\right) t_m\right] \tag{8-62}$$

2. 雷达和目标不在同一平面

在这种情况下，雷达观测目标的俯视图如图 8-9 所示，由于雷达是静止的，只需考虑海面目标自身的转动，该转动引起的是视角 θ_3 的变化，它的作用与偏航等效。

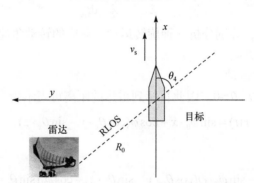

图 8-9　雷达观测目标的俯视图(不同平面)

通过求解舰船的三维转动矩阵，可得目标回波的多普勒频率为[18]

$$f_d = -\frac{2}{\lambda} \left[v_s \cos\theta_4 + \frac{(v_s \sin\theta_4)^2}{R_0} t_m - r_0 \omega_h + h_0 \omega_r\right] \tag{8-63}$$

式中，ω_r 和 ω_h 为目标转动在 RLOS 坐标系(q, r, h)中分别沿 r 轴和 h 轴的分解，也随时间变化，r_0 和 h_0 是起始坐标。式(8-63)中，前两项分别为雷达与目标间的平动所引起的相对径向速度和相对切向速度，后两项为目标转动导致的转动角速度，即

$$\omega_r = \omega_x \sin\theta_4 + \omega_y \cos\theta_4 \tag{8-64}$$

$$\omega_h = \omega_z \cos\theta_2 + \frac{v_s \sin\theta_4}{R_0}\cos\theta_2 \tag{8-65}$$

8.2.3　长时间微动目标观测模型

采用向量形式分析海面微动目标模型,如图 8-10 所示,其中雷达位于原点 O。在 $t=t_0$ 时刻,海面微动目标质心位于 O_1 点,点散射体 D_1 在 $t=t_1$ 时运动到 D_3 点,目标质心运动到 O_2 点。由式(8-44)可知,若雷达发射 LFM 信号,则经过解调和脉压后,目标雷达回波可表示为

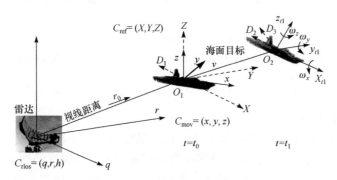

图 8-10　雷达和微动目标观测模型

$$s_{PC}(t,t_m) = A_r \mathrm{sinc}\left\{ B\left[t - \frac{2\boldsymbol{R}_s(t_m)}{c} \right] \right\} \exp\left[-\mathrm{j}\frac{4\pi\boldsymbol{R}_s(t_m)}{\lambda} \right] \tag{8-66}$$

式中, $\boldsymbol{R}_s(t_m)$ 为 RLOS 距离。根据图 8-10 的几何关系,则 RLOS 距离 OD_3 可分解为初始距离 r_0,以速度 v 从 D_1 平动到 D_2,然后以角速度 ω 转动到 D_3。

$$\boldsymbol{R}_s(t_m) = OD_3 = OD_1 + D_1D_2 + D_2D_3 = \boldsymbol{r}_0 + \boldsymbol{v}t_m + \boldsymbol{R}_t\boldsymbol{R}_0 \tag{8-67}$$

式中,从 D_2 转动到 D_3 可用旋转矩阵 $\boldsymbol{R}_t$ 描述, $\boldsymbol{R}_0 = (x_0, y_0, z_0)^{\mathrm{T}}$ 为目标运动坐标系中任意散射点的位置。

由式(8-66)和式(8-67)可知,由于目标的运动,目标的峰值位置会随慢时间变化而偏移,在长时间观测条件下,当偏移量 ΔR 大于雷达距离单元时,将产生距离徙动,即 ARU 效应[19]。仅考虑径向速度分量,由式(8-67)可得海面目标的微多普勒频率:

$$f_{\text{m-D}}(t_m) = \frac{2}{\lambda}\cdot\frac{\mathrm{d}}{\mathrm{d}t_m}\boldsymbol{R}_s(t_m) = \frac{2}{\lambda}\cdot\left[\boldsymbol{v} + \frac{\mathrm{d}}{\mathrm{d}t_m}(\boldsymbol{R}_t\boldsymbol{R}_0) \right]^{\mathrm{T}}\cdot\boldsymbol{n} = f_t(t_m) + f_r(t_m) \tag{8-68}$$

式中, $\boldsymbol{n} = \boldsymbol{r}_0/\|\boldsymbol{r}_0\|$ 为单位矢量, $\|\ \|$ 为 Euclidean 泛数。式(8-68)表明,微多普勒由平动和转动产生。在较长的观测时长内,目标的复杂运动,RLOS 距离经泰勒级

数展开后保留三次项更为准确，使得微动回波信号近似为三次相位信号(cubic phase signal, CPS)，其微多普勒为二次调频(quadratic frequency modulated, QFM)信号[20,21]，即

$$f_t(t_m) = \frac{2}{\lambda} \cdot (\boldsymbol{v}_r \cdot \boldsymbol{n}) \approx f_0 + \mu t_m + \frac{k}{2} t_m^2 \qquad (8\text{-}69)$$

$$\begin{aligned} f_r(t_m) &= \frac{2}{\lambda} (\boldsymbol{\omega} \times \boldsymbol{R}_t \boldsymbol{R}_0) \cdot \boldsymbol{n} \\ &\approx \frac{2}{\lambda} \left[\boldsymbol{\omega}_0 \cdot (\boldsymbol{R}_t \boldsymbol{R}_0 \times \boldsymbol{n}) + \boldsymbol{\omega}_1 \cdot (\boldsymbol{R}_t \boldsymbol{R}_0 \times \boldsymbol{n}) t_m + \boldsymbol{\omega}_2 \cdot (\boldsymbol{R}_t \boldsymbol{R}_0 \times \boldsymbol{n}) \frac{t_m^2}{2} \right] \end{aligned} \qquad (8\text{-}70)$$

式中，$f_0 = 2v_0/\lambda$，$\mu = 2a_s/\lambda$ 为加速度引起的调频率；$k = 2g_s/\lambda$ 表示由急动度 g_s 产生的加速度的变化；$\boldsymbol{\omega}_0$、$\boldsymbol{\omega}_1$ 和 $\boldsymbol{\omega}_2$ 为 $\boldsymbol{\omega}$ 的泰勒级数展开结果。则瞬时 RLOS 为

$$R_s(t_m) = \int_0^{T_n} [(\boldsymbol{v} + \boldsymbol{\omega} \times \boldsymbol{R}_t \boldsymbol{R}_0) \cdot \boldsymbol{n}] \mathrm{d}t_m \approx r_0 - v_0 t_m - a_s t_m^2 / 2 - g_s t_m^3 / 6 \qquad (8\text{-}71)$$

式中，T_n 为积累时间。

结合式(8-66)和式(8-71)可知：①脉压后的信号包络不仅产生距离徙动，还存在距离弯曲，并且随雷达的距离分辨率和目标非匀速运动速度的增大而显著增加；②QFM 和 CPS 信号将会引起回波多普勒徙动，当多普勒频率变化量跨越多个多普勒单元时，目标发生多普勒扩散，产生多普勒徙动[22]。由此，海面微动目标回波分别在快时间和慢时间对雷达回波产生影响，即回波包络中的延时与复指数函数的多普勒相位调制，产生距离徙动和多普勒徙动。需要说明的是，在实际应用中，积累时间的长短是一个相对的概念，其取决于天线波束驻留时间和回波采样频率，在海杂波背景下，还需要考虑海杂波和目标的去相关时间。针对不同的微动目标模型，其积累时间的选取也是不同的(第 10 章)。此外，长时间观测模型不考虑目标(在多波束的徙动问题，即在观测时长内，雷达波束可获得完整的目标运动信息)。

对于高海况下的海面目标，由于受非线性策动力和非线性阻尼力的作用，其在海浪的作用下各维度的摆动将呈现多倍周期和随机性的特点，具有类似于钟摆运动的特性。此时，船体的偏航、俯仰和横滚角为时间的周期函数，周期和振幅的大小与海况、船型、船速和航向有关，则目标与雷达的径向距离表示为

$$R_s(t_m) = r_0 + A_r \cos(\omega_r t_m + \varphi_r) \qquad (8\text{-}72)$$

式中，A_r 为振动幅值；$\omega_r = 2\pi/T_r$ 为转动角速度，T_r 为转动周期；φ_r 为初相。则由目标转动产生的多普勒频率为

$$f_r = \frac{2}{\lambda} A_r \omega_r \sin(\omega_r t_m + \varphi_r) \qquad (8\text{-}73)$$

可知，转动目标的散射中心在距离-慢时间序列中的位置呈周期振荡规律变化，为周期函数，将会引起回波多普勒徙动，当多普勒频率跨越多个多普勒单元时，便会产生多普勒徙动。同时，随着宽带雷达距离分辨率的提高，在相参积累时间内，目标的峰值位置会随慢时间变化而周期振动，当振幅大于雷达距离单元时，仍会产生距离徙动，目标能量将部分泄漏到相邻的距离单元中。

由上述刚体目标微多普勒调制模型的讨论得知，在雷达发射 LFM 信号照射点目标的前提下，目标的微多普勒频率由非匀速平动和三维转动引起，其幅值与频率受海况和目标运动状态的影响。微动目标在一段短的时间内，可用 LFM 信号作为调频信号的一阶近似，包括幅值、初速度和加速度三个参数。

$$x(t) = s(t) + c(t) = \sum_i A_i(t)\exp\left(j2\pi f_i t + j\pi\mu_i t^2\right) + c(t), \quad |t| \leqslant T/2 \qquad (8\text{-}74)$$

式中，$A_i(t)$为第 i 个微动信号分量的幅值，是时间的函数；中心频率和调频率分别为f_i和μ_i；$c(t)$为海杂波。

海面微动目标在较长的观测时长运动变得较为复杂，对于以非匀速平动为主要运动方式的海面目标，如低空掠海飞行目标、快艇、潜望镜等，运动形式主要以加速或减速运动为主，回波仍可建模为 LFM 信号；而对于以转动为主要运动方式或者高机动的海面目标，如高海况海面起伏目标、大型舰船、反舰导弹等，其回波具有周期调频性，可建模为多分量 QFM 信号，具有二次调频的多普勒频率，正弦调频信号在一个周期内仍可由三次多项式很好地近似，因此长时间微动目标观测模型可统一建模为

$$\begin{aligned}
x(t,t_m) &= s(t,t_m) + c(t,t_m) \\
&= A_r \mathrm{sinc}\left\{B\left[t - \frac{2R_s(t_m)}{c}\right]\right\}\exp\left[j2\pi\left(f_0 t_m + \frac{1}{2}\mu t_m^2 + \frac{1}{6}k t_m^3\right)\right] \\
&\quad + c(t,t_m), \quad |t_m| \leqslant T_n/2
\end{aligned} \qquad (8\text{-}75)$$

需要说明的是，对于第二种类型目标，积累时间需要控制在一定的范围内，以满足模型中的微多普勒信号形式，详见第 10 章。

8.3　小　　结

针对高海况和低掠射角条件下，海面散射回波呈现快变信号的非 Bragg 谱的特性，本章在基于线性流体力学的双尺度海面散射模型基础上进行改进，考虑到多普勒频率的变化，将调频率引入到模型中，给出了改进一维时变海面散射模型。通过计算海面平均散射功率，研究了时变海面的角度散射特性，得出了平均散射功率为不同阶次散射回波信号功率的叠加，对应于不同阶次散射场的作用，可得

到不同阶次的散射角的结论。同时，分析了改进一维时变海面散射模型的分数阶功率谱特性，海面散射回波信号的功率谱密度在 FRFT 域呈多分量冲激信号分布，其在 FRFT 域的位置取决于改进一维时变海面散射模型的调频率和中心频率。X 波段和 S 波段实测海杂波数据的仿真结果表明，改进一维时变海面散射模型不仅能够描述慢变信号的 Bragg 谱特征，也有助于分析高海况和低掠射角条件下的快变信号非 Bragg 谱特性。最后，对海杂波中非 Bragg 散射分量的典型(海尖峰)进行了分析，给出了海尖峰判别方法，并在时域、极化域和变换域(频域和 FRFT 域)对其特性进行了仿真分析，在验证模型的同时，为后续章节的海尖峰抑制和海杂波中微动目标检测提供必要的先验信息。

本章对海杂波中刚体目标微动特征及信号模型进行了深入研究，建立了海面非匀速平动目标、转动目标以及长时间观测条件下的微动目标回波模型，可知：

(1) 受海况和目标本身运动状态影响，海面刚体目标的微动特征表现为平动中的非匀速运动及三轴转动，当观测时长较短，且目标在同一距离单元时，可用 LFM 信号作为调频信号的一阶近似，包括幅值、初速度和加速度三个参数。

(2) 若雷达和海面目标不在同一平面，则非匀速平动或转动目标回波中的微多普勒还受雷达架高的影响，但仍可建模为 LFM 信号，包括幅值、初速度和加速度三个参数。

(3) 转动目标的微动参数需要由旋转矩阵求得，并与俯仰、偏航和横滚角速度有关。

(4) 长时间观测可获得目标更多的能量和信息，故有利于检测性能的提高，但受 ARU、DFM 和距离弯曲等效应的影响，微动目标回波能量分散在多个距离单元和多普勒单元，同时，回波信号中出现高阶相位，具有二次调频特性或周期调频特性，但在适当的相参积累时间内可建模为多分量 QFM 信号。本章的研究结论为后续章节海面目标微多普勒检测分析奠定了理论基础。

参 考 文 献

[1] Berizzi F, Dalle Mese E, Pinelli G. One-dimensional fractal model of the sea surface[J]. IEE Proceedings-Radar, Sonar and Navigation, 1999, 146(1): 55-64.

[2] Zhang M, Chen H, Yin H C. Facet-based investigation on EM scattering from electrically large sea surface with two-scale profiles: Theoretical model[J]. IEEE Transactions on Geoscience and Remote Sensing, 2011, 49(6): 1967-1975.

[3] Zavorotny V U, Voronovich A G. Two-scale model and ocean radar Doppler spectra at moderate- and low-grazing angles[J]. IEEE Transactions on Antennas and Propagation, 1998, 46(1): 84-92.

[4] 陈小龙, 黄勇, 关键, 等. 改进的一维时变海面模型及其分数阶功率谱研究[J]. 电子与信息学报, 2012, 34(8): 1897-1904.

[5] 陈小龙, 董云龙, 李秀友, 等. 海面刚体目标微动特征建模及特性分析. 雷达学报, 2015,

4(6): 630-638.

[6] Almeida L B. The fractional Fourier transform and time-frequency representations[J]. IEEE Transactions on Signal Processing, 1994, 42(11): 3084-3091.

[7] Tao R, Zhang F, Wang Y. Fractional power spectrum[J]. IEEE Transactions on Signal Processing, 2008, 56(9): 4199-4206.

[8] Toporkov J V, Brown G S. Numerical simulations of scattering from time-varying, randomly rough surfaces[J]. IEEE Transactions on Geoscience and Remote Sensing, 2000, 38(4): 1616-1625.

[9] Gopalan K, Anderson T R, Cupples E J. A comparison of speaker identification results using features based on cepstrum and Fourier-Bessel expansion[J]. IEEE Transactions on Speech and Audio Processing, 1999, 7(3): 289-294.

[10] 陈小龙, 王国庆, 关键, 等. 基于 FRFT 的动目标检测模型与参数估计精度分析[J]. 现代雷达, 2011, 33(5): 39-45.

[11] 赵兴浩, 邓兵, 陶然. 分数阶傅里叶变换数值计算中的量纲归一化[J]. 北京理工大学学报, 2005, 25(4): 360-364.

[12] Auger F, Flandrin P, Gonccalvès P, et al. Time-frequency toolbox for use with MATLAB:Reference guide [M]. Houston: CNRS France-Rice University, 1996.

[13] 郭立新, 王蕊, 王运华, 等. 二维粗糙海面散射回波多普勒谱频移及展宽特征[J]. 物理学报, 2008, 57(6): 3464-3472.

[14] 苏宁远, 陈小龙, 关键, 等. 基于卷积神经网络的海上微动目标检测与分类方法[J]. 雷达学报, 2018, 7(5): 565-574.

[15] Chen V C, Li F, Ho S S, et al. Micro-Doppler effect in radar: Phenomenon, model, and simulation study[J]. IEEE Transactions on Aerospace and Electronic Systems, 2006, 42(1): 2-21.

[16] Lei P, Sun J, Wang J, et al. Micromotion parameter estimation of free rigid targets based on radar micro-Doppler[J]. IEEE Transactions on Geoscience and Remote Sensing, 2012, 50(10): 3776-3786.

[17] Lei P, Wang J, Sun J. Analysis of radar micro-Doppler signatures from rigid targets in space based on inertial parameters[J]. IET radar, sonar & navigation, 2011, 5(2): 93-102.

[18] Wang L, Ye X, Zhu D Y, et al. Novel side-view imaging of ships at sea for airborne ISAR[C]. 2010 IEEE Radar Conference, Arlington, 2010: 767-772.

[19] Yu J, Xu J,Peng Y N, et al. Radon-Fourier transform for radar target detection (III): optimality and fast implementations[J]. IEEE Transactions on Aerospace and Electronic Systems , 2012, 48(2): 991-1004.

[20] Wu L, Wei X Z,Yang D G, et al. ISAR imaging of targets with complex motion based on discrete chirp Fourier transform for cubic chirps[J]. IEEE Transactions on Geoscience and Remote Sensing, 2012, 50(10): 4201-4212.

[21] Wang Y. Inverse synthetic aperture radar imaging of manoeuvring target based on range-instantaneous-Doppler and range-instantaneous-chirp-rate algorithms[J]. IET Radar, Sonar & Navigation, 2012, 6(9): 921-928.

[22] Tao R, Zhang N, Wang Y. Analysing and compensating the effects of range and Doppler frequency migrations in linear frequency modulation pulse compression radar[J]. IET Radar, Sonar & Navigation, 2011, 5(1): 12-22.

第 9 章　短时分数阶傅里叶变换域目标微动特征检测和估计方法

可靠、稳健的弱目标检测技术始终是雷达信号处理领域的难题[1,2]。由于目标模型和杂波模型的多样化发展趋势，传统基于统计理论的目标检测方法在复杂环境中模型失配而不能取得预期的检测结果[3,4]。因此，一方面，应扩展信号利用的维度，寻找海杂波和微动目标新的特性差异，并利用此差异进行目标检测；另一方面，设计相应的变换方法，对微动信号进行匹配和增强，改善 SCR，使目标能量在杂波中凸显。FRFT 对非平稳信号，尤其是 LFM 信号有良好的能量聚集性和检测性能，无交叉项的干扰，因此可用于雷达动目标的检测，但 FRFT 缺少时间定位的功能。在 FRFT 中加入滑动的短时窗函数，得到 STFRFT[5]，通过窗函数的滑动完成整个时间上的信号局部性质分析，可得到在任意时刻该段信号的频率变化，极大地扩展了 FRFT 的应用范围。

本章主要介绍 STFRFT 理论及其在微动信号增强和特征提取中的应用。分别采用矩形窗 STFRFT 和高斯窗 STFRFT(GSTFRFT)对微动特征匹配增强[6]，实现时变非平稳微动信号的时频谱高分辨表示，并利用目标与海杂波的微动特征差异进行检测；通过 GSTFRFT 域窄带带通滤波器提取微动特征并估计瞬时频率。最后，将该方法用于强海杂波(海尖峰)背景下的微动目标检测[7]，雷达实测数据验证表明所提方法可在抑制海尖峰的同时积累信号能量，改善 SCR，有效分离和提取多分量微动信号。本章的具体内容安排如下：9.1 节介绍 STFRFT 的定义、性质、窗口长度选取准则以及微动信号的 STFRFT 表达；9.2 节介绍一种海尖峰判别和筛选的海杂波抑制方法，抑制海杂波，改善 SCR；9.3 节讨论 STFRFT 域微动目标检测和特征提取方法，并从运算量、多分量微动信号的分辨、旋转角分辨率、FRFT 域分辨率等多个方面分析所提方法的性能；9.4 节采用仿真和实测雷达数据进行验证分析。

9.1　微动信号 STFRFT 表示及特性

9.1.1　短时分数阶傅里叶变换

通过旋转时频平面，在 FRFT 域，可采用很少的几个系数表示 LFM 信号，若旋转角度与信号参数相匹配，则可在最佳 FRFT 域形成峰值。因此，LFM 信号在 FRFT 域具有良好的能量聚集性，FRFT 谱能够很好地反映目标的微动特征。信号 $x(t)$ 的 FRFT 定义式为[8]

$$X_p(u) = \left\{ F_p[x(t)] \right\}(u) = \int_{-\infty}^{+\infty} x(t) K_p(t,u) \mathrm{d}t \tag{9-1}$$

式中，p 为变换阶数，$p \in (-2, 2]$；F_p 为 FRFT 算子；$K_p(t, u)$ 为 FRFT 核函数。

$$K_\alpha(t,u) = \begin{cases} A_\alpha \exp\left[\mathrm{j}\left(\frac{1}{2}t^2 \cot\alpha - ut\csc\alpha + \frac{1}{2}u^2 \cot\alpha \right) \right], & \alpha \neq n\pi \\ \delta\left[u - (-1)^n t \right], & \alpha = n\pi \end{cases} \tag{9-2}$$

式中，$A_\alpha = \sqrt{(1 - \mathrm{j}\cot\alpha)/(2\pi)}$，$n$ 为整数。式(9-1)说明信号 $x(t)$ 可被分解为 u 域上一组正交 LFM 基的线性组合，u 域称为 FRFT 域。

作为 FT 的一种推广，STFT 通过将时间序列加上时间窗后得到窗内信号的频率，将时间窗滑动做 FT，从而得到信号的时频分布。类似地，通过增加窗函数，然后进行 FRFT，得到 STFRFT 的定义[5]：

$$\mathrm{STFRFT}_\alpha(t,u) = \int_{-\infty}^{+\infty} x(\tau) g(\tau - t) K_\alpha(\tau, u) \mathrm{d}\tau \tag{9-3}$$

式中，$g(t)$ 为窗函数，其使得 FRFT 具有表征信号局部特征的能力，能够得到信号任意时刻的 FRFT 谱。因此，通过沿时间轴移动窗函数，STFRFT 能够很好地描述和分析时变信号，尤其是具有调频特性的微动信号。

9.1.2　微动信号的 STFRFT 表达式

根据 8.2 节建立的微动信号模型，海面微动目标在一段观测时长内，其非匀速平动和三轴转动可用 LFM 信号近似，因此微动信号的 STFRFT 表示为

$$\begin{aligned} \mathrm{STFRFT}_{\alpha_i}(t,u) &= A_{\alpha_i} \mathrm{e}^{\frac{\mathrm{j}u^2 \cot\alpha_i}{2}} \int_{-\infty}^{\infty} s(\tau) g(\tau - t) \mathrm{e}^{\mathrm{j}\left(\frac{1}{2}\tau^2 \cot\alpha_i - u\tau\csc\alpha_i \right)} \mathrm{d}\tau \\ &= A_i(t) A_{\alpha_i} \mathrm{e}^{\frac{\mathrm{j}u^2}{2}\cot\alpha_i} \int_{-\infty}^{\infty} g(\tau - t) \mathrm{e}^{\mathrm{j}\frac{\cot\alpha_i + 2\pi\mu_i}{2}\tau^2 + \mathrm{j}(2\pi f_i - u\csc\alpha_i)\tau} \mathrm{d}\tau \end{aligned} \tag{9-4}$$

式中，α_i 为第 i 个微多普勒信号分量的旋转角。最简单的窗函数为矩形窗 $g(\tau) = 1$，$|\tau| \leqslant T_n$，$\sum_n T_n = T$，当 $\alpha_i = \arctan\left[-1/(2\pi\mu_i) \right]$，即在最佳 FRFT 域时，式(9-4)的幅值如下：

$$\left|\text{STFRFT}_{\alpha_i}(t,u)\right| = \left|A_i(t)A_{\alpha_i}e^{\frac{ju^2\cot\alpha_i}{2}}\int_{-T_n}^{T_n}e^{\frac{j\cot\alpha_i+2\pi\mu_i}{2}\tau^2+j(2\pi f_i-u\csc\alpha_i)\tau}d\tau\right|$$

$$= \left|A_i(t)A_{\alpha_i}\int_{-T_n}^{T_n}e^{j(2\pi f_i-u\csc\alpha_i)\tau}d\tau\right| \qquad (9\text{-}5)$$

$$= 2A_{\alpha_i}T_n\left|A_i(t)\text{sinc}\big[(2\pi f_i-u\csc\alpha_i)T_n\big]\right|$$

式(9-5)表明，t 时刻微多普勒信号的矩形窗 STFRFT 幅值为 sinc 函数，同时，STFRFT 具有在任意时刻表征信号频率的能力。然而，加窗后 STFRFT 谱被展宽，其尖峰宽度为

$$W_i = \frac{2\pi}{T_n\csc\alpha_i} = \frac{2\pi}{T_n}\sin\alpha_i \qquad (9\text{-}6)$$

在各种窗函数中，高斯窗函数具有最小的时宽带宽积、很好的时频聚集性，并且高斯函数的 FT 是其本身，因而最为常用。将 $g(\tau)$ 替换为标准高斯窗函数，得到 GSTFRFT 为

$$\text{GSTFRFT}_\alpha(t,u) = \frac{1}{\sqrt{2\pi}\sigma}\int_{-\infty}^{+\infty}x(\tau)\exp\left[-\frac{(\tau-t)^2}{2\sigma^2}\right]K_\alpha(\tau,u)d\tau, \quad |\tau|\leqslant T_n \qquad (9\text{-}7)$$

式中，σ 为标准差，可通过调整该参数改善信号的频率分辨率。

GSTFRFT 可看成高斯窗函数和信号乘积的 FRFT，不失一般性地，假设函数 $h(t)$ 可表示为两个函数的乘积，即 $h(t)=x(t)y(t)$，根据 FRFT 的乘积性质[9]，得到 $h(t)$ 的 FRFT 表达式为

$$H_\alpha(u) = \frac{|\csc\alpha|}{\sqrt{2\pi}}e^{j\frac{u^2}{2}\cot\alpha}\int_{-\infty}^{\infty}X_\alpha(v)e^{-j\frac{v^2}{2}\cot\alpha}Y_{\pi/2}\big[(u-v)\csc\alpha\big]dv \qquad (9\text{-}8)$$

式中，X_α 为 $x(t)$ 的 FRFT；$Y_{\pi/2}$ 为 $y(t)$ 的 FT。式(9-8)表明，$x(t)$ 和 $y(t)$ 乘积的 FRFT 可分解为以下三步：①将 $x(t)$ 进行 FRFT 并乘以 chirp 信号；②与 $y(t)$ 的 FT 做卷积运算；③再次乘以 chirp 信号并进行幅值调整。因此，微多普勒信号 $s(t)$ 的 GSTFRFT 表示为

$$\text{GSTFRFT}_{\alpha_i}(u) = \frac{|\csc\alpha_i|}{\sqrt{2\pi}}e^{j\frac{u^2}{2}\cot\alpha_i}\int_{-\infty}^{\infty}S_{\alpha_i}(\tau)G_{\pi/2}\big[(u-\tau)\csc\alpha_i\big]e^{-j\frac{\tau^2}{2}\cot\alpha_i}d\tau \qquad (9\text{-}9)$$

式中，S_{α_i} 为 $s(t)$ 的 FRFT；$G_{\pi/2}$ 为高斯窗函数 $g(\tau)$ 的 FT。其为

$$G_{\pi/2}(u) = \frac{1}{\sqrt{2\pi}}\int_{-\infty}^{\infty}g(\tau)\exp(-ju\tau)d\tau = \frac{1}{\sqrt{2\pi}}\exp\left(-\frac{1}{2}u^2\sigma^2\right) \qquad (9\text{-}10)$$

$$S_{\alpha_i}(\tau) = A_i(t)A_{\alpha_i}\mathrm{e}^{\mathrm{j}\frac{\tau^2}{2}\cot\alpha_i}\int_{-T_n}^{T_n}\mathrm{e}^{\mathrm{j}(2\pi f_i - \tau\csc\alpha_i)u}\mathrm{d}u \tag{9-11}$$

$$= 2A_i(t)A_{\alpha_i}T_n\mathrm{e}^{\mathrm{j}\frac{\tau^2}{2}\cot\alpha_i}\mathrm{sinc}\left[(2\pi f_i - \tau\csc\alpha_i)T_n\right]$$

将式(9-10)和式(9-11)代入式(9-9)中，可容易地推导出 $s(t)$ 的 GSTFRFT 表达式为

$$\mathrm{GSTFRFT}_{\alpha_i}(t,u) = 2A_i(t)A_{\alpha_i}T_i\frac{|\csc\alpha_i|}{2\pi}\mathrm{e}^{\mathrm{j}\frac{u^2}{2}\cot\alpha_i} \tag{9-12}$$

$$\cdot\int_{-T_n}^{T_n}\mathrm{sinc}\left[(2\pi f_i - \tau\csc\alpha_i)T_n\right]\mathrm{e}^{-\frac{1}{2}(u-\tau)^2\sigma^2\csc^2\alpha_i}\mathrm{d}\tau$$

对式(9-12)取绝对值，GSTFRFT 的模值为

$$\left|\mathrm{GSTFRFT}_{\alpha_i}(t,u)\right| = \left|A_i(t)A_{\alpha_i}T_n\frac{|\csc\alpha_i|}{\pi}\mathrm{e}^{-\frac{1}{2}(u-2\pi f_i\sin\alpha_i)^2\sigma^2\csc^2\alpha_i}\right| \tag{9-13}$$

可知，微动信号的 GSTFRFT 在最佳变换域仍表现为高斯函数，模值呈高斯分布。

9.1.3 STFRFT 窗口长度选择

合适的窗口长度也是决定参数估计精度和分辨率的重要因素，如果 GSTFRFT 的窗口长度选取恰当，则可具有很高的参数分辨性能。一方面，在窗口长度内需保证采样点足够多，以提高微动信号的相参积累增益，并保证正确估计微动参数；另一方面，窗口长度越窄，信号的逼近性能越好，使得在有限的信号观测时长内，能很好地描述微多普勒的时变特性。因此，最佳时宽应最大限度地满足两方面的要求，对于信号：

$$s(t) = \exp\left[\mathrm{j}2\pi\varphi(t)\right] \tag{9-14}$$

式中，$\varphi(t)$ 为连续多项式函数，并且在 $[t-T/2,\ t+T/2]$ 内 $n+1$ 阶可导，对 $s(t)$ 做 n 阶 STFRFT，则最佳时宽为[10]

$$T_{\mathrm{opt}}^{(n)} = \sqrt[n+2]{4^n n!/G} \tag{9-15}$$

式中，$G = \max\left|\varphi^{n+2}(t)\right|$。因此，由海面微动信号模型，即当多项式阶数为 2 时，最优窗口长度可近似为调频率平方根的倒数：

$$T_{\mathrm{opt}} = \sqrt{1/\mu} < T \tag{9-16}$$

通常，为保证 FFT 运算，窗口长度内的采样点设为 2 的整数次幂。在实际应

用中，可灵活调整窗口长度，例如，当信号调频率较小时，可采用较宽的窗口长度；当信号瞬时频率变化明显时(调频率较大)，可采取较窄的窗口长度。本节中的窗口长度在微动信号处理过程中是不变的，为全局最优，而采用基于信号调频率的局部最优窗口长度对时变微动信号能量积累效果更佳，但大大增加了运算量[11]。

9.2　基于海尖峰判别和筛选的海杂波抑制方法

海浪随着风速的增加而增高，在重力的作用下，当海浪失去平衡状态时，出现浪花，从而产生了破碎波，破碎波的雷达反射回波表现为海尖峰。此时，雷达回波强度会明显增强，类似于目标回波，其 PDF 曲线表现出较长的"拖尾"现象，通常持续时间较短，但在此时间范围内保持很强的相关性[12]。对于海尖峰的产生，目前并没有严格的物理解释和数学模型，但通过大量的实测数据统计实验表明，在高分辨率雷达、低擦地角、高海况以及雷达 HH 极化方式下容易出现海尖峰[12,13]。海尖峰的出现使得海杂波由平稳向非平稳转变，雷达有可能将海尖峰判断为一个具有一定速度的动目标，进而导致虚警的增加。因此，研究海尖峰的判别和抑制方法对于海面目标，尤其是微动目标的检测至关重要。

9.2.1　海尖峰的判别方法

为有效分析海尖峰特性，首先需要将海尖峰从杂波背景中分离出来。Posner 基于三个特征参数提出了海尖峰的判别方法，即尖峰幅值门限 η_s、最小尖峰宽度 W_{min}(最小尖峰持续时间)以及最小尖峰间隔 I_{min}[14]。对于来自某一距离单元的海杂波时间序列，其采样点序列需满足如下三个条件才能判定为海尖峰：

(1) 采样点幅值必须超过一定的门限；

(2) 采样点幅值连续保持在尖峰幅值门限之上的时间必须大于或等于规定的最小尖峰宽度时间；

(3) 如果高于尖峰幅值门限的连续采样点之后出现采样点的幅值低于尖峰幅值门限，那么低于幅值门限的时间不能超过规定的最小尖峰间隔时间。

$$\begin{cases} \left|x_i^{HH}\right|^2 \geqslant \eta_s^{HH} \\ W_s^{HH} > W_{min}^{HH} \\ I_s^{HH} > I_{min}^{HH} \end{cases} \tag{9-17}$$

式中，x_i^{HH} 为 HH 极化方式下雷达回波的第 i 个采样点；W_s^{HH} 和 I_s^{HH} 分别为尖峰宽度和尖峰间隔。尖峰幅值门限 η_s^{HH} 可取为海杂波平均功率的 L 倍，表示为

$$\eta_s^{HH} = \frac{L}{N} \sum_{i=1}^{N} \left| c_i^{HH} \right|^2 \tag{9-18}$$

式中，N 为序列长度。该判别方法同样适用于 VV 极化方式。

9.2.2　海尖峰时域特性分析

采用海尖峰的判别准则(式(9-17))，对实测海杂波数据进行海尖峰判别和提取，本小节在计算过程中采用文献[12]中的统计参数值，即最小尖峰宽度设为 0.1s，最小尖峰间隔设为 0.5s，尖峰幅值门限取为海杂波平均功率的 5 倍。在实际应用中，判别海尖峰的三个参数并不是固定不变的，其数值往往随着观测条件和海况的变化而有所变化。为了充分展示海尖峰在不同海况条件下的特性，分别选取高、低海况两组海杂波数据进行分析，其中 IPIX-17#为较高海况数据，19931108_220902(IPIX-26#)为较低海况数据(显著波高为 1.0m)，数据说明详见附录。图 9-1 给出了 HH 极化和 VV 极化方式下的纯海杂波单元中海尖峰判别情况。图 9-1 中黑色区域表示判别为海尖峰的海杂波数据，灰色虚线区域表示非海尖峰的海杂波背景数据。可以看出，海尖峰较背景杂波起伏剧烈且在 HH 极化方式下，回波持续时间较短，幅值高于 VV 极化，与目标回波较为相似，容易造成虚警。

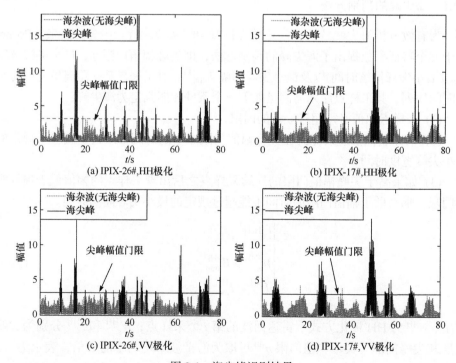

图 9-1　海尖峰识别结果

对海杂波的时域幅值分布进行直方图统计，如图 9-2 所示，分别采用瑞利(Rayleigh)分布、对数正态(Lognormal)分布、韦布尔(Weibull)分布和 K 分布对海尖峰和海杂波背景幅值进行拟合，可明显看出，海尖峰幅值的概率密度分布具有较长的"拖尾"，呈现非高斯性。表 9-1 进一步给出了海尖峰数量统计分析结果。Bragg 散射使得 VV 极化方式下的海杂波背景幅值高于 HH 极化方式，而 HH 极化方式下的海尖峰较 VV 极化方式更为尖锐，但在数量和功率百分比方面却明显低于 VV 极化方式。对于 IPIX-26#，VV 极化方式下海尖峰数量占海杂波的 15.49%，而 HH 极化方式下海尖峰仅有 12.31%，这是因为前者的海尖峰平均持续时间长于后者，导致海尖峰数量的增多。同时，通过比较两组数据统计结果，容易得出海尖峰的数量和功率百分比随海况的提高而增加。以上结论同样适用于 IPIX 雷达的其他组数据。

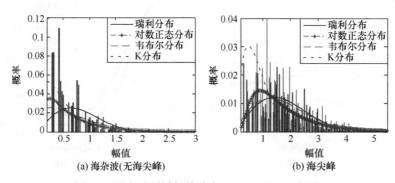

(a) 海杂波(无海尖峰)　　　　　　(b) 海尖峰

图 9-2　海杂波时域幅值分布(IPIX-17#，HH 极化)

表 9-1　海尖峰数量统计及相关性

参数	IPIX-26#		IPIX-17#	
	HH 极化	VV 极化	HH 极化	VV 极化
数量百分比/%	12.31	15.49	17.48	20.01
功率百分比/%	3.91	4.78	5.50	7.56
$TC_{non\text{-}spike}$/ms	10	13	9	13
TC_{spike}/ms	35	20	32	16

当雷达固定方位和水平入射角时，海杂波的相关时间(temporal time，TC)可用 ACF 表征，定义为[15]

$$\mathrm{ACF}_n = \frac{\sum_{i=1}^{N-1} x_i x_{i+n}^*}{\sum_{i=1}^{N-1} x_i x_i^*} \tag{9-19}$$

式中，ACF_n为间距n个采样点的时间自相关函数值。

表9-1同样给出了海尖峰和海杂波背景(无海尖峰)的统计相关时间，IPIX-26#较IPIX-17#的海尖峰有更长的相关时间，进一步证明低海况通常伴随较长的相关时间。图9-3比较了HH极化方式和VV极化方式IPIX-17#海杂波的相关性，通常把TC对应于1/e的时间作为去相关时间，e为常数值，约等于2.718281828。可知海尖峰的相关时间通常略长于无海尖峰的海杂波背景，同时HH极化方式下的海尖峰相关时间(32ms)长于VV极化方式(16ms)。从图9-3(b)也可以发现，VV极化方式下海尖峰和海杂波背景的相关时间相近，这是由于海杂波在VV极化方式下幅值起伏剧烈，相关性降低。以上得到的统计结论与文献[16]采用的X波段海用雷达对海杂波中的Bragg、白帽和海尖峰分量的实验分析结果相似。

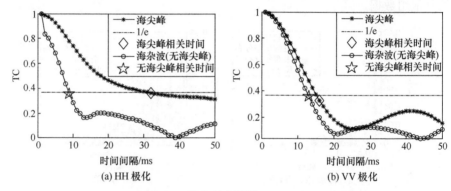

图9-3　海杂波相关性(IPIX-17#)

9.2.3　海尖峰变换域特性分析

对HH极化方式和VV极化方式海尖峰和海杂波背景的多普勒谱进行分析，如图9-4所示。可以看到，海尖峰较海杂波背景的多普勒谱展宽，不仅从幅值和多普勒频率上均高于海杂波背景，尤其是HH极化方式下海尖峰更为明显。进一步

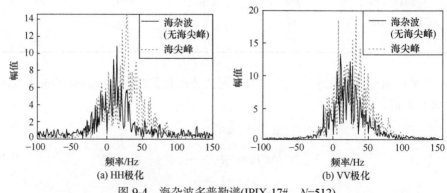

图9-4　海杂波多普勒谱(IPIX-17#，N=512)

采用 STFT 分析海杂波的时频特性，如图 9-5 所示，右侧亮度条对应幅值大小，可以观测到无海尖峰的海杂波背景多普勒能量主要集中在中心频率附近(为 30～40Hz)，主要体现为大尺度波的 Bragg 散射，而海尖峰的多普勒谱发生明显偏移和展宽，主要体现为快变信号的非 Bragg 散射，使得回波散射截面积起伏，多普勒频率随时间变化，表现出明显的非平稳特性和时变特性。同时，发现在 HH 极化方式下，海尖峰的总体功率水平较弱，但此时海尖峰的时变特性更为明显。

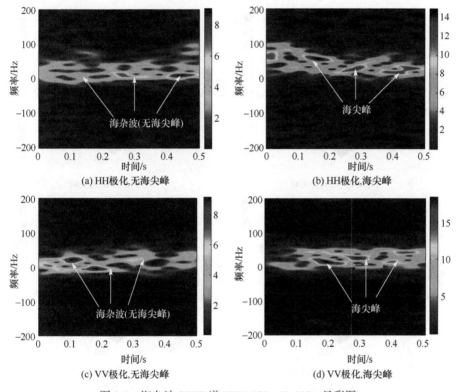

图 9-5　海杂波 STFT 谱(IPIX-17#，N=512) (见彩图)

图 9-6 比较了两种极化方式下海杂波背景和海尖峰的 FRFT 谱，可以得到以下结论：

(1) 由于 FRFT 对时频轴的旋转，增加的变换阶数轴能够获得海杂波多普勒的变化信息，更有利于分析时变的海尖峰信号，这一特性也可以从图 9-6(b)和(d)中得出；

(2) HH 极化方式下，海尖峰的 FRFT 谱峰数量多于 VV 极化方式，说明 VV 极化方式的海尖峰频率变化不明显；

(3) 在高海况条件下,HH极化方式的海杂波背景功率水平高于VV极化方式，而后者海尖峰功率水平高于前者。

以上的结论与时域海杂波特性分析相一致。同样采用四种分布方式对海杂波的 FRFT 幅值进行幅值拟合分析，如图 9-7 所示，得到了与图 9-2(时域)截然相反的结论，海尖峰的 FRFT 幅值概率密度分布更为集中，"拖尾"减少，这是由于FRFT 增加的变换阶数轴能够很好地反映频率的变化，具有时变特性的海尖峰能量分布集中。以上分析结果说明海尖峰具有非高斯、非平稳和高幅值等特点，从而不利于海杂波中目标的检测。

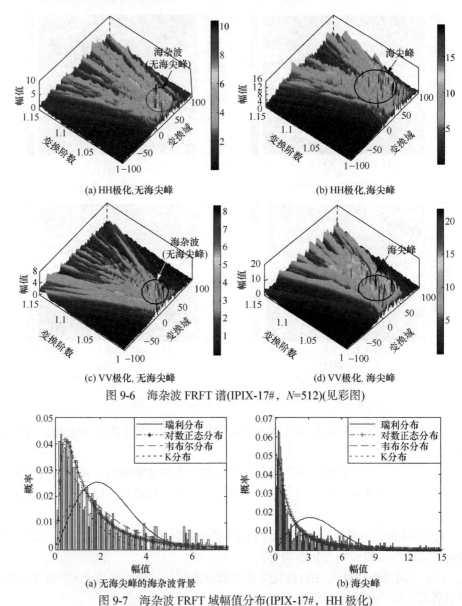

(a) HH极化,无海尖峰

(b) HH极化,海尖峰

(c) VV极化,无海尖峰

(d) VV极化,海尖峰

图 9-6 海杂波 FRFT 谱(IPIX-17#，N=512)(见彩图)

(a) 无海尖峰的海杂波背景

(b) 海尖峰

图 9-7 海杂波 FRFT 域幅值分布(IPIX-17#，HH 极化)

9.2.4　海尖峰抑制方法

由海尖峰判别和特性分析结果可知，高幅值和时变特性使得海尖峰与微动信号同样具有相似的特性，因此需要设计相应的海尖峰抑制方法，提高微动信号的SCR。本小节在海尖峰特性分析的基础上，设计一种基于海尖峰判别和筛选的海杂波抑制方法，通过剔除背景中的海尖峰并选取最小平均功率的背景杂波作为待检测数据，能够显著改善 SCR，提高检测性能。根据式(9-17)的判定参数从海杂波序列中提取出海尖峰，此时，海杂波序列被分为无海尖峰的海杂波背景序列和海尖峰序列。将海尖峰序列置零，仅保留无海尖峰的海杂波背景序列，分别计算各个海杂波背景序列的平均功率水平，假设海杂波序列被分为 $2n$ 个数据段，其中第 1, 3, 5, $\cdots$, 2n–1 段为海尖峰序列，而其余的第 2, 4, 6, $\cdots$, 2n 段为海杂波背景序列，选取最小平均功率对应的海杂波背景序列作为待检测数据，计算方法如下：

$$i_0 = \arg\min_i \left(\frac{1}{M_i} \sum_{j=1}^{M_i} |x_i(j)|^2 \right), \quad i = 1, 2, \cdots, n, \ j = 1, 2, \cdots, M_i \tag{9-20}$$

式中，x_i 为第 i 个海杂波背景序列；M_i 为序列长度；i_0 为最小平均功率对应的海杂波背景序列序号。

由于筛选出的海杂波背景序列大大降低了海尖峰的比例，可进一步改善SCR，达到抑制海杂波的目的，有助于后续微多普勒信号的检测和提取。需要说明的是，待检测数据的筛选并不影响目标回波检测，当待检测单元为海杂波单元时，能量难以相参积累，其输出不能超过自适应门限；而当待检测单元为目标单元时，经海杂波数据筛选有可能会损失一部分目标能量，但由于抑制了海尖峰，SCR 仍可在一定程度上得到改善。此外，后续的相参积累检测方法主要针对动目标运动特性设计，能够最大限度地匹配目标能量，而海杂波由模型适配导致其能量难以积累，因此仍能正确检测出目标，如针对匀速目标，可采用传统的MTD 方法；针对匀加速目标，可采用 FRFT 等带有积累加速度分量的广义多普勒滤波器组方法等。

9.3　STFRFT 域微动目标检测和特征提取方法

9.3.1　方法流程

图 9-8 为基于 STFRFT 的微动目标检测和特征提取方法的流程图，主要分为三部分：①采用海尖峰识别准则对海杂波数据进行预处理；②在各距离单元STFRFT 域进行微动目标检测，并与 CFAR 检测器[17]比较，判别目标的有无；③通过 STFRFT 域滤波提取微动信号分量，并对其瞬时频率进行估计。

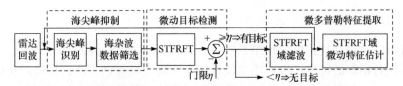

图 9-8　基于 STFRFT 的微动目标检测和特征提取方法的流程图

详细的信号处理流程如下。

(1) 海尖峰识别和数据筛选。

在接收端，得到经解调和脉压处理后同一距离单元内的雷达回波数据 $c(i)(i=1,2,\cdots,N)$，并按照式(9-17)的海尖峰识别方法，与给定的海尖峰门限 η_s、最小尖峰宽度 W_{min} 和最小尖峰间隔 I_{min} 进行比较，将海杂波数据分为海尖峰序列和不含海尖峰的海杂波背景序列，分别计算各个海杂波背景序列的平均功率水平，选取最小平均功率对应的海杂波背景序列 i_0 作为待检测数据，计算方法如式(9-20)所示，达到抑制海杂波、改善 SCR 的目的。

(2) 搜索参数区间设定。

根据待检测目标的类型和运动状态，估计出可能的调频率变化范围，缩小GSTFRFT 的变换阶数 p 取值区间，假设信号调频率为正斜率，则变换阶数与调频率的关系为

$$p_i = -\frac{2\text{arc cot}\,\mu_i'}{\pi} + 2 \tag{9-21}$$

式中，μ_i' 为量纲归一化后的调频率[18]。

(3) GSTFRFT 域微动目标检测。

对待检测数据进行不同变换阶数下的 GSTFRFT 运算，采用分级迭代的计算方法进行峰值搜索[1]，并记录峰值对应的 GSTFRFT 域坐标：

$$(p_i, u_i) = \underset{p,u}{\arg\max}\left|\text{GSTFRFT}(p,u)|_{T_{i_0}}\right| \tag{9-22}$$

式中，$T_{i_0} = M_{i_0}/f_s$ 为待检测数据的时长，f_s 为采样频率。取 GSTFRFT 域信号幅值作为检测统计量，与给定虚警概率下的检测门限进行比较，如果检测统计量高于门限值，判决为有目标，否则判决为无目标，即

$$\left|P_i\right| \underset{H_0}{\overset{H_1}{\gtrless}} \eta = \gamma_0 \hat{\sigma}_k + \hat{m}_k \tag{9-23}$$

式中，P_i 为 GSTFRFT 域的第 i 个峰值；η 为检测门限；γ_0 为阈值系数。采用 CFAR特性与杂波分布无关的双参数 CFAR 方法确定门限[17]，用不同变换域参考单元估计积累后杂波包络的均值和标准差，其无偏估计量为

$$\hat{m}_k = \frac{1}{PU}\sum_p\sum_u|\text{GSTFRFT}(p,u)| \tag{9-24}$$

$$\hat{\sigma}_k^2 = \frac{1}{PU}\sum_p\sum_u\left(|\text{GSTFRFT}(p,u)|-\hat{m}_k\right)^2 \tag{9-25}$$

式中，P 和 U 分别为变换阶数 p 和变换域 u 的搜索个数。然后将待检测峰值减去均值 $\hat{m}_k$，再与标准差估计值 $\hat{\sigma}_k^2$ 和阈值因子 γ 的乘积相比较，从而实现 CFAR 检测，其检测性能只与虚警概率、脉冲积累数、杂波均值和标准差有关。需要补充的是，该检测也可在不同距离单元相对应的最佳变换域中进行，判决目标位于哪个距离单元。

(4) 最佳 GSTFRFT 域滤波。

将最佳 GSTFRFT 域数据通过构造的窄带带通滤波器，滤除除第一微动信号分量 (p_1, u_1) 外的绝大部分信号能量。

$$\text{GSTFRFT}'_{p_1}(t,u)\big|_{T_{i_0}} = \text{GSTFRFT}_{p_1}(t,u)\big|_{T_{i_0}} \cdot H(p_1,u) \tag{9-26}$$

式中，$H(p_1,u)$ 为窄带带通滤波器。其带宽与峰值宽度有关，即

$$H(p_1,u) = \begin{cases} 1, & u_1-W_1 \leqslant u \leqslant u_1+W_1 \\ 0, & \text{其他} \end{cases} \tag{9-27}$$

式中，$W_1 = \dfrac{2\pi}{T_{i_0}\csc(p_1\pi/2)}$。对滤波后的最佳 GSTFRFT 域数据进行 $-p_1$ 阶的逆运算，提取出第一微动信号分量 $s_1(t)$：

$$s_1(t) = \text{GSTFRFT}'_{-p_1}(t,u)\big|_{T_{i_0}} \tag{9-28}$$

进而得到其调频率的估计值：

$$\hat{\mu}_1 = -\cot(p_1\pi/2)/S^2 \tag{9-29}$$

式中，$S = \sqrt{T_{i_0}/f_s}$ 为量纲归一化的尺度因子。

(5) GSTFRFT 域微动特征估计。

在有限的观测时长 T_{i_0} 设置最优时间窗长度 T_{opt}：

$$T_{\text{opt}} = \begin{cases} \sqrt{1/\hat{\mu}_1}, & \sqrt{1/\hat{\mu}_1} \leqslant T_{i_0} \\ T_{i_0}, & \sqrt{1/\hat{\mu}_1} > T_{i_0} \end{cases} \tag{9-30}$$

计算第一微动信号分量的最佳变换阶数 p'_{opt1}，

$$p'_{\text{opt1}} = -\frac{2\text{arccot}\left[\hat{\mu}_1\cdot(S')^2\right]}{\pi} + 2 \tag{9-31}$$

式中，$S' = \sqrt{T_{\text{opt}}/f_s}$，对第一微动信号数据进行 p'_{opt1} 阶 GSTFRFT 运算，进而得到瞬时频率估计：

$$\hat{f}_{D_1}(t) = u(t)\csc\left(p'_{\text{opt1}}\pi/2\right)\Big/S' \tag{9-32}$$

(6) 将除第一微动信号的雷达数据继续进行步骤(3)~(5)的运算，直到检测不出微动信号为止。

9.3.2　方法分析

1. 运算量分析

STFRFT 是加窗的 FRFT，因此其计算复杂度依赖 DRFRT。文献[19]给出了 FRFT 数值运算高效方法，其运算量与 FFT 相当，在 N 个采样点时的计算复杂度为 $O(N\log_2 N)$。当滑动窗函数时，STFRFT 包括 $K = T_{i_0}/T_{\text{opt}}$ 段 FRFT 运算，因此 STFRFT 的运算量约为 $O(KN\log_2 N)$。文献[1]表明，采用分级迭代峰值搜索确定最佳变换阶数方法，不仅能降低运算量，而且可以保证高精度变换阶数的要求。

2. 多分量微动信号的分辨力

在实际应用中，信号的观测时长和采样频率都是有限的，会导致多分量微动信号分量间的遮蔽现象[20]。由于 FRFT 谱的叠加，将无法分辨多个信号的尖峰，这对分析微动特征产生不利影响。假 s_r 和 s_l 为两个不同的微动信号，其最佳旋转角分别为 α_r 和 $\alpha_l(\alpha_l < \alpha_r)$。在 FRFT 域二维平面的信号分辨包括旋转角轴和变换域轴上的分辨，对于分辨调频率和中心频率均不同的两个散射回波信号，需至少满足在其中一个坐标轴上可以分辨。

1) 旋转角分辨率(α 轴)

当 s_r 和 s_l 的 FRFT 谱支撑区不重叠时，两微动信号在 α 轴上能分辨开的条件需满足[21]

$$|\alpha_r - \alpha_l| \geqslant \Delta R_{\alpha_{\min 1}} = \frac{1}{2}(\Delta\alpha_r + \Delta\alpha_l)/(\pi/2) \tag{9-33}$$

式中，$\Delta\alpha_r$ 和 $\Delta\alpha_l$ 表示最小分辨单元：

$$\Delta\alpha_r = 2\arcsin\left(1\Big/\sqrt{f_s^2 + \mu_r^2 T_{i_0}^2}\right), \quad \Delta\alpha_l = 2\arcsin\left(1\Big/\sqrt{f_s^2 + \mu_l^2 T_{i_0}^2}\right) \tag{9-34}$$

当 s_r 和 s_l 的 FRFT 谱支撑区间重叠时，两者的 FRFT 谱将相互影响，需考虑 FRFT 谱叠加对 α 轴信号分辨的影响。因此，此时的 α 轴临界分辨距离为

$$\left|\alpha_{\mathrm{r}} - \alpha_{\mathrm{l}}\right| \geqslant \Delta R_{\alpha_{\min 2}} = \frac{1}{\pi}\Delta\alpha_{\mathrm{r}} + \frac{2}{\pi}\arcsin\left(\frac{2}{T_{i_0}\sqrt{f_{\mathrm{s}}^2 + \mu_{\mathrm{l}}^2 T_{i_0}^2}}\right) \tag{9-35}$$

2) FRFT 域分辨率(u 轴)

根据式(9-6)给出的各分量在相应的最佳 FRFT 域中 sinc 函数尖峰的宽度，得出两个微动信号在 u 轴上的临界分辨距离应大于两者各自尖峰宽度 1/2 的最大值，即

$$\left|u_{\mathrm{r}} - u_{\mathrm{l}}\right| \geqslant \Delta R_{u_{\min}} = \max\left(\frac{1}{2}W_{\mathrm{r}},\ \frac{1}{2}W_{\mathrm{l}}\right) \tag{9-36}$$

式中，$W_{\mathrm{r}} = 4\pi/(T_{i_0}\sin\alpha_{\mathrm{r}})$；$W_{\mathrm{l}} = 4\pi/(T_{i_0}\sin\alpha_{\mathrm{l}})$。

因此，为了保证微动信号检测和特征提取不受多分量信号 FRFT 谱的影响，需要满足式(9-35)或式(9-36)。

9.4　仿真与实测数据处理结果

本节将采用 X 波段 IPIX 雷达、某 X 波段对海雷达和 SSR 实测数据进行仿真分析，同时与经典的 STFT 时频分析方法相比较，验证所提方法在微动目标检测和特征提取方面的有效性。采用高海况 IPIX-17#，仿真具有两种微动信号分量的 Swerling I 型海面目标，其仿真参数描述如表 9-2 所示，海面舰船目标朝向雷达航行并伴随匀加速运动和偏航运动，由于偏航运动受海况影响较大，两种运动的微动信号 SCR 不同，分别为-3dB 和-5dB。

表 9-2　仿真微动目标参数描述

目标参数	f_i/Hz	v_{0i}/(m/s)	k_i/(Hz/s)	a_i/(m/s²)	SCR/dB	T/s
平动	80	1.2	40	0.6	-3	1
俯仰运动	50	0.75	20	0.3	-5	1

9.4.1　微多普勒信号检测和性能分析

由于 STFT 谱频率分辨率有限，同时针对时变信号能量积累效果差，仅在频域不能很好地分析海尖峰特性及其对微动目标回波信号的影响。将雷达回波信号变换至 FRFT 域，得到微动信号在 HH 极化方式和 VV 极化方式下的 FRFT 谱，如图 9-9 所示，同时对比海尖峰抑制前后的效果。由图 9-9(a)和(c)可知，海尖峰具有时变特性，其在多个 FRFT 域形成峰值，对目标微动信号分量的检测造成不

利影响，微弱的转动分量已被海尖峰所遮蔽。通过海尖峰判别，并计算 HH 极化方式和 VV 极化方式下非尖峰序列的平均功率，选取 HH 极化方式中最小的第 10组(平均功率为 0.3473)和 VV 极化方式中的第 5 组(平均功率为 0.3673)作为待处理数据。通过计算，海尖峰被抑制后，时域的 SCR 提升约为 2dB，有助于后续的微动信号检测。图 9-9(b)和(d)给出了海尖峰抑制后的微动信号 FRFT 谱，可以看出，尽管目标回波的 FRFT 谱幅值有所下降，但微动分量峰值明显，并能区分平动和转动分量，表明海尖峰抑制的有效性。另外，海尖峰在 HH 极化方式下较 VV 极化方式有更尖锐的峰值，但 VV 极化方式下的海尖峰平均功率水平高于 HH 极化方式，降低了 SCR，与图 9-5 所示结果相符，进一步说明高海况时 VV 极化方式不利于海面目标的检测。

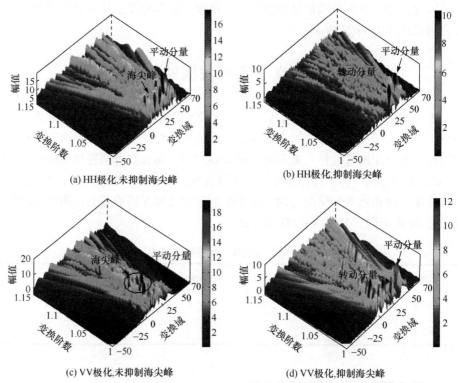

图 9-9　海尖峰抑制前后微动目标信号 FRFT 谱 (IPIX-17#，N=512)(见彩图)

根据式(9-21)得到加速度和变换阶数的关系，如图 9-10 所示。由于量纲进行归一化处理，当采样点数由 256 增加到 512 时，变换阶数的范围增大。同时，当雷达参数一定时，即使加速度变化范围较广，对应的变换阶数变化也很小。海面微动目标在较短的观测时长内速度变化范围有限，因此在进行二维峰值搜索最佳变换阶数时，仅需考虑 $1 \leqslant p \leqslant 1.1$ 的情况，进一步缩小了搜索范围，提高了运算效率。

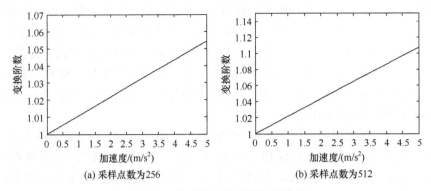

(a) 采样点数为256　　　　　　　(b) 采样点数为512

图 9-10　加速度和变换阶数的关系

图 9-11 给出了基于 STFT 和 GSTFRFT 的微动目标检测结果。可以看出，微

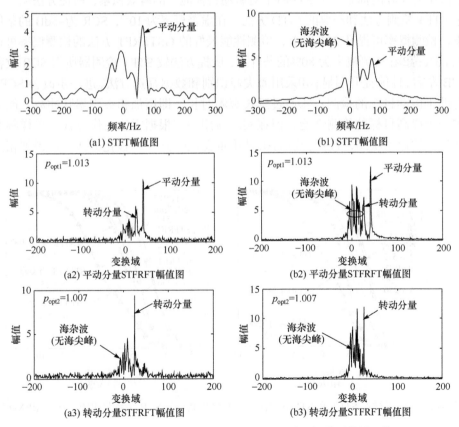

(a1) STFT幅值图　　　　　　　(b1) STFT幅值图

(a2) 平动分量STFRFT幅值图　　　　　(b2) 平动分量STFRFT幅值图

(a3) 转动分量STFRFT幅值图　　　　　(b3) 转动分量STFRFT幅值图

图 9-11　海杂波抑制后 STFT 和 STFRFT 微动目标检测结果比较

(IPIX-17#，N=512，a1～a3：HH 极化，b1～b3：VV 极化)

动信号分量在 STFT 域受海杂波影响严重,尤其是转动分量。因此,即使在 CFAR 检测后仍会残留较多虚警。通过步骤(3)的分级迭代计算出微动分量各自的最佳变换阶数($p_{opt1} = 1.013$、$p_{opt2} = 1.007$),在匹配的 GSTFRFT 域,微动信号能量得到最大限度积累,形成明显峰值,相比 STFT 峰值,GSTFRFT 峰值尖锐,旁瓣较低;同时,采用所提方法剔除了一部分海尖峰,在一定程度上改善了 SCR,使得微动信号更容易从海杂波背景中检测出来。将平动分量滤除,微弱的转动分量在最佳变换域也能被成功检测出来。

为进一步量化说明所提方法对 SCR 的改善效果,这里将所提方法与双参数 CFAR 检测器相结合,形成相应的检测方法,并基于 IPIX 实测数据进行 Monte-Carlo 仿真分析与验证,得到了图 9-12 所示的目标检测概率与 SCR 的关系曲线。图 9-12 中所有检测概率(P_d)曲线对应的虚警概率均为 $P_{fa}=10^{-3}$,并且得到的检测概率值是统计平均后的结果,分析 HH 极化方式的仿真结果:①得益于海杂波中海尖峰的抑制以及 STFRFT 对微动目标能量的有效积累,所提方法明显优于 STFT 检测方法和经典的 MTD 方法,在虚警概率为 10^{-3},SCR 为-5dB 的条件下,检测概率可提升 30%以上,检测性能最好的 GSTFRFT 方法的检测概率可达到 85%;②在检测概率为 80%的条件下,所提方法较 STFT 检测器所需 SCR 改善 5dB 左右,性能提升明显;③采用海尖峰识别和数据筛选方法,进一步改善 SCR,有助于微动目标的检测;④通过延长观测时长,即增加相参积累脉冲数,能够进一步提高目标的检测性能,但在实际应用中,根据雷达工作方式、采样频率和目标的运动状态,选择合适的积累脉冲数。对于 VV 极化方式,可得到相似的结论。

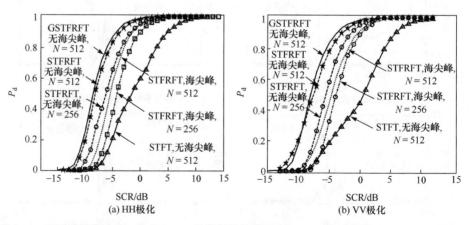

图 9-12 不同采样点 STFT 和 STFRFT 检测器的检测概率与 SCR 关系曲线($P_{fa}=10^{-3}$, IPIX-17#)

9.4.2　微多普勒特征提取和性能分析

图 9-13 给出了 HH 极化和 VV 极化 IPIX-17#剔除海尖峰并进行数据筛选后，微动信号的变换域(STFT 域、STFRFT 域(矩形窗)和 GSTFRFT 域)特征，其中相参积累脉冲数为 256。可以看出，由于 STFT 的时频分辨率较差，不能有效分析时变的微动信号，海杂波的 STFT 谱严重影响了微动信号的检测，尤其是 SCR 和频率均较低的转动分量，无法正确区分海杂波和目标微多普勒分量。为了更好地

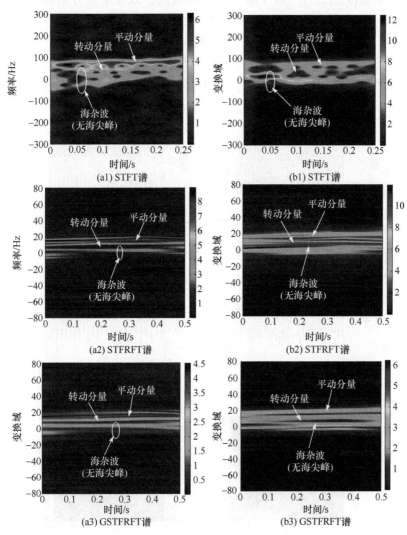

图 9-13　海杂波抑制后的微动信号变换域特征(IPIX-17#，N=256，a1~a3：HH 极化，b1~b3：
VV 极化)(见彩图)

积累微动信号能量，将信号进行 STFRFT 运算，得到 STFRFT 谱，如图 9-13(a2)、和(b2)所示，通过滑动窗函数，STFRFT 谱能够很好地展示微动信号频率随时间的变化，提高了时频分辨率。图 9-13(a3)和(b3)的 GSTFRFT 谱能够获得更高的时频分辨能力以及更精细的微动特征，有助于区分高海况时的海杂波和微动信号分量。STFT 为加窗的 FT，可认为是不同时间段的 MTD 滤波器组输出，因此图 9-13 也在一定程度上反映出所提方法明显优于雷达中常用的基于 FT 的 MTD 方法。

根据步骤(4)的最佳 GSTFRFT 域滤波方法，以及平动分量的峰值坐标$(p_1, u_1)=(1.013, 149)$，设计 GSTFRFT 域窄带带通滤波器，提取微动信号分量：

$$H(p_1, u) = \begin{cases} 1, & 125 \leqslant u \leqslant 173 \\ 0, & \text{其他} \end{cases} \tag{9-37}$$

并计算$-p_1$阶 GSTFRFT 得到平动分量 $s_1(t)$。图 9-14 给出了微动信号分量的原始

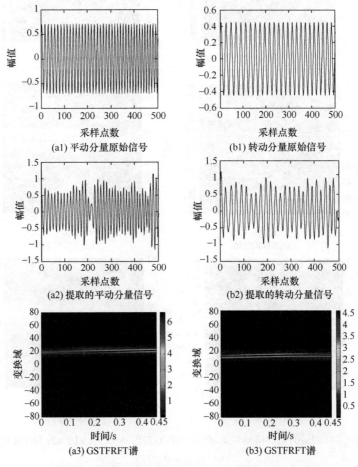

图 9-14 GSTFRFT 域微多普特征提取结果 (HH 极化，IPIX-17#，N=256)

信号、提取信号以及 GSTFRFT 谱，信号的时频分布清晰可见，不受海杂波干扰，并可估计出微多普勒的瞬时频率。

表 9-3 进一步对基于 STFT 和 GSTFRFT 的微动信号参数估计结果进行了比较，并给出了算法的计算时间，其中$|\Delta f|$和$|\Delta \mu|$表示参数估计的绝对误差，定义为

$$|\Delta f| = |f - \hat{f}|, \quad |\Delta \mu| = |\mu - \hat{\mu}| \tag{9-38}$$

表 9-3　海尖峰抑制后微动信号参数估计和计算时间比较(N=256)

参数	STFT 方法		GSTFRFT 方法	
	HH 极化	VV 极化	HH 极化	VV 极化
$\hat{f}_1$ /Hz	71.054	66.412	79.874	81.130
$|\Delta f_1|$/Hz	8.946	13.588	0.126	1.130
$\hat{\mu}_1$ /(Hz/s)	37.862	32.721	39.889	40.600
$|\Delta \mu_1|$/(Hz/s)	2.138	7.279	0.111	0.600
$\hat{f}_2$ /Hz	42.970	39.064	49.405	48.287
$|\Delta f_2|$/Hz	7.030	10.936	0.595	1.713
$\hat{\mu}_2$ /(Hz/s)	15.547	11.782	21.197	21.454
$|\Delta \mu_2|$/(Hz/s)	4.453	8.218	1.197	1.454
$\bar{t}$ /s*	0.128	0.129	1.081	1.088

*计算机配置参数：CPU：Intel Core 2 Duo E7400 2.8GHz；内存：4G DDR1333；操作系统：Windows XP SP3；计算软件：MATLAB 2008a。

9.4.3　实测数据处理结果

由表 9-3 可知，转动分量在 STFT 域被海杂波所遮蔽，估计误差较大，而提出的方法在抑制海杂波的同时最大限度地积累微动信号能量，因此在低 SCR 条件下具有较高的参数估计精度。然而，由于 GSTFRFT 需要进行参数搜索和 FRFT 运算，所提方法的运算量较大，相比 STFT 方法较为耗时，但仍可通过基于 FFT 的 FRFT 离散算法提高运算效率。

1. X 波段对海雷达数据

X 波段对海实验雷达架高 85.5m，可视角范围为 120°。雷达毗邻渤海，方便观测海面航道和空中航道，水面和空中目标众多，为开展雷达对海上动目标探测实验提供了十分便利的条件。该雷达为全相参高分辨率雷达，对海掠射角约为 0.9°。作者所在课题组于 2011 年 10 月 18 日开展此次对海探测实验，海况约为 2

级。在此条件下，降低了海杂波的影响，能够获得高 SCR 的海面目标回波数据，有利于方法的验证和分析海面目标微动特征。图 9-15 为航行中的船式起重机照片，由吊臂基座、起重机吊臂和船首桥楼组成。

图 9-15　航行中的船式起重机照片(拍摄于 2011 年 10 月 18 日)

距离脉压后工程船目标回波如图 9-16(a)所示，能够得到清晰的目标高分辨率距离像。对船首桥楼部分的雷达回波进一步做时频分析，如图 9-16(b)所示，可发现目标的多普勒主要由两部分组成：一部分由船体本身径向运动分量产生的平动分量(约为−490Hz)；另一部分为海面起伏导致的船体的转动分量(约为 140Hz)。同时从图 9-16(b)可知，在较短的观测时长内，两个多普勒信号分量均受频率调制，从而验证了 8.2 节中的目标模型。图 9-17 比较了船首微多普勒信号的频谱和 FRFT 谱，图中又给出了两个微动分量的局部放大图。根据 FRFT 域峰值搜索结果，得到两者的最佳变换阶数为 $p_{opt1}=1.007$ 和 $p_{opt2}=1.006$，而不是频域的 $p=1$，表明目标的平动和转动分量均可近似建模为 LFM 信号。通过对比也可以发现，FRFT 谱的峰值较频谱尖锐，并且旁瓣较低，表明在 FRFT 域能量更为集中。最后，采用基于 GSTFRFT 的滤波方法提取微动信号分量，得到微动特征，如图 9-18(c)所示，

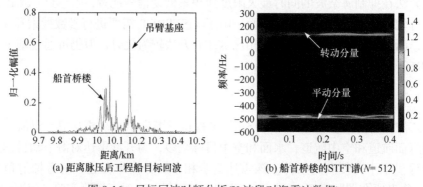

(a) 距离脉压后工程船目标回波　　　　　　(b) 船首桥楼的STFT谱(N= 512)

图 9-16　目标回波时频分析(X 波段对海雷达数据)

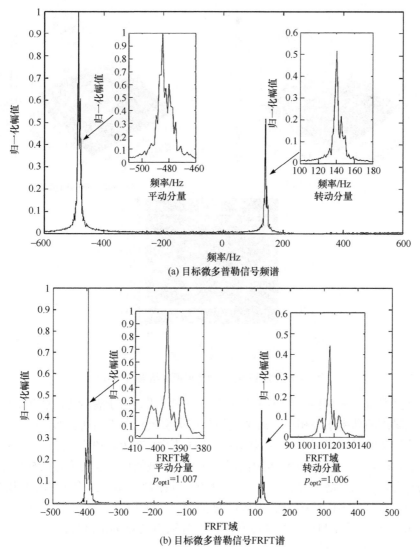

(a) 目标微多普勒信号频谱

(b) 目标微多普勒信号FRFT谱

图 9-17　微多普勒信号的频谱和 FRFT 谱比较($N = 512$)

与图 9-18(b)相比，GSTFRFT 对微动特征的检测和提取结果优于 STFT 方法。

2. SSR 数据

基于 SSR，进一步验证所提方法在实际雷达中的性能，如图 9-19 和图 9-20 所示。雷达观测距离为 66~75nm，通过回波信号的距离-多普勒谱(图 9-19(a))，可以发现在 73nm 附近存在一远离雷达运动的微弱目标，其多普勒频率分布不集中，频谱展宽。这一方面说明目标做非匀速运动；另一方面说明 SCR 较低，背景

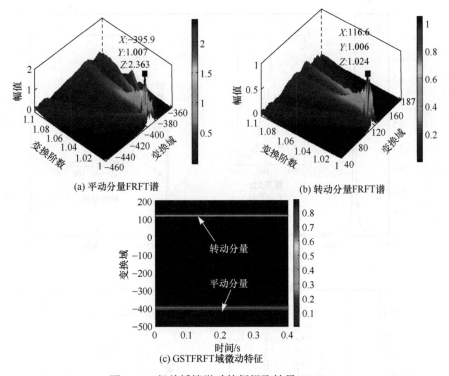

(a) 平动分量FRFT谱　　　　　　　　　　(b) 转动分量FRFT谱

(c) GSTFRFT域微动特征

图 9-18　船首桥楼微动特征提取结果($N = 512$)

杂波干扰严重。图 9-19(b)给出了海尖峰的识别结果，由于观测距离较远，海杂波与大气噪声的功率水平相当，海杂波的分布类型更趋向于高斯分布。因此，海尖峰和背景杂波无明显区别。采用双参数 CFAR 检测，在 $P_{fa}=10^{-4}$ 条件下，比较 STFT和 GSTFRFT 的检测结果(图 9-20)，目标在 STFT 域能量主要集中在–250Hz 附近，但仍有大量的剩余海杂波和噪声，目标检测比较困难。由于结合了 FRFT 和 STFT的优点，GSTFRFT 域中杂波得到明显抑制，大大提高了系统的检测性能，由GSTFRFT 谱估计出目标的初速度和加速度分别为–24.84kn 和 2.47m/s²。

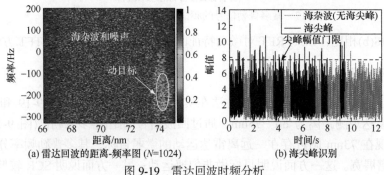

(a) 雷达回波的距离-频率图 (N=1024)　　　　　(b) 海尖峰识别

图 9-19　雷达回波时频分析

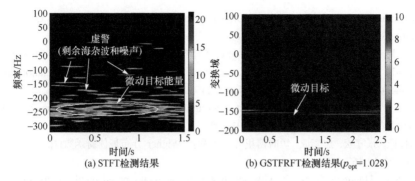

图 9-20　STFT 和 GSTFRFT 微动目标检测结果($P_{fa}=10^{-4}$，$N=512$)(见彩图)

9.5　小　结

本章主要针对同一距离单元的海面微动目标，在微动目标模型的基础上，利用 FRFT 对微动信号相参积累的特点，提出了 STFRFT 域微动目标检测方法。针对微动信号的时变特性，采用 GSTFRFT 分析微动特征，寻找海杂波与微动目标回波信号特性的差异，构造检测统计量，最终实现强海杂波背景下的弱目标微动特征检测。该方法通过对海尖峰的识别和数据筛选，能够自适应地抑制海杂波，改善 SCR；利用 GSTFRFT 对非平稳和时变信号良好的能量聚集性和时频分辨率，检测微动信号；通过设计 GSTFRFT 域窄带带通滤波器提取微动特征并进行参数估计。采用 IPIX 雷达和 SSR 实测数据进行仿真分析，结果表明所提方法的检测性能优于经典的 MTD 方法，时频分辨率超过了 FRFT，既拓展了信号利用的维度，又能有效检测和提取多分量微动信号。

参 考 文 献

[1] Yu X H, Chen X L, Huang Y, et al. Radar moving target detection in clutter background via adaptive dual-threshold sparse Fourier transform[J]. IEEE Access, 2019,7: 58200-58211.

[2] Guo Z X, Shui P L. Anomaly based sea-surface small target detection using K-nearest neighbor classification[J]. IEEE Transactions on Aerospace and Electronic Systems, 2020, 56(6): 4947-4964.

[3] Ward K D, Watts S. Use of sea clutter models in radar design and development[J]. IET Radar, Sonar & Navigation, 2010, 4(2): 146-157.

[4] Davidson G. Simulation of coherent sea clutter[J]. IET Radar, Sonar & Navigation, 2010, 4(2): 168-177.

[5] Tao R, Li Y L, Wang Y. Short-time fractional Fourier transform and its applications[J]. IEEE Transactions on Signal Processing, 2010, 58(5): 2568-2580.

[6] Chen X L, Guan J, Bao Z H, et al. Detection and extraction of target with micromotion in spiky

sea clutter via short-time fractional Fourier transform[J]. IEEE Transactions on Geoscience and Remote Sensing, 2014, 52(2): 1002-1018.

[7] 黄勇, 陈小龙, 关键. 实测海尖峰特性分析及抑制方法[J]. 雷达学报, 2015, 4(3): 334-342.

[8] Almeida L B. The fractional Fourier transform and time-frequency representations[J]. IEEE Transactions on Signal Processing, 1994, 42(11): 3084-3091.

[9] Zayed A I. A convolution and product theorem for the fractional Fourier transform[J]. IEEE Signal Processing Letters, 1998, 5(4): 101-103.

[10] 马长征, 张守宏, 焦李成. 短时傅里叶变换和拟 Wigner 分布最佳窗函数[J]. 电子科学学刊, 1999,21(4): 467-472.

[11] Pei S C, Huang S G. STFT with adaptive window width based on the chirp rate[J]. IEEE Transactions on Signal Processing, 2012, 60(8): 4065-4080.

[12] Greco M, Stinco P, Gini F. Identification and analysis of sea radar clutter spikes[J]. IET Radar, Sonar & Navigation, 2010, 4(2): 239-250.

[13] Rosenberg L. Sea-spike detection in high grazing angle X-band sea-clutter[J]. IEEE Transactions on Geoscience and Remote Sensing, 2013, 51(8): 4556-4562.

[14] Posner F L. Spiky sea clutter at high range resolutions and very low grazing angles[J]. IEEE Transactions on Aerospace and Electronic Systems, 2002, 38(1): 58-73.

[15] 丁昊, 刘宁波, 董云龙, 等. 雷达海杂波测量试验回顾与展望[J]. 雷达学报, 2019, 8(3): 281-302.

[16] 丁昊, 董云龙, 刘宁波, 等. 海杂波特性认知研究进展与展望[J]. 雷达学报, 2016, 5(5): 499-516.

[17] 何友, 关键, 彭应宁. 雷达自动检测与恒虚警处理[M]. 北京: 清华大学出版社, 1999.

[18] 赵兴浩, 邓兵, 陶然. 分数阶傅里叶变换数值计算中的量纲归一化[J]. 北京理工大学学报, 2005, 25(4): 360-364.

[19] Ozaktas H M, Arikan O, Kutay M A, et al. Digital computation of the fractional Fourier transform[J]. IEEE Transactions on Signal Processing, 1996, 44(9): 2141-2150.

[20] 邓兵, 陶然, 曲长文. 分数阶 Fourier 域中多分量 chirp 信号的遮蔽分析[J]. 电子学报, 2007, 35(6): 1094-1098.

[21] 徐会法, 刘锋. 线性调频信号分数阶频谱特征分析[J]. 信号处理, 2010, 26(12): 1896-1901.

第10章 分数阶表示域机动目标长时间相参积累检测方法

具有低可观测性的动目标在距离单元和多普勒分辨单元中往往具有较低的 SNR/SCR，降低了雷达的检测性能[1,2]。在雷达信号处理中，通常可以延长积累时间以增大目标的能量，达到提高信号 SNR/SCR 的目的[3]。然而，对于常规机械扫描雷达，雷达通过旋转天线探测目标，波束在每个指向的驻留时间有限，因此可供脉冲积累的回波数有限。数字相控阵雷达(digital phased-array radar，DPAR)[4] 和多输入多输出雷达[5]的出现，为目标的长时间积累提供了可能性，通过采用数字波束形成和相控阵天线，可采用多个波束覆盖更广阔的空间，同时延长了波束的驻留时间，可大大提高雷达在强杂波背景下的微弱动目标检测能力。

根据长时间脉冲积累是否利用目标信号的相位信息，可分为非相参积累检测方法和相参积累检测方法两种。常用的非相参积累检测方法包括包络插值移位补偿法、动态规划法、最大似然法和 Hough 变换法[6]等。通过 Hough 变换，可以把可能是同一运动轨迹的回波能量进行非相参积累，将 Hough 变换用于多帧雷达信号的处理称为检测前跟踪(track-before-detection，TBD)技术，能够实现低 SNR 条件下的目标检测与跟踪[7]。非相参积累检测方法对系统没有严格的相参要求，在工程实现上比较简单，但其信号积累效率和 SNR 改善均明显低于相参积累检测方法，不适于复杂环境下微弱动目标的检测，为了克服上述缺点，研究人员相继提出了一些非相参积累和相参积累结合的混合积累方法，如文献[8]中的基于距离分段的目标长时间积累方法，首先在段内完成脉冲间的相参积累，然后通过距离包络对齐或 Keystone 变换(Keystone transform，KT)法实现回波的非相参积累，但仍无法对抗背景杂波干扰。

相参积累检测方法利用目标的运动特性和多普勒信息，可获得更高的积累增益，目前长时间相参积累主要面临以下两个方面的问题：一方面，雷达距离分辨力的不断提高和目标的高速运动，目标回波包络在不同脉冲周期之间徙动和弯曲，称为距离徙动[9]，使得目标能量在距离上分散，传统的基于距离单元的 MTD 方法已不能有效适应该类目标的检测，需在检测前进行回波距离徙动补偿；另一方面，在长时间相参积累时，目标的加速运动、高阶运动以及转动等会引起回波相位的变化，使雷达回波信号具有时变特性并表现为高阶相位形式，目标的多普勒频率将跨越多个多普勒单元，称为多普勒徙动[10]，使得目标能量在频域分散，降低了相参积累增益。此外，对于高速运动目标，其距离和多普勒频率在较短的积累时间内仍会有较大的变化，同样会出现距离徙动和多普勒徙动，影响积累效果。

　　针对距离徙动补偿，现有的方法主要是包络相关法[11](如互相关法、最小熵法和谱峰跟踪法等)，但在低 SNR/SCR 情况下，由于相邻回波相关性较差而无法获得较好的包络对齐效果；KT[12]校正回波包络徙动的方法适用于多目标、低 SNR 环境，对于目标径向速度引起的距离徙动可以得到有效的消除，但不能正确校正由目标径向加速度引起的距离弯曲；Radon-Fourier 变换(Radon-FT，RFT)法[9,13,14]通过联合搜索参数空间中目标参数的方式解决了距离徙动与相位调制耦合的问题，很好地将 MTD、Hough 变换和 RT 统一起来，但它假设目标做匀速运动，在多普勒徙动情况下存在积累损失。针对二次调频相位的多普勒徙动补偿，现有的方法包括相位匹配法[15,16]、De-Chirp 法、CFT[16]、Chirplet 变换[17]和 FRFT[18]等，但补偿性能均受估计信号长度的限制。目前，如何有效地同步完成距离徙动和多普勒徙动的补偿成为长时间相参积累的关键问题[19]。对于高阶相位信号，如具有加速度和急动度目标的多普勒徙动补偿方法，则主要是以多项式变换处理技术为主，包括对多项式相位信号进行降阶处理的高阶模糊函数(high-order ambiguity function，HAF)[20]、对信号多项式系数进行参数搜索处理的多项式傅里叶变换(polynomial FT，PFT)[21]以及多项式相位变换(polynomial phase transform，PPT)[22]等方法。其中，基于降阶的参数估计方法和高阶匹配相位变换参数估计方法，其方法复杂，且高阶次的非线性变换会产生交叉项，影响参数估计和信号检测。此外，上述方法的补偿性能均受可利用信号长度的限制。为此，文献[23]和[24]分别采用二阶 KT、包络插值以及 FRFT 方法对距离徙动和多普勒徙动进行分步补偿，但后续多普勒徙动补偿的效果受距离徙动补偿效果的影响，容易造成目标多普勒能量扩散。

　　本章基于 2.3 节的长时间微动目标观测模型，结合 FRFT、LCT、FRAF 和线性正则模糊函数(linear canonical ambiguity function，LCAF)适合处理线性调频和二次调频信号的优点，介绍四种新的变换方法，即 Radon-FRFT(Radon FRFT，RFRFT)[25]、Radon-LCT(Radon LCT，RLCT)[26]、Radon-FRAF(Radon FRAF，RFRAF)[27]和 Radon-LCAF(Radon LCAF，RLCAF)[28]，基于这四种变换设计了雷达动目标长时间相参积累检测方法，并用于对机动目标(加速度和急动度)和微动目标信号的检测[29,30]。同时，利用杂波和微动信号的 RLCAF 谱特性的差异性进一步抑制杂波，改善 SCR，使方法能够在低 SCR 条件下达到较高的检测概率。本章具体内容如下：10.1 节介绍 RFRFT 长时间相参积累检测方法，包括 RFRFT 的定义、基本原理、性质和似然比检验(likelihood ratio test，LRT)，并从相参积累时间影响因素、积累增益以及方法运算量等方面对基于 RFRFT 长时间相参积累检测方法进行分析；10.2 节介绍 RLCT 长时间相参积累检测方法；10.3 节介绍 RFRAF 长时间相参积累检测方法，在给出 RFRAF 定义和性质的基础上，推导得出单分量和多分量微多普勒信号的 RFRAF 表达式，然后介绍方法流程及对相参积累性能进行分析；10.4 节介绍 RLCAF 长时间相参积累检测方法，并归纳总结所提方法与其他经典相参积累检测方法的关系和区别；10.5 节介绍 RLCAF 域杂波抑制方法，结合仿真和雷达实测数据进行验证和分析。

10.1　RFRFT 长时间相参积累检测方法

10.1.1　RFRFT 的基本原理与性质

1. RFT 的基本原理

传统的 MTD 是现有脉冲多普勒雷达广泛采用的多脉冲相参积累检测方法，由于杂波和动目标的多普勒频移不同，它们将在不同的多普勒滤波器的输出端出现，根据多普勒滤波器组输出的最大值检测目标，可区分杂波和动目标。采用 FT 在慢时间对式(8-66)进行积分，实现目标能量的相参积累，表示为

$$S_{\mathrm{MTD}} = \int s_{\mathrm{PC}}(t,t_m)\exp(-\mathrm{j}2\pi f_{\mathrm{d}}t_m)\mathrm{d}t_m \tag{10-1}$$

由式(10-1)可知，MTD 实质上是一个窄带多普勒滤波器组，可根据不同的窄带多普勒滤波器输出的最大值求出动目标的多普勒频率，进而估计速度。然而，MTD 可积累脉冲数受限于目标在一个距离单元内的驻留时间 T_{MTD}，相参积累增益的提高受到限制，并且当目标做非匀速运动时，雷达回波中调制有与目标机动特性相关的多项式相位因子，导致基于 FT 的 MTD 失效，如图 10-1 所示。

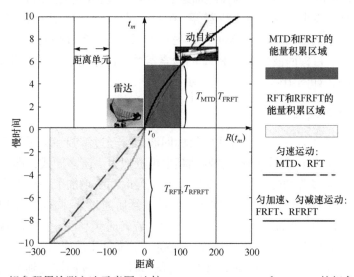

图 10-1　相参积累检测方法示意图(比较 MTD，FRFT，RFT 和 RFRFT 的相参积累时间)

因此，传统的短时能量积累检测方法，如快时间的脉冲压缩以及慢时间的 MTD 处理，在目标发生距离徙动的情况下长时间积累达不到最优积累效果。

为了补偿距离徙动，延长相参积累时间，文献[31]提出了一种针对匀速目标的长时间相参积累检测方法，即 RFT。匀速目标的距离徙动如图 10-1 中的点斜线所示，该斜线由目标运动参数(初速、初始距离和脉间慢时间)决定，RFT 可以根据设定的运动参数提取位于距离-慢时间平面的目标回波，进而对其进行 FT 积累形成峰值。因此，相比 MTD，RFT 所需脉冲数不受距离单元的限制，可大大延长相参积累时间。RFT 定义为[31]

$$R(r,v) = \int_{-\infty}^{\infty} f(t, r-vt)\exp(j2\pi\varepsilon vt)\mathrm{d}t \qquad (10\text{-}2)$$

式中，$f(t,r_{\mathrm{s}}) \in \mathbb{C}$ 为定义在二维平面 (t, r_{s}) 上的复函数，$r_{\mathrm{s}} = r-vt$；ε 为已知的常量。式(8-66)的 RFT 表达式为

$$S_{\mathrm{RFT}} = \int s_{\mathrm{PC}}\left[\frac{2(r_0 - vt_m)}{c}, t_m\right]\mathrm{e}^{-\mathrm{j}2\pi f_{\mathrm{d}}t_m}\mathrm{d}t_m \qquad (10\text{-}3)$$

RFT 通过沿动目标距离和速度方向的联合参数搜索，能够有效克服距离徙动和相位调制之间的耦合，其本质仍是一个多普勒滤波器组处理方法，不同的滤波器有着不同的输入和输出。因此，RFT 通过对更多回波脉冲的相参积累，获得更高的积累增益。

通过比较式(10-1)和式(10-3)可知，RFT 多普勒滤波器函数 $H_v(t_m)=\exp(-\mathrm{j}2\pi f_{\mathrm{d}}t_m)$ 与 MTD 的相同，MTD 是 RFT 的一种特例，均适于对匀速直线动目标信号的处理。然而，在实际应用中，目标伴随加速、减速、转动或其他高阶运动，如飞机、导弹、海面舰船或小艇及高速飞行器等。在此情况下，一方面目标距离发生弯曲，限制沿直线搜索的 RFT 有效积累时间；另一方面，由于多普勒的展宽和扩散，发生多普勒徙动，目标回波失配于 RFT 的搜索参数，目标能量积累峰值展宽，积累增益随之下降，如图 10-1 中的曲线所示。

2. RFRFT 的定义

以非匀速平动为主要运动方式的目标回波信号经过解调和脉压处理后，相位受到速度和加速度的共同调制，多普勒频率可近似为一阶多项式，即 LFM 信号。目标加速度引起多普勒徙动的原因实际上是在慢时间上增加了一个二次相位，因此需要对 RFT 的积累结果进行二次相位补偿，然后通过某种方法实现 LFM 信号能量的积累。作为 FT 的广义形式，FRFT 通过旋转时频平面，在匹配目标信号的最佳变化域积累能量[32]，扩展了维度，提高了系统对非平稳信号，尤其是 LFM 信号的灵活性和处理能力。但是，FRFT 的积累时间 T_{FRFT} 同样受到距离单元的限

制，无法有效处理距离徙动目标回波信号，如图 10-1 中的曲线所示。

基于上述考虑，文献[25]提出了一种机动目标长时间相参积累检测方法，可同时补偿 ARU 效应和 DFM 效应，方法描述为：假设 $x(t,r_s) \in \mathbb{C}$ 是定义在 (t,r_s) 平面的二维复函数，由目标初始距离、速度和加速度确定的参数化曲线 $r_s = r_0 + vt + at^2/2$，用于搜索此平面内的任意一条曲线，代表匀加速或近似高阶运动，则连续 RFRFT 定义为

$$G_r(\alpha, u) = \mathcal{F}^{\alpha}[x(t,r)](u) = \int_{-\infty}^{\infty} x(t, r_0 - vt - at^2/2) K_{\alpha}(t,u) dt \quad (10\text{-}4)$$

式中，$\mathcal{F}^{\alpha}$ 为旋转角 $\alpha \in (0,\pi]$ 的 RFRFT 算子，核函数为式(9-2)；参数 r、v 和 a 均有明确的物理含义。则式(10-4)的 RFRFT 表达式为

$$S_{\text{RFRFT}} = \int s_{\text{PC}} \left[2(r_0 - v_0 t_m - a_s t_m^2/2)/c, t_m \right] K_{\alpha}(t_m, u) dt_m \quad (10\text{-}5)$$

量纲归一化后，RFRFT 所需的旋转角 α 与变换阶数 p 的关系为

$$p_i = -\frac{2\text{arccot}\left(\mu_i S^2\right)}{\pi} + 2 = -\frac{2\text{arccot}\left(2\alpha_i S^2/\lambda\right)}{\pi} + 2 \quad (10\text{-}6)$$

式中，S 为量纲归一化的尺度因子。当 $p=1$ 时，估计的加速度等于零，则 RFRFT 为 RFT 的广义形式；当 $\Delta r_s(t_m) \leqslant \rho_r$ 时，其中，ρ_r 为距离单元，FRFT 又是 RFRFT 的特例。

RT 通过观察目标在不同角度的积分投影分布来确定目标的内部结构分布，是一种积分投影变换，可以用于检测图像或二维函数中的直线[33]。它能将平面的一条直线映射为参数平面的一个点，则当 RT 应用到匀速直线动目标能量积累时，有

$$\begin{aligned} R(\rho, \theta) &= \int_{-\infty}^{\infty} \left| s_{\text{PC}}(t, t_m) \right| du \\ &= \int_{-\infty}^{\infty} \left| s_{\text{PC}}(\rho \sin\theta + u\cos\theta, \rho\cos\theta - u\sin\theta) \right| du \end{aligned} \quad (10\text{-}7)$$

式中，$t = \rho\sin\theta + u\cos\theta$；$t_m = \rho\cos\theta - u\sin\theta$；$-\infty < \rho < \infty$；$0 \leqslant \theta \leqslant \pi$。可以发现，RFRFT 与 RT 有相似的部分，两者同时利用了沿目标运动轨迹的信号能量，区别在于 RT 为非相参积累，而 RFRFT 为相参积累。因此，借鉴 RT 的思路，将所提方法命名为 RFRFT。

由式(10-4)可知，RFRFT 为线性变换，不存在交叉项的影响。图 10-1 比较了 RFRFT 与几种常见的动目标相参积累检测方法的积累时间，得出以下几个结论：

(1) RFRFT 结合了 RFT 和 FRFT 的优点，在获得 RFT 长相参积累时间的同时，非常适合处理非平稳信号和时变信号；

(2) RFRFT 的核函数 $K_{\alpha}(t, u)$ 能够补偿由目标变速运动导致的回波脉冲间的起

伏和徙动，得到明显峰值；

(3) RFRFT 也可看作一种广义的多普勒滤波器组，不同滤波器组由变换阶数确定，能够同时匹配目标的速度和加速度；

(4) RFRFT 的相参积累时间明显长于 MTD 和 FRFT，能够进一步提高雷达对远距离、低可观测、高速和高机动目标的检测能力，同时具有优越的杂波抑制性能。

3. RFRFT 的性质

分析 RFRFT 算子 $\mathcal{F}^{\alpha}$ 可以发现，$\mathcal{F}^{0}$ 为恒等算子，即 $\mathcal{F}^{0}=I$，并且当 $\alpha=0$ 时，RFRFT 为信号本身。基于上述先验信息，可得到如下 RFRFT 算子的几个性质。

(1) 旋转可加性。

首先，RFRFT 的核函数具有旋转可加性，即[34]

$$\int_{-\infty}^{\infty} K_{\alpha}(t,u)K_{\beta}(u,z)\mathrm{d}u = K_{\alpha+\beta}(t,z) \tag{10-8}$$

因此，RFRFT 的旋转可加性可推导如下：

$$
\begin{aligned}
G_{\mathrm{r}}(\alpha+\beta,z) &= \mathcal{F}^{\beta}[G_{\mathrm{r}}(\alpha,u)](z) \\
&= \int_{-\infty}^{\infty} K_{\beta}(u,z)\int_{-\infty}^{\infty} x(t,r_0-vt-at^2/2)K_{\alpha}(t,u)\mathrm{d}t\mathrm{d}u \\
&= \int_{-\infty}^{\infty} x(t,r_0-vt-at^2/2)\int_{-\infty}^{\infty} K_{\alpha}(t,u)K_{\beta}(u,z)\mathrm{d}u\mathrm{d}t \\
&= \int_{-\infty}^{\infty} x(t,r_0-vt-at^2/2)K_{\alpha+\beta}(t,z)\mathrm{d}t \\
&= \mathcal{F}^{\alpha+\beta}[x(t,r)](z)
\end{aligned}
\tag{10-9}
$$

该性质可用于计算不同旋转角之间的 RFRFT，只需进行一次角度之和的 RFRFT 运算即可，从而提高了运算效率。

(2) 逆 RFRFT(inverse RFRFT，IRFRFT)。

由性质(1)以及 $\mathcal{F}^{-\alpha}(\mathcal{F}^{\alpha})=\mathcal{F}^{\alpha-\alpha}=\mathcal{F}^{0}=I$，容易推导出 $-\alpha$ 角的 RFRFT 为 α 角 RFRFT 的逆运算：

$$x(t,r) = \int_{-\infty}^{\infty} G_{\mathrm{r}}(\alpha,u)K_{-\alpha}(t,u)\mathrm{d}u \tag{10-10}$$

则原始信号 $x(t,r)$ 可表示为在基函数 $K_{-\alpha}(t,r)$ 上的 chirp 分解。此性质也可以理解为 RFRFT 具有补偿多普勒徙动的能力。

(3) 交换性和结合性。

进行两次不同阶数的 RFRFT 运算，得到 $\mathcal{F}^{\alpha}\mathcal{F}^{\beta}=\mathcal{F}^{\beta}\mathcal{F}^{\alpha}$，表明 RFRFT 具有交换性。RFRFT 的结合性表示为 $\mathcal{F}^{\alpha}\mathcal{F}^{\beta}\mathcal{F}^{\gamma}=\mathcal{F}^{\alpha}\mathcal{F}^{\beta+\gamma}=\mathcal{F}^{\beta+\gamma}\mathcal{F}^{\alpha}=\mathcal{F}^{\beta}\mathcal{F}^{\gamma}\mathcal{F}^{\alpha}$。

(4) 线性。

RFRFT 的线性性质可表示为

$$\mathcal{F}^\alpha[ax_1+bx_2](u)=a\mathcal{F}^\alpha[x_1](u)+b\mathcal{F}^\alpha[x_2](u) \tag{10-11}$$

式中，a 和 b 均为常数。线性性质表明 RFRFT 满足叠加原理，可用于分析多分量信号，而不产生交叉项。它的另一种表达方式为

$$\mathcal{F}^\alpha\Big[\sum_i a_i x\Big](u)=\sum_i a_i \mathcal{F}^\alpha[x](u) \tag{10-12}$$

(5) Parseval 关系。

RFRFT 的 Parseval 关系可表示为

$$\int_{-\infty}^{\infty} x(t,r_x)y^*(t,r_y)\mathrm{d}t=\int_{-\infty}^{\infty} G_x(\alpha,u)G_y^*(\alpha,u)\mathrm{d}u \tag{10-13}$$

式中，$G_x(\alpha,u)=\mathcal{F}^\alpha[x(t,r)](u)$；$G_y(\alpha,u)=\mathcal{F}^\alpha[y(t,r)](u)$。此性质可将式(10-13)左边 $x(t,r_x)$ 看作 IRFRFT $G_x(\alpha,u)$，并利用 $K_{-\alpha}(t,u)=K_\alpha^*(t,u)$ 计算得到。若 $x=y$，则式(10-13)变为能量守恒关系：

$$\int_{-\infty}^{\infty}\left|x(t,r_x)\right|^2\mathrm{d}t=\int_{-\infty}^{\infty}\left|G_x(\alpha,u)\right|^2\mathrm{d}u \tag{10-14}$$

由此性质可定义 Radon-分数阶能量谱为 $\left|G_x(\alpha,u)\right|^2$。

(6) 时移和频移特性。

对于两个均属于 $\mathbb{C}$ 的函数 f 和 g，其 RFRFT 分别表示为 $f_\alpha(u)=\mathcal{F}^\alpha(f)(u)$ 和 $g_\alpha(u)=\mathcal{F}^\alpha(g)(u)$。若 $g(t,r_s)=f(t+\tau,r_s)$，则通过变量代换 $t'=t+\tau$ 得到 RFRFT 的时移特性：

$$g_\alpha(u)=\exp[j\tau\sin\alpha(u+\tau\cos\alpha/2)]\cdot f_\alpha(u+\tau\cos\alpha) \tag{10-15}$$

若 $g(t,r_s)=\mathrm{e}^{j\tau}f(t,r_s)$，则得

$$g_\alpha(u)=\exp[j\tau\cos\alpha(u+\tau\sin\alpha/2)]\cdot f_\alpha(u+\tau\sin\alpha) \tag{10-16}$$

10.1.2 基于 RFRFT 的长时间相参积累

本小节基于 LRT 准则详细推导基于 RFRFT 的动目标雷达检测器，并介绍方法的具体处理流程。同时，从相参积累时间、相参积累增益以及运算量等方面对所提方法的性能进行分析。

1. RFRFT 的似然比检验

高斯白噪声背景下雷达回波在进行 RFRFT 运算后，目标检测模型为典型的双边假设检验[35]：

$$H_1 : Z_r(\alpha,u) = G_s(\alpha,u) + G_n(\alpha,u)$$
$$H_0 : Z_r(\alpha,u) = G_n(\alpha,u)$$

$$(10\text{-}17)$$

式中，$G_s(\alpha, u)$ 和 $G_n(\alpha, u)$ 分别为目标 $s(t, r)$ 和高斯噪声 $n(t, r)$ 的 α 的 RFRFT，$n(t, r)$ 为热噪声和白化后杂波的混合信号。

$Z_r(\alpha, u)$ 为复向量，其实部和虚部分别为 $\mathrm{Re}[Z_r]$ 和 $\mathrm{Im}[Z_r]$，则 $Z_r(\alpha, u)$ 的幅值为

$$M = \sqrt{\mathrm{Re}^2[Z_r] + \mathrm{Im}^2[Z_r]} = |Z_r(\alpha,u)| \tag{10-18}$$

式中，$\mathrm{Re}[\ ]$ 表示取实部算子；$\mathrm{Im}[\ ]$ 表示取虚部算子。随机变量 $n(t, r)$ 的协方差为

$$C_n(\tau,r) = E\left[n(t,r)n^*(t+\tau,r)\right] = N_0\delta(\tau,r) \tag{10-19}$$

其 RFRFT 表达式为

$$\begin{aligned}
C_N(\tau,r) &= E\left(\mathcal{F}^\alpha[n(t,r)](u)\left\{\mathcal{F}^\alpha[n(t+\tau,r)](u)\right\}^*\right) \\
&= E\left[\int_0^{T_n} n(t,r)n^*(t+\tau,r)K_\alpha(t,u)K_\alpha^*(t+\tau,u)\mathrm{d}t\right] \\
&= A_\alpha^2 N_0 T_n
\end{aligned} \tag{10-20}$$

式中，N_0 为噪声功率。

在 H_0 假设条件下，复随机变量 $\mathrm{Re}[Z_r]|H_0$ 和 $\mathrm{Im}[Z_r]|H_0$ 服从复零均值，方差为 $A_\alpha^2 N_0 T_n / 2$ 的正态分布，其 PDF 表示为

$$p\left(\mathrm{Re}[Z_r]\,|\,H_0\right) = p\left(\mathrm{Im}[Z_r]\,|\,H_0\right) = \frac{1}{\pi A_\alpha^2 N_0 T_n}\exp\left(-\frac{|\mathrm{Re}[Z_r]|^2}{A_\alpha^2 N_0 T_n}\right) \tag{10-21}$$

若 $A_\alpha^2 N_0 T_n / 2 = \sigma^2$，则包络 $M|H_0$ 服从瑞利分布，PDF 表示为[36]

$$p(M\,|\,H_0) = \frac{M}{\sigma^2}\exp\left(-\frac{M^2}{2\sigma^2}\right),\ M \geqslant 0 \tag{10-22}$$

在信号和杂波条件下(H_1 假设)，$\mathrm{Re}[Z_r]|H_1$ 和 $\mathrm{Im}[Z_r]|H_1$ 同样为复高斯分布，其均值和 PDF 分别为

$$E\left(\mathrm{Re}[Z_r]\,|\,H_1\right) = E\left(\mathrm{Im}[Z_r]\,|\,H_1\right) = \frac{1}{2}A_t A_\alpha T_n\exp\left(\mathrm{j}\frac{1}{2}u^2\cot\alpha\right) \tag{10-23}$$

$$p\left(\mathrm{Re}[Z_r]|H_1\right) = p\left(\mathrm{Im}[Z_r]\,|\,H_1\right) = \frac{1}{2\pi\sigma^2}\exp\left[-\left|\mathrm{Re}[Z_r] - E\left(\mathrm{Re}[Z_r]\,|\,H_1\right)\right|^2 / \left(2\sigma^2\right)\right]$$

$$(10\text{-}24)$$

因此，$M|H_1$ 包络服从 Rice 分布，即

$$p(M \mid H_1) = \frac{M}{\sigma^2} I_0 \left(\frac{A_r A_\alpha T_n}{2\sigma^2} M \right) \exp \left[-\frac{M^2 + (A_r A_\alpha T_n / 2)^2}{2\sigma^2} \right] \tag{10-25}$$

式中，$I_0(\ )$是第一类零阶 Bessel 函数。因此，LRT 检测器可表示为

$$L(M) = \frac{p(M \mid H_1)}{p(M \mid H_0)} = \exp \left(\frac{A_r^2 T_n}{4 N_0} \right) I_0 \left(\frac{A_r A_\alpha T_n}{2\sigma^2} M \right) \tag{10-26}$$

由于 $I_0(\ )$ 为单调上升函数，所以可采用 M 作为检测统计量进行判决。于是，目标的判决规则可以写为

$$M = \left| Z_r(\alpha, u) \right| \mathop{\gtrless}_{H_0}^{H_1} \eta_{LRT} \tag{10-27}$$

式中，η_{LRT} 为判决门限，其值由给定的虚警概率和杂波功率水平确定。

随机变量 $M \mid H_0$ 服从瑞利分布，所以虚警概率等于

$$P_{fa} = \int_\beta^{+\infty} p(M \mid H_0) dM = \exp \left[-\eta^2 / (2\sigma^2) \right] \tag{10-28}$$

检测概率等于

$$P_d = \int_\eta^{+\infty} p(M \mid H_1) dM = \int_\eta^{+\infty} \frac{M}{\sigma^2} \exp \left[-\frac{M^2 + (A_r A_\alpha T_n / 2)^2}{2\sigma^2} \right] I_0 \left(\frac{A_r A_\alpha T_n}{2\sigma^2} M \right) dM$$

$$\tag{10-29}$$

2. 方法流程

图 10-2 给出了基于 RFRFT 的动目标长时间相参积累检测方法流程图。该方法主要解决非匀速平动、高速机动或海面机动目标的检测问题，根据预先设定的目标运动搜索参数范围，提取位于距离-慢时间二维平面中的动目标观测值，然后在 FRFT 域选择一系列的旋转角度对该观测值进行匹配和积累，实现对匀加速动目标能量的长时间相参积累。

由图 10-2 所示的处理流程可知方法共分为如下六个步骤。

(1) 雷达回波距离上解调、脉压，完成脉内积累。

在相参雷达接收端，将接收并经过放大和限幅处理后得到的雷达回波数据进行距离和方位上的采样，通常距离采样间隔等于雷达距离分辨单元 $\rho_r = c/(2B)$，方位采样频率等于脉冲重复频率 f_r，以保证在距离和方位上的相参积累时间 T_n 中动目标的回波能够被完整采集，对距离上的雷达回波数据进行解调处理，获得零中频信号 $s_{IF}(t, t_m)$，可采用雷达发射信号作为解调的参考信号。将解调后的雷达回波数据进行脉冲压缩处理，得到脉内积累后的雷达回波数据 $s_{PC}(t, t_m)$。存储处理后

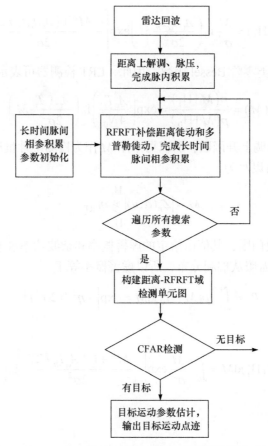

图 10-2　基于 RFRFT 的动目标长时间相参积累检测方法流程图

的距离-慢时间(方位)二维数据矩阵 $\boldsymbol{S}_{N\times M}=s_{\mathrm{PC}}(i,j)$ $(i=1,2,\cdots,N,\ j=1,2,\cdots,M)$，$N$ 为脉冲数，M 为距离单元数。

(2) 长时间脉间相参积累参数初始化。

根据雷达系统参数和波束驻留时间，确定脉间相参积累时间 T_n、相参积累脉冲数 N_p、距离搜索范围 $[r_1,r_2]$ 和间隔 Δr，根据待检测目标的类型和运动状态，确定预期补偿的初速度搜索范围 $[-v_{\max},v_{\max}]$ 和间隔 Δv，加速度搜索范围 $[-a_{\max},a_{\max}]$ 和间隔 Δa，其中，T_n 的确定方法在后续的方法分析中给出。

距离搜索范围 $[r_1,r_2]$ 需覆盖目标探测区域，搜索间隔与雷达距离分辨单元相同，即 $\Delta r=\rho_r$，距离搜索个数为 $N_r=\lceil(r_2-r_1)/\Delta r\rceil$，其中，$\lceil\ \rceil$ 表示向上取整运算。针对不同的探测目标类型大致确定相应的初速度搜索范围 $[-v_{\max},v_{\max}]$，搜索间隔与雷达多普勒分辨单元 ρ_d 得到的速度分辨单元相同，即 $\Delta v=\lambda\rho_d/2=\lambda/(2T_n)$，速度搜索个数为 $N_v=\lceil 2v_{\max}/\Delta v\rceil$。针对不同的探测目标类型大致确定相应的加速度搜索范围$[-a_{\max}, a_{\max}]$，搜索间隔为 $\Delta a = \lambda / (2T_n^2)$，加速度搜索个数为 $N_a = \left\lceil 2a_{\max} / \Delta a \right\rceil$。

(3) 采用 RFRFT 补偿距离徙动和多普勒徙动，完成长时间脉间相参积累。

根据搜索距离、搜索初速度和搜索加速度确定待搜索目标的运动点迹：

$$r(t_m) = r_i - v_j t_m - a_k t_m^2 / 2 \tag{10-30}$$

式 中 ， $t_m = nT_r\,(n=1,2,\cdots,N_p)$ ； $r_i \in [r_1, r_2]\,(i=1,2,\cdots,N_r)$ ； $v_j \in [-v_{\max}, v_{\max}]$ $(j=1,2,\cdots,N_v)$ ； $a_k \in [-a_{\max}, a_{\max}]\,(k=1,2,\cdots,N_a)$。在距离-慢时间(方位)二维数据矩阵 $S_{N \times M}$ 中抽取长时间相参积累所需的数据矢量 $X_{1 \times N_p} = s_{\mathrm{PC}}\left(n, \left\lceil \dfrac{r(nT_r) - r_1}{\rho_r} \right\rceil\right)$。对数据矢量 $X_{1 \times N_p}$ 按照式(10-4)的定义进行 RFRFT 运算，同时补偿距离徙动和多普勒徙动，实现对动目标能量的长时间相参积累。

RFRFT 长时间相参积累处理的详细流程如图 10-3 所示，由 RFRFT 的定义可知，RFRFT 根据目标的运动参数提取位于距离-慢时间二维平面中的目标观测值，然后通过不同变换阶数下的广义多普勒滤波器对该观测值进行长时间相参积累，因此动目标的加速度和初速度(a_k, v_j)分别对应 RFRFT 域中的坐标(p_k, u_j)。

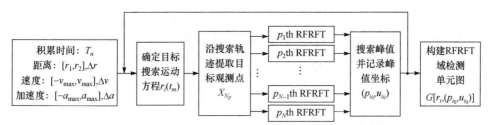

图 10-3　RFRFT 长时间相参积累处理的详细流程

(4) 遍历所有搜索参数，构建距离-RFRFT 域检测单元图。

遍历所有距离、初速度和加速度的搜索范围，重复步骤(3)，得到不同搜索距离 r_i 条件下，二维参数平面(p, u)的幅值最大值，并记录对应的坐标：

$$(p_{i_0}, u_{i_0}) = \underset{p,u}{\arg\max} \left| G_{r_i}(p, u) \right| \tag{10-31}$$

进而形成 $N_r \times N_r$ 距离-RFRFT 域检测单元图 $G\left[r_i, (p_{i_0}, u_{i_0})\right]\,(i=1,2,\cdots,N_r)$，幅值为 $\left| G_{r_i}(p_{i_0}, u_{i_0}) \right|$。

(5) 对距离-RFRFT 域检测单元图进行 CFAR 检测，判决目标的有无。

将构建的距离-RFRFT 域检测单元图的幅值作为检测统计量，并与给定虚警概率下的自适应检测门限进行比较：

$$\left| G_{r_i}(p_{i_0}, u_{i_0}) \right| \begin{array}{c} H_1 \\ \gtrless \\ H_0 \end{array} \eta \tag{10-32}$$

式中，η 为检测门限。如果检测单元的幅值高于门限值，则判决为有动目标信号，否则，判决为无动目标信号，继续处理后续的检测单元。式(10-32)所示检测方法的恒虚警性能可通过常用的 CFAR 实现，如双参数 CFAR[37]，该方法通过大量独立同分布样本构造服从高斯分布的检测统计量，其 CFAR 特性与初始样本的具体分布类型无关，检测性能只与虚警概率和初始样本的均值及标准差之比有关，因此可获得近似的 CFAR 检测性能。

(6) 目标运动参数估计，并输出目标的运动点迹。

根据目标所在的距离-RFRFT 域检测单元所对应的距离、初速度和加速度作为目标运动参数估计值 $\hat{r}_0$、$\hat{v}_0$ 和 $\hat{a}_s$，假设检测出的动目标的初始距离为 r_1，对应的峰值坐标为 (p_{i_0}, u_{i_0})，则参数估计方法为

$$\begin{cases} \hat{r}_0 = r_1 + l\rho_r \\ \hat{v}_0 = \lambda/2S \cdot u_{l_0} \csc(p_{l_0}\pi/2) \\ \hat{a}_s = -\lambda/2S^2 \cdot \cot(p_{l_0}\pi/2) \end{cases} \tag{10-33}$$

将其对应的搜索曲线作为目标的运动点迹估计，即

$$r_s(t_m) = \hat{r}_0 - \hat{v}_0 t_m - \hat{a}_s t_m^2/2 \tag{10-34}$$

3. 方法分析

1) 相参积累时间影响因素

目标发生距离徙动和多普勒徙动会明显制约雷达对动目标回波的有效积累时间。由文献[9]可知，相参积累时间与最小相参积累增益、目标加速度和天线波束驻留时间有关。RFT 的推导是以目标做匀速运动为前提的，而当目标做径向机动，尤其是匀加速运动时，RFT 的积累时间同时受由加速度引起的距离弯曲和多普勒徙动的影响，导致多普勒失配于真实回波和 RFT 的搜索参数，大大降低了相参积累增益。因此，RFT 方法要求保证在相参积累时间内，动目标的多普勒补偿范围，即目标可能的最大加速度 a_{max} 引起的多普勒扩散量不大于多普勒分辨单元，同时距离弯曲不大于距离分辨单元。

$$\begin{cases} \Delta f_{max}(t)|_{t \in [-T_n/2, T_n/2]} = \dfrac{2a_{max}T_n}{\lambda} \leqslant \rho_d = \dfrac{1}{T_n} \\ \Delta r_{max}(t)|_{t \in [-T_n/2, T_n/2]} = \dfrac{1}{2}a_{max}\left(\dfrac{T_n}{2}\right)^2 \leqslant \rho_r = \dfrac{c}{2B} \end{cases} \tag{10-35}$$

可得到

$$\begin{cases} T_n \leqslant T_{a,\text{Doppler}} = \sqrt{\lambda/(2a_{\max})} \\ T_n \leqslant T_{a,\text{curvature}} = \sqrt{4c/(a_{\max}B)} \end{cases} \tag{10-36}$$

根据实际雷达参数，$T_{a,\text{Doppler}}$ 一般小于 $T_{a,\text{curvature}}$，同时，相参积累时间过长会导致超高的多普勒分辨率，目标的非匀速运动产生的加速度使得 RFT 在相参积累时容易导致目标能量发生多普勒扩散，而通过 RFRFT 能够同时补偿目标的距离徙动和非匀速运动引起的二次调频项。因此，RFRFT 相比于 RFT 的相参积累时间大大增加，仅受最小相参积累增益和天线波束驻留时间限制，进一步提高了对机动目标的积累增益。

设脉间相参积累时间 T_n 和相参积累脉冲数 N_p 的关系为 $T_n = N_p T_r$，其中，T_n 应不小于最小相参积累增益所需时间 $T_{\text{SNR}_{\text{req}}}$，并不大于天线波束在目标的驻留时间 T_{dwell}，即 $T_n \in \left[T_{\text{SNR}_{\text{req}}}, T_{\text{dwell}} \right]$，其中，

$$T_{\text{SNR}_{\text{req}}} = 10^{G/10} T_r \tag{10-37}$$

式中，G 为相参积累改善增益：

$$G = G_{\text{req}} - G_{\min} - G_{\text{PC}} \tag{10-38}$$

式中，G_{req} 为给定虚警概率和检测概率条件下的 CFAR 检测所需信噪比，由 CFAR 检测方法确定；$G_{\min}$ 为根据雷达检测目标质量的要求，检测目标信号所需的最小输出信噪比，定义为

$$G_{\min} = 10\lg \left[\frac{P_t G_a^2 \lambda^2 \sigma_{\min}}{(4\pi)^3 k T_0 B_n F_n L R_{\max}^4} \right] \tag{10-39}$$

式中，P_t 为雷达发射功率；G_a 为雷达天线增益；λ 为发射波长；$\sigma_{\min}$ 为雷达能够探测目标的最小 RCS，可根据待探测的微弱目标选取；$k = 1.38 \times 10^{-23} \text{J}/\text{K}$，为 Boltzmann 常数；$T_0 = 290\text{K}$ 为标准室温；B_n 为接收机带宽；F_n 为噪声系数；L 为系统损耗；$R_{\max}$ 为雷达最大探测距离。式(10-38)中 G_{PC} 为脉压信噪比增益，定义为

$$G_{\text{PC}} = 10\lg D = 10\lg(BT_p) \tag{10-40}$$

式中，D 为发射信号的时宽带宽积，若发射信号为单频信号，则 $D = 1$。

当雷达天线为机械扫描时，可用式(10-41)计算半功率波束驻留时间：

$$T_{\text{dwell}} = \frac{\theta_{\alpha,0.5}}{\Omega_\alpha \cos\beta} \tag{10-41}$$

式中，$\theta_{\alpha,0.5}$ 为半功率天线方位波束宽度(°)；Ω_α 为天线方位扫描速度(°)/s；β 为目

标仰角(°)。当雷达为数字阵列雷达时，天线扫描方式为相扫，由于波束指向任意控制，此时波束驻留时间仅由预置值决定，与波束宽度无关。在通常情况下，相参积累时间的取值与波束驻留时间相同。

2) 相参积累增益

信号的检测性能一般由检测器的输出 SNR 来评估，对于在噪声背景中的动目标信号，$G_{s+n}(\alpha, u)$ 为随机变量，采用与文献[38]相类似的计算方法，定义 RFRFT 的输出 SNR，输入信号为 LFM 信号。则 $(\alpha_{i_0}, u_{i_0})|_{r_i}$ 处的 RFRFT 的输出 SNR 定义为

$$\mathrm{SNR}_{\mathrm{out}}^{\mathrm{RFRFT}} = \frac{\left| Z_s \left(\alpha_{i_0}, u_{i_0} \right) \right|^2}{\mathrm{var} \left[Z_x \left(\alpha_{i_0}, u_{i_0} \right) \right]} \tag{10-42}$$

式中，$Z_s \left(\alpha_{i_0}, u_{i_0} \right) = \left| G_s \left(\alpha_{i_0}, u_{i_0} \right) \right|^2$；$Z_x \left(\alpha_{i_0}, u_{i_0} \right) = \left| G_{s+n} \left(\alpha_{i_0}, u_{i_0} \right) \right|^2$；var[ ]表示方差运算。设 $n(t)$ 为零均值、平稳复高斯白噪声，则其自相关函数表示为

$$R_n(\tau) = \mathrm{E} \left[n(t) n^*(t + \tau) \right] = \sigma_n^2 \delta(\tau) \tag{10-43}$$

根据 RFRFT 的离散化公式，$Z_s \left(\alpha_{i_0}, u_{i_0} \right)$ 的峰值以及 $Z_x \left(\alpha_{i_0}, u_{i_0} \right)$ 的期望分别为

$$Z_s \left(\alpha_{i_0}, u_{i_0} \right) = \left| G_s \left(\alpha_{i_0}, u_{i_0} \right) \right|^2 = \frac{\left| A_{\mathrm{r}} A_{\alpha_{i_0}} \right|^2}{4 F^2} (2N+1)^2 = \frac{\left| A_{\mathrm{r}} A_{\alpha_{i_0}} \right|^2}{4 F^2} (T_n f_{\mathrm{s}})^2 \tag{10-44}$$

$$\begin{aligned}
\mathrm{E} \left[Z_x \left(\alpha_{i_0}, u_{i_0} \right) \right] &= \mathrm{E} \left[\left| G_s \left(\alpha_{i_0}, u_{i_0} \right) + G_n \left(\alpha_{i_0}, u_{i_0} \right) \right|^2 \right] \\
&= \left| G_s \left(\alpha_{i_0}, u_{i_0} \right) \right|^2 + \mathrm{E} \left[\left| G_n \left(\alpha_{i_0}, u_{i_0} \right) \right|^2 \right] \\
&= \left[\left| A_{\mathrm{r}} A_{\alpha_{i_0}} \right|^2 (T_n f_{\mathrm{s}})^2 + \left| A_{\alpha_{i_0}} \right|^2 \sigma_n^2 T_n f_{\mathrm{s}} \right] \Big/ (4 F^2)
\end{aligned} \tag{10-45}$$

则式(10-42)的方差为

$$\begin{aligned}
\mathrm{var} \left[Z_x \left(\alpha_{i_0}, u_{i_0} \right) \right] &= \mathrm{E} \left(\left\{ Z_x \left(\alpha_{i_0}, u_{i_0} \right) - \mathrm{E} \left[Z_x \left(\alpha_{i_0}, u_{i_0} \right) \right] \right\}^2 \right) \\
&= \mathrm{E} \left[\left| G_n \left(\alpha_{i_0}, u_{i_0} \right) \right|^4 \right] - \mathrm{E}^2 \left[\left| G_n \left(\alpha_{i_0}, u_{i_0} \right) \right|^2 \right] \\
&\quad + 2 \left| G_s \left(\alpha_{i_0}, u_{i_0} \right) \right|^2 \mathrm{E} \left[\left| G_n \left(\alpha_{i_0}, u_{i_0} \right) \right|^2 \right] \\
&= \frac{2 \left| A_{\alpha_{i_0}} \right|^4}{8 F^4} (T_n f_{\mathrm{s}})^2 \sigma_n^4 + \frac{2 \left| A_{\alpha_{i_0}} \right|^4}{8 F^4} A_{\mathrm{r}}^2 \sigma_n^2 (T_n f_{\mathrm{s}})^3
\end{aligned} \tag{10-46}$$

输入 SNR 定义为 $\mathrm{SNR}_{\mathrm{in}} = A_{\mathrm{r}}^2 / \sigma_n^2$，则将式(10-44)和式(10-46)代入式(10-42)中，得到

$$\mathrm{SNR}_{\mathrm{out}}^{\mathrm{RFRFT}} = \frac{\left(T_n f_{\mathrm{s}} \mathrm{SNR}_{\mathrm{in}}\right)^2}{2\left(T_n f_{\mathrm{s}} \mathrm{SNR}_{\mathrm{in}} + 1\right)} \tag{10-47}$$

可知，$\mathrm{SNR}_{\mathrm{out}}^{\mathrm{RFRFT}}$ 与信号调频率无关，这是因为峰值位置的信号和噪声功率均正比于调频率，而 $\mathrm{SNR}_{\mathrm{out}}^{\mathrm{RFRFT}}$ 是两者的比值，抵消了调频率的影响。当 $\mathrm{SNR}_{\mathrm{in}} \gg 1$ 时，$\mathrm{SNR}_{\mathrm{out}}^{\mathrm{RFRFT}}$ 可近似为 $T_n f_{\mathrm{s}} \mathrm{SNR}_{\mathrm{in}}/2$，这表明 RFRFT 为相参积累，其增益正比于采样点数，但由于是平方检测，有 3dB 的积累损失。相反，当 $\mathrm{SNR}_{\mathrm{in}}$ 很低时，检测性能可通过延长积累时间以及增加采样点数而得以提升，这又是 RFRFT 的优势。当在一个距离分辨单元内做相参积累时，RFRFT 与 FRFT 的积累增益相同。图 10-4 给出了 RFRFT 积累时间与 $\mathrm{SNR}_{\mathrm{out}}^{\mathrm{RFRFT}}$ 的关系，可知对于不同的 $\mathrm{SNR}_{\mathrm{in}}$，$\mathrm{SNR}_{\mathrm{out}}^{\mathrm{RFRFT}}$ 随积累时间的延长而增加，同时随 $\mathrm{SNR}_{\mathrm{in}}$ 的降低而降低。对于某一固定的 $\mathrm{SNR}_{\mathrm{in}}$，可通过延长积累时间而获得约 20dB 的积累增益改善，而 FRFT 的积累性能受限于积累时间。因此，通过 RFRFT 能够提高雷达对微弱动目标的检测性能。

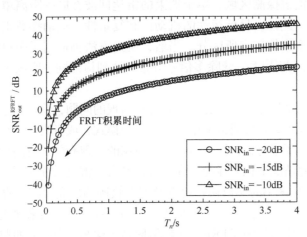

图 10-4　RFRFT 积累时间与 $\mathrm{SNR}_{\mathrm{out}}^{\mathrm{RFRFT}}$ 的关系(B=7.5MHz，v_0=100m/s，a_{s}=20m/s²，f_{s}=500Hz)

3) 计算复杂度

尽管 RFRFT 的性能优于 MTD、FRFT 和 RFT，但其是以牺牲运算效率为代价的，导致运算量增加的主要原因有：

(1) 积累时间的延长导致参与运算的采样点数增加；

(2) RFRFT 的搜索参数包括距离、初速度和加速度,需要同时进行,进一步增加了运算量;

(3) 图 10-3 中的多普勒滤波器组需要进行不同变换阶数的 FRFT 运算。

因此,方法性能的优越性与运算量互相制约,需要在实际工程应用时加以权衡。当然,仍然可以通过一些方法保证性能的同时满足系统对运算量的要求,在雷达参数给定和目标的探测类型(远近、快慢、机动或非机动等)已知时,可缩小参数搜索范围,如搜索距离以及搜索速度,以缩小参数空间、降低运算量。同时可采用分级迭代搜索方法确定变换阶数,解决问题(3)。再者,FRFT 可通过高效的 FFT 运算实现,意味着 RFRFT 也能够借鉴传统的多普勒滤波器组处理提高运算效率。

4) 实际应用问题说明

RFRFT 在对动目标能量长时间积累的同时,能够通过参数搜索和 CFAR 检测得到目标的运动轨迹。若 CFAR 检测门限进一步降低,则运动轨迹的估计有利于对弱目标的跟踪,从而进一步为目标检测提供有用信息,使其更适合于低 SNR/SCR 背景下的弱目标的检测。

RFRFT 长时间相参积累检测方法更适用于高分辨率宽带雷达、DPAR 雷达以及 MIMO 雷达,以获得高距离分辨率以及长的波束驻留时间,在此条件下,多个波束能够覆盖探测区域,单个波束的雷达回波在同一距离单元内很难出现多个目标回波。此外,目标运动的机动性和复杂性,运动参数也不尽相同,使得多个目标的搜索轨迹有所区分。当然,所提方法仍适用于多目标情况,可采用 "CLEAN" 思想[21]逐一滤除多信号分量,达到检测同一距离单元内多个动目标的目的。

多普勒模糊是目标运动状态估计时容易出现的问题,现有雷达,尤其是警戒雷达,为探测远距离目标通常采用低重频工作模式,或者当高速目标的多普勒大于 1/2 雷达采样频率时,目标的多普勒是模糊的。现有的长时间相参积累检测方法,如 KT 在此情况下积累性能下降严重,增大了雷达系统的复杂度。而所提方法在步骤(2)和步骤(3)的参数初始化以及搜索轨迹的确立过程中直接采用设定的运动参数进行搜索,转换为多普勒是非模糊的,若设定的搜索轨迹与待探测目标相吻合,则相参积累后的 RFRFT 域幅值应高于检测门限,因而避免了产生多普勒模糊。

10.1.3　仿真与实测数据处理结果

分别设置两种观测环境:一种是仿真的对空搜索雷达探测空中低可观测飞行目标;另一种是采用 SSR 实测数据检测海面远距离运动货船,同时,将所提方法与利用同一距离单元脉间相位信息的 MTD 和 FRFT 动目标检测方法,以及 RFT

长时间相参积累检测方法相比较，最后通过 Monte-Carlo 仿真得到四种方法在噪声背景和海杂波背景中的检测性能。本小节仿真和实测所用雷达，均假设为带有相控阵天线的实验雷达或者天线工作在驻留模式，因此波束能够覆盖目标运动的整个空间，保证了能够长时间进行相参积累。

1. 空中仿真机动目标

假设雷达工作在 S 波段，发射信号带宽为 3.75MHz，距离分辨率为 40m，脉冲重复频率为 1000Hz，在 $t=0$ 时，空中两个亚声速飞行目标位于相同的距离单元内，起始距离为 84km，分别以相同的径向初速度 200m/s、不同的径向加速度 10m/s^2 和 50m/s^2 朝向雷达匀加速飞行，目标距离远，导致 SNR 较低，分别为−5dB 和−8dB，雷达和目标仿真参数如表 10-1 所示。

表 10-1　空中飞行目标仿真参数

雷达	数值	目标 1	数值	目标 2	数值
发射频率/GHz	3.0	v_1/(m/s)	−200	v_2/(m/s)	−400
波长/m	0.1	a_1/(m/s^2)	−20	a_2/(m/s^2)	−40
脉冲重复周期/ms	1	r_0/km	80.5	r_0/km	82
带宽/MHz	3.75	SNR$_1$/dB	−5	SNR$_2$/dB	−8

图 10-5 给出了噪声背景下空中机动目标雷达回波信号分布图，其中图 10-5(a) 为距离-时间分布图，目标信号幅值进行归一化。在 80.5km 和 82km 处出现两个目标，对应于第 2012 和 2050 个距离单元，分别以不同的速度和加速度远离雷达飞行，噪声功率水平高于目标信号能量，目标的运动轨迹很模糊，因此需要积累改善 SNR。根据表 10-1 的目标仿真参数，计算出不同时间目标所在距离，得到图中曲线，可见在长时间(8s)的飞行过程中，目标 1 和目标 2 分别跨越 56 个和 112 个距离单元，运动轨迹为曲线(轨迹局部放大图图 10-5(c))，其速度会引起跨距离单元徙动，而加速度导致距离弯曲，也会对目标的相参积累产生影响。图 10-5(b) 进一步给出了积累时间 $T_n=0.512$s，即 512 个脉冲的距离-多普勒分布图，通过短时间的相参积累，目标能量有所提高，能够在噪声背景中发现目标，但此时目标能量仍扩散在多个距离单元和多普勒单元，产生 ARU 效应和 DFM 效应。径向匀速运动的模型难以反映目标在长时间内的速度变化情况，目标的加速度使得回波多普勒相位不再呈线性变化。同时，由于目标 2 具有高机动特性，较高的加速度加重了 DFM 效应，多普勒展宽，超过了多个分辨单元，不能很好地积累目标能量。因此，在检测动目标之前必须进行距离徙动和多普勒徙动补偿，使分布于多

个距离单元和多普勒单元的目标能量得以积累。

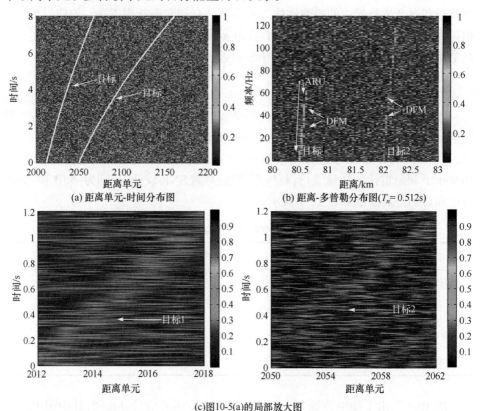

(a) 距离单元-时间分布图　　　　　　　　(b) 距离-多普勒分布图($T_n = 0.512$s)

(c)图10-5(a)的局部放大图

图 10-5　噪声背景下空中机动目标雷达回波信号分布图(见彩图)

　　图 10-6 比较了 RFRFT 与传统 MTD 对空中机动目标的积累能力，其中，MTD 分别对同一距离单元的目标 1 和目标 2 进行了 256 个和 128 个脉冲的相参积累，而 RFRFT 将 1s 内的回波信号进行距离徙动和多普勒徙动校正。由图 10-6(a1)和 (a3)所示的同一距离单元雷达回波的时频分布可以看出，两个目标的多普勒均随时间线性变化，与假设目标的时频特性相一致，但此时积累时间有限，积累增益得不到明显改善。目标 2 信号能量受噪声干扰严重，若没有目标的先验信息，则无法准确检测。图 10-6(a2)和(a4)给出了基于 MTD 的处理结果，SNR 较低，产生了虚假峰值，并且目标的多普勒展宽，说明 MTD 无法完全匹配信号的高阶相位项，使积累性能进一步下降。图 10-6(b1)～(b4)为 RFRFT 的处理结果，通过设置合适的搜索参数，构建目标运动方程，并计算不同时刻的坐标，然后根据坐标提取长时间相参积累所需的数据矢量，校正距离徙动，进而进行 RFRFT 运算补偿由加速度引起的多普勒徙动。图 10-6(b1)和(b3)是 ARU 和 DFM 补偿后雷达回波的 RFRFT 谱，可以看出回波信号的能量得到很好的积累，目标能量在 RFRFT

域形成明显峰值，并未发生多普勒扩散，这一方面得益于较长的积累时间；另一方面通过旋转合适的角度，能够匹配由加速度引起的二次相位信号，使其在相应的最佳变换域能量得到最大限度的积累。图 10-6(b2)和(b4)分别给出了基于 RFRFT 的目标 1 和目标 2 的处理结果，最佳变换阶数分别为 $p_{opt1} = 0.752$ 和 $p_{opt2} = 0.564$，反映出目标 2 的加速度值大于目标 1，而 RFRFT 域的峰值位置体现两个目标不同的初速度值。通过对比 MTD 和 RFRFT 的检测结果，可以看出所提方法能够有效提高雷达对远程高速、微弱目标的探测能力，同时，积累脉冲数量的增加，使得雷达的多普勒分辨率大大提高，目标运动参数的估计精度也随之提高。

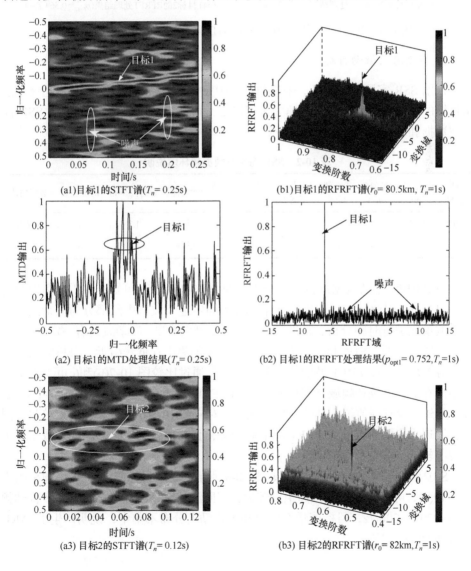

(a1)目标1的STFT谱(T_n= 0.25s)

(b1)目标1的RFRFT谱(r_0= 80.5km, T_n=1s)

(a2) 目标1的MTD处理结果(T_n= 0.25s)

(b2) 目标1的RFRFT处理结果(p_{opt1}= 0.752,T_n=1s)

(a3) 目标2的STFT谱(T_n= 0.12s)

(b3) 目标2的RFRFT谱(r_0= 82km,T_n=1s)

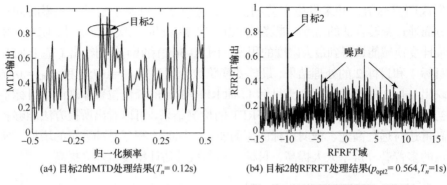

(a4) 目标2的MTD处理结果($T_n = 0.12$s)　　　　(b4) 目标2的RFRFT处理结果($p_{\text{opt2}} = 0.564, T_n = 1$s)

图 10-6　噪声背景下空中机动目标 MTD 和 RFRFT 处理结果(见彩图)

2. 实测海面微动目标

采用 SSR 实测数据验证，采集数据为中频数据，经过脉压后，在雷达终端显示目标的方位和距离，风向风速为东南风 3～4 级，海况等级约为 3 级，SSR 海杂波数据和环境说明如表 10-2 所示。

表 10-2　SSR 海杂波数据和环境说明

数据编号	观测范围/nm	掠射角/(°)	雷达架高/m	采样距离分辨率/m	脉冲采样频率/Hz	观测方向	显著波高/m	海况等级	数据描述
S-01#	8～20	<1	300	5	600	顺风向	1.2	3	海杂波
S-02#	65～76	<1	300	5	600	顺风向	1.2	3	货船

对 S-01#海杂波数据进行特性分析，如图 10-7 所示。可知，该雷达离岸距离约为 14nm，因此脉压后数据在前半部分为固定地杂波，中间部分为海杂波。对海杂波单元进行时频分析，如图 10-7(b)所示，可以看出，海杂波具有一定的速度，但由于风速较低，海面起伏不大，多普勒频率仍集中在低频附近。分析海杂波单元在各个旋转角度 FRFT 域的能量分布特性，通过比较图 10-7(b)和(c)可以发现，海杂波在 FRFT 域和频域具有相似特性，在 FRFT 域能量大部分集中在 $p=1$(频域)处。此外，少有峰值位于其他变换阶数处，对应图 10-7(b)中频率的时变分量。同时，发现采集的海杂波在 FRFT 域毛刺较多，且分散较为均匀，原因是数据采集时海况较低，混有部分高斯噪声。

S-02#数据的描述及海面环境如图 10-8 所示，其中目标回波的距离-频率图为图 9-19(a)，可以发现由于目标距离较远，其回波被海杂波和噪声覆盖，多普勒频率为–270～–200Hz，目标能量在距离和多普勒上分布不集中，说明产生了 ARU 效应和 DFM 效应。

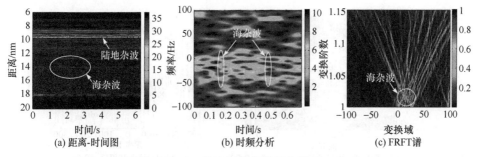

图 10-7　SSR 海杂波数据特性分析(S-01#)

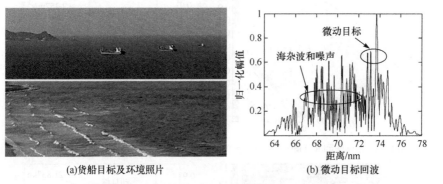

(a)货船目标及环境照片　　　(b) 微动目标回波

图 10-8　SSR 观测微动目标描述(S-02#，VV 极化)

图 10-9 比较了 S-02#海面微弱动目标 MTD、FRFT、RFT 和 RFRFT 处理结果，其中各个变换的坐标轴均转化为目标回波的频率和调频率。对 74nm 处目标回波进行时频分析，得到 T_n=0.5s 范围内 300 个脉冲的相参积累结果，如图 10-9(a1) 所示，可以看出目标频率分布在−200Hz 附近，周围海杂波和噪声频率分量严重影响了对动目标信号的提取。图 10-9(a2) 是 MTD 处理结果，在频域中目标峰值与杂波峰值功率水平相近，导致目标检测困难，根据多普勒滤波器组输出最大值，得到目标的速度估计值为 v = −21.198kn。将回波信号转换至 FRFT 域，得到同一距离单元雷达回波的 FRFT 谱(图 10-9(b1))。通过对比图 10-9(a1)和(b1)可以发现，目标能量在 FRFT 域得到一定程度的积累，峰值集中在 p = 1.03 附近，对应调频率为 200Hz/s。通过搜索最佳旋转角度，得到目标在最佳 FRFT 域的幅值图，如图 10-9(b2)所示，虽然相比 MTD 处理结果，可明显发现目标峰值，但由于杂波中混有频谱均匀分布的噪声，并且目标加速度较小，旋转角度也较小，所以 FRFT 的处理结果中剩余杂波仍较多，估计目标运动参数为 v_0 = −23.011kn、a_s = 2.357m/s^2。

采用 RFT 对动目标回波信号进行 ARU 补偿，然后进行长时间相参积累，通过预先设置的搜索参数，得到 r_0 = 74.14nm 处目标峰值最大，图 10-9(c1)给出了

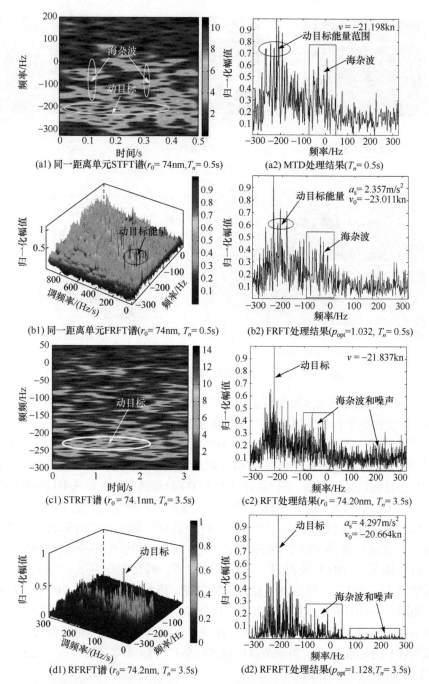

图 10-9　海面微弱动目标 MTD、FRFT、RFT 和 RFRFT 处理结果 (S-02#，VV 极化)(见彩图)

ARU 补偿后雷达回波的短时 RFT(short-time RFT，STRFT)谱，可表征任意时刻的

RFT 频率特征，定义为

$$\text{STRFT}_{rv} = \int_{-\infty}^{\infty} f(\tau, r - v\tau)g(\tau - t)\exp(\text{j}2\pi\varepsilon v\tau)\text{d}\tau \tag{10-48}$$

式中，$g(t)$ 为窗函数。目标频率分布范围明显缩小，海杂波在一定程度上也得到了很好的抑制，但由于目标做非匀速运动，加速度导致多普勒徙动，积累增益下降。图 10-9(c2)是 RFT 处理结果，通过对比图 10-9(b2)和(c2)可以发现，尽管成倍地延长了相参积累时间，但是 RFT 方法的信号相参积累增益改善并不明显。这是因为随着相参积累时间的延长，多普勒谱展宽也越明显，目标能量被分散到不同的多普勒单元中。因此，当目标做非匀速运动或机动时，RFT 不能校正距离弯曲，方法的性能也随之急剧下降。对雷达回波进行 RFRFT 运算，得到如图 10-9(d1)所示 3.5s 积累时间的 RFRFT 谱，通过搜索不同距离单元的变换域峰值，构建距离-RFRFT 域检测单元图，发现 $r_0 = 74.14\text{nm}$ 处峰值最大，对应最佳变换阶数 $p_{\text{opt}}=1.128$。由图 10-9(d2)可知，由于较好地补偿了 ARU 和 DFM，RFRFT 能将徙动的目标包络和频谱相参积累到以其加速度和速度为参数的一个点上，而海杂波和噪声在最佳变换域能量不能得到很好的匹配积累，抑制作用明显，提高了系统的检测性能，估计目标运动参数为 $v_0 = -20.664\text{kn}$、$a_s = 4.297\text{m/s}^2$，表明目标驶离雷达做减速运动，进而可通过式(10-33)得到目标的运动轨迹。

　　图 10-10 给出了四种方法在变换域经双参数检测器处理后的 CFAR 检测结果，虚警概率设为 10^{-4}。从图 10-10 中可以看出，四种方法经过 CFAR 检测后，目标均得以保留而仅有部分虚警，其中 MTD 的虚警数(8 个)最多，同时由于目标的多普勒徙动，RFT 的检测结果接近于 FRFT，说明在处理微动信号时，RFT 有积累增益损失。RFRFT 检测结果最佳，仅有两个虚警点，很容易发现目标。

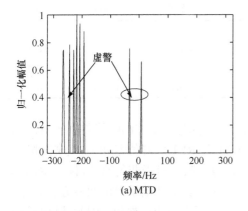

(a) MTD

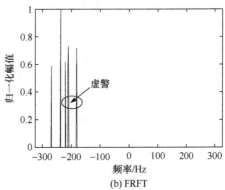

(b) FRFT

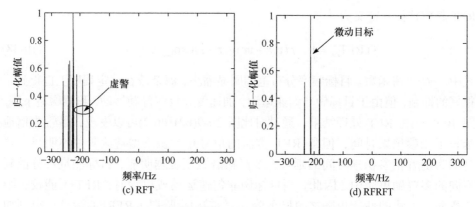

图 10-10　双参数检测器处理后的 CFAR 检测结果 ($P_{\mathrm{fa}}=10^{-4}$)

3. 检测性能分析

进一步定量分析不同相参积累检测方法对 S-02#目标的检测结果，如表 10-3 所示。定义变换域信号的 SCR 为

$$
\mathrm{SCR}_{\mathrm{TD}}=10\lg\frac{\dfrac{1}{2d}\displaystyle\sum_{m-d}^{m+d}\left|y(i)\right|^{2}}{\dfrac{1}{N-2d}\left[\displaystyle\sum_{1}^{m-d}\left|y(i)\right|^{2}+\displaystyle\sum_{m+d}^{N}\left|y(i)\right|^{2}\right]} \tag{10-49}
$$

表示目标能量与杂波能量比，其中，$y(m)$ 为输出信号的最大值，m 代表目标最大峰值所在位置，d 为峰值宽度的 1/2，表示目标能量泄漏的范围。$\mathrm{SCR}_{\mathrm{TD}}$ 能够直观地反映 SCR 的改善以及对海杂波的抑制能力。

表 10-3　不同相参积累检测方法对 S-02#检测性能与运算量

方法	T_n/s	目标峰值	海杂波峰值	峰值差	SCR/dB	$\bar{t}$ /s*
MTD	0.5	1	0.755	0.245	1.256	0.068
FRFT	0.5	1	0.506	0.494	4.817	0.691
RFT	3.5	1	0.467	0.533	6.676	0.634
RFRFT	3.5	1	0.323	0.677	10.073	2.051

由表 10-3 可知，RFRFT 能够极大地增大目标与海杂波的峰值差，由 MTD 的 0.245 提升至 0.677，SCR 改善约 9dB，FRFT 与 RFT 的峰值差和 SCR 改善相近，但 RFT 相参积累时间明显长于 FRFT，因此也反映出对于非匀速动目标，RFT 检测性能改善不明显。同时，表 10-3 根据 100 次仿真统计结果得出四种方法的计算时间($\bar{t}$)，可知，MTD 可通过 FFT 快速计算，不需要搜索参数，因此计算时间最短，而其余三种方法均需要搜索参数，使得方法运算量呈指数增加，RFRFT 在每

个距离单元均需要对加速度和速度进行搜索,导致方法最为耗时,但利用基于 FFT 的 DFRFT 以及分级迭代的参数搜索方法,能够在一定程度上提高 RFRFT 的运算效率,使其更好地在实际雷达系统中得到应用。

将四种方法与双参数 CFAR 检测器相结合,形成相应的检测方法,并分别在噪声背景和实测海杂波背景下进行 Monte-Carlo 仿真分析与验证,得到如图 10-11 所示的目标检测概率与 SCR 的关系曲线,$P_{fa}=10^{-4}$。由图 10-11(a)可以看出:

(1) MTD 方法和 FRFT 方法的积累脉冲数有限,因此当 SNR < −10dB 时,检测概率急剧下降,信号幅值被噪声淹没,而 RFT 方法和 RFRFT 方法利用长时间相参积累,有效积累脉冲数远远大于其余两种方法,进一步改善了 SNR,使得在 −10 dB 也能达到较好的检测性能;

(2) 达到相同的检测概率($P_d=0.8$),RFRFT 相对于 RFT,对 SNR 的需求降低 3dB 左右;

(3) 随着 SNR 的提高,尤其是当 SNR > −8dB 时,RFT 的检测性能却升高缓慢,与 FRFT 的检测性能曲线存在交叉,这是因为 RFT 未补偿多普勒徙动,SNR 增加的同时多普勒谱展宽明显,目标能量发散,从而进一步验证了图 10-6(b2)和 (c2)的结果;

(4) 由不同积累时间的 RFRFT 性能曲线可知,延长积累时间或提高采样频率对检测性能具有一定的提升作用。

在海杂波背景下的检测性能曲线(图 10-11(b))也能得到相似的结果,得益于 RFRFT 方法同时补偿了目标的距离徙动、距离弯曲和多普勒扩散,检测性能明显

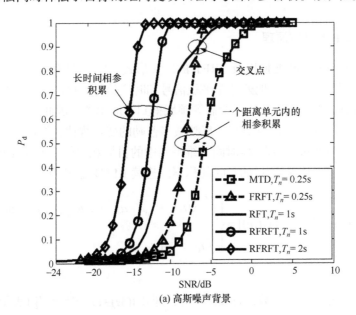

(a) 高斯噪声背景

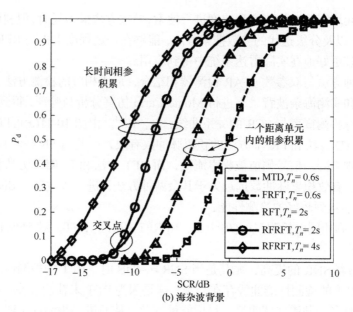

图 10-11　不同积累时间下的 MTD，RFT，FRFT 和 RFRFT 检测器检测概率 $(P_{fa}=10^{-3})$

优于其他三种方法，在虚警概率为 10^{-3} 的条件下，当 SCR 为−5dB 时，检测概率相比 RFT 可提升 20%以上，达到 80%，能够正确区分杂波和微弱动目标。

10.2　RLCT 长时间相参积累检测方法

10.2.1　RLCT 的基本原理

作为 FT、Fresnel 变换以及 FRFT 的广义形式，LCT 具有三个自由参数，能够在统一的时频域上灵活地处理非平稳信号和时变信号，已经在滤波器设计、信号合成、时频分析、加密、通信调制等领域得到了应用[39]。因此，采用 LCT 作为微动信号的分析工具，能够更好地反映微多普勒的变化规律，提高对微动信号的能量聚集性。可通过提取距离-时间二维平面中的目标观测值，然后对该观测值进行 LCT，实现微动目标能量的长时间积累。连续 RLCT 定义为

$$F_{(a,b;c,d)}(u) = \mathcal{L}^{(a,b;c,d)}[x(t,r)] = \begin{cases} \int_{-\infty}^{\infty} x(t,r_0+v_0t+a_st^2/2)K_{(a,b;c,d)}(t,u)\mathrm{d}t, & b \neq 0 \\ \sqrt{d}\mathrm{e}^{\mathrm{j}\frac{cd}{2}u^2}x(du,r), & b = 0 \end{cases}$$

$$(10\text{-}50)$$

式中，$M=(a, b; c, d)$ 为实数，且 $ad-bc=1$，即 $\det(M)=1$；$\mathcal{L}^{(a,b;c,d)}[\ ]$ 表示 RLCT 算

子；u 域称为 RLCT 域；$K_M(t, u)$ 为核函数[40]：

$$K_M(t,u) = \frac{1}{\sqrt{j2\pi b}} \exp\left(j\frac{at^2 + du^2}{2b} - j\frac{1}{b}ut \right) \tag{10-51}$$

则逆 RLCT(inverse RLCT，IRLCT)可通过 $M^{-1} = (d, -b; -c, a)$ 的 RLCT 运算得到。

由 RLCT 的定义容易得出：当 $M = (0,1;-1,0)$ 时，RLCT 即转变为 RFT；10.1 节的 RFRFT 实质上是 RLCT 在 $M = (\cos\alpha, \sin\alpha; -\sin\alpha, \cos\alpha)$ 时的特例。因此，RLCT 是 MTD、RFT、FRFT、LCT 和 RFRFT 的广义形式，如图 10-12 所示。通过与拥有一个自由度 α 参数的 RFRFT 以及无自由度参数的 RFT 相比，RLCT 具有三个灵活的自由度，一方面可通过对信号的时频平面进行旋转、扭曲和拉伸变化，使信号能量在最佳 RLCT 域得到最大限度的积累；另一方面，RLCT 根据目标的运动参数提取位于距离-慢时间二维平面中的目标观测值，然后通过 LCT 对该观测值进行长时间相参积累，提高了积累增益，改善了 SCR。采用 Pei 等提出的 LCT 离散算法，完成离散 LCT 运算，表示为[41]

$$\mathcal{L}^{(a,b;c,d)}(m,n) = \sqrt{\frac{2}{2N+1}} \exp\left(j\frac{d}{2b}m^2\Delta u^2 \right) \exp\left[-j\frac{2\pi \operatorname{sgn}(b)mn}{2N+1} \right] \exp\left(j\frac{a}{2b}n^2\Delta t^2 \right)$$

$$\tag{10-52}$$

式中，sgn( )为符号函数。

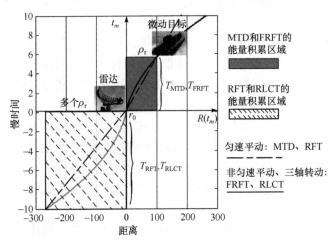

图 10-12 相参积累检测方法示意图(比较 MTD、FRFT、RFT 和 RLCT 的相参积累时间)

海面微动目标信号在相参积累时间内可建模为多分量 LFM 信号，仅由初始频率和调频率决定，因此 RLCT 的变换参数可简化为 $M = (-\mu', 1; -1, 0)$，即

$$F_{(-\mu',1;-1,0)}(u) = \mathcal{L}^{(-\mu',1;-1,0)}[x(t_m,r)]$$

$$= \frac{1}{\sqrt{j2\pi}} \int_{-\infty}^{\infty} x(t, r_0 + vt_m + a_s t_m^2/2) \exp\left(-jut_m - j\frac{\mu'}{2}t_m^2\right) dt_m, \quad |t_m| \leqslant T_n/2$$

$$(10\text{-}53)$$

式中，T_n 由微动目标类型确定；μ' 为调频率搜索参数，由量纲归一化处理后的搜索加速度确定。

$$\mu_i' = 2\pi\mu_i S^2 = 4\pi a_i S^2/\lambda \tag{10-54}$$

式(10-53)可看作具有系列调频率 μ_i' 的多普勒滤波器组，μ_i' 取决于目标的加速度。

10.2.2　基于 RLCT 的长时间相参积累

1. 海况及探测目标类型预判

根据微多普勒的定义，海面目标的微动特征表现为平动中的非匀速运动以及三轴转动(俯仰、偏航和横滚)，归纳起来可分为如下三类：

(1) 低空掠海飞行目标，如掠海飞行的巡航导弹和飞机等，通常具有很强的机动能力，表现为非匀速运动，其回波易产生高阶相位，并且贴近海面飞行，使得雷达照射目标后的回波信号受海杂波的影响，回波 SCR 低；

(2) 高海况条件下的大目标，由距离远、杂波背景强等因素导致目标单元中 SCR 很低，例如，预警雷达对舰船与航母等的远程探测和监视，船体随海面波动而绕三轴转动；

(3) 海面快速高机动目标，如海面快艇等，运动速度大大超过平稳动目标，同时具有非匀速运动和三轴转动。针对非匀速目标，其回波在观测时长内具有时变特性，可建模为 LFM 信号，因此 RFRFT 和 RLCT 均能利用目标回波的加速度信息对其进行长时间相参积累，得到较高的积累增益和检测性能；而针对随海面起伏或自身机动的海面微动目标，其运动方式主要以三轴转动为主，其散射中心在距离-慢时间序列中的位置呈周期振荡规律变化，为周期性的调频信号，其幅度和频率与海况及微动目标自身有关。此时，需要对此类目标的相参积累时间进行一定的设置，以满足在该时间内回波信号形式近似为 LFM 信号，从而利用其加速度信息。

基于上述考虑，需要对海况及探测目标类型进行预判，具体描述如下。由于海面目标的转动主要是由海浪的不规则运动引起的，在高海况条件下尤为明显，此时相对于平动运动方式，转动引起的微动分量占主要成分。因此，首先根据风速及有效浪高判断海况等级，将雷达观测目标分为以三轴转动为主要运动方式的类型一微动目标(如 3 级海况以上的海面静止目标及慢速动目标等)和以非匀速平动为主要运动方式的类型二微动目标(如低空掠海飞行目标及海面高速、机动目标等)，其中 Douglas 海况等级划分标准见表 10-4。

表 10-4　Douglas 海况等级划分标准

Douglas 海况等级	风速/kn	显著波高/m	平均波动周期/s
0, 1(微浪)	0~6	0~0.3	—
2(小浪)	6~12	0.3~0.92	7
3(清浪)	12~15	0.92~1.53	8
4(中浪)	15~20	1.53~2.44	9
5(大浪)	20~25	2.44~3.66	10
6(巨浪)	25~30	3.66~6.1	12
7(狂浪)	30~50	6.1~12.2	14
8(怒涛)	>50	>12.2	17

若为类型一微动目标，则根据海况及目标尺寸估计转动周期 T_r，其中横滚周期 T_x 的经验计算公式为[42]

$$T_x = CB / \sqrt{R_{GM}} \tag{10-55}$$

式中，C 为横滚常数，通常为 0.69~0.89；B 为海面或海面以下的最大波束宽度；R_{GM} 为最大定倾高度，为海面目标定倾中心与重心的差值。俯仰周期 T_y 与海况和目标长度有关，目标尺寸越大，俯仰周期越长，其经验计算公式为

$$T_y = 2.44 + 0.032l - 0.000036l^2 \tag{10-56}$$

式中，l 为目标长度(m)。

为得到更长的相参积累时间，通常，海面目标的转动周期 T_r 取横滚周期和俯仰周期的最大值，当被观测目标的先验信息不足时，T_r 可按海况等级确定，近似等于表 10-4 中的海浪平均波动周期。

2. 积累时间的确定

1) 类型一微动目标

$T_n^{(1)}$ 应不小于最小相参积累增益所需时间 $T_{SNR_{req}}$，同时，转动产生的微多普勒频率为正弦调频信号，在波峰到波谷的 1/2 转动周期内，可近似为 LFM 信号，因此 $T_n^{(1)}$ 应不大于 1/2 转动周期和波束驻留时间的最小值，即 $T_n^{(1)} \in \left[T_{SNR_{req}}, \min(T_{dwell}, T_r / 2) \right]$，通常情况下，类型一微动目标的相参积累时间的

取值与 1/2 转动周期相同，相参积累脉冲数为 $N_p^{(1)} = \left\lceil T_n^{(1)} / T_l \right\rceil$。

2) 类型二微动目标

$T_n^{(2)}$ 应不小于最小相参积累增益所需时间 $T_{\text{SNR}_{\text{req}}}$，并不大于波束驻留时间 T_{dwell}，即 $T_n^{(2)} \in \left[T_{\text{SNR}_{\text{req}}}, T_{\text{dwell}} \right]$，通常情况下，类型二微动目标的相参积累时间的取值与波束驻留时间相同，相参积累脉冲数为 $N_p^{(2)} = \left\lceil T_n^{(2)} / T_l \right\rceil$。

3. 方法流程

基于 RLCT 长时间相参积累的海面微动目标检测方法流程与 5.1.2 节处理流程基本类似，如图 10-13 所示，均需要以下几个步骤：

(1) 雷达回波距离上解调和脉压，完成脉内积累；

(2) 长时间相参积累参数初始化；

(3) RLCT 补偿距离徙动和多普勒徙动，完成长时间相参积累；

(4) 构建距离-RLCT 域检测单元图，并进行 CFAR 检测；

(5) 目标运动参数估计，但积累时间的确定需参照前面给出的方法。

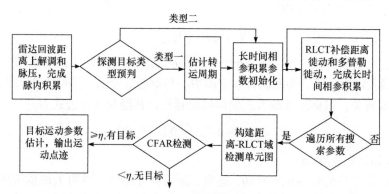

图 10-13　基于 RLCT 长时间相参积累的海面微动目标检测方法流程图

根据微动信号模型以及 RLCT 定义，单分量微多普勒信号的 RLCT 表达式为

$$\mathcal{L}^{(a,b;c,d)}[f(t_m, r_s)] = 1 / \sqrt{\mathrm{j} 2\pi b} \cdot \mathrm{e}^{\mathrm{j}\frac{d}{2b} u^2} \int_{-\infty}^{\infty} \mathrm{e}^{\mathrm{j}(2\pi f_0 t_m + \pi \mu_s t_m^2)} K_{(a,b;c,d)}(t_m, u) \mathrm{d} t_m$$

$$= 1 / \sqrt{\mathrm{j} 2\pi b} \cdot \mathrm{e}^{\mathrm{j}\frac{d}{2b} u^2} \int_{-\infty}^{\infty} \mathrm{e}^{-\mathrm{j}\left(\frac{u}{b} - 2\pi f_0\right) t_m + \mathrm{j}\left(\frac{a}{2b} + \pi \mu_s\right) t_m^2} \mathrm{d} t_m \tag{10-57}$$

当 $a / 2b + \pi \mu_s = 0$ 时，式(10-57)变为冲激函数，表现在 RLCT 域为一峰值。

$$\mathcal{L}^{(a,b;c,d)}[f(t_m, r_s)] = 1 / \sqrt{\mathrm{j} 2\pi b} \cdot \mathrm{e}^{\mathrm{j}\frac{d}{2b} u^2} \delta(u / b - 2\pi f_0) \tag{10-58}$$

以 RLCT 的特例(式(10-53))为例，第 r_i 个距离单元微动信号的中心频率和调频率对应于 RLCT 域的坐标 (μ'_{i_0}, u_{i_0})。因此，遍历距离、初速度和加速度的搜索范围，重复步骤(3)，得到不同搜索距离 r_i 条件下，二维参数平面 (μ', u) 的幅值最大值，并记录对应的坐标 $(\mu'_{i_0}, u_{i_0}) = \arg\max\limits_{u', u} \left| \mathcal{L}_{r_i}^{(-\mu', 1; -1, 0)}(\mu', u) \right|$，形成距离-RLCT 域检测单元图 $\mathcal{L}_{r_i}^{(-\mu', 1; -1, 0)}(\mu'_{i_0}, u_{i_0})(i = 1, 2, \cdots, N_r)$，将其幅值作为检测统计量，并与给定虚警概率下的自适应检测门限 η 进行比较：

$$\left| \mathcal{L}_{r_i}^{(-\mu', 1; -1, 0)}(\mu'_{i_0}, u_{i_0}) \right| \underset{H_0}{\overset{H_1}{\gtrless}} \eta \tag{10-59}$$

如果检测单元的幅值高于门限值，则判决为有动目标信号，否则，判决为无动目标信号，继续处理后续的检测单元。

根据目标所在的距离-RLCT 域检测单元所对应的距离、初速度和加速度作为目标运动参数估计值 $\hat{r}_0$、$\hat{v}_0$ 和 $\hat{a}_s$，假设在第 l 个距离单元检测出微动目标，二维参数平面 (μ', u) 的幅值最大值坐标为 (μ'_{l_0}, u_{l_0})，则参数估计方法为

$$\begin{cases} \hat{r}_0 = r_1 + l\rho_r \\ \hat{v}_0 = \dfrac{\lambda \hat{f}_{l_0}}{2} = \dfrac{\lambda}{2} \cdot \dfrac{u_{l_0}}{2\pi S} \\ \hat{a}_s = \dfrac{\lambda \hat{\mu}_{l_0}}{2} = \dfrac{\lambda}{2} \cdot \dfrac{\mu'_{l_0}}{2\pi S^2} \end{cases} \tag{10-60}$$

10.2.3 实测数据处理结果

1. 数据描述

采用南非的科学与工业研究理事会(Council for Scientific and Industrial Research，CSIR)[43,44]采集的对海雷达数据分析说明，实验由位于南非开普敦西部的奥弗比格试验场(Overberg Test Range，OTB)的 Fynmeet 雷达完成，数据名为 CSIR-TFC15-038，CSIR 数据库及数据描述参见附录及表 10-5。

表 10-5　CSIR-TFC15-038 雷达数据描述

参数	数值	参数	数值
发射频率/GHz	9	日期	2006/08/01
距离范围/m	1440	采样频率/Hz	300

续表

参数	数值	参数	数值
高度/m	67	观测时长/s	67.793
波束宽度/(°)	<2	观测方向	逆风向
掠射角/(°)	0.445～0.551	显著波高/m	3.17
采样距离分辨率/m	15	Douglas 海况等级	5

　　雷达地理位置及周边环境如附录图 2 所示，图 10-14 对海杂波的特性进行了分析，包括距离-时间图、时频分析以及相关性分析。由图 10-14(a)和(b)可知，雷达对海观测时长约为 68s，观测区域覆盖 90 个距离单元，明显看出由风速产生的周期性海面起伏，根据显著波高判断实验时的海况等级约为 5 级，为高海况数据，其频谱具有时变特性，多普勒分布在 50～150Hz，谱宽较宽，表明观测方向为逆风向。由图 10-14(c)可知，海杂波的去相关时间约为 20ms，因此相参积累时间应不小于去相关时间，以达到更好的海杂波抑制和检测性能。

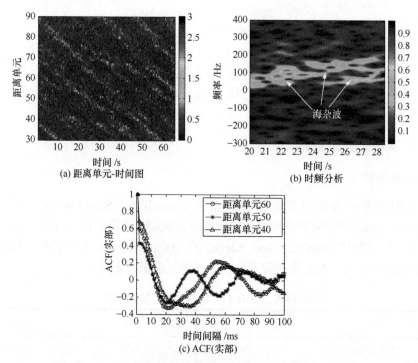

图 10-14　CSIR 海杂波数据描述及特性分析(CSIR-TFC15-038)

　　CSIR-TFC15-038 数据的目标雷达回波描述及特性分析如图 10-15 所示，其中，

图 10-15(a)表明一合作海面目标从第 17 个距离单元远离雷达运动,由于目标尺寸较小以及高海况的联合作用,目标雷达回波极其微弱,被强海杂波所覆盖。实验采用差分全球定位系统(global position system,GPS)记录合作目标的真实对地运动轨迹,如图 10-15(a)白色曲线所示,从而有利于方法的验证。图 10-15(b)给出了目标实际运动方位与 GPS 记录方位以及雷达探测区域的关系,可知 GPS 的记录信息真实准确,同时雷达工作在驻留模式,波束能够覆盖目标的运动区域,从而得到完整目标雷达回波。由图 10-15(c)可知,目标在较长的观测时长内,跨越了约 14 个距离单元,产生了距离徙动和距离弯曲,结合图 10-15(d)的目标单元时频分析,表明目标回波中存在二次相位和高阶相位,具有微动特征,需要进行距离徙动和多普勒徙动补偿以积累目标能量。

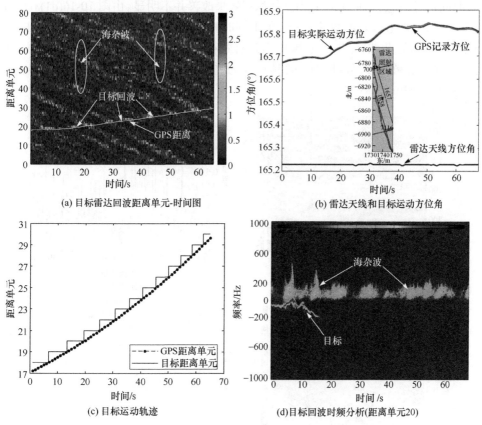

(a)目标雷达回波距离单元-时间图

(b)雷达天线和目标运动方位角

(c)目标运动轨迹

(d)目标回波时频分析(距离单元20)

图 10-15 目标雷达回波描述及特性分析(CSIR-TFC15-038)(见彩图)

2. 相参积累能力比较

图 10-16 对基于 MTD、FRFT、RFT 和 RLCT 的微动目标处理结果进行了比

较，其中受限于 ARU 效应，MTD 和 FRFT 的相参积累时间设为 2.25s。由图 10-16(a1)和(a2)可知，目标的多普勒谱被海杂波和噪声所覆盖，并且谱宽较宽，频域能量发散，难以利用多普勒滤波器组最大输出检测和估计目标。通过比较 MTD 和 FRFT 的检测结果可知，目标能量有所集中，在最佳 FRFT 域($p_{opt} = 0.970$)估计目标的运动参数为 $v_0 = -4.3346$kn、$a_s = -0.2763$m/s^2，然而由于积累脉冲数量有限，目标和杂波峰值比仍较低，存在部分虚警。采用长时间相参积累的方法处理微动目标回波，初始搜索时间和搜索距离分别为 50s 和第 27 个距离单元，相参积累时间设为 9s，得到图 10-16(c1)、(c2)、(d1)和(d2)，可知 RFT 和 RLCT 在获得高积累增益的同时抑制了海杂波。然而，随着积累时间的延长，目标能量将分布在多个多普勒分辨单元，其微动特征产生 DFM 效应。因此，尽管 RFT 利用了长时间信号信息，但同 FRFT 相比其积累效果改善并不明显。由图 10-16(d1)和(d2)表明，RLCT 适合处理微动信号，能够同时补偿距离徙动和多普勒徙动，目标峰值明显，而海杂波在 RLCT 域得不到有效积累，大大改善了输出 SCR。计算式 (10-60) 能够得到微动目标的精确运动参数和运动轨迹，$v_0 = -3.8786$kn、$a_s = -0.26753$m/s^2。

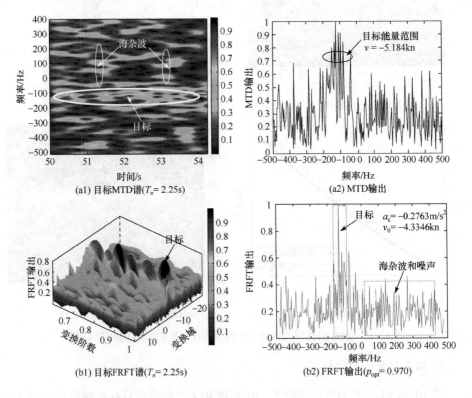

(a1) 目标MTD谱($T_n = 2.25$s)

(a2) MTD输出

(b1) 目标FRFT谱($T_n = 2.25$s)

(b2) FRFT输出($p_{opt} = 0.970$)

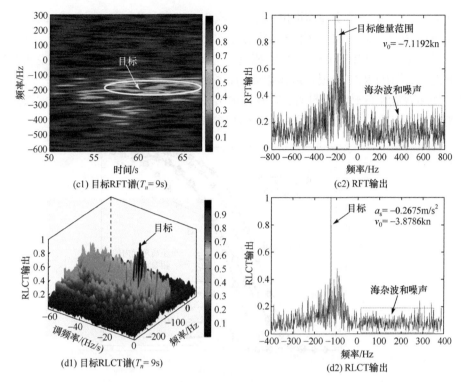

图 10-16　MTD、FRFT、RFT 和 RLCT 处理结果比较(CSIR-TFC15-038)(见彩图)

3. 检测与参数估计性能分析

表 10-6 进一步定量分析了不同方法的检测和参数估计性能,可知,相比 MTD,RLCT 能够显著提升目标与海杂波峰值差,并且 SCR 改善约 10dB。在微动参数估计方面,RLCT 在对动目标能量长时间积累的同时,能够通过参数搜索和 CFAR 检测得到目标的运动轨迹,从而提高了参数估计精度。

表 10-6　不同方法的检测和参数估计性能比较(CSIR-TFC15-038)

方法	T_n/s	归一化峰值差	SCR/dB	$\hat{v}_0$ /kts	$\hat{a}_s$ /(m/s²)	r_s /m	$\hat{r}_s$ /m
MTD	2.25	0.267	3.597	−6.403	—	15	7.412
FRFT	2.25	0.358	6.874	−4.335	−0.276	15	8.758
RFT	9	0.488	8.219	−7.119	—	30	32.961
RLCT	9	0.689	13.564	−3.879	−0.268	30	28.814

图 10-17 为所提方法的 P_d-SCR 曲线,其中海杂波背景为 CSIR-TFC15-038,虚警概率设为 $P_{fa}=10^{-3}$。可以发现,RLCT 在 SCR 低于−5dB 时,仍能达到较好的

检测效果($P_d = 81\%$)；达到相同的检测概率($P_d = 80\%$)，RLCT 对 SCR 的需求较 RFT 低约 3dB，这方面的积累增益得益于对微动信号的多普勒徙动补偿。当 SCR 提升时，RFT 与 FRFT 的检测性能相近，与图 10-11 的仿真结果相似，说明在较低海况时，采用 FRFT 能很好地积累微动目标能量，满足检测性能的需求。当 RLCT 处理微多普勒中的转动分量时，存在 1dB 左右的积累损失，此时需要考虑探测目标类型预判，在一定程度上缩短信号的相参积累时间。

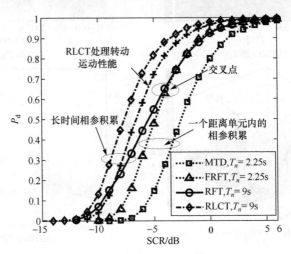

图 10-17　所提方法的 P_d-SCR 曲线 ($P_{fa} = 10^{-3}$)

10.3　RFRAF 长时间相参积累检测方法

10.3.1　RFRAF 的基本原理与性质

1. RFRAF 定义

首先定义长时间瞬时自相关函数(long-time instantaneous ACF，LIACF)：假设 $f(t_m, r_s) \in \mathbb{C}$ 是定义在距离-慢时间平面(t_m, r_s)的二维复函数，$r_s(t_m) = r_0 - v_0 t_m - a_s t_m^2 / 2 - g_s t_m^3 / 6$ 表示此平面内的任意一条曲线，代表目标复杂的高阶运动，其中 v_0、a_s 和 g_s 表示目标的搜索运动参数。则 $f(t_m, r_s)$ 的 LIACF 定义为

$$R_f(t_m, \tau) = f\left[t_m + \frac{\tau}{2}, r_s(t_m)\right] f^*\left[t_m - \frac{\tau}{2}, r_s(t_m)\right] \tag{10-61}$$

表示沿曲线 r_s 提取位于(t_m, r_s)二维平面中的目标观测值 $f(t_m, r_s)$，并对其进行自相关运算，$f(t_m, r_s)$的连续 RFRAF 定义为

$$\text{RFRAF}[f(t_m,r_{\rm s})](\tau,u)=\mathcal{R}_f^\alpha(\tau,u)=\int_{-\infty}^\infty R_f(t_m,\tau)K_\alpha(t_m,u)\mathrm{d}t_m \tag{10-62}$$

式中，$\mathcal{R}^\alpha(\ )$ 表示 RFRAF 算子，$\alpha\in(0,\pi]$ 为旋转角；核函数 $K_\alpha(t_m,u)$ 定义为式 (9-2)。逆 RFRAF(inverse RFRAF，IRFRAF) 由 $-\alpha$ 参数的 RFRAF 确定，即 $\mathcal{R}^\alpha(\mathcal{R}^{-\alpha})=\mathcal{R}^{\alpha-\alpha}=\mathcal{R}^0=I$。

对信号 $f(t_m,r_{\rm s})$ 和变换函数 $\mathcal{R}_f^\alpha(\tau,u)$ 以 Δt_m 和 Δu 进行离散化，分别得到 $f(n\Delta t_m,r_{\rm s})$ 和 $\mathcal{R}_f^\alpha(\tau,m\Delta u)$，再结合 FRFT 的离散算法，则 RFRAF 的离散形式为

$$\mathcal{R}_f^\alpha(\tau,m\Delta u)=A_\alpha\mathrm{e}^{\mathrm{j}\frac12 m^2(\Delta u)^2\cot\alpha}\sum_{n=-(N-1)/2}^{(N-1)/2}\mathrm{e}^{\mathrm{j}\frac12(n\Delta t_m)^2\cot\alpha-\mathrm{j}mn\Delta u\Delta t_m\csc\alpha}$$
$$\cdot f\left(n\Delta t_m+\frac\tau2,r_{\rm s}\right)f^*\left(n\Delta t_m-\frac\tau2,r_{\rm s}\right) \tag{10-63}$$

式中，$N=T_nf_{\rm s}$ 为信号长度。

由 RFRAF 的定义及其物理含义可知，RFRAF 表示瞬时自相关函数 $R_f(t_m,\tau,r_{\rm s})$ 在 $(t_m,r_{\rm s})$ 平面内的一种仿射变换。图 10-18 为基于 RFRAF 的长时间相参积累原理图，RFRAF 能够很好地匹配和积累建模为 QFM 信号的机动目标或海面微动目标回波信号，并通过 LIACF 和对时频平面的旋转在 RFRAF 形成峰值，峰值坐标为 (p,u) 或 (τ,u)。RFRAF 根据目标的运动参数提取位于距离-慢时间(方位)二维平面中的目标观测值，进行瞬时自相关的降阶运算，然后通过 FRFT 对该观测值进行长时间相参积累，达到匹配动目标信号、改善 SCR/SNR 的目的。

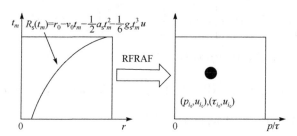

图 10-18　基于 RFRAF 的长时间相参积累原理图

2. RFRAF 性质

1) 旋转可加性

同 FRFT 相类似，RFRAF 的核函数同样具有旋转可加性，即

$$\int_{-\infty}^\infty K_\alpha(t,u_1)K_\beta(u_1,u_2)\mathrm{d}u_1=K_{\alpha+\beta}(t,u_2) \tag{10-64}$$

因此，β 角的 α 角度 RFRAF 等于 $(\alpha+\beta)$ 角的 RFRAF：

$$
\begin{aligned}
\mathcal{R}_f^{\beta}\left[\mathcal{R}_f^{\alpha}(\tau,u_1)\right](\tau,u_2) &= \int_{-\infty}^{\infty} K_{\beta}(u_1,u_2)\int_{-\infty}^{\infty} R_f(t_m,\tau)K_{\alpha}(t_m,u_1)\mathrm{d}t_m\mathrm{d}u_1 \\
&= \int_{-\infty}^{\infty} R_f(t_m,\tau)\int_{-\infty}^{\infty} K_{\alpha}(t_m,u_1)K_{\beta}(u_1,u_2)\mathrm{d}u_1\mathrm{d}t_m \\
&= \mathcal{R}_f^{\alpha+\beta}(\tau,u_2)
\end{aligned}
\tag{10-65}
$$

基于此条性质，可以得到如下结论，即交换性和结合性：

$$
\mathcal{R}^{\alpha}\mathcal{R}^{\beta} = \mathcal{R}^{\beta}\mathcal{R}^{\alpha}
\tag{10-66}
$$

$$
\mathcal{R}^{\alpha}\mathcal{R}^{\beta}\mathcal{R}^{\gamma} = \mathcal{R}^{\alpha}\mathcal{R}^{\beta+\gamma} = \mathcal{R}^{\beta+\gamma}\mathcal{R}^{\alpha} = \mathcal{R}^{\beta}\mathcal{R}^{\gamma}\mathcal{R}^{\alpha}
\tag{10-67}
$$

以及核函数的复共轭和正交性：

$$
\begin{aligned}
\int_{-\infty}^{\infty} K_{\alpha}(t,u_1)K_{\alpha}^{*}(t,u_2)\mathrm{d}t &= \int_{-\infty}^{\infty} K_{\alpha}(t,u_1)K_{-\alpha}(t,u_2)\mathrm{d}t \\
&= \int_{-\infty}^{\infty} K_{\alpha}(t,u_1)K_{-\alpha}(u_2,t)\mathrm{d}t \\
&= \delta(u_1-u_2)
\end{aligned}
\tag{10-68}
$$

2) 信号可逆性

可利用 LIACF 和 FRFT 求取信号 $f(t_m, r_s)$ 的 RFRAF，同样，已知 $\mathcal{R}_f^{\alpha}(\tau,u)$，也可以得到原始回波信号，称为信号可逆性。首先，LIACF 可对 $\mathcal{R}_f^{\alpha}(\tau,u)$ 求取 $-\alpha$ 参数的 RFRAF，得到

$$
R_f(t_m,\tau) = f\left[t_m+\frac{\tau}{2},r_s(t_m)\right]f^{*}\left[t_m-\frac{\tau}{2},r_s(t_m)\right] = \int_{-\infty}^{\infty}\mathcal{R}_f^{\alpha}(\tau,u)K_{-\alpha}(t_m,u)\mathrm{d}u
\tag{10-69}
$$

然后，当 $\tau=2t_m$ 时，式(10-69)可改写为

$$
f\left[2t_m,r_s(t_m)\right]f^{*}\left[0,r_s(t_m)\right] = \int_{-\infty}^{\infty}\mathcal{R}_f^{\alpha}(2t_m,u)K_{-\alpha}(t_m,u)\mathrm{d}u
\tag{10-70}
$$

因此，原始信号可通过式(10-71)计算得出

$$
f(t_m,r_s) = C\int_{-\infty}^{\infty}\mathcal{R}_f^{\alpha}(t_m,u)K_{-\alpha}(t_m/2,u)\mathrm{d}u
\tag{10-71}
$$

式中，$C=1/f^{*}(0,r_s)$。

3) 双线性变换性

考虑 (t_m, r_s) 二维平面内连续有限时长的多分量信号：

$$
s(t_m,r_s) = \sum_{i=1}^{M} s_i(t_m,r_s)
\tag{10-72}
$$

式中，M 为信号个数。其 RFRAF 为

$$\mathcal{R}_s^\alpha(\tau,u) = \int_{-\infty}^{\infty} R_s(t_m,\tau)K_\alpha(t_m,u)\mathrm{d}t_m$$

$$= \int_{-\infty}^{\infty} \sum_{i=1}^M s_i(t_m+\tau/2,r_s)\sum_{j=1}^M s_j^*(t_m-\tau/2,r_s)K_\alpha(t_m,u)\mathrm{d}t_m \qquad (10\text{-}73)$$

$$= \sum_{i=1}^M \mathcal{R}_{s_i}^\alpha(\tau,u) + \sum_{i=1}^{M-1}\sum_{j=i+1}^M \left[\mathcal{R}_{s_i s_j}^\alpha(\tau,u) + \mathcal{R}_{s_j s_i}^\alpha(\tau,u) \right]$$

多分量信号的 RFRAF 包括两部分，第一部分表示信号的自项，而第二部分为信号间的交叉项，说明 RFRAF 为双线性变换，存在交叉项问题。抑制双线性变换的交叉项的同时尽量不改变变换的时频分辨力，一直以来是研究的热点和难点[44]。然而，对于机动目标或海面微动目标回波信号的长时间相参积累，RFRAF 域的交叉项具有余弦振荡特性，而自项表现为冲激函数，随着积累时间的延长，交叉项峰值远小于自项峰值，多分量 RFRAF 谱可近似为多个冲激函数，在一定程度上可忽略交叉项的影响。

4) 时移和频移特性

对于任意延迟 t_0 和频移 f_0，若 $g(t_m,r_s) = f(t_m-t_0,r_s)\exp(\mathrm{j}2\pi f_0 t_m)$，则有

$$\mathcal{R}_g^\alpha(\tau,u) = \int_{-\infty}^{\infty}\left[g\left(t_m+\frac{\tau}{2},r_{s_g}\right)g^*\left(t_m-\frac{\tau}{2},r_{s_g}\right)e^{\mathrm{j}2\pi f_0(t_m+\tau/2)}e^{-\mathrm{j}2\pi f_0(t_m-\tau/2)} \right]K_\alpha(t_m-t_0,u)\mathrm{d}(t_m-t_0)$$

$$= A_\alpha \int_{-\infty}^{\infty} f\left(t_m-t_0+\frac{\tau}{2},r_{s_f}\right)f^*\left(t_m-t_0-\frac{\tau}{2},r_{s_f}\right)e^{\mathrm{j}2\pi f_0\tau}e^{\mathrm{j}\frac{1}{2}(t_m-t_0)^2\cot\alpha-\mathrm{j}u(t_m-t_0)\csc\alpha+\mathrm{j}\frac{1}{2}u^2\cot\alpha}\mathrm{d}t_m$$

$$= \int_{-\infty}^{\infty} f\left(t_m-t_0+\frac{\tau}{2},r_{s_f}\right)f^*\left(t_m-t_0-\frac{\tau}{2},r_{s_f}\right)e^{\mathrm{j}2\pi f_0\tau+\mathrm{j}\frac{1}{2}\sin\alpha\cos\alpha t_0^2-\mathrm{j}\sin\alpha u t_0}K_\alpha(t_m-t_0,u-t_0\cos\alpha)\mathrm{d}t_m$$

$$\xrightarrow{t_m-t_0=t} e^{\mathrm{j}2\pi f_0\tau+\mathrm{j}\frac{1}{2}\sin\alpha\cos\alpha t_0^2-\mathrm{j}\sin\alpha u t_0}\mathcal{R}_f^\alpha(\tau,u-t_0\cos\alpha)$$

$$(10\text{-}74)$$

因此，容易得到

$$\left|\mathcal{R}_g^\alpha(\tau,u)\right| = \left|\mathcal{R}_f^\alpha(\tau,u-t_0\cos\alpha)\right| \qquad (10\text{-}75)$$

表明，$f(t_m, r_s)$ 的时移和频移将会引起 RFRAF 域的偏移，并且存在指数调制。此外，$\mathcal{R}_g^\alpha(\tau,u)$ 的幅值与 $\mathcal{R}_f^\alpha(\tau,u)$ 的幅值相等，仅峰值位置发生了偏移。

5) 能量守恒性

RFRAF 同样满足 Parseval 关系：

$$\int_{-\infty}^{\infty} f(t_m,r_x)g^*(t_m,r_y)\mathrm{d}t_m = \int_{-\infty}^{\infty} \mathcal{R}_f^\alpha(\tau,u)\left[\mathcal{R}_g^\alpha(\tau,u)\right]^* \mathrm{d}u \qquad (10\text{-}76)$$

若 $f=g$，则式(10-76)为能量守恒公式：

$$\int_{-\infty}^{\infty}\left|f(t_m,r_s)\right|^2 dt_m = \int_{-\infty}^{\infty}\left|\mathcal{R}_f^\alpha(\tau,u)\right|^2 du \tag{10-77}$$

RFRAF 的幅值平方 $\left|\mathcal{R}_f^\alpha(\tau,u)\right|^2$ 定义为 RFRAF 域的能量谱。

3. 微多普勒信号 RFRAF 表达式

1) 单分量微多普勒信号

对于建模为 QFM 信号的单分量微多普勒信号：

$$f(t_m,r_s) = \sigma_0 \exp\left[j4\pi\frac{r_s(t_m)}{\lambda}\right] = \sigma_0 \exp\left(\sum_{i=0}^{3} j2\pi a_i t_m^i\right), \quad |t_m| \leqslant T_n/2 \tag{10-78}$$

式中，$a_i\,(i=1,2,3)$ 表示多项式系数。则当积累时间为 T_n 时，式(10-78)的 LIACF 表示为

$$R_f(t_m,\tau) = f(t_m+\tau/2,r_s)f^*(t_m-\tau/2,r_s) = \sigma_0^2 \exp\left[j2\pi\tau\left(a_1+2a_2t_m+3a_3t_m^2+a_3\tau^2/4\right)\right] \tag{10-79}$$

将式(10-79)代入式(10-62)，得到单分量微动信号的 RFRAF 表达式为

$$\mathcal{R}_f^\alpha(\tau,u) = \sigma_0^2 A_\alpha e^{j\pi\left(2a_1\tau+a_3\tau^3/2\right)+ju^2/(2\cot\alpha)} \cdot \int_{-T_n/2}^{T_n/2} \exp\left[j\left(6\pi a_3\tau+\frac{1}{2}\cot\alpha\right)t_m^2+j\left(4\pi a_2\tau-u\csc\alpha\right)t_m\right]dt_m \tag{10-80}$$

当 $12\pi a_3\tau+\cot\alpha=0$ 时，式(10-80)转变为 sinc 函数，即

$$\mathcal{R}_f^\alpha(\tau,u) = \sigma_0^2 A_\alpha e^{j\pi\left(2a_1\tau+a_3\tau^3/2\right)+ju^2/(2\cot\alpha)} T_n \mathrm{sinc}\left[(4\pi a_2\tau-u\csc\alpha)T_n/2\right] \tag{10-81}$$

由此可知，单分量微动信号在 RFRAF 域表现为一峰值，峰值位于 $u=4\pi a_2\tau\sin\alpha$，其幅值可近似为

$$\left|\mathcal{R}_f^\alpha(\tau,u)\right| = \sigma_0^2 A_\alpha T_n \tag{10-82}$$

与信号幅值和积累时间有关。因此，RFRAF 能够很好地匹配和积累微动目标能量。

假设一微多普勒信号参数为 $a_0=100$、$a_1=800$、$a_2=600$、$a_3=200$，采样点数 $N=1024$，则变换阶数 $p=1.05$ 的 RFRAF 表示如图 10-19 所示，从 RFRAF 谱以及各坐标轴(u 轴和 τ 轴)的能量分布可知，单分量微动信号在 RFRAF 域表现为一峰值，峰值位置与参数 a_2 和 a_3 有关。

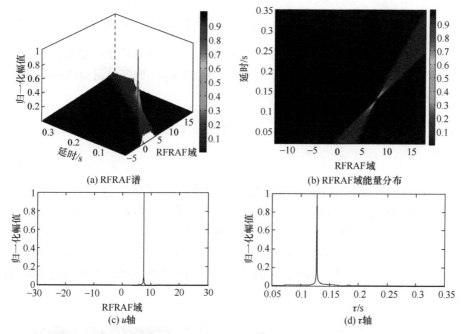

图 10-19　单分量微动信号的 RFRAF 表示(N=1024，p=1.05)

2) 多分量微多普勒信号

分析多分量微多普勒信号的 RFRAF 表达式以及 RFRAF 的双线性变换性，以两分量有限时长的 QFM 信号为例：

$$s(t_m, r_s) = \sum_{i=1}^{2} s_i(t_m, r_s) = \sum_{i=1}^{2} \sigma_i \exp\left[j2\pi\left(a_i + b_i t_m + c_i t_m^2 + d_i t_m^3\right) \right] \quad (10\text{-}83)$$

式中，a、b、c 和 d 为实系数。则 $s(t_m, r_s)$ 的 RFRAF 可分解为自项和交叉项：

$$\mathcal{R}_s^\alpha(\tau, u) = \underbrace{\mathcal{R}_{s_1}^\alpha(\tau, u) + \mathcal{R}_{s_2}^\alpha(\tau, u)}_{\text{自项}} + \underbrace{\mathcal{R}_{s_1 s_2}^\alpha(\tau, u) + \mathcal{R}_{s_2 s_1}^\alpha(\tau, u)}_{\text{交叉项}} \quad (10\text{-}84)$$

其中，当 $12\pi d_i \tau + \cot\alpha = 0\ (i=1,2)$ 时，RFRAF 域中的两个自项均可表示为 sinc 函数：

$$\mathcal{R}_{s_i}^\alpha(\tau, u) = \sigma_i^2 A_\alpha \mathrm{e}^{\mathrm{j}\pi\left(2a_i\tau + c_i\tau^3/2\right) + \mathrm{j}u^2/(2\cot\alpha)} T_n \mathrm{sinc}\left[(4\pi c_i \tau - u\csc\alpha)T_n/2\right] \quad (10\text{-}85)$$

基于文献[45]的研究结果，给出 RFRAF 交叉项的近似表达式为

$$\mathcal{R}_{s_1 s_2}^\alpha(\tau, u) + \mathcal{R}_{s_2 s_1}^\alpha(\tau, u) = B\left\{[C(X_1) + C(X_2)]\cos(A\tau^2) + [S(X_1) + S(X_2)]\sin(A\tau^2)\right\}$$

$$(10\text{-}86)$$

式中，A、B、X_1 和 X_2 均为 QFM 信号参数的函数；$C(x)$ 和 $S(x)$ 为 Fresnel 积分：

$$C(x) = \int_0^x \cos(\pi t^2 / 2)\mathrm{d}t \ , \quad S(x) = \int_0^x \sin(\pi t^2 / 2)\mathrm{d}t \tag{10-87}$$

由式(10-86)可知，交叉项分布于自项周围，并呈正弦或余弦振荡，其幅值远小于自项的峰值。若进一步延长积累时间，使 $T_n \to \infty$，则多分量 QFM 信号趋向于多个冲激信号的和。

$$\mathcal{R}_s^\alpha(\tau,u) \to \sum_{i=1}^M \mathcal{R}_{s_i}^\alpha(\tau,u) \to \sum_{i=1}^M \delta(u - 4\pi c_i \tau \sin\alpha), \quad 12\pi d_i \tau + \cot\alpha = 0, \quad i = 1,2,\cdots,M \tag{10-88}$$

在此情况下，相比自项，可忽略交叉项的影响。考虑与图 10-19 相同的信号 $s_1(t)$，此外 $s_2(t)$ 的参数为 $a_2=20$、$b_2=500$、$c_2=200$ 和 $d_2=100$。如图 10-20 所示，两个信号的自项非常明显，在 RFRAF 域均表现为峰值，而几乎可以不考虑交叉项的影响。尽管 $s_1(t)$ 和 $s_2(t)$ 的 RFRAF 谱之间由于参数空间相近出现相互影响，但仍可容易地区分两个信号。因此，尽管 RFRAF 为双线性变换，但其满足近似线性特性。

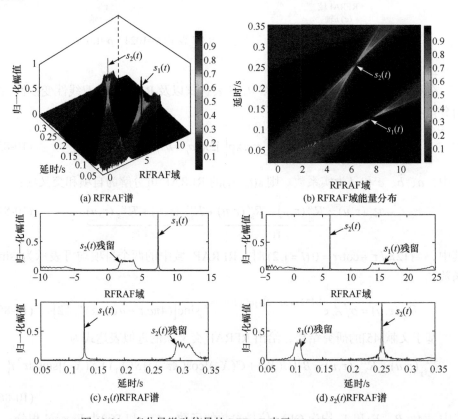

图 10-20　多分量微动信号的 RFRAF 表示(N=1024，p=1.05)

4. RFRAF 与其他相参积累检测方法的关系

1) RFRAF 和 AF

模糊函数(fuzzy function，AF)用于研究雷达的测量和分辨性能，表征了信号的时频域特性(由函数中的两个变量所决定)[23]；而 RFRAF 借助于旋转角参数，更适合处理非平稳时变信号，当 $\alpha=\pi/2$ 转变为传统频域处理，并且 $|\Delta r_{\rm s}| \leqslant \rho_{\rm r}$ 时，RFRAF 转变为 AF:

$$\mathcal{R}_f^{\pi/2}(\tau,u)\big|_{|\Delta r_{\rm s}|\leqslant\rho_{\rm r}} = {\rm AF}[f(t_m)](\tau,u) \tag{10-89}$$

2) RFRAF 和 FRFT

RFRAF 与 FRFT 同样具有灵活的旋转角变换参数，但其积累性能仍受积累时间的限制，并且无法有效处理高阶相位信号。当在同一距离单元内对建模为 LFM 信号的匀加速目标进行相参积累时，两者具有相似的积累效果，在各自的变换域均能出现峰值。因此，有

$$\mathcal{R}_f^\alpha(0,u)\big|_{|\Delta r_{\rm s}|\leqslant\rho_{\rm r}} \approx {\rm FRFT}[f_{\rm LFM}(t_m)](u) \tag{10-90}$$

3) RFRAF 和 HAF

HAF 也称为多项式相位变换，是一种简单的相位阶数递归算法，从高阶到低阶顺序估计多项式相位系数[20]。对于一个 M 阶的多项式相位信号(polynomial phase signal，PPS)，其 HAF 表达式为

$$
{\rm HAF}(\tau_{M-1},f) = \int_{-T_{\rm HAF}/2}^{T_{\rm HAF}/2} s_M(t_m,\tau_{M-1})\exp(-{\rm j}2\pi f t_m){\rm d}t_m \tag{10-91}
$$

式中，$s_M(t_m,\tau_{M-1})$ 表示 $M{-}1$ 次的多滞后高阶瞬时矩(multi-lag high-order instantaneous moment，ML-HIM)。

HAF 也能处理和分析多分量 PPS，但与非线性算法一样，其不可避免地会引入交叉项，而 HAF 的交叉项同样具有高阶相位系数，会占据很宽的频带并分布平坦，因此会对多分量信号间的分辨以及检测造成不利影响[46]；此外，HAF 的抗噪性很差，不适用于低 SNR/SCR 环境。

同 HAF 相比，RFRAF 具有渐进线性变换特性和良好的噪声与杂波抑制能力。因此，尽管 HAF 可用于积累复杂运动形式的机动目标，但 RFRAF 得益于 LIACF、核函数以及长积累时间，能够获得更高的积累增益。图 10-21 对几种常用的相参积累检测方法进行了比较，不同于现有的 RT、RFT、AF、FRFT 和 HAF，RFRAF 能够同时补偿机动目标的 ARU、距离弯曲以及 DFM，克服了 RFT 和 RAF 不能有效积累匀加速或高阶动目标能量的缺陷，可用于复杂环境中的微弱动目标检测。

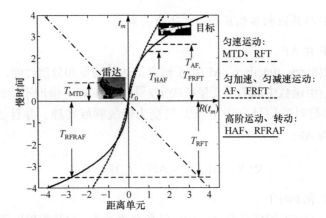

图 10-21 相参积累检测方法示意图(MTD、RFT、AF、FRFT、HAF 和 RFRAF 的相参积累时间比较)

10.3.2 基于 RFRAF 的长时间相参积累

1. 算法流程

1)长时间相参积累参数初始化

相比利用加速度信息的微动目标检测方法(如 RFRFT 和 RLCT),RFRAF 利用目标的急动度信息,对于处理类型一微动目标具有明显的优势。一方面,由转动产生的微多普勒频率为正弦调频信号,采用三次多项式相位信号能够更好地描述微多普勒的频率变化规律以及匹配微动信号;另一方面,在一个转动周期内,微动目标的回波可很好地近似为 QFM 信号,因此其相参积累时间 $T_n^{(1)}$ 应不大于波束驻留时间和转动周期的最小值,即 $T_n^{(1)} \leqslant \min\left(T_{\text{dwell}}, T_r\right)$,而非 10.2.2 节的 $T_n^{(1)} \in \min\left(T_{\text{dwell}}, T_r / 2\right)$,在一定程度上延长了积累时间,从而能够获得更高的积累增益。

2) RFRAF 补偿距离徙动和多普勒徙动

由定义可知,RFRAF 为包含参数 τ、α 和 u 的三维变换,为了方便进行计算,需要降低 RFRAF 的参数,因此定义两种类型的 RFRAF 运算:一种是固定变换阶数的 RFRAF 运算(类型一);另一种是固定延时的 RFRAF 运算(类型二),详细的处理流程如图 10-22 所示。

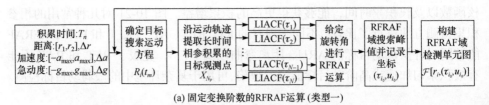

(a) 固定变换阶数的RFRAF运算 (类型一)

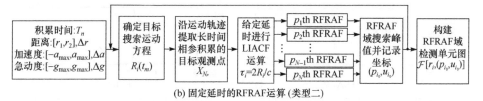

(b) 固定延时的RFRAF运算 (类型二)

图 10-22 基于 RFRAF 的长时间相参积累处理流程

由图 10-22(a)的类型一变换可知，沿运动轨迹提取的长时间相参积累的目标观测采样点首先需要经过不同延时 $\tau_1, \tau_2, \cdots, \tau_N$ 下的 LIACF 处理，然后进行给定旋转角的 RFRAF 运算，完成长时间相参积累。因此，经类型一处理后，微动目标将在 RFRAF 域的二维平面 (τ, u) 形成峰值：

$$(\tau_{i_0}, u_{i_0}) = \underset{(\tau, u)}{\arg \max} \left| \mathcal{R}_f^{p_i}(\tau, u) \right| \tag{10-92}$$

式中，$\left(\tau_{i_0}, u_{i_0} \right)$ 为第 i 个距离单元的目标峰值坐标；p_i 为常数。

类似地，类型二变换(图 10-22(b))中，目标回波信号首先需要进行固定延时 τ_i 的 LIACF 运算，其中 τ_i 由搜索距离 R_i 确定，然后经过不同变换阶数 $p_1, p_2, \cdots, p_N$ 的多普勒滤波器组运算，完成距离徙动和多普勒徙动补偿，峰值搜索过程为

$$(p_{i_0}, u_{i_0}) = \underset{(p, u)}{\arg \max} \left| \mathcal{R}_f^{\tau_i}(p, u) \right| \tag{10-93}$$

式中，$\left(p_{i_0}, u_{i_0} \right)$ 为第 i 个距离单元的峰值坐标；$\tau_i = 2R_i/c$ 为常数。

需要说明的是，两种类型的 RFRAF 具有相似的积累效果，均能实现微动信号的长时间相参积累。图 10-23 为与图 10-20 相同微动信号的类型二 RFRAF 表示，可知两种方法均能使信号在相应的 RFRAF 域形成明显的峰值。类型二变换的 RFRAF 谱平行于变换阶数轴，并且沿 RFRAF 轴的信号分辨力优于类型一变换(图 10-20)，

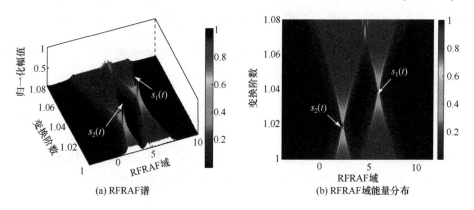

(a) RFRAF谱

(b) RFRAF域能量分布

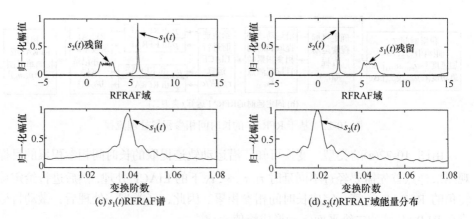

图 10-23　与图 10-20 相同微动信号的类型二 RFRAF 表示(N=1024，τ=0.05s)

此外，类型二变换的 RFRAF 谱几乎不受交叉项的影响，因此更适合分析多分量微动信号。由图 10-22(b)可知，RFRAF 的广义多普勒滤波器组更易于工程实现，因此，更多采用类型二变换。

3) 构建距离-RFRAF 域检测单元图，并进行 CFAR 检测

根据式(10-78)的 QFM 信号表达式，可以得到如下参数的对应关系：

$$\begin{cases} a_0 = 2R_0 / \lambda = \varphi_0 \\ a_1 = 2v_0 / \lambda = f_0 \\ a_2 = a_s / \lambda = \mu / 2 \\ a_3 = g_s / (3\lambda) = k / 6 \end{cases} \tag{10-94}$$

则搜索距离 R_i 处的 RFRAF 幅值可通过式(10-82)得到

$$| \mathcal{R}_f^{\tau_i}(\alpha,u) | = \sigma_0^2 A_{\alpha_{i_0}} T_n \left| \mathrm{sinc} \left[(u - 2\pi\mu_i \tau_i \sin\alpha_{i_0}) T_n / 2 \right] \right|, \quad 2\pi k_i \tau_i + \cot\alpha_{i_0} = 0 \tag{10-95}$$

式中，$\alpha_{i_0} = p_{i_0}\pi / 2$。因此，二维 RFRAF 域的峰值坐标 $\left(\alpha_{i_0}, u_{i_0}\right)$ 可表示为

$$(\alpha_{i_0}, u_{i_0})|_{R_i} = \left[\mathrm{arccot}(-4\pi k_i R_i / c), 4\pi\mu_i R_i / c\sin\alpha_{i_0} \right] \tag{10-96}$$

将幅值作为检测统计量，并与给定虚警概率下的自适应检测门限进行比较：

$$| \mathcal{R}_f^{\tau_i}(\alpha_{i_0}, u_{i_0}) |_{R_i} \underset{\mathrm{H_0}}{\overset{\mathrm{H_1}}{\gtrless}} \eta \tag{10-97}$$

依次处理不同距离单元，判定微动目标的有无。对于同一距离单元内的多个微动目标检测问题，可采用"CLEAN"思想逐一检测多分量信号。

2. 相参积累性能分析

RFRAF 的输出 SNR 定义为[38]

$$\mathrm{SNR_{out}} = \frac{|\mathcal{R}_s^{\tau_i}(\alpha_{i_0}, u_{i_0})|^2}{\mathrm{var}(|\mathcal{R}_{s+w}^{\tau_i}(\alpha_{i_0}, u_{i_0})|)} \tag{10-98}$$

式中，分子表示只有微动信号的 RFRAF 谱的幅值平方；而分母为信号和噪声的 RFRAF 谱的幅值方差。

根据式(10-63)给出的 RFRAF 离散形式，很容易得到式(10-78)的 RFRAF 表达式：

$$|\mathcal{R}_s^{\tau_i}(\alpha_{i_0}, u_{i_0})|^2 = \left(\sigma_0^2 A_{\alpha_{i_0}} T_n N\right)^2 \tag{10-99}$$

假设 $w(t, r)$ 为零均值，方差为 σ_w^2 的高斯噪声，则 $|\mathcal{R}_{s+w}^{\tau_i}(\alpha_{i_0}, u_{i_0})|$ 的期望为

$$\mathrm{E}(|\mathcal{R}_{s+w}^{\tau_i}(\alpha_{i_0}, u_{i_0})|) = A_{\alpha_{i_0}} \mathrm{E}\left\{\left|\sum_{n=-(N-1)/2}^{(N-1)/2} \mathrm{e}^{\frac{1}{2}(n\Delta t_m)^2 \cot\alpha - jun\Delta t_m \csc\alpha}\left[f\left(n\Delta t_m + \frac{\tau}{2}, r_s\right) + w\left(n\Delta t_m + \frac{\tau}{2}, r_s\right)\right]\right.\right.$$

$$\left.\left.\cdot\left[f^*\left(n\Delta t_m - \frac{\tau}{2}, r_s\right) + w^*\left(n\Delta t_m - \frac{\tau}{2}, r_s\right)\right]\right|\right\}$$

$$= A_{\alpha_{i_0}} \sigma_0^2 T_n N \tag{10-100}$$

二阶矩为

$$\mathrm{E}(|\mathcal{R}_{s+w}^{\tau_i}(\alpha_{i_0}, u_{i_0})|^2)$$

$$= A_{\alpha_{i_0}}^2 \mathrm{E}\left\{\sum_{k=-(N-1)/2}^{(N-1)/2} \sum_{n=-(N-1)/2}^{(N-1)/2}\left[f\left(n\Delta t_m + \frac{\tau}{2}, r_s\right) + w\left(n\Delta t_m + \frac{\tau}{2}, r_s\right)\right]\right.$$

$$\cdot\left[f^*\left(n\Delta t_m - \frac{\tau}{2}, r_s\right) + w^*\left(n\Delta t_m - \frac{\tau}{2}, r_s\right)\right]\left[f^*\left(k\Delta t_m + \frac{\tau}{2}, r_s\right) + w^*\left(k\Delta t_m + \frac{\tau}{2}, r_s\right)\right]$$

$$\left.\cdot\left[f\left(k\Delta t_m - \frac{\tau}{2}, r_s\right) + w\left(k\Delta t_m - \frac{\tau}{2}, r_s\right)\right]\right\}$$

$$= A_{\alpha_{i_0}}^2 T_n^2(\sigma_0^4 N^2 + 2\sigma_0^2\sigma_w^2 N + N\sigma_w^4) \tag{10-101}$$

表明目标输出信号的期望和二阶矩独立于目标的运动参数，则方差为

$$\mathrm{var}(|\,\mathcal{R}_{s+w}^{\tau_i}(\alpha_{i_0},u_{i_0})\,|) = \mathrm{E}(|\,\mathcal{R}_{s+w}^{\tau_i}\,|^2) - \mathrm{E}^2(|\,\mathcal{R}_{s+w}^{\tau_i}\,|) = A_{\alpha_{i_0}}^2 T_n^2 (2\sigma_0^2\sigma_w^2 N + N\sigma_w^4)$$

(10-102)

将输入 SNR 定义为 $\mathrm{SNR_{in}} = \sigma_0^2/\sigma_w^2$，则 RFRAF 的 $\mathrm{SNR_{out}^{RFRAF}}$ 为 $\mathrm{SNR_{in}}$ 的函数，即

$$\mathrm{SNR_{out}^{RFRAF}} = \frac{\left(\sigma_0^2 A_{\alpha_{i_0}} T_n N\right)^2}{A_{\alpha_{i_0}}^2 T_n^2 (2\sigma_0^2\sigma_w^2 N + N\sigma_w^4)} = \frac{\mathrm{SNR_{in}^2} N}{2\mathrm{SNR_{in}}+1} \qquad (10\text{-}103)$$

图 10-24 给出了采样点数、输入 $\mathrm{SNR}(\mathrm{SNR_{in}} = -15\mathrm{dB}、-10\mathrm{dB}、-5\mathrm{dB}$ 和 $0\mathrm{dB}$，$f_s = 500\mathrm{Hz}$)与 RFRAF 输出 SNR 的关系。由图 10-24 可知，$\mathrm{SNR_{out}^{RFRAF}}$ 与采样点数及积累时间成正比，同时提高 $\mathrm{SNR_{in}}$ 可改善 $\mathrm{SNR_{out}^{RFRAF}}$。在低 $\mathrm{SNR_{in}}$ 情况下 $(\mathrm{SNR_{in}} = -15\mathrm{dB}$，采样点数小于 500)，需要更多的采样点数和更长的积累时间以达到令人满意的积累增益，表明 RFRAF 对 $\mathrm{SNR_{in}}$ 有一定的下限要求。此外，在相同采样点数和积累时间的条件下，相邻 $\mathrm{SNR_{out}^{RFRAF}}$ 的差值($\Delta\mathrm{SNR_{out1}^{RFRAF}}$、$\Delta\mathrm{SNR_{out2}^{RFRAF}}$ 和 $\Delta\mathrm{SNR_{out3}^{RFRAF}}$)随 $\mathrm{SNR_{in}}$ 的增加而减小，这是因为 QFM 信号的 RFRAF 幅值为尖锐的冲激函数，在高 $\mathrm{SNR_{in}}$ 时继续提高 $\mathrm{SNR_{in}}$ 对 SNR 的改善并不明显。

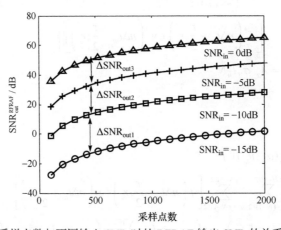

图 10-24　采样点数与不同输入 SNR 时的 RFRAF 输出 SNR 的关系($f_s = 500\mathrm{Hz}$)

10.3.3　仿真与实测数据处理结果

1. 空中仿真机动目标

由式(10-78)模型仿真噪声背景下的空中机动目标，其中，$a_1 = 2v_0/\lambda$、$a_2 = 2a_s/\lambda$、$a_3 = 2g_s/\lambda$，假设可任意控制雷达波束使其覆盖目标的运动空间。在 $t_m = 0$ 时，位于不同距离的两个空中目标趋向雷达飞行，其中目标 1 为具有高机动性的超声速飞机，目标 2 为普通民用飞机，两者 SNR 不同($\mathrm{SNR_1} = -7\mathrm{dB}$，$\mathrm{SNR_2} = -4\mathrm{dB}$)，详细

的仿真参数如表 10-7 所示。

表 10-7　空中机动目标检测仿真参数

雷达	数值	目标 1	数值	目标 2	数值
发射频率/GHz	3.0	r_1/km	120	r_2/km	118
波长/m	0.1	v_1/(m/s)	400	v_2/(m/s)	250
脉冲重复周期/ms	1	a_1/(m/s²)	30	a_2/(m/s²)	10
带宽/MHz	2	g_1/(m/s³)	10	g_2/(m/s³)	5
距离分辨率/m	75	SNR_1/dB	−7	SNR_2/dB	−4

图 10-25 给出了两个空中机动目标雷达回波的距离-多普勒-时间图,可以看出目标雷达回波淹没在噪声背景中,不能通过幅值将两者区分开来。根据仿真参数,得出目标的真实运动轨迹(图 10-25(a)曲线),可知两个目标均在观测时长内跨越了多个距离单元,并且伴随距离弯曲。进一步分析目标回波的多普勒,发现通过 FT 能够将部分目标能量积累起来,但目标的高机动性,频谱展宽,产生了 DFM 效应,不能描述多普勒的非线性时变特性。

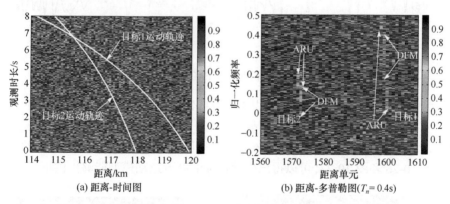

(a) 距离-时间图　　　　　　　(b) 距离-多普勒图(T_n= 0.4s)

图 10-25　两个空中机动目标雷达回波的距离-多普勒-时间图(见彩图)

图 10-26~图 10-29 将 RFRAF 与常见的相参积累方法,如 FRFT、HAF 和 RFT 进行了比较。由图 10-26(a)和(b)的目标 FRFT 谱可知,在 FRFT 域中,两个目标的能量主要集中在最佳变换阶数附近(p_{opt1}=1.214、p_{opt2}=1.078),表明目标具有变化的速度。然而,目标 1 峰值仍受噪声影响,不能被正确检测。这是因为 FRFT 的积累增益受限于同一距离单元内的积累时间和可利用的采样点数。图 10-26(c)和(d)给出了目标在峰值位置处沿变换阶数能量分布,由于 FRFT 不能匹配 QFM 信号中的三次相位,峰值宽度 Δp 较宽,存在积累增益损失。相比两者的积累增

益损失(Δp_1=0.061 和 Δp_2=0.05),可以得出频率分量变化得越快(加速度和急动度),增益损失越明显。

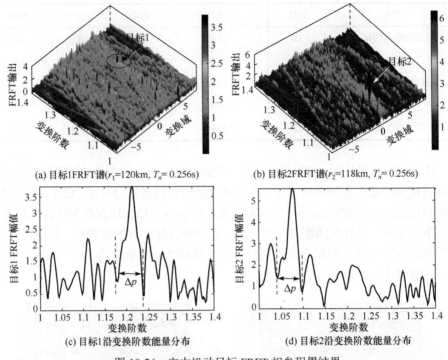

(a) 目标1FRFT谱(r_1=120km, T_n= 0.256s)

(b) 目标2FRFT谱(r_2=118km, T_n= 0.256s)

(c) 目标1沿变换阶数能量分布

(d) 目标2沿变换阶数能量分布

图 10-26 空中机动目标 FRFT 相参积累结果

为弥补 FRFT 对 QFM 信号的积累增益损失,将回波信号进行三阶 HAF 处理,如图 10-27 所示,可以看到两个明显的峰值,较窄的峰值宽度意味着降低了增益损失,但缺点在于 HAF 的抗噪性较差,并且目标和噪声间也存在交叉项的影响。通过图 10-26 和图 10-27,可以得出机动目标的高阶运动模型能够提供更为精确的

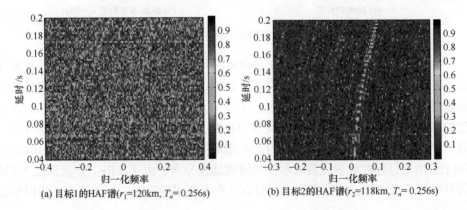

(a) 目标1的HAF谱(r_1=120km, T_n= 0.256s)

(b) 目标2的HAF谱(r_2=118km, T_n= 0.256s)

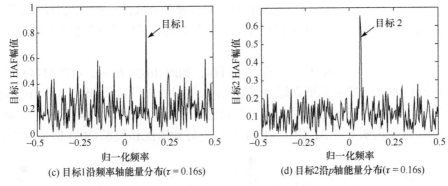

(c) 目标1沿频率轴能量分布($\tau=0.16$s)　　　(d) 目标2沿p能量分布($\tau=0.16$s)

图 10-27　空中机动目标 HAF 相参积累结果(见彩图)

目标运动信息，同时，变换方法的相参积累性能很大程度上取决于与回波信号的匹配程度，并且积累时间的长短也是非常重要的因素。

采用 RFT 对回波信号进行长时间相参积累(图 10-28)，$T_n=1$s，两个目标的 RFT 谱表明位于不同距离单元内的机动目标能量分别被校正至同一距离单元($r_1=119.025$km 和 $r_2=117.525$km)。尽管延长了积累时间，性能改善却不明显，尤

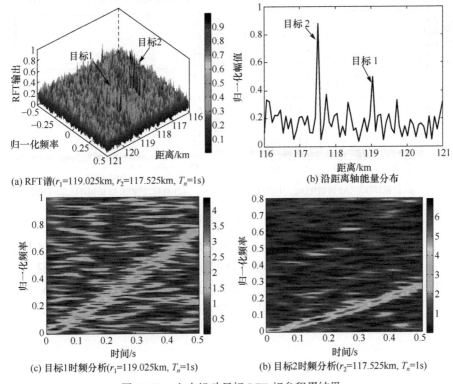

(a) RFT谱($r_1=119.025$km, $r_2=117.525$km, $T_n=1$s)　　(b) 沿距离轴能量分布

(c) 目标1时频分析($r_1=119.025$km, $T_n=1$s)　　(b) 目标2时频分析($r_2=117.525$km, $T_n=1$s)

图 10-28　空中机动目标 RFT 相参积累结果

其是目标 2。原因在于 DFM 效应使得目标频域能量分散，也导致了目标初始距离估计不准确。此外，目标 1 和目标 2 的时频分析表明了信号具有非平稳特性和时变特性。

采用类型二的 RFRAF 方法检测动目标，如图 10-29 所示，可以很容易看到目标峰值，两者的能量均被很好地积累起来，同时噪声得到了抑制。由图 10-29(c) 和(d)的目标 RFRAF 谱切片可知，在各自的最佳变换域 RFRAF 峰尖锐，主副瓣比值高，这也说明 RFRAF 相比 FRFT 具有更好地匹配和积累 QFM 信号的能力。

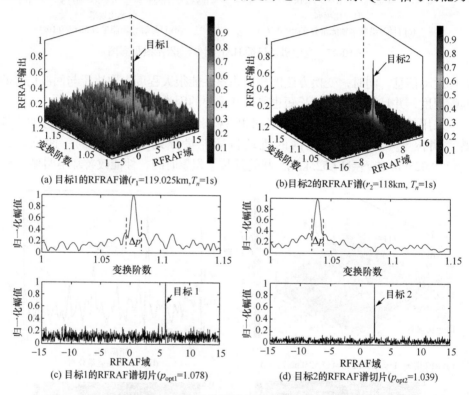

(a) 目标1的RFRAF谱(r_1=119.025km, T_n=1s)　　(b)目标2的RFRAF谱(r_2=118km, T_n=1s)

(c) 目标1的RFRAF谱切片(p_{opt1}=1.078)　　(d) 目标2的RFRAF谱切片(p_{opt2}=1.039)

图 10-29　空中机动目标 RFRAF 相参积累结果

表 10-8 从归一化峰值差、SNR 改善以及计算时间三个方面比较了不同方法对空中机动目标的检测性能。所提方法目标和噪声的峰值差最为明显，相比 FRFT、HAF 和 RFT，SNR 分别改善了 12dB、9dB 和 10dB。通过 100 次 Monte-Carlo 仿真计算统计得出方法的计算时间，可知观测时间长以及需要参数搜索，使得 RFRAF 较为耗时。

表 10-8　不同方法对空中机动目标检测性能和计算时间比较

参数	FRFT	HAF	RFT	RFRAF
$T_n(\mathrm{s})$	0.256	0.256	1	1
目标 1 峰值(P_{t1})	3.915	0.928	0.496	1
噪声峰值(P_{n1})	1.987	0.457	0.333	0.305
归一化峰值差(D_1)	0.493	0.508	0.329	0.696
$\mathrm{SNR_{out1}}$/dB	1.583	4.682	4.548	13.361
目标 2 峰值(P_{t2})	5.757	0.655	0.876	1
噪声峰值(P_{n2})	2.441	0.251	0.333	0.179
归一化峰值差(D_2)	0.576	0.617	0.620	0.822
$\mathrm{SNR_{out2}}$/dB	4.152	7.466	6.449	18.212
$\overline{t}\,/\,s$	0.292	0.189	0.487	1.857

2. 实测海面微动目标

采用 CSIR 数据库中的 TFC17-006 数据进行验证分析，在高海况条件下由 Fynmeet 雷达采集合作目标乘浪者号(Ware Rider)充气橡皮艇(rigid inflatable boat，RIB)的回波数据，雷达参数和实验参数见附录和表 10-9。

表 10-9　CSIR-TFC17-006 数据参数

	名称	数值
雷达配置参数	发射频率/GHz	9
	距离范围/m	720
	掠射角/(°)	0.501～0.56
实验概况	采样距离分辨率/m	15
	采样频率/Hz	150
	日期	2006/08/03
	目标	Wave Rider RIB
	观测时长/s	111
环境参数	观测方向	顺风向
	显著波高/m	2.35
	Douglas 海况等级	4

图 10-30 为 CSIR-TFC17-006 的数据描述，其中图 10-30(a)的雷达回波距离-时间图表明雷达观测时长为 100s，观测范围覆盖约 45 个距离单元，仅通过幅值难以从强海杂波中发现 Wave Rider RIB 目标。图 10-30(b)为目标距离徙动、GPS

轨迹和多项式拟合曲线，可知目标在观测时长内跨越了多个距离单元，并且采用三次多项式函数能够很好地拟合目标运动轨迹，验证了目标模型的正确性。由图 10-30(c)和(d)所示的雷达天线探测方位和目标运动方位的关系可知，实验过程中雷达波束能够完全覆盖目标区域，并且目标具有高机动特性，运动路线复杂。进一步分析雷达回波的时频特性(图 10-31)，可以看出目标多普勒随时间变化，近似有周期振荡性，证明目标具有微动特征，海杂波频谱较宽，覆盖了大部分目标频谱。

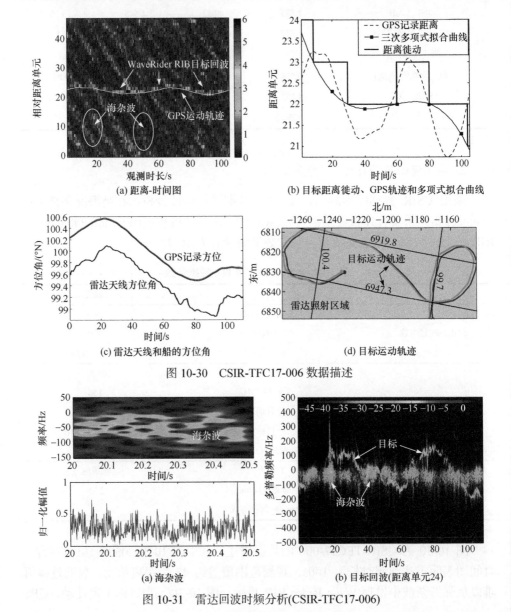

(a) 距离-时间图

(b) 目标距离徙动、GPS轨迹和多项式拟合曲线

(c) 雷达天线和船的方位角

(d) 目标运动轨迹

图 10-30　CSIR-TFC17-006 数据描述

(a) 海杂波

(b) 目标回波(距离单元24)

图 10-31　雷达回波时频分析(CSIR-TFC17-006)

对不同起始时间的 RFT 和 RFRAF 检测结果进行比较，如图 10-32 所示。将数据分为三段，起始观测时长分别为 10s、52s 和 70s，积累时间设为 7.5s，由图 10-31(b)可知这三段数据的微动特征明显，目标的加速度和急动度分量较大，因此更有助于验证方法的性能。采用 RFT 能够获得较高的积累增益，但海杂波也被积累起来，影响了微动目标的检测，这也与空中机动目标的检测结果相一致。在 $P_{fa} = 10^{-4}$ 条件下，采用双参数 CFAR 检测器得到自适应检测门限，如图 10-32 中虚线所示。可以看出 CFAR 检测器检测后，RFT 域中的杂波虚警较多，不能正确估计目标的运动参数。得益于长时间积累、LIACF 和灵活的旋转角，RFRAF 的检测结果明显优于 RFT，根据目标峰值，可以获得更多、更精确的目标信息。

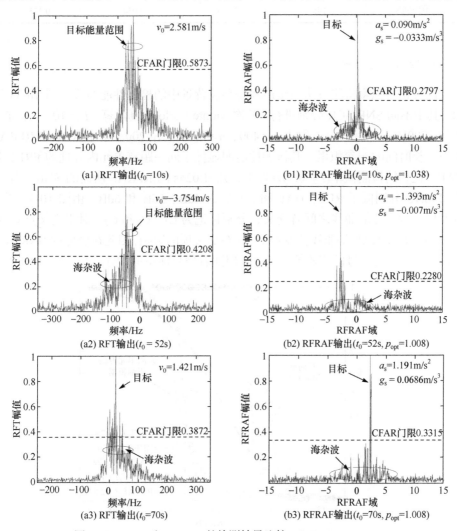

图 10-32 RFT 和 RFRAF 的检测结果比较 (CSIR-TFC17-006)

　　表 10-10 给出了 RFRAF 同其他几种方法的相参积累性能比较，其输出 SCR 分别高于 FRFT 和 HAF 约 10dB 和 8dB。目标真实位置可由 GPS 获得，无须搜索目标运动轨迹，因此方法的计算时间为一次运算所需要的时间。

表 10-10　海面微动目标不同方法输出信杂比 SCR$_{out}$ 比较(CSIR-TFC17-006)

起始时间	FRFT (T_n=2.5s)	HAF (T_n=2.5s)	RFT (T_n=7.5s)	RFRAF (T_n=7.5s)
t_1=10s	3.587	5.047	4.654	14.863
t_2=52s	3.925	4.245	6.251	11.107
t_3=70s	4.387	5.687	7.458	14.182
计算时间/s	0.145	0.126	0.054	0.275

3. 检测性能分析

　　四种相参积累检测方法在噪声和海杂波背景中的检测性能曲线如图 10-33 所示，其中不同 SNR/SCR 分别进行 10^5 次 Monte-Carlo 仿真计算，P_{fa}=10^{-3}，采样频率为 1000Hz，目标信号参数为 a_1=400、a_2=200 和 a_3=200。由于 RFT 和 RFRAF 实现了长时间的相参积累，其检测性能明显优于同一距离单元内处理的 FRFT 和 HAF。在相同检测概率(P_d=0.7)条件下，T_n=1.024s 的 RFRAF 所需的 SNR 门限约为–14dB，分别低于 RFT、HAF 和 FRFT 约 4dB、5dB 和 6dB。由图 10-33 还可以发现，检测性能曲线之间有交叉，分别标记为 C_1、C_2 和 C_3。对于交叉点 C_1 和 C_2，RFRAF 和 HAF 是非线性变换的，存在交叉项的影响，因此在极低的 SNR/SCR 条件下，对微动信号的积累能力较差，但随着信号能量的增强，交叉项对 RFRAF

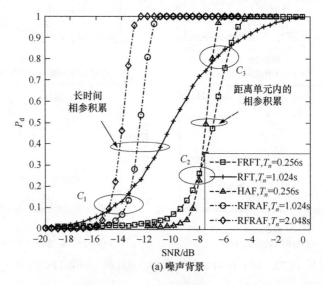

(a) 噪声背景

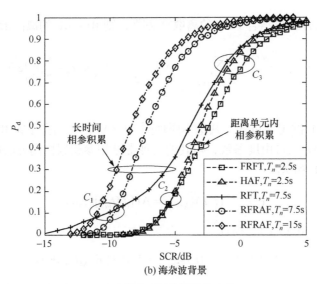

图 10-33　RFT、FRFT、HAF 和 RFRAF 对微动目标检测性能比较(a_1=400, a_2=200, a_3=200, P_{fa}=10^{-3})

的影响降低，这也说明 RFRAF 具有近似线性特性。因此，即使是在相同的积累时间条件下，RFRAF 的相参积累增益也优于 HAF。交叉点 C_3 说明在较高 SNR/SCR 时，RFT 对微动信号存在匹配积累增益损失。

　　RFRAF 也有局限和不足，主要表现在：①算法复杂，计算较为耗时；②更适合具有任意波束控制的 DPAR、MIMO 及宽带雷达；③目标需要具有高机动特性，或微动特征，近似符合 8.2.3 节中的回波模型。

10.4　RLCAF 长时间相参积累检测方法

10.4.1　RLCAF 的基本原理与性质

1. RLCAF 定义

　　信号 $f(t_m, r_s)$ 的 RLCAF 定义为

$$\text{RLCAF}[f(t_m, r_s)](\tau, u) = C_f^{(a,b;c,d)}(\tau, u) = \int_{-\infty}^{\infty} R_f(t_m, \tau) K_{(a,b;c,d)}(t_m, u)\mathrm{d}t_m, \ b \neq 0$$

(10-104)

式中，$C^{(a,b;c,d)}(\ )$ 为 RLCAF 算子；M=($a, b; c, d$)；核函数 $K_M(t_m, u)$ 定义为式(10-51)。

　　对信号 $f(t_m, r_s)$ 和变换函数 $C_f^M(\tau, u)$ 以 Δt_m 和 Δu 进行离散化，分别得到 $f(n\Delta t_m,$

$r_{\rm s}$)和 $\mathcal{C}_f^M(\tau, m\Delta u)$ ，再结合 LCT 的离散算法[39]，则 RLCAF 的离散形式为

$$\mathcal{C}_f^M(\tau, m\Delta u) = A_M \mathrm{e}^{\mathrm{j}\frac{d}{2b}m^2(\Delta u)^2} \sum_{n=-(N-1)/2}^{(N-1)/2} f\left(n\Delta t_m + \frac{\tau}{2}, r_{\rm s}\right) f^*\left(n\Delta t_m - \frac{\tau}{2}, r_{\rm s}\right) \mathrm{e}^{\mathrm{j}\frac{a}{2b}(n\Delta t_m)^2 - \mathrm{j}\frac{1}{b}mn\Delta u\, t_m}$$

(10-105)

由 RLCAF 的定义可知，其基本原理同 RFRAF，区别在于将 RFRAF 的单自由度参数扩展为三自由度参数，与其他几种常见相参积累检测方法的关系如下。

1) RLCAF 和 AF

$$C_f^{(0,1;-1,0)}(\tau, u)\big|_{|\Delta r_{\rm s}| \leqslant \rho_{\rm r}} = \mathrm{AF}[f(t_m)](\tau, u)$$

(10-106)

2) RLCAF 和 FRFT、LCT

$$\mathcal{C}_{f_{\rm LFM}}^{(\cos\alpha, \sin\alpha; -\sin\alpha, \cos\alpha)}(u)\big|_{|\Delta r_{\rm s}| \leqslant \rho_{\rm r}} \approx \mathrm{FRFT}[f_{\rm LFM}(t_m)](u)$$

(10-107)

$$\mathcal{C}_{f_{\rm LFM}}^M(u)\big|_{|\Delta r_{\rm s}| \leqslant \rho_{\rm r}} \approx \mathrm{LCT}[f_{\rm LFM}(t_m)](u)$$

(10-108)

3) RLCAF 和 RFRAF

$$\mathcal{C}_f^{(\cos\alpha, \sin\alpha; -\sin\alpha, \cos\alpha)}(\tau, u) = \mathcal{R}_f^\alpha(\tau, u)$$

(10-109)

图 10-34 是几种长时间相参积累检测方法与已有方法比较示意图，图中 T 表示积累时间，点划线表示匀速运动，检测该类目标的方法包括利用同一距离单元数据的经典 MTD，以及利用跨距离单元数据的 RFT 长时间相参积累检测方法；虚线表示匀加速、匀减速运动，检测该类目标的方法包括利用同一距离单元数据的经典 AF、FRFT 和 LCT，以及利用跨距离单元数据的 RFRFT 和 RLCT 长时间

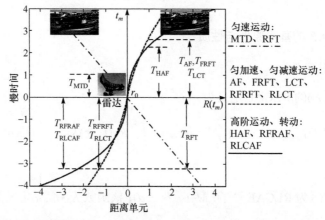

图 10-34　相参积累检测方法示意图(比较 MTD、RFT、FRFT、LCT、FRAF、HAF 和 RLCAF 的相参积累时间)

相参积累检测方法；实线表示高阶运动、转动，检测该类目标的方法包括利用同一距离单元数据的 HAF，以及 RFRAF 和 RLCAF 长时间相参积累检测方法。由图 10-34 可知，所提方法有效补偿了跨距离单元徙动，其相参积累时间明显长于经典的 MTD、AF、FRFT、LCT 和 HAF，同时克服了 RFT 不能有效积累转动或高阶动目标信号能量的缺陷，明显改善了输出 SCR/SNR，达到提高雷达对微弱动目标检测性能的目的。

2. RLCAF 性质

1) 共轭性质

$x(t_m, r_s)$的共轭 $x^*(t_m, r_s)$ 的 RLCAF 为

$$
\begin{aligned}
\mathcal{C}_{x^*}^M(\tau, u) &= \int_{-\infty}^{\infty} R_{x^*}(t_m, \tau) K_M(t_m, u) \mathrm{d}t_m \\
&= \int_{-\infty}^{\infty} \frac{1}{\sqrt{\mathrm{j}2\pi b}} x^*\left(t_m + \frac{\tau}{2}, r_s\right) x\left(t_m - \frac{\tau}{2}, r_s\right) \exp\left(\mathrm{j}\frac{at_m^2 + du^2}{2b} - \mathrm{j}\frac{1}{b}ut_m\right) \mathrm{d}t_m \\
&= \left[\int_{-\infty}^{\infty} \frac{1}{\sqrt{-\mathrm{j}2\pi b}} x\left(t_m + \frac{\tau}{2}, r_s\right) x^*\left(t_m - \frac{\tau}{2}, r_s\right) \exp\left(-\mathrm{j}\frac{at_m^2 + du^2}{2b} + \mathrm{j}\frac{1}{b}ut_m\right) \mathrm{d}t_m\right]^* \\
&= \left[\mathcal{C}_x^{(a,-b;-c,d)}(\tau, u)\right]^*
\end{aligned}
$$

(10-110)

$x(t_m, r_s)$的时间对称函数 $x(-t_m, r_s)$ 的 RLCAF 为

$$
\begin{aligned}
\mathcal{C}_{x(-t_m, r_s)}^M(\tau, u) &= \int_{-\infty}^{\infty} R_x(-t_m, -\tau) K_M(t_m, u) \mathrm{d}t_m \\
&= \int_{-\infty}^{\infty} \frac{1}{\sqrt{\mathrm{j}2\pi b}} x\left(-t_m - \frac{\tau}{2}, r_s\right) x^*\left(-t_m + \frac{\tau}{2}, r_s\right) \exp\left(\mathrm{j}\frac{at_m^2 + du^2}{2b} - \mathrm{j}\frac{1}{b}ut_m\right) \mathrm{d}t_m \\
&\xlongequal{t'=-t_m} -\int_{-\infty}^{\infty} \frac{1}{\sqrt{\mathrm{j}2\pi b}} x\left(t' - \frac{\tau}{2}, r_s\right) x^*\left(t' + \frac{\tau}{2}, r_s\right) \exp\left(\mathrm{j}\frac{at'^2 + du^2}{2b} + \mathrm{j}\frac{1}{b}ut'\right) \mathrm{d}t' \\
&= \left[-\int_{-\infty}^{\infty} \frac{1}{\sqrt{-\mathrm{j}2\pi b}} x\left(t_m + \frac{\tau}{2}, r_s\right) x^*\left(t_m - \frac{\tau}{2}, r_s\right) \exp\left(-\mathrm{j}\frac{at'^2 + du^2}{2b} - \mathrm{j}\frac{1}{b}ut'\right) \mathrm{d}t'\right]^* \\
&= \left[-\mathcal{L}_x^{(a,-b;-c,d)}(\tau, -u)\right]^*
\end{aligned}
$$

(10-111)

2) 时移特性

对于任意延迟 t_0，$x' = x(t_m - t_0, r_s)$ 的 RLCAF 为

$$\mathcal{C}_{x'}^M(\tau,u) = \int_{-\infty}^{\infty} \frac{1}{\sqrt{\mathrm{j}2\pi b}} x\left(t_m - t_0 + \frac{\tau}{2}, r_s\right) x^*\left(t_m - t_0 - \frac{\tau}{2}, r_s\right) \mathrm{e}^{\frac{at_m^2 + du^2}{2b} - \mathrm{j}\frac{1}{b}ut_m} \mathrm{d}t_m$$

$$\xlongequal{t'=t_m-t_0} \int_{-\infty}^{\infty} \frac{1}{\sqrt{\mathrm{j}2\pi b}} x\left(t' + \frac{\tau}{2}, r_s\right) x^*\left(t' - \frac{\tau}{2}, r_s\right) \mathrm{e}^{\mathrm{j}\frac{a}{2b}(t'+t_0)^2}\, \mathrm{e}^{\mathrm{j}\frac{d}{2b}u^2}\, \mathrm{e}^{-\mathrm{j}\frac{1}{b}u(t'+t_0)}\, \mathrm{d}t'$$

$$= \mathrm{e}^{-\mathrm{j}\frac{a-da^2}{2b}t_0^2 + \mathrm{j}\frac{da-1}{b}ut_0} \int_{-\infty}^{\infty} \frac{1}{\sqrt{\mathrm{j}2\pi b}} x\left(t' + \frac{\tau}{2}, r_s\right) x^*\left(t' - \frac{\tau}{2}, r_s\right) \mathrm{e}^{\mathrm{j}\frac{a}{2b}t'^2}\, \mathrm{e}^{\mathrm{j}\frac{d}{2b}(u-t_0a)^2}\, \mathrm{e}^{-\mathrm{j}\frac{1}{b}(u-t_0a)t'}\, \mathrm{d}t'$$

$$\xlongequal{ad-bc=1} \mathrm{e}^{-\mathrm{j}\frac{ac}{2}t_0^2 + \mathrm{j}cut_0} t_0 \mathcal{L}_x^M(\tau, u - at_0)$$

$$\tag{10-112}$$

3) 频移特性

对于任意频移 ω_0，若 $x' = x(t_m, r_s)\mathrm{e}^{\mathrm{j}\omega_0 t}$，则其 RLCAF 表达式为

$$\mathcal{C}_{x'}^M(\tau,u) = \int_{-\infty}^{\infty} x\left(t_m + \frac{\tau}{2}, r_s\right) \mathrm{e}^{\mathrm{j}\omega_0(t_m+\tau/2)} x^*\left(t_m - \frac{\tau}{2}, r_s\right) \mathrm{e}^{-\mathrm{j}\omega_0(t_m-\tau/2)} K_M(t_m,u)\mathrm{d}t_m$$

$$= \int_{-\infty}^{\infty} \mathrm{e}^{\mathrm{j}\omega_0\tau} x\left(t_m + \frac{\tau}{2}, r_s\right) x^*\left(t_m - \frac{\tau}{2}, r_s\right) K_M(t_m,u)\mathrm{d}t'$$

$$= \mathrm{e}^{\mathrm{j}\omega_0\tau} \mathcal{C}_x^M(\tau,u)$$

$$\tag{10-113}$$

3. 微多普勒信号 RLCAF 表达式

单分量微多普勒信号(式(10-78))的 RLCAF 表达式为

$$\mathcal{C}_f^M(\tau,u) = \int_{-T_n/2}^{T_n/2} f(t_m + \tau/2, r_s) f^*(t_m - \tau/2, r_s) K_M(t_m,u)\mathrm{d}t_m$$

$$= \sigma_0^2 A_M \mathrm{e}^{\mathrm{j}\pi(2a_1\tau + a_3\tau^3/2) + \mathrm{j}\frac{d}{2b}u^2} \int_{-T_n/2}^{T_n/2} \exp\left[\mathrm{j}\left(6\pi a_3\tau + \frac{a}{2b}\right)t_m^2 + \mathrm{j}\left(4\pi a_2\tau - \frac{u}{b}\right)t_m\right]\mathrm{d}t_m$$

$$\tag{10-114}$$

可知，当 $6\pi a_3\tau + a/(2b) = 0$ 时，$\mathcal{C}_f^M(\tau,u)$ 转换为 sinc 函数：

$$\mathcal{C}_f^M(\tau,u) = \sigma_0^2 A_M \mathrm{e}^{\mathrm{j}\pi(2a_1\tau + a_3\tau^3/2) + \mathrm{j}\frac{d}{2b}u^2} T_n \mathrm{sinc}\left[(4\pi a_2\tau - u/b)T_n/2\right] \tag{10-115}$$

峰值位于 $u = 4\pi a_2\tau b$。参数 a_2 和 a_3 可通过在 RLCAF 域搜索峰值估计得到

$$(a_2, a_3) \xlongequal{\mathrm{def}} \underset{(\tau,u)}{\arg\max} |\mathcal{C}_f^M(\tau,u)| \tag{10-116}$$

因此，RLCAF 具有对微动信号的长时间聚焦能力，利用此性质可进行检测和参数估计。举例说明，假设一噪声背景下的微多普勒信号参数为 $a_0=100$、$a_1=1000$、$a_2=500$ 和 $a_3=200$，采样点数 $N=1024$，SNR$=-2$dB，其 RLCAF 表示如图 10-35 所示。可知单分量微动信号在 RLCAF 域表现为一峰值，其位置 (τ, u) 与参数 a_2 和 a_3 有关。

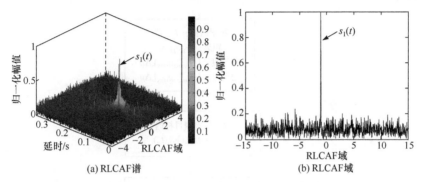

图 10-35　单分量微动信号的 RLCAF 表示

$M=(-0.1253, 0.9921, -0.9921, -0.1253)$ (SNR$=-2$dB, $T_n=1.024$s, $f_s=1000$Hz)

对于式(10-83)给出的多分量微动信号，其 RLCAF 谱同样由两部分组成，即

$$\mathcal{L}_s^M(\tau,u) = \underbrace{\sum_{i=1}^{K} \mathcal{L}_{s_i}^M(\tau,u)}_{\text{自项}} + \underbrace{\sum_{i=1}^{K-1}\sum_{j=i+1}^{K}\left[\mathcal{L}_{s_i s_j}^M(\tau,u) + \mathcal{L}_{s_j s_i}^M(\tau,u)\right]}_{\text{交叉项}} \tag{10-117}$$

式中，自项部分均可表示为式(10-115)的 sinc 函数，而交叉项部分计算较为复杂，通过仿真说明其特性。双分量微动信号的 RLCAF 表示如图 10-36 所示，$s_1(t)$ 同图 10-35，$s_2(t)$ 信号参数为 $a_2=20$、$b_2=500$、$c_2=300$ 和 $d_2=150$。可见，两个信号自项的 RLCAF 谱峰明显高于噪声分量，而信号间交叉项的影响较小。

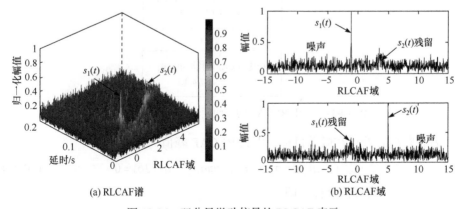

图 10-36　双分量微动信号的 RLCAF 表示

10.4.2　基于 RLCAF 的长时间相参积累

　　基于 RLCAF 的海面微动目标检测方法流程如图 10-37 所示，其中长时间相参积累参数初始化、目标搜索轨迹以及回波的提取方法与 10.3.2 节中的 RFRAF 基本类似。

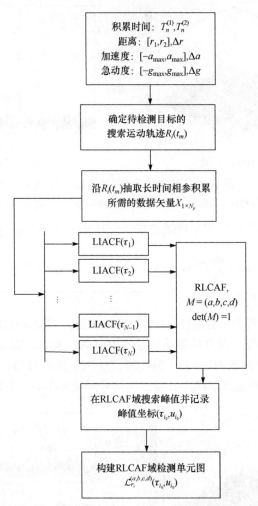

图 10-37　基于 RLCAF 的海面微动目标检测方法流程

　　若在距离 r_i 处存在微动目标，则其 RLCAF 峰值为

$$|\mathcal{C}_{r_i}^M(\tau_{i_0},u_{i_0})| = \sigma_0^2 A_M T_n, \quad 6\pi a_3 \tau_{i_0} + a/(2b) = 0 \tag{10-118}$$

式中，(τ_{i_0},u_{i_0}) 为峰值坐标，即

$$(\tau_{i_0},u_{i_0})|_{r_i} = (-a/12\pi a_3 b, -aa_2/3a_3), \quad i = 1,2,\cdots,N_r \tag{10-119}$$

式中，N_r 为搜索的距离单元数。则目标有无的判别准则为

$$|C_f^M(\tau_{i_0}, u_{i_0})||_{r_i} \underset{H_0}{\overset{H_1}{\gtrless}} \eta \tag{10-120}$$

假设检测出的微动目标的初始距离为 r_1，RLCAF 域幅值的最大值坐标为 (τ_{l_0}, u_{l_0})，则目标运动参数的估计方法为

$$\begin{cases} \hat{r}_0 = r_1 + l\rho_r \\ \hat{a}_s = u_{l_0}\lambda / (4\pi b\tau_{l_0}) \\ \hat{g}_s = -a\lambda / (4\pi b\tau_{l_0}) \end{cases} \tag{10-121}$$

初速度 $\hat{v}_0$ 可通过对原始信号进行解线性调频(dechirp)运算，并寻找 FFT 后的峰值估计得到

$$\hat{v}_0 = \frac{\lambda}{2} \cdot \arg\max_{f_0} \left| \text{FFT}\left\{ f(t_m, r_s)\exp\left[-j\frac{2\pi}{\lambda}(\hat{a}_s t_m^2 + \hat{g}_s t_m^3 / 3) \right] \right\} \right| \tag{10-122}$$

提高 RLCAF 运算效率的方法主要有：

(1) 利用 LCT 的周期性和时移特性，采用快速离散 LCT 方法；

(2) 在实际雷达应用中，充分利用目标和环境的先验信息，尽量缩小目标的搜索距离和运动参数范围，并设置合理的搜索间隔，可按照由粗到精的顺序进行搜索，以此提高搜索精度；

(3) 利用搜索参数的正负对称性，可将运算量降低 1/2；

(4) 选择合适的 CFAR 检测器和检测参数；

(5) 利用现代信号处理方法，以及高性能存储器、处理器和并行处理器等。

10.4.3　仿真与实测数据处理结果

采用 IPIX 和 SSR 实测海杂波数据进行验证分析，数据库介绍如表 10-11 所示，包括雷达配置参数、实验概况以及环境参数。

表 10-11　几种海杂波数据库介绍

	名称	IPIX-280#	S-03#
雷达配置参数	发射频率	9.39GHz	S 波段
	距离范围/m	—	15000
	波束宽度/(°)	0.9	—
	掠射角/(°)	0.305	<1
	极化方式	HH	—

续表

名称	IPIX-280#	S-03#

	采样距离分辨率/m	15	15
实验概况	日期	1993/11/18	2010/11/02
	目标	仿真目标	货船
	观测时长/s	131	20
	观测方向	逆风向	顺风向
环境参数	显著波高/m	1.4	2.0
	Douglas 海况等级	3	4

1. IPIX 数据处理结果

假设位于同一起始位置(r_0=13km)的两个海面微动目标朝向雷达运动，目标 1 具有高机动性，其脉压后的回波较弱(SCR = −5dB)，而目标 2 具有较强反射，其 SCR=−3dB，海杂波背景由 IPIX-280#中的纯海杂波单元组合而成，目标的详细仿真参数如表 10-12 所示。图 10-38 给出了仿真的海杂波中微动目标雷达回波和时间的关系，可知目标幅值被海杂波所覆盖，海杂波具有明显的周期起伏特性，且强海杂波，尤其是海尖峰严重影响目标的检测。根据仿真参数，得到微动目标的真实轨迹(图 10-38(b))，可知在观测时长内，两个微动目标均产生了距离徙动和距离弯曲，并且随目标机动性的增强而更为明显，根据图中距离单元和时间的关系，发现在同一距离单元内，可利用的相参积累时间仅有 0.6s。

表 10-12　仿真的海面微动目标参数

目标	r_0/km	v_0/(m/s)	a_s/(m/s²)	g_s/(m/s³)	SCR/dB	f_s/ Hz
目标 1	13	0	5	3	−5	500
目标 2	13	0	3	1	−3	500

图 10-39~图 10-43 比较了 RFT、FRFT、HAF 和 RLCAF 的相参积累结果，由图 10-39 的 RFT 谱和频域能量分布可知，经过 RFT 对距离徙动的校正，目标能量被积累至一个距离单元，因此 RFT 是一种有效的距离徙动补偿方法。然而，目标 1 的起始估计距离(r_1=12.9km)偏离了正确位置(r_1=13km)，表明参数估计精度差；同时，海杂波能量也被积累起来，且某些距离单元的幅值高于目标幅值，因此容易产生虚警。最为重要的是，由于目标的机动性，目标的多普勒谱分布于多个多普勒单元，从而产生了 DFM 效应。对两者回波信号的时频分析也表明了信

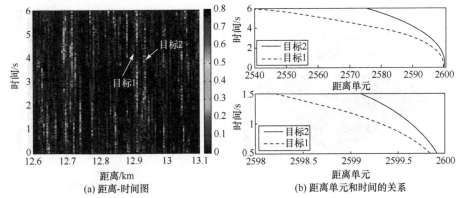

图 10-38 仿真的海杂波中微动目标雷达回波和时间的关系(IPIX-280#)

号具有时变特性，从而导致 RFT 的积累增益下降，不适合处理微动信号。

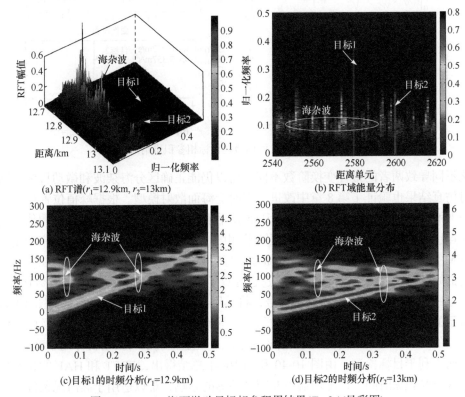

图 10-39 RFT 海面微动目标相参积累结果(T_n=2s)(见彩图)

将回波转换至 FRFT 域，得到 FRFT 谱和 FRFT 域能量分布，如图 10-40 所示，可知目标能量较为集中，主要分布在相应的最佳变换域附近($p_{opt1}=1.277$ 和 $p_{opt2}=1.157$)。海杂波，尤其是海尖峰也产生了峰值，但目标和海杂波由于频率变

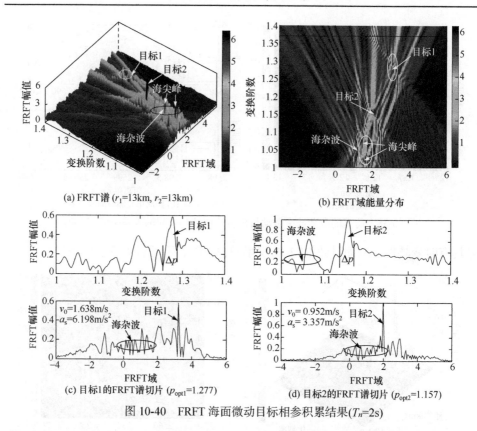

(a) FRFT谱 (r_1=13km, r_2=13km)

(b) FRFT域能量分布

(c) 目标1的FRFT谱切片 (p_{opt1}=1.277)

(d) 目标2的FRFT谱切片 (p_{opt2}=1.157)

图 10-40　FRFT 海面微动目标相参积累结果(T_n=2s)

化不同导致两者的最佳变换阶数不同,所以仍能正确区分海杂波和微动目标,同时仿真结果也验证了第 8 章中改进一维时变海面散射模型。根据峰值位置得到沿 p 轴和 u 轴的能量分布(图 10-40(c)和(d)),目标 FRFT 幅值均高于海杂波幅值,这一点也说明 FRFT 优于 RFT 的处理结果。由于 FRFT 适合处理具有线性频率变化的 LFM 信号,在处理建模为 QFM 的微动目标时将产生匹配增益损失,体现在 p 轴中的谱峰宽度较宽,能量较为分散,这也导致了不能得到目标精确的运动参数估计。

　　HAF 能够处理多项式相位信号,将其用于微动信号的检测,得到如图 10-41 所示的 HAF 谱。然而,不同于均匀分布的噪声背景,复杂的海杂波以及微动信号间的交叉项明显,使得 HAF 谱较为杂乱,严重影响了对微动目标的正确分辨,从而不利于目标检测。由图 10-40 和图 10-41 总结得出,FRFT 和 HAF 的相参积累性能受积累时间、匹配增益以及交叉项等的影响,难以适用于高海况条件。

　　采用 RLCAF 处理微动目标回波,如图 10-42 所示,能够得到预期的两个峰值,海杂波相关时间较短,且失配于 RLCAF,因此海杂波能量不集中,大部分幅值集中在较短的延时范围内($\tau \in$[0s, 0.1s])。同时相比微动信号的自项,多信号分量间交叉项的 RLCAF 谱峰较低,在长积累时间内满足近似线性特性。进一步通

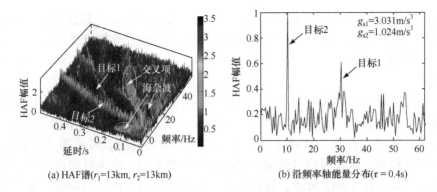

(a) HAF谱(r_1=13km, r_2=13km)　　(b) 沿频率轴能量分布(τ = 0.4s)

图 10-41　HAF 海面微动目标相参积累结果(T_n=0.6s)

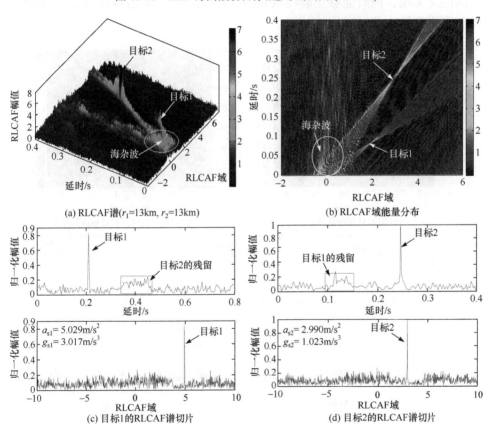

(a) RLCAF谱(r_1=13km, r_2=13km)　　(b) RLCAF域能量分布

(c) 目标1的RLCAF谱切片　　(d) 目标2的RLCAF谱切片

图 10-42　RLCAF 海面微动目标相参积累结果

M=(−0.0628, 0.998, −0.998, −0.0628) (T_n=2s)

过目标 RLCAF 谱切片,可以看出峰值尖锐,说明 RLCAF 能够很好地匹配和积累微动信号,因此 RLCAF 的积累效果优于前三种方法。然而,仔细观察图 10-42

也可以发现，RLCAF 方法也有不足：一方面，微动信号，尤其是目标 1 与海杂波的谱峰距离较近，容易受海杂波的影响；另一方面，在两个微动信号各自的RLCAF 域中，仍有另一分量信号的残留，在一定程度上也对信号的检测造成了不利影响。

　　为此，可以通过调整 RLCAF 的变换参数 M，即旋转、扭曲和拉伸时频平面使海杂波和目标间的谱峰距离进一步拉大，削弱在同一延时下信号 RLCAF谱之间的影响。此外，针对多分量信号的能量重叠问题，可采用"CLEAN"思想逐一检测，消除强信号分量对弱信号分量的影响。改进后的相参积累和参数估计结果如图 10-43 所示，可以看出，海杂波得到了很好的抑制，削弱了信号间的交叉项，同时能够正确提取和估计较弱的微动分量(目标 1)，积累效果得到了明显的改善。

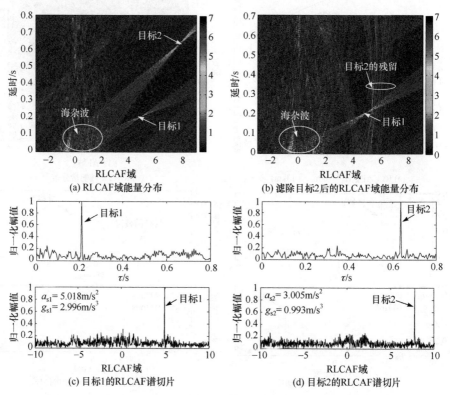

图 10-43　采用"CLEAN"思想后目标 1 和 2 的 RLCAF 相参积累结果

M=(−0.1564, 0.9877, −0.9877, −0.1564) (T_n=2s)

　　表 10-13 从输出 SCR、参数估计精度 ε 以及计算时间等方面定量比较了四种方法的相参积累性能，可知 RLCAF 方法能够大大改善输出 SCR，相比已有方法性能提升 5～6dB。同时，RLCAF 能够获得更多和更精确的目标运动信息，有助

于后续雷达对目标的判性和识别。

表 10-13　不同方法的相参积累性能和计算时间比较(IPIX-280#)

参数	RFT	FRFT	HAF	RLCAF
T_n/s	2	0.6	0.6	2
SCR_{out1}/dB	5.478	7.834	5.649	12.736
$\hat{v}_1$ /(m/s)	1.712	1.638	—	—
$\hat{a}_{s1}$ /(m/s²), $\varepsilon_{a_{s1}}$	—	6.198, 1.198	—	5.018, 0.018
$\hat{g}_{s1}$ /(m/s³), $\varepsilon_{g_{s1}}$	—	—	3.031, 0.031	2.996, 0.004
SCR_{out2}/dB	8.045	11.998	7.894	16.455
$\hat{v}_2$ /(m/s)	1.520	0.952		
$\hat{a}_{s2}$ /(m/s²), $\varepsilon_{a_{s2}}$	—	3.357, 0.357		2.990, 0.01
$\hat{g}_{s2}$ /(m/s³), $\varepsilon_{g_{s2}}$	—	—	1.024, 0.024	1.023, 0.023
$\bar{t}$ /s	0.514	0.372	0.242	2.382

2. SSR 数据处理结果

采用 SSR 数据分析方法在高海况时对海面转动目标(货船)的积累能力，如图 10-44 所示。由图 10-44(a1)的雷达回波距离-多普勒分析可知，在 35nm 附近存在一微弱的海面目标，其多普勒谱严重展宽，并且分布在多个距离单元中的目标回波被海杂波和噪声所遮蔽。实验时海况高于 3 级，目标随海面起伏，转动产生的微多普勒分量较为明显。

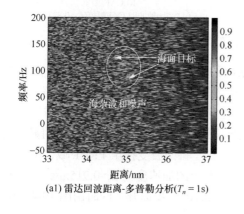

(a1) 雷达回波距离-多普勒分析($T_n = 1s$)

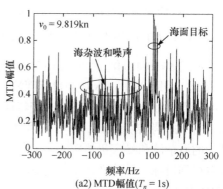

(a2) MTD幅值($T_n = 1s$)

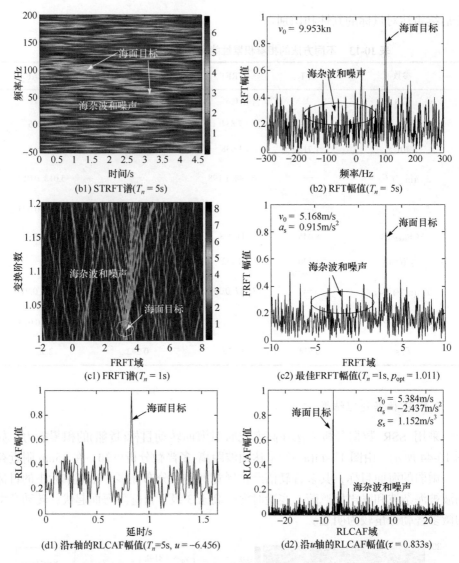

图 10-44　MTD、RFT、FRFT 和 RLCAF 对海面微动目标处理结果比较(S-03#)(见彩图)

　　根据表 10-4 的海况以及 10.3.2 节给出的相参积累时间确定方法，推算出 T_n 应为 5s，采用 RFT 提取微动目标回波，得到图 10-44(b1)所示的 STRFT 谱，此时可明显看出目标的多普勒具有时变特性，且符合 QFM 信号模型。通过比较 MTD 和 RFT 的积累结果可知，尽管积累时间得以延长，但积累增益改善并不明显，频域中的海杂波和噪声仍然影响微动信号的检测。将回波变换至 FRFT 域，由峰值位置得到目标的最佳变换阶数为 p_{opt}=1.011，对应的加速度为 a_s=0.915m/s²。然而，FRFT 所利用的脉冲数有限，限制了积累性能的进一步提升，同时由图 10-44(b1)

判断出目标应为减速过程而非估计得到的加速过程，因此 FRFT 所估计的加速度为瞬时加速度。最后，得到微动信号的 RLCAF 谱，相比其他几种方法具有优异的积累和杂波抑制性能。

3. 检测性能分析

表 10-14 给出了不同方法的 Monte-Carlo 仿真检测概率($P_{fa}=10^{-3}$)，分别采用 IPIX-280#和 S-03#海杂波背景数据，并仿真不同 SCR 条件下的微动目标信号。可知，RLCAF 的检测概率优于现有方法，MTD 方法性能最差。同时发现在低 SCR 时，RFT 的检测性能高于 FRFT 和 HAF，表明长时间相参积累的优越性；而随着 SCR 的改善，由长积累时间带来的积累增益改善却并不明显，RFT 的检测概率与 FRFT 和 HAF 接近，甚至低于两者的检测概率，此时，匹配增益损失占据主导地位，RFT 失配于微动信号，使得能量分散，增益降低。表 10-14 也比较了不同方法一次计算时间。

表 10-14　两组数据的仿真检测概率($P_{fa}=10^{-3}$)

方法		MTD	FRFT	HAF	RFT	RLCAF
采样点数		256	256	256	1024	1024
SCR=−5dB	IPIX-280#	24.17%	33.55%	38.42%	55.75%	81.27%
	S-03#	39.62%	57.66%	54.84%	60.65%	83.47%
SCR=0dB	IPIX-280#	42.26%	68.29%	72.48%	70.83%	95.27%
	S-03#	55.45%	75.84%	80.47%	73.74%	98.76%
一次计算时间/ms		6.4	17.2	24.3	28.4	40.5

10.5　RLCAF 域杂波抑制方法

本节在 RLCAF 微动目标检测方法的基础上，介绍一种利用杂波和微动信号的 RLCAF 谱特性的差异性进一步改善 SCR 的方法[47]。

10.5.1　RLCAF 域微动目标和海杂波表示

由微多普勒信号 RLCAF 表达式可知，当 $6\pi a_3\tau+a/(2b)=0$ 时，RLCAF 与微动信号相匹配，达到最佳的能量聚集，即

$$|C_x^M(\tau,u)|=\sigma_0^2 A_M T_n \text{sinc}[(4\pi a_2\tau-u/b)T_n/2]$$
$$\overset{T_n\to\infty}{=}\sigma_0^2 A_M T_n\delta(u-4\pi a_2\tau b) \tag{10-123}$$

可知，RLCAF 峰值的大小与延时 τ 无关，而峰值的位置 $u=4\pi a_2 \tau b$ 与目标的运动参数 a_2 和 RLCAF 的变换参数 b 有关。其 M^{-1} 参数的 RLCAF 谱为

$$|\mathcal{C}_x^{M^{-1}}(\tau,u)| = \sigma_0^2 A_M T_n \mathrm{sinc}\big[(4\pi a_2 \tau + u/b)T_n/2\big] \quad , \quad 6\pi a_3\tau - d/(2b)=0 \quad (10\text{-}124)$$
$$\overset{T_n\to\infty}{=} \sigma_0^2 A_M T_n \delta(u+4\pi a_2\tau b)$$

通过比较式(10-123)和式(10-124)可知，微动目标的 M 参数和 M^{-1} 参数的 RLCAF 谱峰值大小近似相同，但峰值位置有所差别。

文献[48]将回波看作一些独立散射体回波的叠加，而每个散射体具有不同的运动速度：

$$c(t) = \sum_{k=1}^{N} a_k \exp[\mathrm{j}\omega_{t_0,k}(t-t_0) + \varphi_{t_0,k}] \quad (10\text{-}125)$$

式中，N 为独立散射体的数目；a_k 为第 k 个散射体的振幅；$\omega_{t_0,k}$ 和 $\varphi_{t_0,k}$ 分别为第 k 个散射体的多普勒角频率和在 t_0 时刻的相位。

通常可将海杂波看作由一阶海杂波、二阶海杂波和大气噪声组成。一阶海杂波是指高频无线电波在海面传播，与正弦形海浪只发生一次作用所引起的反射回波。因此，一般海况下(2～3 级)的海杂波长时间观测模型近似为

$$c(t_m, r_s) \approx \sum_{i=1}^{L} \sigma_i \exp[\pm\mathrm{j}(2\pi f_B t_m + \phi_i)] \quad (10\text{-}126)$$

式中，f_B 为岸基条件下的一阶海杂波频率；L 为海面等分数；σ_i 和 ϕ_i 分别为海杂波的振幅和相位。由模型可知，海杂波模型中均有类似于单频回波信号的成分，在一定程度上海杂波回波可以看作多个单频信号的叠加。

根据式(10-126)的海杂波模型，得到海杂波的 RLCAF 表达式为

$$|\mathcal{C}_{c_i}^{M}(\tau,u)| = \left| \int_{-T_n/2}^{T_n/2} c_i(t_m+\tau/2, r_s) c_i^*(t_m-\tau/2, r_s) K_M(t_m,u)\mathrm{d}t_m \right|$$
$$= A_M \sigma_i^2 \left| \int_{-T_n/2}^{T_n/2} \mathrm{e}^{\mathrm{j}2\pi f_B \tau} \cdot \mathrm{e}^{\mathrm{j}at_m^2/(2b) - \mathrm{j}u t_m/b}\mathrm{d}t_m \right|$$
$$= \begin{cases} A_M \sigma_i^2 T_n \mathrm{sinc}[u_i T_n/2], & a=0 \\ A_M \sigma_i^2 \sqrt{a^{-1}}, & a\neq 0 \end{cases} \quad (10\text{-}127)$$
$$\overset{T_n\to\infty}{=} \begin{cases} A_M \sigma_i^2 T_n \delta(u_i), & a=0 \\ A_M \sigma_i^2 \sqrt{a^{-1}}, & a\neq 0 \end{cases}$$
$$\approx |\mathcal{C}_{c_i}^{M^{-1}}(\tau,u)|$$

因此，海杂波 RLCAF 谱峰值的大小同样与延时 τ 无关，峰值的位置也与运动参

数和 RLCAF 的变换参数 M 无关,与 M^{-1} 的 RLCAF 谱相同。

通过以上分析,利用海面微动目标回波信号和海杂波的 M 和 M^{-1} 参数的 RLCAF 谱幅值分布的差异性,将雷达回波信号的 M 和 M^{-1} 参数的 RLCAF 谱相减,完成谱对消处理,可在保留微动目标峰值的同时最大限度地抑制海杂波。

10.5.2 海杂波抑制与微动目标检测方法

基于 RLCAF 对微动目标的积累能力,以及海杂波和微多普勒信号的 RLCAF 谱特性差异,介绍一种 RLCAF 域海杂波抑制和长时间相参积累检测方法,方法流程如图 10-45 所示。与图 10-37 的区别在于,雷达回波信号在经过参数初始化以及多延时 LIACF 后,需要分别经过 M 和 M^{-1} 参数的 RLCAF 运算,并求其幅值;然后进行谱对消处理,抑制大部分的海杂波能量;最后构建 RLCAF 域检测单元图,并进行 CFAR 检测,判别目标的有无。需要说明的是,若该距离单元为微动目标单元,则 RLCAF 谱对消后将会出现两个对称的峰值,此时仅保留 M 参数 RLCAF 运算的峰值位置即可。

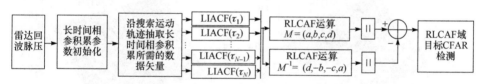

图 10-45 RLCAF 域海杂波抑制和长时间相参积累检测方法流程

10.5.3 仿真与实测数据处理结果

1. IPIX 数据处理结果

采用 IPIX-26#纯海杂波数据与仿真的海面微动目标进行验证分析,其中目标于 r_0=16km 驶向雷达,SCR=−5dB,运动参数为 v_0=0m/s、a_s=5m/s^2 和 g_s=3m/s^3。图 10-46 为 FRFT 和 RLCAF 相参积累结果比较,由图 10-46(a)的距离-时间图可知,目标具有高机动性,在观测时长内,跨越了多个距离单元,产生了 ARU 效应和距离弯曲。在同一距离单元内对微动信号进行 FRFT 相参积累,得到图 10-46(b)所示的 FRFT 域能量分布图,可知目标能量集中于 p_{opt}=1.27 附近,但峰值不明显,且 FRFT 谱展宽较宽,表明 FRFT 对微动信号存在一定的匹配增益损失;同时可以看出,此批数据的海杂波 FRFT 幅值在低变换阶数附近分布较多,尤其在 p=1,即频域附近有较大峰值,表明海杂波在此观测时长内频率变化缓慢,近似符合式 (10-126)的海杂波模型。采用 RLCAF 对回波进行长时间相参积累(T_n=4s),如图 10-46(c)所示,可以看出相比 FRFT 输出结果,目标 RLCAF 谱峰尖锐,高于海杂波幅值,但仍有部分海杂波剩余。进一步进行 RLCAF 谱对消处理(图 10-46(d)),

海杂波得到了明显的抑制，而微动目标能量基本没有被削弱，使得目标信号更加突出，更易于检测目标，进而提高了检测概率。

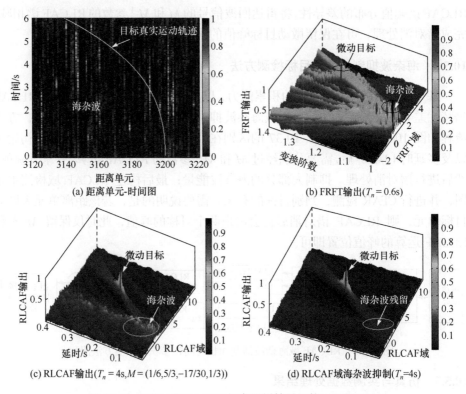

(a) 距离单元-时间图 (b) FRFT输出($T_n = 0.6s$)

(c) RLCAF输出($T_n = 4s, M = (1/6, 5/3, -17/30, 1/3)$) (d) RLCAF域海杂波抑制($T_n = 4s$)

图 10-46 FRFT 和 RLCAF 相参积累结果比较 (IPIX-26#)

2. CSIR 数据处理结果

采用 CSIR 海杂波数据(CSIR-TFC17-006)，数据介绍和描述详见表 10-4。从 $t_0 = 70s$ 开始截取 7.5s 长的目标回波数据，用于对比 RFT 以及 RLCAF 域海杂波抑制前后的积累效果，如图 10-47 所示。通过对比可知，微动目标的 RFT 峰值受海杂波影响严重，在 CFAR 检测之后($P_{fa} = 10^{-4}$)仍有大量的海杂波剩余，造成虚警；而经过 RLCAF 域海杂波抑制处理后，目标峰值更加突出，增大了与海杂波之间的峰值差，提高了检测性能。

进一步定量分析不同方法的积累性能(表 10-15)可知，在 RLCAF 域海杂波抑制后，目标和海杂波的归一化峰值提高较为明显，其输出 SCR 由抑制前的 10.247dB 提升至 15.638dB。这一方面得益于对微动信号的匹配和增强；另一方面是 RLCAF 谱对消进一步改善了 SCR。需要说明的是,在高海况条件下(大于 4 级)，强海杂波尤其是海尖峰的比例增大，导致海杂波由平稳转变为非平稳，不满足

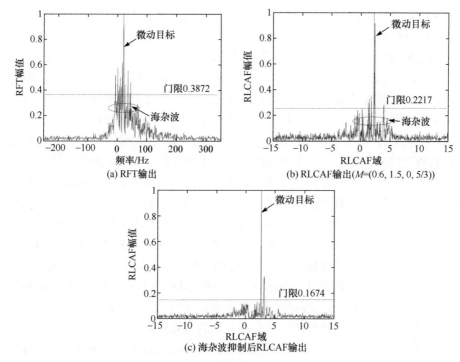

图 10-47　FRFT 和 RLCAF 相参积累结果比较 (CSIR-TFC17-006, t_0=70s, T_n=7.5s, P_{fa}=10^{-4})

式(10-126)的海杂波模型, 此时需要对回波数据进行预处理, 如利用 9.2 节的海尖峰判别和筛选的时域海杂波抑制方法, 采用多种手段降低海尖峰的影响, 改善 SCR, 然后进行 RLCAF 微动目标检测。

表 10-15　不同方法对海面目标检测性能和计算时间比较(CSIR-TFC17-006)

	FRFT	RFT	RLCAF(海杂波抑制前)	RLCAF(海杂波抑制后)
T_n/s	2.5	7.5	7.5	7.5
归一化峰值差(D)	0.417	0.426	0.645	0.671
SNR_{out}/dB	4.387	7.458	10.247	15.638
$\bar{t}$ /s	0.145	0.054	0.275	0.387

10.6　小　　结

长时间相参积累技术是提高雷达对微弱动目标探测能力的重要手段之一, 利用目标微动特征中的加速度信息进行长时间相参积累, 能够显著提升积累增益,改善 SCR，其中关键技术主要涉及相参积累时间的确定，以及距离徙动和多普勒徙动同时补偿技术等。本章在长时间微动目标观测模型的基础上，结合 FRFT、LCT、FRAF 和 LCAF 对非平稳时变信号处理的优势，介绍了四种新的变换方法，即 RFRFT、RLCT、RFRAF 和 RLCAF，使相参积累时间不受距离徙动、距离弯曲和多普勒分辨率的限制。这四种检测方法的实质均可看作一种带有变换参数的广义多普勒滤波器组，在一定程度上可认为是 MTD、AF、FRFT 和 LCT 的广义形式，扩展了传统脉间相参积累处理技术利用信号信息的维度，能够匹配和增强目标的微动特征，凭借长积累时间以及多自由度参数，其相参积累性能明显优于经典方法。给出了检测方法的详细处理流程，并从相参积累时间的确定、积累增益以及运算量等方面对方法性能进行分析。区别在于处理的目标类型以及利用的运动参数信息不同，同时用于处理海面微动目标时的相参积累时间的确定方法也不同。比较四种方法性能可以发现，具有多自由度参数的 RLCT 和 RLCAF 的检测性能略优于单自由度参数的 RFRFT 和 RFRAF，但运算量进一步增大。另外，由于仿真环境、杂波数据以及合作目标类型的不同，同一检测方法在不同环境下的检测性能略有不同。在实际应用时，可根据探测场景和目标调整积累时间，缩小参数搜索范围或分布迭代搜索，提高方法的运算效率。

由于机动目标相比于匀速动目标对雷达构成的威胁更大，所以信号处理和目标检测的难度更高，已受到世界各国学者的高度重视。可将本章介绍的相关方法和结论推广应用于低空/超低空突防、反辐射导弹、高性能作战飞机、无人机以及高超声速飞行器等具有低可探测动目标雷达回波信号的处理和检测，对其进行长时间相参积累，也能得到很好的处理效果。

参 考 文 献

[1] Winters D W. Target motion and high range resolution profile generation[J]. IEEE Transactions on Aerospace and Electronic Systems, 2012, 48(3): 2140-2153.

[2] Xing M D, Su J H, Wang G Y, et al. New parameter estimation and detection algorithm for high speed small target[J]. IEEE Transactions on Aerospace and Electronic Systems, 2011, 47(1): 214-224.

[3] 吴孙勇, 廖桂生, 朱圣棋, 等. 提高雷达机动目标检测性能的二维频率域匹配方法[J]. 电子学报, 2012, 40(12): 2415-2420.

[4] Díaz J D, Salazar-Cerreno J L, Ortiz J A, et al. A cross-stacked radiating antenna with enhanced scanning performance for digital beamforming multifunction phased-array radars[J]. IEEE Transactions on Antennas and Propagation, 2018,66(10): 5258-5267.

[5] Chen X L, Chen B X, Guan J, et al. Space-range-Doppler focus-based low-observable moving target detection using frequency diverse array MIMO radar[J]. IEEE Access, 2018, 6: 43892-43904.

[6] Sobhani B, Zwick T, Chiani M. Target TOA association with the Hough transform in UWB

radars[J]. IEEE Transactions on Aerospace and Electronic Systems, 2016, 52(2): 743-754.

[7] Moyer L R, Spak J, Lamanna P. A multi-dimensional Hough transform-based track-before-detect technique for detecting weak targets in strong clutter backgrounds[J]. IEEE Transactions on Aerospace and Electronic Systems, 2011, 47(4): 3062-3068.

[8] 李品, 周海峰, 张飚. 基于距离分段的目标长时间积累方法研究[J]. 现代雷达, 2012, 34(7): 20-22.

[9] Yu J, Xu J, Peng Y N, et al. Radon-Fourier transform for radar target detection (III): Optimality and fast implementations[J]. IEEE Transactions on Aerospace and Electronic Systems, 2012, 48(2): 991-1004.

[10] Chen X L, Guan J, Chen W S, et al. Sparse long-time coherent integration based detection method for radar low-observable maneuvering target[J]. IET Radar, Sonar and Navigation, 2020, 14(4): 538-546.

[11] 王俊, 张守宏. 微弱目标积累检测的包络移动补偿方法[J]. 电子学报, 2000, 28(12): 56-59, 55.

[12] Zheng J, Zhang J, Xu S, et al. Radar detection and motion parameters estimation of maneuvering target based on the extended keystone transform[J]. IEEE Access, 2018, 6: 76060-76074.

[13] Yu J, Xia X G, Peng S B, et al. Radar maneuvering target motion estimation based on generalized Radon-Fourier transform[J]. IEEE Transactions on Signal Processing, 2012, 60(12): 6190-6201.

[14] Xu J, Yu J, Peng Y, et al. Space-time Radon-Fourier transform and applications in radar target detection[J]. IET Radar, Sonar & Navigation, 2012, 6(9): 846-857.

[15] Wu L, Wei X Z, Yang D G, et al. ISAR imaging of targets with complex motion based on discrete chirp Fourier transform for cubic chirps[J]. IEEE Transactions on Geoscience and Remote Sensing, 2012, 50(10): 4201-4212.

[16] Xia X G. Discrete chirp-Fourier transform and its application to chirp rate estimation[J]. IEEE Transactions on Signal Processing, 2000, 48(11): 3122-3133.

[17] Millioz F, Davies M. Sparse detection in the chirplet transform: application to FMCW radar signals[J]. IEEE Transactions on Signal Processing, 2012, 60(6): 2800-2813.

[18] Namias V. The fractional order Fourier transform and its application to quantum mechanics[J]. IMA Journal of Applied Mathematics, 1980, 25(3): 241-265.

[19] Li X, et al. STGRFT for detection of maneuvering weak target with multiple motion models[J]. IEEE Transactions on Signal Processing, 2019, 67(7): 1902-1917.

[20] Barbarossa S, Scaglione A, Giannakis G B. Product high-order ambiguity function for multicomponent polynomial-phase signal modeling[J]. IEEE Transactions on Signal Processing, 1998, 46(3): 691-708.

[21] Li X M, Bi G A, Stankovic S, et al. Local polynomial Fourier transform: A review on recent developments and applications[J]. Signal Processing, 2011, 91(6): 1370-1393.

[22] Peleg S, Friedlander B. The discrete polynomial-phase transform[J]. IEEE Transactions on Signal Processing, 1995, 43(8): 1901-1914.

[23] Sun G, Xing M D, Wang Y, et al. Improved ambiguity estimation using a modified fractional

radon transform[J]. IET Radar, Sonar & Navigation, 2011, 5(4): 489-495.

[24] 杨志伟, 贺顺, 吴孙勇. 天基雷达高速微弱目标的积累检测[J]. 宇航学报, 2011, 32(1): 109-114.

[25] Chen X L, Guan J,Liu N B,et al. Maneuvering target detection via Radon-fractional Fourier transform-based long-time coherent integration[J]. IEEE Transactions on Signal Processing, 2014, 62(4): 939-953.

[26] Chen X L, Guan J,Liu N B,et al. Detection of a low observable sea-surface target with micromotion via the Radon-linear canonical transform[J]. IEEE Geoscience and Remote Sensing Letters, 2014, 11(7): 1225-1229.

[27] Chen X L, Huang Y, Liu N B,et al. Radon-fractional ambiguity function-based detection method of low-observable maneuvering target[J]. IEEE Transactions on Aerospace and Electronic Systems, 2015, 51(2): 815-833.

[28] Chen X L, Guan J, Huang Y,et al. Radon-linear canonical ambiguity function-based detection and estimation method for marine target with micromotion[J]. IEEE Transactions on Geoscience and Remote Sensing, 2015, 53(4): 2225-2240.

[29] 关键, 陈小龙, 于晓涵. 雷达高速高机动目标长时间相参积累检测方法[J]. 信号处理, 2017, 33(S1): 1-8.

[30] 陈小龙, 黄勇, 关键, 等. MIMO 雷达微弱目标长时积累技术综述[J]. 信号处理, 2020, 36(12): 1947-1964.

[31] Xu J, Yu J, Peng Y, et al. Radon-Fourier transform for radar target detection, I :Generalized Doppler filter bank [J]. IEEE Transactions on Aerospace and Electronic Systems ,2011, 47(2):1186-1202.

[32] Pei S C, Ding J J. Fractional Fourier transform, Wigner distribution, and filter design for stationary and nonstationary random processes[J]. IEEE Transactions on Signal Processing , 2010, 58(8): 4079-4092.

[33] Carretero-Moya J, Gismero-Menoyo J, Asensio-Lopez A, et al. Application of the Radon transform to detect small-targets in sea clutter[J]. IET Radar, Sonar & Navigation, 2009, 3(2): 155-166.

[34] Almeida L B. The fractional Fourier transform and time-frequency representations[J]. IEEE Transactions on Signal Processing, 1994, 42(11): 3084-3091.

[35] Guan J, Zhang X L. Subspace detection for range and Doppler distributed targets with Rao and Wald tests[J]. Signal Processing, 2011, 91(1): 51-60.

[36] Kay S M. Fundamentals of Statistical Signal Processing Volume Ⅱ: Detection Theory[M]. Upper Saddle River: Prentice Hall PTR, 1998.

[37] Guida M, Longo M, Lops M. Biparametric CFAR procedures for lognormal clutter[J]. IEEE Transactions on Aerospace and Electronic Systems, 1993, 29(3): 798-809.

[38] Barbarossa S. Analysis of multicomponent LFM signals by a combined Wigner-Hough transform[J]. IEEE Transactions on Signal Processing, 1995, 43(6): 1511-1515.

[39] 李炳照, 陶然, 王越. 线性正则变换域的框架理论研究[J]. 电子学报, 2007, 35(7): 1387-1390.

[40] Koc A, Ozaktas H M, Candan C, et al. Digital computation of linear canonical transforms[J]. IEEE Transactions on Signal Processing, 2008, 56(6): 2383-2394.

[41] Pei S C, Ding J J. Eigenfunctions of linear canonical transform[J]. IEEE Transactions on Signal Processing , 2002, 50(1): 11-26.

[42] Doerry A W. Ship dynamics for maritime ISAR imaging[R]. California: Sandia National Laboratories, 2008.

[43] Herselman P L, Baker C J, de Wind H J. An analysis of X-band calibrated sea clutter and small boat reflectivity at medium-to-low grazing angles[J]. International Journal of Navigation and Observation, 2008, 2008: 1-14.

[44] de Wind H J, Cilliers J E, Herselman P L. DataWare: Sea clutter and small boat radar reflectivity databases [best of the web[J]. IEEE Signal Processing Magazine, 2010, 27(2): 145-148.

[45] Wang M S, Chan A K, Chui C K. Linear frequency-modulated signal detection using Radon-ambiguity transform[J]. IEEE Transactions on Signal Processing, 1998, 46(3): 571-586.

[46] Scaglione A, Barbarossa S. Statistical analysis of the product high-order ambiguity function[J]. IEEE Transactions on Information Theory, 1999, 45(1): 343-356.

[47] Chen X L, Wang G Q, Dong Y L, et al. Sea clutter suppression and micromotion marine target detection via Radon-linear canonical ambiguity function[J]. IET Radar, Sonar & Navigation, 2015, 9(6): 622-631.

[48] Gini F, Greco M. Texture modeling and validation using recorded high resolution sea clutter data[C]. 2001 IEEE Radar Conference, Atlanta, 2001: 387-392.

附　录

雷达数据集介绍

1. 加拿大 IPIX 数据库

1993 年，加拿大 McMaster 大学利用 IPIX 雷达在 Dartmouth 地区开展了一系列的海杂波数据测量和采集实验，获得了大量的海杂波和目标实测数据，并将其公布于网站 http://soma.ece.mcmaster.ca/ipix/，成为国际公认的海杂波数据，用于研究海杂波特性和开发相应的目标检测方法。IPIX 雷达位于加拿大南部省的 Nova Scotia 岛 Osborne Head Gunnery Range(OHGR) 山的悬崖边上，面向大西洋，纬度 44°36.72′N，经度 63°25.41′W，距海面 100ft[①]，观测视角为 130°，其详细配置参数见附表 1。

附表 1　IPIX 雷达参数

雷达参数	数值	雷达参数	数值
发射频率/GHz	9.39	波束宽度/(°)	0.9
波长/m	0.032	天线副瓣/dB	<−30
脉冲长度/ns	200	天线转速/(r/min)	0～30
脉冲重频/Hz	1000	掠射角/(°)	0.305
天线高度/m	30	极化方式	HH/VV/HV/VH
天线增益/dB	45.7	距离分辨率/m	15

网站公开的 14 组数据均为 IPIX 雷达工作在驻留模式的实测数据，其中每组数据包括纯海杂波单元、主目标单元以及邻近主目标的次目标单元在内的 14 个距离单元，合作目标为铁丝网包裹的直径为 1m 的泡沫球体。尽管目标尺寸很小(SCR 为 0～6dB)，目标随海面起伏仍表现出微小的微动特征。本书共采用五组 IPIX 数据，包括不同时间、风向和海况条件下的海杂波数据，其命名方式如附表 2 所示。

---

① 1ft = 3.048 × 10⁻¹m。

附表 2　采用的 IPIX 数据名称

文件名	编号	主目标距离单元	次目标距离单元	海况等级
19931107_135603	IPIX-17#	9	8:11	4
19931108_220902	IPIX-26#	7	6:8	2
19931109_202217	IPIX-31#	7	6:8	2
19931111_163625	IPIX-54#	8	7:10	2
19931118_023604	IPIX-280#	8	7:10	3

附图 1 为 IPIX 雷达海杂波数据介绍,其中附图 1(a)给出了 IPIX 雷达的布置平面图,包括地理位置、雷达图片以及海面情况。附图 1(b)为纯海杂波单元的距离-时间图,可以明显看出海杂波的周期起伏特性以及高于平均海杂波幅值的海尖峰。进一步对海杂波在时域和频域进行特性分析,如附图 1(c)和(d)所示,可知海杂波的去相关时间约为 20ms,海尖峰使得海杂波谱展宽,表现出时变特性。

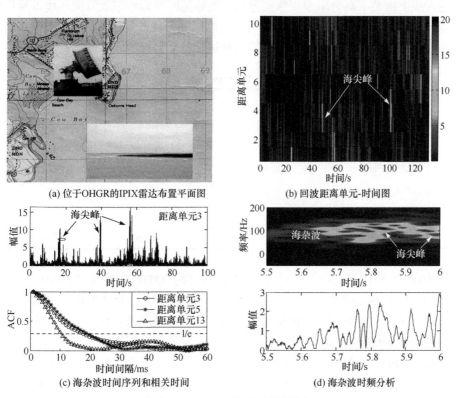

(a) 位于OHGR的IPIX雷达布置平面图　　(b) 回波距离单元-时间图

(c) 海杂波时间序列和相关时间　　(d) 海杂波时频分析

附图 1　IPIX 雷达海杂波数据介绍

2. 南非 CSIR 数据库

IPIX 雷达数据为雷达设计者提供了宝贵的实测数据，但由于其经验不足以及条件有限，对环境参数、雷达特征以及目标的几何外形缺乏详细的描述。为进一步分析海杂波数据特性，弥补 IPIX 雷达数据的不足，CSIR 的国防和安全部门分别于 2006 年和 2007 年在南非的 Pretoria 进行了两次系统完善的雷达数据采集实验，并于 2007 年和 2009 年将所获得的数据公布在网站 http://www.csir.co.za/small_boat_detection。由于采集了大量的海杂波和不同类型目标的雷达数据，对于雷达系统的开发、目标检测和跟踪方法的研究具有非常重要的学术价值。实验所采用的 Fynmeet 雷达为相参体制，工作频率为 6.5～17.5GHz，可发射连续波和脉冲波，具体雷达参数见附表 3。除了大量的雷达数据，研究者还借助气象局、浮漂以及 GPS 记录了其他辅助信息，如天气(风速、气温和雨雪)、波浪向、显著波高以及目标的 GPS 位置信息，其中利用 GPS 可将目标实际位置与 GPS 位置进行比对，从而轻松获得目标的雷达回波数据，帮助检测和跟踪方法的开发和研究。同时，雷达天线上加装了高分辨率视频摄像机，能够随时准确地记录海面环境以及目标的运动姿态等。因此，CSIR 已成为目前新的国际公认的雷达数据，由于该数据多包含不同类型大小的合作目标数据，非常适合微动目标检测方法的验证。

附表 3 Fynmeet 雷达参数

雷达参数	数值	雷达参数	数值
发射频率/GHz	6.5～17.5	波束宽度/(°)	<2
峰值功率/kW	2	天线副瓣/dB	<−25
脉冲长度/ns	100～300	距离范围	200m～15km
脉冲重频/kHz	0～30	掠射角/(°)	2.84～3.76
天线高度/m	67	极化方式	VV
天线增益 dB	>30	距离分辨率/m	15 或 45

附图 2 给出了 2006 年南非开普敦西部的 OTB 实验场(34°36′56.53″S，20°17′17.46″E)所获得数据描述，雷达距离南部海岸线约为 1.2km。附图 2(a)为 Fynmeet 雷达布置平面图，包括地理位置、雷达图片以及合作目标乘浪者号充气橡皮艇(Wave Rider RIB)，附图 2(b)～(d)为海杂波数据分析结果。2007 年的实验位于 Signal Hill(33°55′15.62″S，18°23′53.76″E)，雷达距离北部海岸线约为 1.25km。附图 3(a)为雷达布置平面图，其中合作目标为长 35.5m，拥有 60hp[①]的 Rotary 奋

---

① 1hp = 745.700W。

进号，由附图 3(b)的海杂波距离-时间图可明显看出风作用下的海浪起伏性，显著波高为 2.62m，为 5 级海况(高海况)，其多普勒频率分布在 40～100Hz，并且海尖峰的存在使谱宽较宽，具有时变特性。

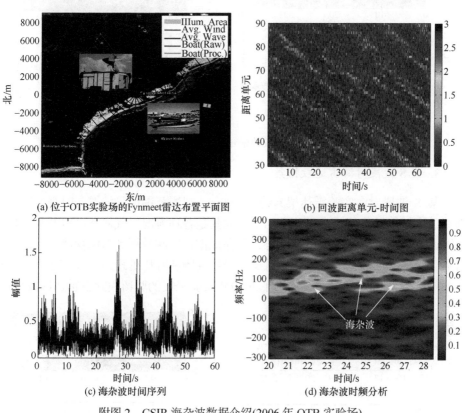

(a) 位于OTB实验场的Fynmeet雷达布置平面图

(b) 回波距离单元-时间图

(c) 海杂波时间序列

(d) 海杂波时频分析

附图 2　CSIR 海杂波数据介绍(2006 年 OTB 实验场)

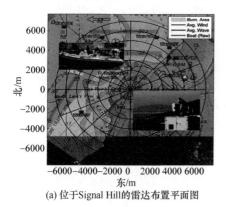

(a) 位于Signal Hill的雷达布置平面图

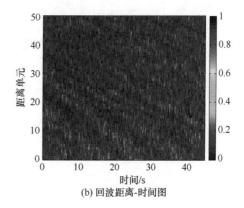

(b) 回波距离-时间图

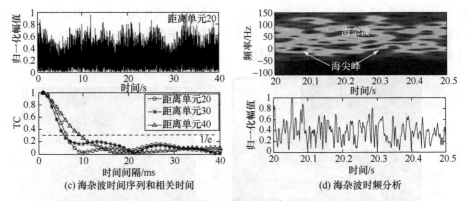

(c) 海杂波时间序列和相关时间   (d) 海杂波时频分析

附图 3   CSIR 海杂波数据介绍(2007 年 Signal Hill 实验)

3. 某 S 波段对海雷达数据集

某 S 波段对海实验雷达架高约为 300m，观测范围广，能够实时观测国内外航线的客船以及货船，在雷达数据采集尤其是各种海况、气候条件以及复杂目标等方面具有非常便利的条件和优势，可保证雷达实测数据和对海探测实验的顺利开展。雷达采集数据为中频相参数据，经过混频和脉压处理后，在雷达终端显示出目标的方位和距离，附图 4 给出了 2010 年实验采集的驻留模式下雷达回波数据。

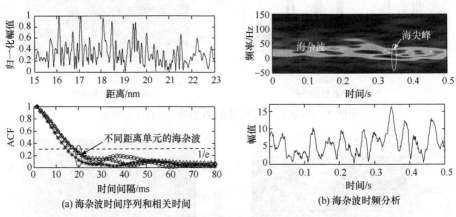

(a) 海杂波时间序列和相关时间   (b) 海杂波时频分析

附图 4   某 S 波段雷达海杂波数据介绍(2010 年实验)

彩　　图

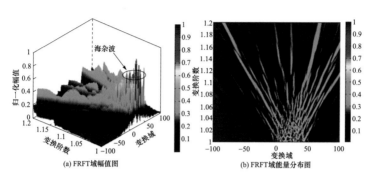

(a) FRFT域幅值图

(b) FRFT域能量分布图

图 2-24　IPIX 雷达数据 FRFT 域谱分布(距离单元 2)

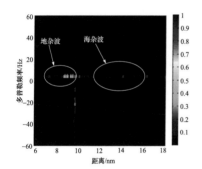

图 2-27　S 波段雷达回波时频能量分布
(201008181907#)

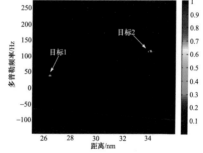

图 2-30　S 波段雷达回波时频分析
(201008181748#)

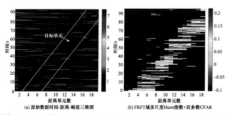

(a) 原始数据时间-距离-幅值三维图

(b) FRFT域多尺度Hurst指数+双参数CFAR

图 5-31　利用图 5-30 所示方法对 S-46#处理前
后对比

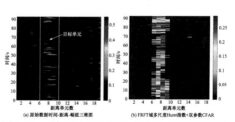

(a) 原始数据时间-距离-幅值三维图

(b) FRFT域多尺度Hurst指数+双参数CFAR

图 5-32　利用图 5-30 所示方法对 C-15#处理前
后对比

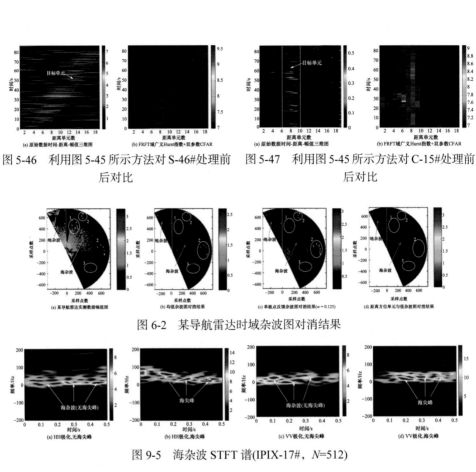

图 5-46 利用图 5-45 所示方法对 S-46#处理前后对比

图 5-47 利用图 5-45 所示方法对 C-15#处理前后对比

图 6-2 某导航雷达时域杂波图对消结果

图 9-5 海杂波 STFT 谱(IPIX-17#，N=512)

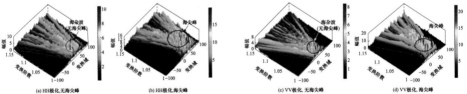

图 9-6 海杂波 FRFT 谱(IPIX-17#，N=512)

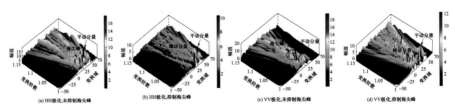

图 9-9 海尖峰抑制前后微动目标信号 FRFT 谱(IPIX-17#，N=512)

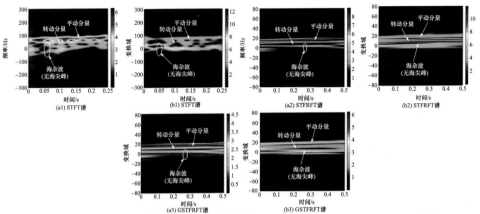

图 9-13　海杂波抑制后的微动信号变换域特征(IPIX-17#，N=256，a1~a3：HH 极化，
b1~b3：VV 极化)

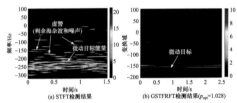

图 9-20　STFT 和 GSTFRFT 微动目标检测结果($P_{fa}=10^{-4}$，N=512)

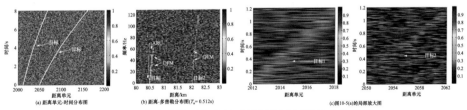

图 10-5　噪声背景下空中机动目标雷达回波信号分布图

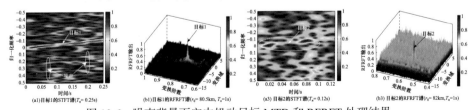

图 10-6　噪声背景下空中机动目标 MTD 和 RFRFT 处理结果

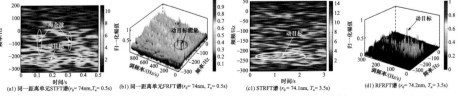

图 10-9　海面微弱动目标 MTD、FRFT、RFT 和 RFRFT 处理结果(S-02#，VV 极化)

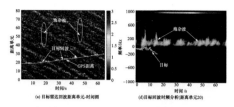

图 10-15　目标雷达回波描述及特性分析(CSIR-TFC15-038)

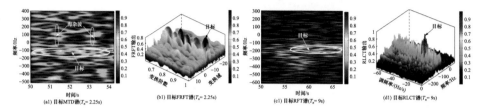

图 10-16　MTD、FRFT、RFT 和 RLCT 处理结果比较(CSIR-TFC15-038)

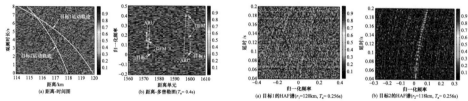

图 10-25　两个空中机动目标雷达回波的距离-
　　多普勒-时间图

图 10-27　空中机动目标 HAF 相参积累结果

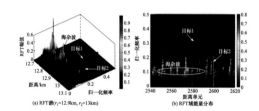

图 10-39　RFT 海面微动目标相参积累结果(T_n=2s)

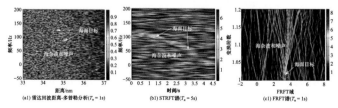

图 10-44　MTD、RFT、FRFT 和 RLCAF 对海面微动目标处理结果比较(S-03#)